中学入試 理科

実力突破

受験研究社

この本の特色としくみ

有名国立・私立中学校の入試を突破するためには，基本を理解し，実際の入試問題を多く解いて，応用力をつけることが重要です。本書は，有名中学校の入試問題の中から，重要な問題，よく出る問題を選び，実力が確実につくようくふうしました。

実力強化編

試験の要点　単元の要点を，解説文や豊富な図・写真でまとめてあります。試験で問われる要点を確実に身につけましょう。

入試重要度
項目ごとに入試での重要度を★で示しました。★3つが最重要です。

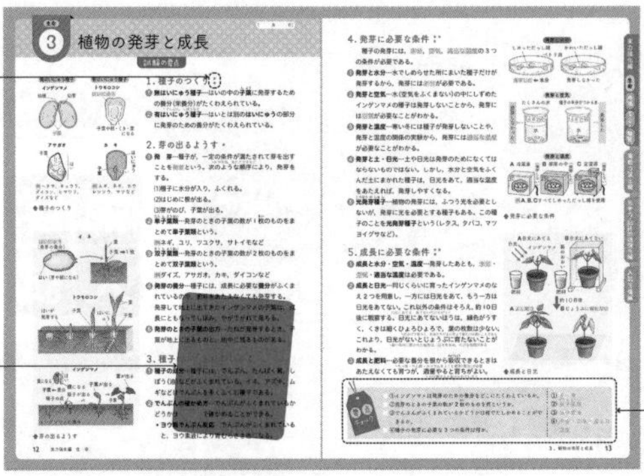

消えるフィルターで赤文字の重要語句が消えます。何度も確認しましょう。

要点チェック
一問一答形式の問題で単元の内容を理解できているか確認できます。

実力問題　入試に必要な基本的な知識を問う問題を中心に，少しレベルの高い問題も織り交ぜています。わからなかった箇所は **試験の要点** にもどって確認しましょう。

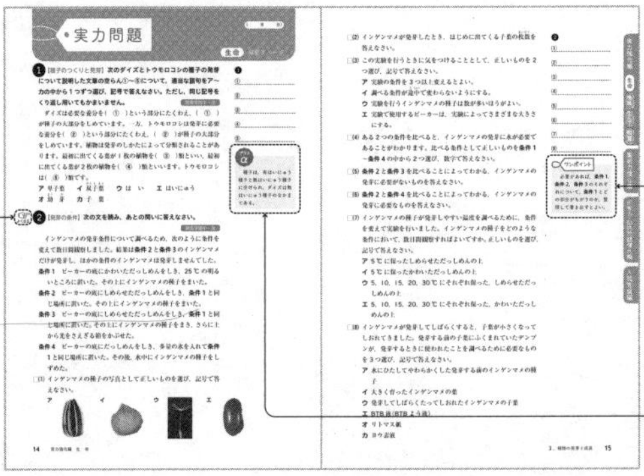

よく出る
入試でよく出題される問題です。

記述式の問題につけました。

ワンポイント
問題を解くヒントや手がかりを簡潔に入れています。

プラスα
問題に関する重要事項や補足説明です。

思考力・記述問題強化編

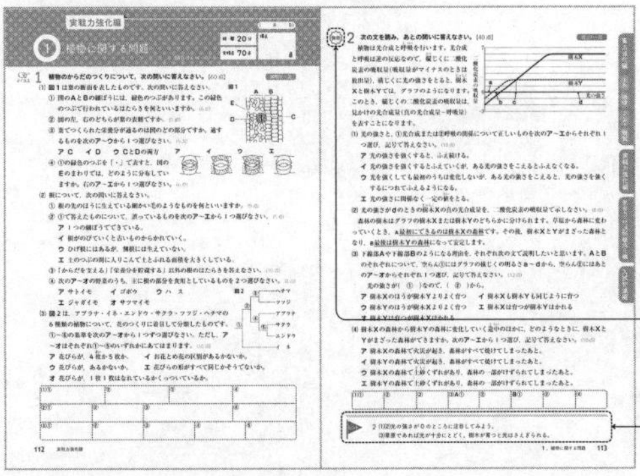

各分野の思考力を必要とする問題や文章記述問題で構成しました。入試で配点の大きい問題の得点力を強化しましょう。

難問
難易度が高い問題です。

ヒント
問題のヒントを入れました。

実戦力強化編

各分野の問題を，それぞれテーマごとに分けてあります。苦手なテーマを克服し，実戦力を強化しましょう。

入試完成編

近年の入試問題を精選して構成しています。入試本番を意識し，制限時間を守りながら，チャレンジしてみましょう。

チェックカードの使い方

付録として，消えるフィルターを使うチェックカードを設けています。定期テストや入試直前に重要事項を理解できたかくり返しチェックできます。

右図のように，4枚切りはなして，まん中で2つに折ってホッチキスでとめると，1～16節の小冊子になります。

切り取り線に沿って切りはなす。

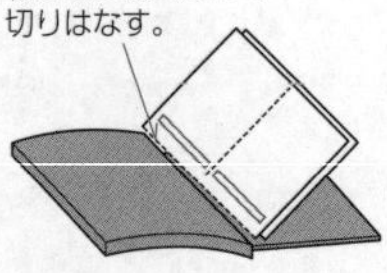

ここで山折りにする

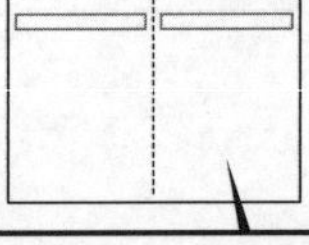

順番どおり重ねたままホッチキスでとめる。

消えるフィルターを使ってチェックできます。

もくじ

実力強化編

実戦力強化編

思考力・記述問題強化編

入試完成編

本書に関する最新情報は，小社ホームページにある**本書の「サポート情報」**をご覧ください。（開設していない場合もございます。）
なお，この本の内容についての責任は小社にあり，内容に関するご質問は直接小社におよせください。

生命

1 こん虫

実力強化編

〔　　月　　日〕

試験の要点

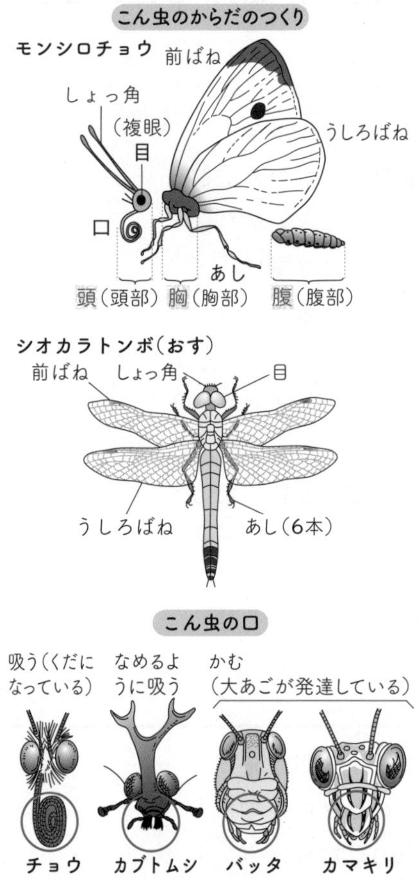

⬆こん虫のからだ

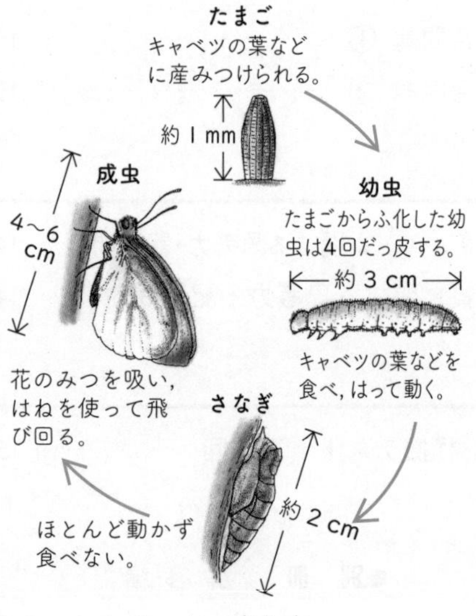

⬆モンシロチョウの育ち方

入試重要度

1. こん虫のからだ ★★

❶ **チョウのからだのつくり**…チョウのからだは，頭，胸《むね》，腹《はら》からできている。

- **頭**　しょっ角２本，目(複眼)２こ，口がある。
- **胸**　あし６本，はね４枚がついている。

❷ **こん虫のからだのつくり**…こん虫のからだは，**頭**，**胸**，**腹**の３つの部分に分けられる。あしは６本ついている。はねについては，胸に４枚のはねをもったものが多いが，中には，はねが２枚のもの↳アブやアリなど やはねがまったくないもの↳ノミ，シラミ，シミなど もいる。

❸ **こん虫の口**…チョウは花のみつ↳ストローのような口，トンボはカ↳かむ口などの小さな虫というように，こん虫によって食べ物が異なる。それぞれ食べ物が食べやすいような口の形をしている。

❹ **クモのからだ**…クモは，からだが頭・胸↳頭と胸で１つ，腹の２つの部分に分けられ，あしが８本ある。クモは，こん虫ではない。

❺ **こん虫ににた生物**…かたいからでおおわれ，あしには関節があるような生き物を節足動物という。こん虫は節足動物の一種である。ほかに，クモ(**クモ類**)，カニ・エビ(**甲殻類**)，ムカデ(**多足類**)なども節足動物のなかまである。節足動物はかたいからでおおわれているので，きゅうくつになるとからをぬぎ，だっ皮《ぴ》する。

2. こん虫の育ち方 ★★★

❶ **チョウの育ち方**…モンシロチョウは，たまご→幼虫→さなぎ→成虫(親虫)と変わって育っていく。たまごからかえった幼虫《ようちゅう》は，幼虫のときに４回，幼虫からさなぎになるときに１回の計５回，皮をぬいで大きくなり(だっ皮)，さなぎになる。

❷ **完全変態**…たまご→幼虫→さなぎ→成虫と育っていくことを**完全変態**という。

例チョウ，アゲハ，カブトムシなど

❸ **不完全変態**…たまご→幼虫《ようちゅう》→成虫と育っていき，さなぎの時期がない育ち方を**不完全変態**という。

例セミ，バッタ，コオロギ，トンボなど

❹ **不変態(無変態)**…たまご→(かえって成長)成虫というような育ち方を**不変態(無変態)**という。たまごからふ化したあと，ほとんど形態を変えることなくだっ皮をくり返して成長する。

例トビムシ，シミなど

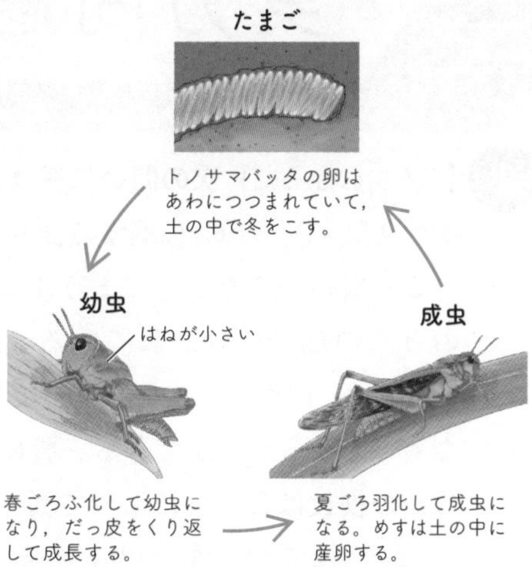

↑不完全変態

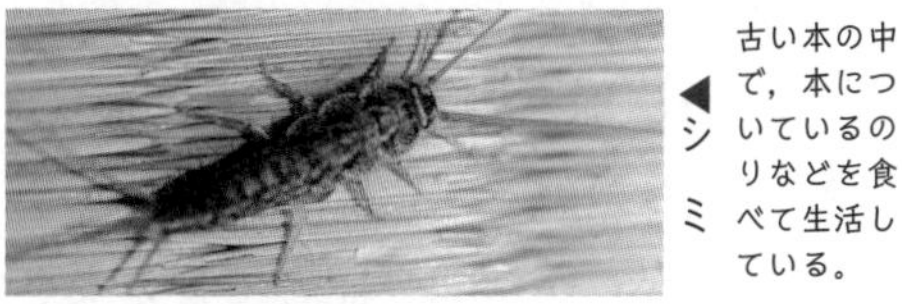

↑不変態(無変態)

3. こん虫の冬ごしのようす ★★

こん虫は寒い冬の季節になるとあまり見かけなくなるが，いろいろな状態で冬をすごしている。こん虫が寒い冬の季節になると見かけにくくなるのは，こん虫がまわりの温度によって体温が変わる動物であり，寒い冬になると活動ができないことによる。このため，こん虫はいろいろなすがたで冬ごしをし，あたたかい春がくるのをじっと待つ。成虫で冬ごしをするテントウムシは，たくさん集まって１つの集団をつくることにより，熱をにげにくくし，その結果として寒さから身をまもることができる。

変温動物という(p.9参照)↵

❶ **たまごで冬ごしするもの**…カマキリ，オビカレハ，コオロギ，バッタなど

❷ **幼虫で冬ごしするもの**…ミノガ(ミノムシ)，カブトムシ，トンボなど

❸ **さなぎで冬ごしするもの**…アゲハ，モンシロチョウ，イラガ，ハエなど

❹ **成虫で冬ごしするもの**…ハチ，アリ，テントウムシ，アカタテハなど

❺ **まゆで冬ごしするもの**…イラガなど

↑冬ごしのようす

要点チェック

□ ①こん虫のからだは，いっぱんにどのような３つの部分に分かれているか。	① 頭・胸・腹
□ ②こん虫のあしは何本か。	② ６本
□ ③こん虫が，たまご→幼虫《ようちゅう》→さなぎ→成虫のように育つことを何というか。	③ 完全変態
□ ④さなぎの時期がなく，たまご→幼虫→成虫のように育つこん虫の育ち方を何というか。	④ 不完全変態
□ ⑤カマキリはどのような状態で冬ごしするか。	⑤ たまご
□ ⑥テントウムシはどのような状態で冬ごしするか。	⑥ 成虫

実力問題

〔　　月　　日〕

生命　解答1ページ

よく出る **1**【こん虫のからだ】**次の問いに答えなさい。**　法政大学第二中－改

□(1) 次の文章(①)～(⑥)に適する語句や数を答えなさい。

こん虫のからだは，じょうぶな皮ふでおおわれ，頭・胸《むね》・腹《はら》の３つの部分に分かれている。頭には，目のほかに，１対の(　①　)，口がある。(　①　)では，においや味など，いろいろなものを知ることができる。胸には，はねと６本のあしがある。はねの枚数《まいすう》はこん虫によって異《こと》なり，例えば，チョウのはねは(　②　)枚で，(　③　)という粉でおおわれている。ハナアブのはねは(　④　)枚であり，ハタラキアリには，はねがない。胸や腹には，いくつかの(　⑤　)があり，のばしたり曲げたりできる。(　⑤　)には呼吸《こきゅう》をするための(　⑥　)がある。

□(2) 不完全変態をするこん虫だけのグループはどれですか。次の**ア**～**エ**から１つ選び記号で答えなさい。

ア ハチ　アリ　**イ** カマキリ　バッタ

ウ カブトムシ　トンボ　**エ** チョウ　ハエ

□(3) いっぱんに成虫で冬をこすこん虫だけのグループはどれですか。(2)の**ア**～**エ**から１つ選び，記号で答えなさい。

□(4) 次に示すそれぞれの部分を組み合わせ，あしを直線でかき入れると，こん虫は次のように表せます。クモのからだのつくりは，どのように表せますか。解答らんに記しなさい。

[解答らん]

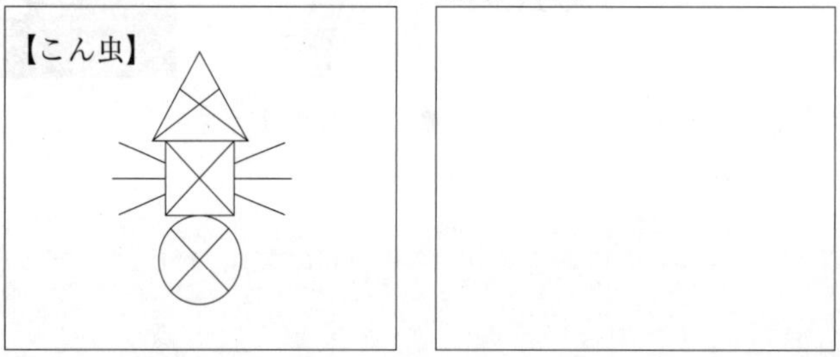

1

(1)①

②

③

④

⑤

⑥

(2)

(3)

(4)　（図に記入）

2【こん虫】**次の問いに答えなさい。**　星野学園中－改

□(1) モンシロチョウについて，次の問いに答えなさい。

① たまごはどこに産みつけられますか。次の**ア**～**カ**から１つ選び，記号で答えなさい。

ア 土の中　　**イ** 水の中　　**ウ** 木の枝
エ ミカンの葉　　**オ** キャベツの葉　　**カ** クワの葉

② 幼虫《ようちゅう》がたまごからかえったあと，最初に食べるものを答えなさい。

□(2) こん虫の口には，かむ口，吸《す》う口，なめる口があります。吸う口をもつこん虫を次の**ア**～**カ**からすべて選び，記号で答えなさい。

ア ヒトスジシマカ　　**イ** モンシロチョウ
ウ トノサマバッタ　　**エ** カブトムシ
オ ナナホシテントウ　　**カ** アキアカネ

□(3) カブトムシやクワガタムシのなかまとして最も近いものを次の**ア**～**オ**から１つ選び，記号で答えなさい。

ア セ　ミ　　**イ** ア　ブ　　**ウ** カナブン
エ カマキリ　　**オ** ア　リ

□(4) こん虫は，あしに節があり，かたいからをもっています。このような特ちょうをもつ生物を次の**ア**～**エ**から１つ選び，記号で答えなさい。

ア カ　メ　　**イ** サザエ
ウ カ　ニ　　**エ** ウ　ニ

❷
(1)① ＿＿＿＿
② ＿＿＿＿
(2) ＿＿＿＿
(3) ＿＿＿＿
(4) ＿＿＿＿

3 【こん虫の育ち方】**シオカラトンボとモンシロチョウについて，それぞれ育ち方の順番(A)，同じ育ち方をするこん虫(B)，冬の間すごす姿《すがた》(C)についてそれぞれア～エから１つずつ選びなさい。**

藤峰学園藤沢中ー改

A 育ち方の順番
ア たまご→幼虫→成虫
イ 幼虫→たまご→さなぎ→成虫
ウ たまご→さなぎ→幼虫→成虫
エ たまご→幼虫→さなぎ→成虫

B 同じ育ち方をするこん虫
ア アブラゼミとショウリョウバッタ
イ アブラゼミとカブトムシ
ウ カブトムシとカイコガ
エ カブトムシとショウリョウバッタ

C 冬の間すごす姿
ア たまご
イ さなぎ
ウ 幼　虫
エ 成　虫

❸
シオカラトンボ
A ＿＿＿＿
B ＿＿＿＿
C ＿＿＿＿
モンシロチョウ
A ＿＿＿＿
B ＿＿＿＿
C ＿＿＿＿

生命

2 季節と生き物

〔　　月　　日〕

試験の要点

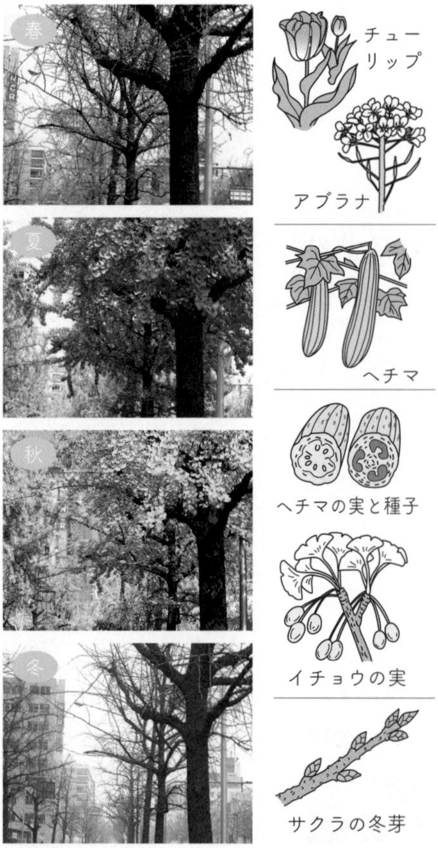

▲季節と植物(写真はイチョウ並木)

1. 季節と植物 ★

❶ **四季の草木**…植物は，季節によって成長のようすがちがう。

- **春に花がさく植物**　チューリップ，スイセン，オオイヌノフグリ，アブラナ，ホトケノザ，サクラなど
- **夏に花がさく植物**　ヒマワリ，ホウセンカ，アサガオ，フジなど
- **秋に花がさく植物**　コスモス，ススキ，ヒガンバナ，キクなど
- **冬に花がさく植物**　ツバキ，サザンカなど

❷ **常緑樹と落葉樹**…木には，常緑樹(冬でも青々とした葉をつける木)と，落葉樹(秋から冬にかけて葉を落とす木)がある。

- **常緑樹**　かたい葉や厚く光沢(つや)のある葉を一年中つけたまますごす。
- **落葉樹**　秋になると色づいた葉を落とし，冬ごしをする。

❸ **冬のすごし方**…木の多くは**冬芽**《ふゆめ(とうが)》をつけて，寒い冬をすごす。冬芽は，うろこのようなかたい皮で包まれたり，たくさんの毛で包まれていたりする。

2. 季節と動物 ★

❶ **季節と動物**…動物は，季節によって見られる数がちがう。あたたかくなると，動物は活動が活発になり，成長したり，数がふえたりする。寒くなると，活動がにぶくなり，冬ごしの準備をする。

❷ **季節とこん虫**…こん虫もあたたかくなると活動が活発になる。寒くなると，あまり見かけなくなるが，いろいろな状態で冬を過ごしている。

- **モンシロチョウ**　春になるとp.5 参照↵さなぎから羽化《うか》し，
  幼虫またはさなぎがだっ皮し，成虫になること↵
  アブラナ科の葉にたまごをうみ，秋までくりかえし発生する。寒い冬になると，さなぎの状態で冬ごしする。

▲季節とこん虫

❸ 冬《とう》 眠《みん》…寒さが厳しい冬の時期を，じっとしたままねてすごすことを**冬眠**という。冬は気温が低くエサが足りなくなるため，エネルギーを使わないよう冬眠する。

- **体温を一定に保てない動物**　外部の温度により体温が変化するカエルなどの動物は，寒さで体温が保てないので，冬の間は冬眠する。このように，外部の温度により体温が変化する動物を変温動物という。

  例カエル，カタツムリ，ダンゴムシなど

- **その他の動物**　ヤマネ・シマリスなどは，冬眠中だけ体温を下げる。クマは冬眠中も体温を一定に保つ。

▲カエル

▲カタツムリ

▲ク　マ

▲ヤマネ

⬆冬眠する動物

3．鳥のわたり ★

鳥が子を産む場所(地域)と冬をこす場所を往復《おうふく》することを**わたり**という。このわたりをする鳥を**わたり鳥**といい，寒くなるころ日本にやってくる鳥を**冬鳥**，あたたかくなるころ日本にやってくる鳥を**夏鳥**という。一方，わたりをしないものを**留鳥**という。

- **冬　鳥**　秋に日本にやってきて，春，北の地域《ちいき》へ帰っていくわたり鳥のことを冬鳥という。

  例マガモ，コガモ，ヒドリガモ，オオハクチョウ，ナベヅルなど

- **夏　鳥**　春に南のあたたかい地域から日本にやってきて，冬の寒い時期は南の地域ですごすわたり鳥のことを夏鳥という。

  例ツバメ，ブッポウソウ，オオルリ，サンコウチョウなど

- **留　鳥**　季節によって他の地域へわたりをしない鳥のことを留鳥という。

  例キジバト，スズメ，ムクドリなど

冬　鳥

夏　鳥

留　鳥

⬆鳥のわたり

要点チェック

□ ①冬でも青々とした葉をつける木を何というか。	① 常緑樹
□ ②かたいうろこのような皮でおおわれた，春になると葉や花になる芽を何というか。	② 冬芽
□ ③鳥が子を産む場所(地域《ちいき》)と冬をこす場所を往復することを何というか。	③ わたり
□ ④秋から冬の間に日本にいるわたり鳥を何というか。	④ 冬鳥

実力問題

1 【季節と植物】次の文を読み，あとの問いに答えなさい。

日本大学豊山女子中

日本では，春・夏・秋・冬と4つの季節があります。季節が変わると，生き物のようすも変わっていきます。ゆり子さんは，ソメイヨシノの1年間のようすを次のようにまとめました。

	春	夏	秋	冬
ソメイヨシノの一年間のようす	花がさく	葉が生いしげる	葉の色が変わる	葉が落ちる

□(1) ソメイヨシノは冬に葉が落ちたあと，右図の**A**をつけて冬をこします。**A**の名まえを答えなさい。

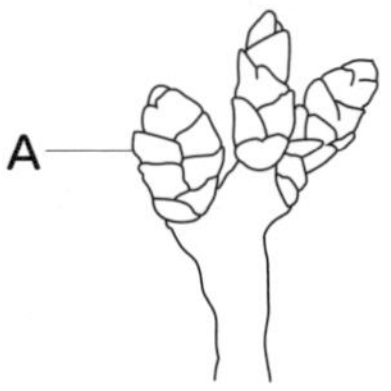

□(2) ソメイヨシノの花は芽からどのようにさきますか。最も適切なものを，次の**ア**～**ウ**から1つ選び，記号で答えなさい。

ア　1つの芽から1個の花がさく。
イ　1つの芽から10個以上の花がさく。
ウ　1つの芽から数個の花がさく。

□(3) 夏に花が多く生えているのは光合成をさかんに行うためです。秋から冬にかけて葉を落とすのはなぜですか。その理由として最も適切なものを，次の**ア**～**エ**から1つ選び，記号で答えなさい。

ア　昼の時間が長くなり，呼吸《こきゅう》をさかんに行うため。
イ　昼の時間が短くなり，光合成をさかんに行うため。
ウ　気温が低くなり，呼吸ができなくなるため。
エ　気温が低くなり，植物が水分不足にならないため。

□(4) ゆり子さんはソメイヨシノ以外の植物の冬のこし方にも興味をもち，身近な植物で比べてみました。すると，冬のこし方にはいくつか種類があることがわかりました。①～④の植物の冬のこし方として正しいものを，あとの**ア**～**オ**から1つずつ選び，記号で答えなさい。

①　タンポポ　　②　イチョウ
③　チューリップ　④　ヒマワリ

ア　地下にくきや根を残して冬をこす。
イ　葉を落として冬をこす。
ウ　葉が地面にはりついて冬をこす。
エ　一年を通して大きく変化しない。
オ　種子で冬をこす。

1

(1)

(2)

(3)

(4)①

②

③

④

(5)

□(5) マツやツバキのように，1年を通じて葉がついている植物を何というか答えなさい。

2【季節と動物】**2月の初めは1年の中でも最も寒い時期で，他の季節にくらべて見かける生物が少なくなります。これについて，次の問いに答えなさい。** 青山学院中

□(1) 次の文の空らんにあてはまることばを漢字2文字で答えなさい。

寒い時期に外で活動できない動物は，体温の調節ができません。このような動物を(　　　)動物といいます。

□(2) ニホンヤマネは人と同じほ乳類ですが，あたたかい時期にたくさん食べ，寒い時期は何も食べずに冬眠《とうみん》をしてすごします。ニホンヤマネがたくわえたエネルギーを節約するために，冬眠中に行っていることを選びなさい。

ア 集団であたため合う。

イ 呼吸《こきゅう》をしない。

ウ 自ら栄養分をつくり出す。

エ 体温を低くする。

❷

(1)

(2)

よく出る

3【鳥のわたり】**鳥の中には，地球上のはなれた地域《ちいき》を季節ごとに行き来するものがいて，この行動をわたりといいます。わたり鳥について，次の問いに答えなさい。** 東京農業大学第一高中－改

□(1) 鳥類の体温調節と繁殖《はんしょく》について説明した次の文の空らん**A**に入る語句の組み合わせとして適当なものをそれぞれ1つずつ選び，記号で答えなさい。

① 鳥は(　**A**　)動物で，(　**B**　)で体温がにげるのを防ぐ。

ア A—変温　**B**—毛　　**イ A**—変温　**B**—羽毛《うもう》

ウ A—恒温《こうおん》　**B**—毛　　**エ A**—恒温　**B**—羽毛

② 鳥は(　**C**　)受精で，(　**D**　)である。

オ C—体外　**D**—卵生《らんせい》　　**カ C**—体外　**D**—胎生《たいせい》

キ C—体内　**D**—卵生　　**ク C**—体内　**D**—胎生

□(2) 春から夏を日本ですごすわたり鳥を，次の**ア**～**エ**から1つ選び，記号で答えなさい。

ア カモ　　**イ** スズメ　　**ウ** ツバメ　　**エ** ハト

❸

(1)①

②

(2)

生命 3

植物の発芽と成長

〔　　月　　日〕

試験の要点

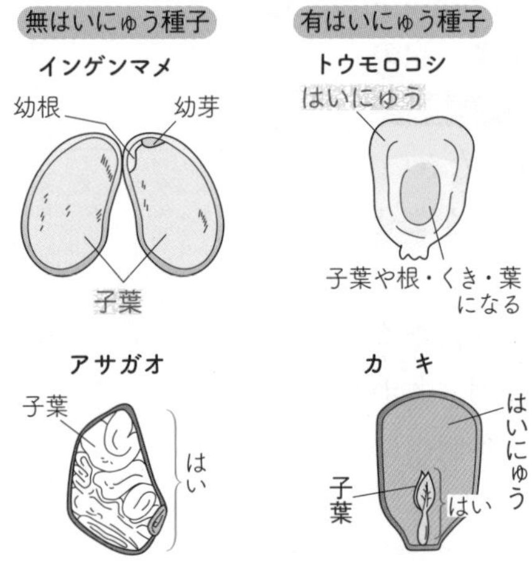

例 ヘチマ，キュウリ，ダイコン，ヒマワリ，ダイズなど

例 ムギ，ネギ，ホウレンソウ，マツなど

⬆種子のつくり

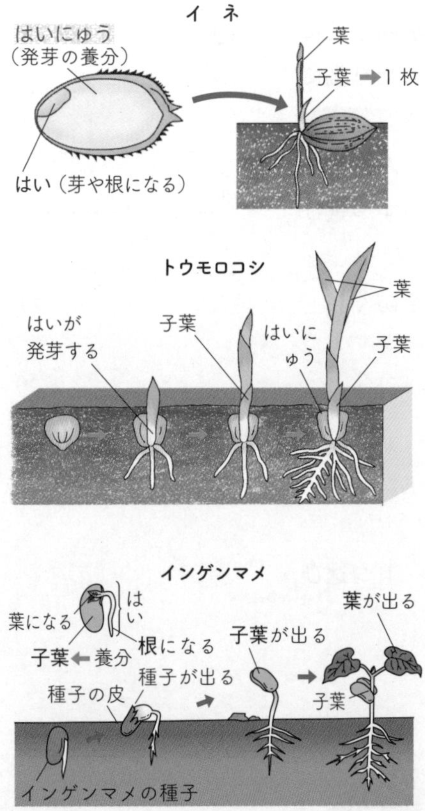

⬆芽の出るようす

1. 種子のつくり ★★

❶ **無はいにゅう種子**…はいの中の**子葉**《しよう》に発芽するための養分(栄養分)がたくわえられている。
↳でんぷん，しぼうなど

❷ **有はいにゅう種子**…はいとは別の**はいにゅう**の部分に発芽のための養分がたくわえられている。

2. 芽の出るようす ★

❶ **発　芽**…種子が，一定の条件が満たされて芽を出すことを発芽という。次のような順序により，発芽をする。
↳水や空気，あたたかさなど

(1)種子に水分が入り，ふくれる。

(2)はじめに根が出る。

(3)芽がのび，子葉が出る。

❷ **単子葉類**《たんしようるい》…発芽のときの子葉の数が１枚《まい》のものをまとめて**単子葉類**という。

例ネギ，ユリ，ツユクサ，サトイモなど

❸ **双子葉類**《そうしようるい》…発芽のときの子葉の数が２枚のものをまとめて**双子葉類**という。

例ダイズ，アサガオ，カキ，ダイコンなど

❹ **発芽の養分**…種子には，成長に必要な**養分**がふくまれているので，肥料をあたえなくても発芽する。発芽して地上に出てきたインゲンマメの子葉は，成長にともなってしぼみ，やがてかれて落ちる。

❺ **発芽のときの子葉の出方**…たねが発芽するとき，子葉が地上に出るものと，地中に残るものがある。

3. 種子にふくまれるもの ★★

❶ **種子の成分**…種子には，でんぷん，たんぱく質，しぼう(油)などがふくまれている。イネ，アズキ，ムギなどはでんぷんを多くふくむ種子である。

❷ **でんぷんの確かめ方**…でんぷんがふくまれているかどうかはヨウ素液で確かめることができる。

- **ヨウ素でんぷん反応**　でんぷんがふくまれていると，ヨウ素液により青むらさき色になる。

4. 発芽に必要な条件 ★★

種子の発芽には，水分，空気，適当な温度の３つの条件が必要である。

❶ **発芽と水分**…水でしめらせた所にまいた種子だけが発芽するから，発芽には水分が必要である。

❷ **発芽と空気**…水(空気をふくまない)の中にしずめたインゲンマメの種子は発芽しないことから，発芽には空気が必要なことがわかる。

❸ **発芽と温度**…寒い冬には種子が発芽しないことや，発芽と温度の関係の実験から，発芽には適当な温度が必要なことがわかる。

❹ **発芽と土・日光**…土や日光は発芽のためになくてはならないものではない。しかし，水分と空気をふくんだ土にまかれた種子は，日光をあて，適当な温度をあたえれば，発芽しやすくなる。

❺ **光発芽種子**《こうはつがしゅし》…植物の発芽には，ふつう光を必要としないが，発芽に光を必要とする種子もある。この種子のことを**光発芽種子**という(レタス，タバコ，マツヨイグサなど)。

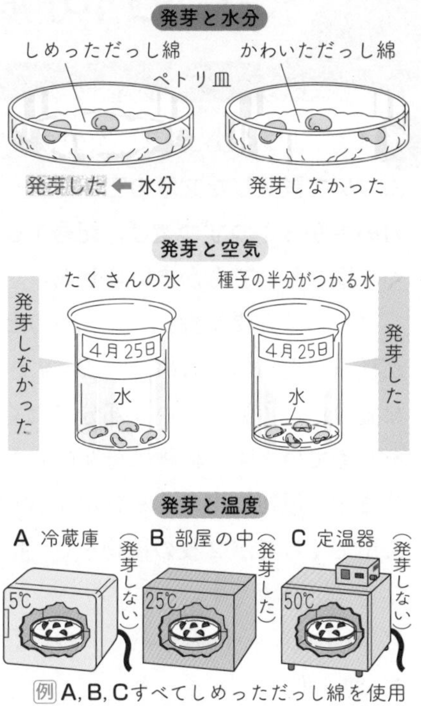

⬆発芽に必要な条件

5. 成長に必要な条件 ★★

❶ **成長と水分・空気・温度**…発芽したあとも，水分・空気・**適当な温度**は必要である。

❷ **成長と日光**…同じくらいに育ったインゲンマメのなえ２つを用意し，一方には日光をあて，もう一方は日光をあてない。これ以外の条件はそろえ，約10日後に観察する。日光にあてないほうは，緑色がうすく，くきは細くひょろひょろで，葉の枚数は少ない。これより，日光がないとじょうぶに育たないことがわかる。

(日光にあてる・あてないだけちがう)
(↳日かげで育つと，日あたりがよい所より草たけは高いことがある)
(↳暗い場所に置かれた植物は，日光を求め，のびる性質がある)

❸ **成長と肥料**…必要な養分を根から吸収《きゅうしゅう》できるときはあたえなくても育つが，適量やると育ちがよい。

(↳ちっ素・りん酸・カリウムをふくむ肥料(養分)が必要)
(↳やり過ぎると根がかれてしまう)

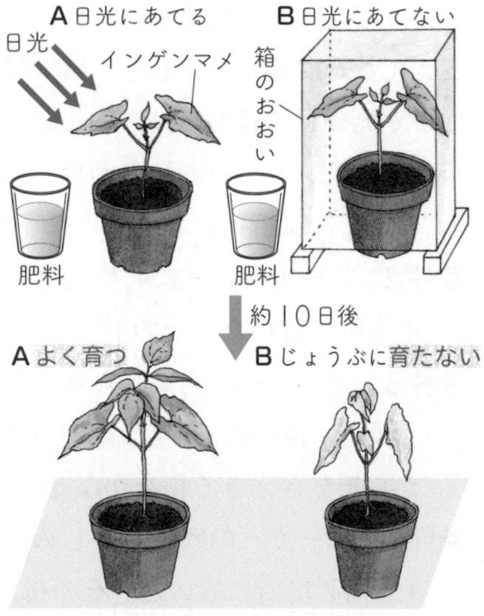

⬆成長と日光

要点チェック

- ①インゲンマメは発芽のための養分をどこにたくわえているか。
- ②発芽のときの子葉の数が２枚《まい》のものを何というか。
- ③でんぷんがふくまれているかどうかは何でたしかめることができるか。
- ④種子の発芽に必要な３つの条件は何か。

① 子葉
② 双子葉類《そうしようるい》
③ ヨウ素液
④ 水分・空気・適当な温度

実力問題

〔　　月　　日〕

生命　解答２ページ

1【種子のつくりと発芽】**次のダイズとトウモロコシの種子の発芽について説明した文章の空らん①～⑤について，適当な語句をア～カの中から１つずつ選び，記号で答えなさい。ただし，同じ記号をくり返し用いてもかまいません。**

関東学院中－改

　ダイズは必要な養分を（　①　）という部分にたくわえ，（　①　）が種子の大部分をしめています。一方，トウモロコシは発芽に必要な養分を（　②　）という部分にたくわえ，（　②　）が種子の大部分をしめています。植物は発芽のしかたによって分類されることがあります。最初に出てくる葉が１枚の植物を（　③　）類といい，最初に出てくる葉が２枚の植物を（　④　）類といいます。トウモロコシは（　⑤　）類です。

ア 単子葉　**イ** 双子葉《そうしよう》　**ウ** は　い　**エ** はいにゅう
オ 幼《よう》　芽《が》　**カ** 子　葉

1
①
②
③
④
⑤

プラスα

　種子は，有はいにゅう種子と無はいにゅう種子に分けられ，ダイズは無はいにゅう種子のなかまである。

よく出る

2【発芽の条件】**次の文を読み，あとの問いに答えなさい。**

湘南学園中－改

　インゲンマメの発芽条件について調べるため，次のように条件を変えて数日間観察しました。結果は**条件２**と**条件３**のインゲンマメだけが発芽し，ほかの条件のインゲンマメは発芽しませんでした。

条件１　ビーカーの底にかわいただっしめんをしき，25℃の明るいところに置いた。その上にインゲンマメの種子をまいた。

条件２　ビーカーの底にしめらせただっしめんをしき，**条件１**と同じ場所に置いた。その上にインゲンマメの種子をまいた。

条件３　ビーカーの底にしめらせただっしめんをしき，**条件１**と同じ場所に置いた。その上にインゲンマメの種子をまき，さらに上から光をさえぎる箱をかぶせた。

条件４　ビーカーの底にだっしめんをしき，多量の水を入れて**条件１**と同じ場所に置いた。その後，水中にインゲンマメの種子をしずめた。

□(1) インゲンマメの種子の写真として正しいものを選び，記号で答えなさい。

ア
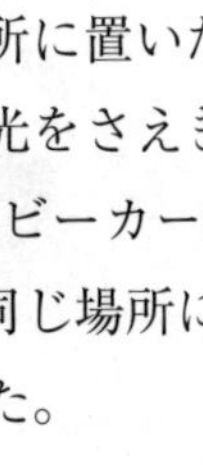
イ
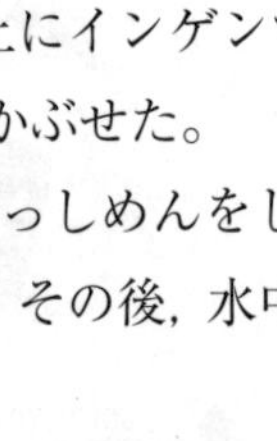
ウ
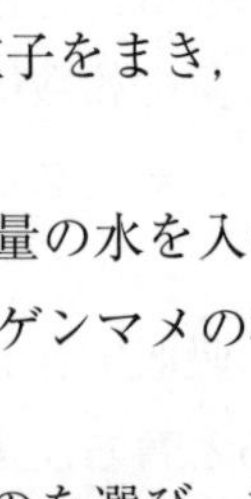
エ

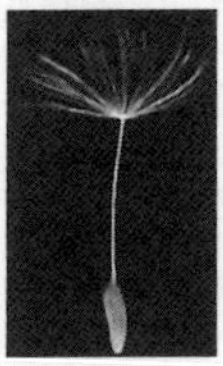

□(2) インゲンマメが発芽したとき，はじめに出てくる子葉の枚数《まいすう》を答えなさい。

□(3) この実験を行うときに気をつけることとして，正しいものを２つ選び，記号で答えなさい。

ア 実験の条件を３つ以上変えるとよい。

イ 調べる条件が途《と》中《ちゅう》で変わらないようにする。

ウ 実験を行うインゲンマメの種子は数が多いほうがよい。

エ 実験で使用するビーカーは，実験によってさまざまな大きさにする。

□(4) ある２つの条件を比べると，インゲンマメの発芽に水が必要であることがわかります。比べる条件として正しいものを**条件１**～**条件４**の中から２つ選び，数字で答えなさい。

□(5) **条件２**と**条件３**を比べることによってわかる，インゲンマメの発芽に必要がないものを答えなさい。

□(6) **条件２**と**条件４**を比べることによってわかる，インゲンマメの発芽に必要なものを答えなさい。

□(7) インゲンマメの種子が発芽しやすい温度を調べるために，条件を変えて実験を行いました。インゲンマメの種子をどのような条件において，数日間観察すればよいですか。正しいものを選び，記号で答えなさい。

ア ５℃に保ったしめらせただっしめんの上

イ ５℃に保ったかわいただっしめんの上

ウ 5，10，15，20，30℃にそれぞれ保った，しめらせただっしめんの上

エ 5，10，15，20，30℃にそれぞれ保った，かわいただっしめんの上

□(8) インゲンマメが発芽してしばらくすると，子葉が小さくなってしおれてきました。発芽する前の子葉にふくまれていたデンプンが，発芽するときに使われたことを調べるために必要なものを３つ選び，記号で答えなさい。

ア 水にひたしてやわらかくした発芽する前のインゲンマメの種子

イ 大きく育ったインゲンマメの葉

ウ 発芽してしばらくたってしおれたインゲンマメの子葉

エ BTB液(BTBよう液)

オ リトマス紙

カ ヨウ素液

2

(1) ＿＿＿＿＿＿

(2) ＿＿＿＿＿＿

(3) ＿＿＿＿＿＿

(4) ＿＿＿＿＿＿

(5) ＿＿＿＿＿＿

(6) ＿＿＿＿＿＿

(7) ＿＿＿＿＿＿

(8) ＿＿＿＿＿＿

ワンポイント

必要があれば，**条件１**，**条件２**，**条件３**のそれぞれについて，**条件１**とどの部分がちがうのか，整理して書き出すとよい。

〔　　月　　日〕

花のつくりとはたらき

試験の要点

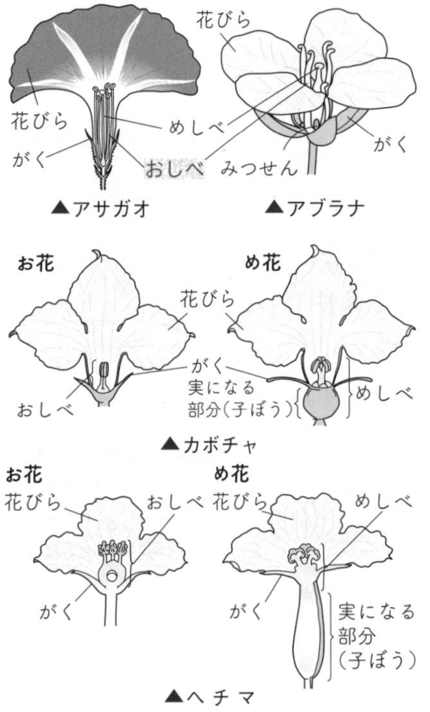

⬆花のつくり

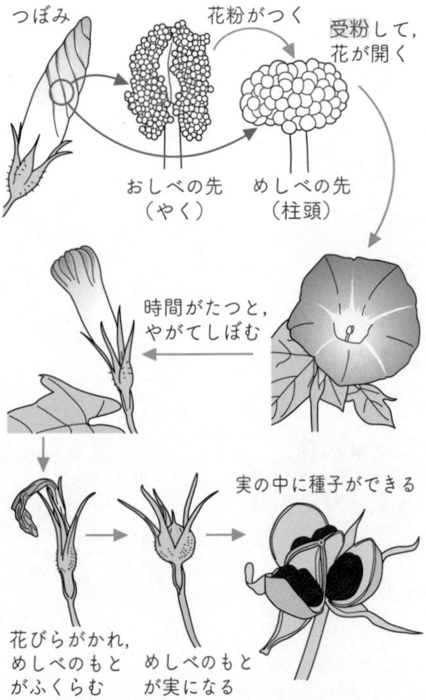

⬆アサガオの受粉から実ができるまで

1. 花のつくり ★★

❶ **花のつくり**…花はふつう外側から，がく，花びら，おしべ，めしべでできている。

中学校からは「花弁」とよぶようになる↵

↳花粉をつくる部分

	アサガオ	アブラナ
が　く	5つにさけている	4枚《まい》
花びら	ラッパのようになっている(花びらが引っついている。このような花を**合**《ごう》**弁花**《べんか》という。)	4枚(花びらが1枚1枚はなれている花を**離弁花**《りべんか》という。)
おしべ	5　本	6　本
めしべ	1　本	1　本

❷ **カボチャの花のつくり**…カボチャの花は，おしべとめしべが1つの花にはなく，お花におしべが，め花にめしべがある。1つの花におしべとめしべがそろっている花を**両性花**といい，1つの花におしべかめしべのどちらか一方しかない花を**単性花**という。単性花で，おしべがあってめしべがない花をお花，めしべがあっておしべがない花をめ花という。

- **両性花**　アサガオ，アブラナ，タンポポなど
- **単性花**　ヘチマ，カボチャ，キュウリ，ヒョウタン，スイカ，ウリなど

❸ **イネの花のつくり**…イネの花は，花びらとがくがなく，かわりに**えい**がある。このように，花の4要素であるがく，花びら，おしべ，めしべがそろっていない花を**不完全花**という。4つがそろっている花を**完全花**という。単性花は不完全花の一部である。

2. 花のはたらき ★★★

❶ **受　粉**…おしべの花粉がめしべの先につくことを，受粉という。

❷ **受粉から実ができるまで**…めしべの先についた花粉から花粉管が出て，めしべの中のはいしゅに届《とど》くと，やがて**子ぼう**がふくらんで**実**となり，**はいしゅ**は**種子**になる。

受精という↵

↳「たね」ということばは，種子をさすときと，ヒマワリのように種子と実をさすときがある

3. 人工受粉 ★★★

❶ **自家受粉**…同じ花の中，または，同じ株《かぶ》の別の花の間で花粉がめしべにつく受粉を**自家受粉**という。アサガオは，自家受粉により受粉する花の代表例である。

❷ **他家受粉**…虫や鳥などの動物や風などのはたらきによって行われる受粉を**他家受粉**といい，多くの植物で行われる。虫によるものを**虫ばい花**，鳥によるものを**鳥ばい花**，風によるものを**風ばい花**，水の流れによって花粉が運ばれ，受粉するものを**水ばい花**という。

- **虫ばい花**　サクラ，アブラナなど
- **鳥ばい花**　ツバキ，サザンカ，メジロなど
- **風ばい花**　トウモロコシ，マツ，スギなど
- **水ばい花**　オオカナダモ，クロモなど

❸ **人工受粉**…虫や鳥などの動物や風などのはたらきにたよらず，人の手によって，花粉をめしべの先につけ，受粉させることを人工受粉（果樹園などではよく行われる）という。カボチャの人工受粉のようすを，次のような実験で確かめることができる。

⑴次の日にさきそうなカボチャのめ花を２つ見つけ，ふくろをかぶせる。

⑵め花がさいたら，めしべの先（**柱頭**）にお花の花粉をつけたものと，つけないものにして，つけたものはふたたびふくろをかぶせておく。

⑶め花がどのように変わっていくかを観察し続ける。
このような手順で実験を行うと，次のような結果が得られる。
①めしべに花粉をつけた花は，子ぼうがふくらみ，実ができた。
②つけなかった花は，実ができなかった。

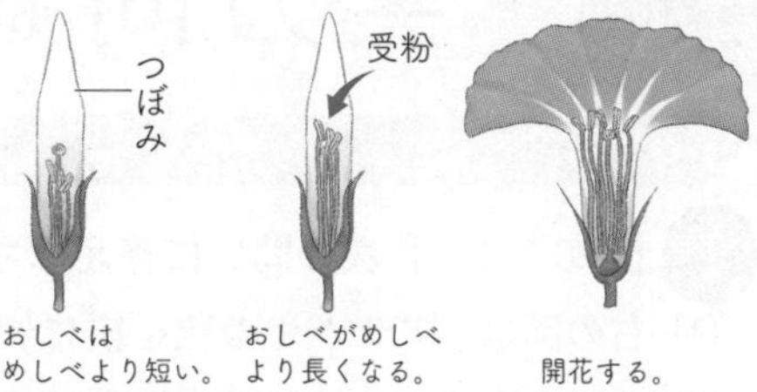

自家受粉（アサガオ）

▲ベニシジミによる受粉

▲ミツバチによる受粉

他家受粉

ナシの人工受粉

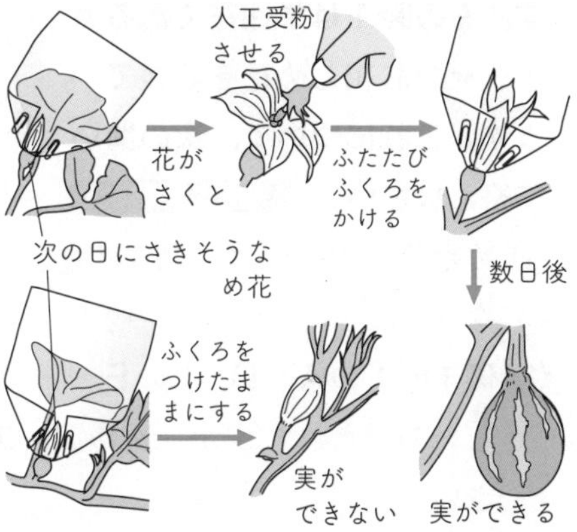

カボチャの受粉から実ができるまで

要点チェック

①花はふつう何でできていますか。外側から４つ答えよ。	① がく，花びら，おしべ，めしべ
②１つの花に，おしべかめしべのどちらかしかない花を何というか。	② 単性花
③おしべの花粉がめしべの先につくことを何というか。	③ 受粉
④めしべの先を何というか。	④ 柱頭
⑤受粉をすると，子ぼうは何になるか。	⑤ 実

実力問題

〔　月　日〕

生命　解答 2 ページ

1【花のつくり】**次の問いに答えなさい。**　早稲田中，巣鴨中ー改

□(1) 右の図は，アサガオの花を縦《たて》に切ったときのようすを示しています。図中の**A**～**D**の名まえを答えなさい。また，種子になる部分はどこですか。記号で答えなさい。

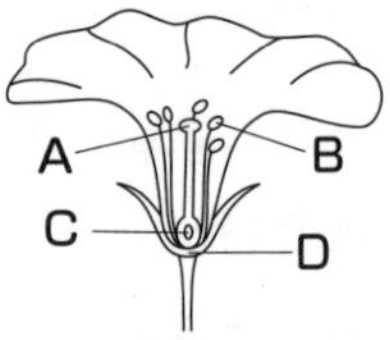

□(2) アサガオは「両性花」です。ヘチマは「単性花」とよばれます。単性花をつける植物はどれですか。ふさわしいものを次の**ア**～**オ**から２つ選び，記号で答えなさい。

ア アブラナ　**イ** インゲンマメ　**ウ** キュウリ
エ コスモス　**オ** トウモロコシ

□(3) 次の**ア**～**カ**からアサガオの種子と花粉を１つずつ選びなさい。

ア　**イ**　**ウ**　**エ**　**オ**　**カ**

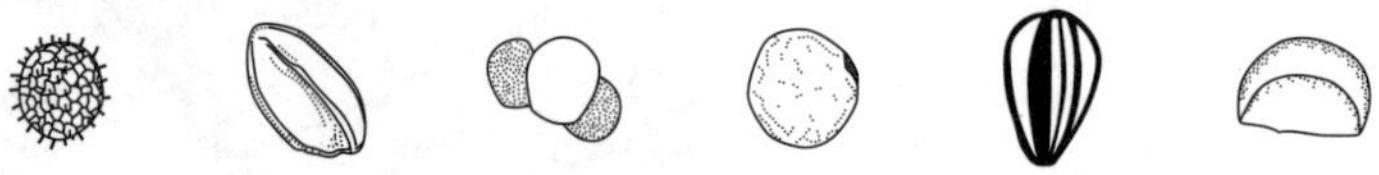

1

(1)A ＿＿＿＿
B ＿＿＿＿
C ＿＿＿＿
D ＿＿＿＿
種子になる部分 ＿＿＿＿
(2) ＿＿＿＿
(3)種子 ＿＿＿＿
花粉 ＿＿＿＿

よく出る

2【花のつくり】**植物がつける花には両性花と単性花があります。右の図１は単性花であるカボチャのお花とめ花を表しています。これについて，次の問いに答えなさい。**　専修大学松戸中

図１

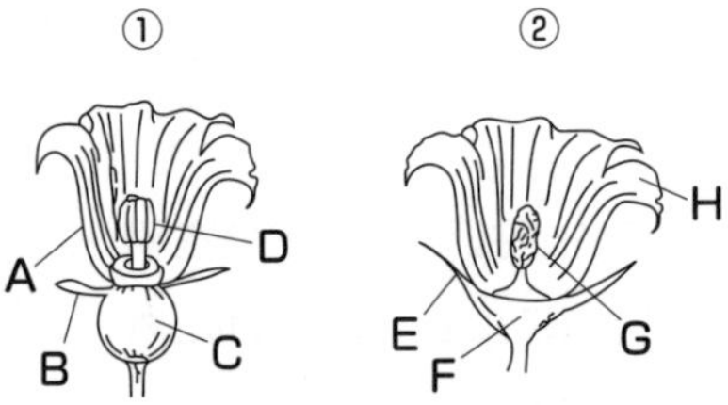

□(1) カボチャのお花は，**図１**の①，②のどちらですか。番号で答えなさい。

□(2) **図１**の①の**A**～**D**，②の**E**～**H**について述べた次の文のうち，正しいのはどれですか。次の**ア**～**エ**から１つ選び，記号で答えなさい。

ア **A**と**H**はどちらも花びらである。
イ **B**は花びらの一部，**E**はがくである。
ウ **C**と**F**はどちらも子ぼうである。
エ **G**の先に**D**の中の花粉がつくと，実ができる。

□(3) カボチャと同じ単性花の植物はどれですか。次の**ア**～**エ**から１つ選び，記号で答えなさい。

ア ダイコン　**イ** チューリップ
ウ ヘチマ　**エ** タンポポ

2

(1) ＿＿＿＿
(2) ＿＿＿＿
(3) ＿＿＿＿
(4)C ＿＿＿＿
D ＿＿＿＿
(5) ＿＿＿＿
＿＿＿＿
＿＿＿＿

□(4) 右の**図2**は，両性花であるアブラナの花の一部を表しています。**図1**の①の**C**，**D**と同じつくりの部分を，**図2**の**ア**～**エ**からそれぞれ１つずつ選び，記号で答えなさい。あてはまるものがないときは「×」を書きなさい。

図2

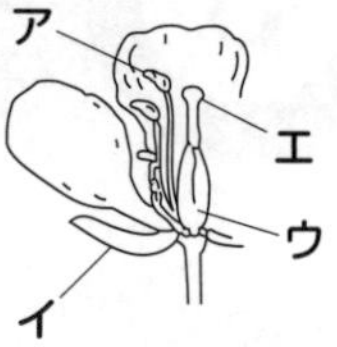

□(5) **図1**のカボチャや**図2**のアブラナは，主にどのようにして花粉が運ばれて受粉しますか。簡単《かんたん》に説明しなさい。

❸【花のつくりと受粉】次の問いに答えなさい。

星野学園中，中央大学付属中－改

□(1) アサガオのつぼみをやさしく開いておしべだけをすべて切りとりました。その後，つぼみにとう明のふくろをかけて観察したところ，花はさきましたが，種子はできませんでした。種子ができなかった理由を，「花粉」という言葉を用いて 20 文字以内で答えなさい。

□(2) カボチャのお花とめ花がさいています。次の**ア**～**オ**の中で，カボチャに実がなる可能性が最も高いものはどれですか。ふさわしいものを１つ選び，記号で答えなさい。

ア お花とめ花の付近には虫が飛んでおらず，風もふいていない。
イ め花にミツバチが飛んできて，そのあとお花にとまった。
ウ お花にミツバチが飛んできて，そのあとめ花にとまった。
エ さいたお花の方向から，さいため花の方向に強い風がふく日が続いた。
オ さいため花の方向から，さいたお花の方向に強い風がふく日が続いた。

❹【人工受粉】花がさいたあと，実ができるためには受粉が必要です。そのことを調べるために，ヘチマを用いて次の①～③の実験を行いました。あとの問いに答えなさい。

早稲田中－改

① 翌日《よくじつ》に花がさきそうなめ花のつぼみを２つ選び，ふくろをかぶせる。
② 花がさいたら，１つはふくろをかぶせたままにし，これを**ア**とする。もう１つはふくろをとり，おしべの花粉を筆でめしべの先につけ，また，すぐにふくろをかぶせてもとのようにし，これを**イ**とする。
③ 花がしぼんでから両方のふくろをとり，その後，実ができるかを観察する。

□(1) 実験の結果，実がなったのは**ア**か**イ**のどちらですか。

□(2) また，**イ**の花に下線部のように再びふくろをかぶせる必要があったのはなぜですか。その理由を答えなさい。

❸
(1)
(2)

❹
(1)
(2)

5 植物と日光・水

〔　月　日〕

試験の要点

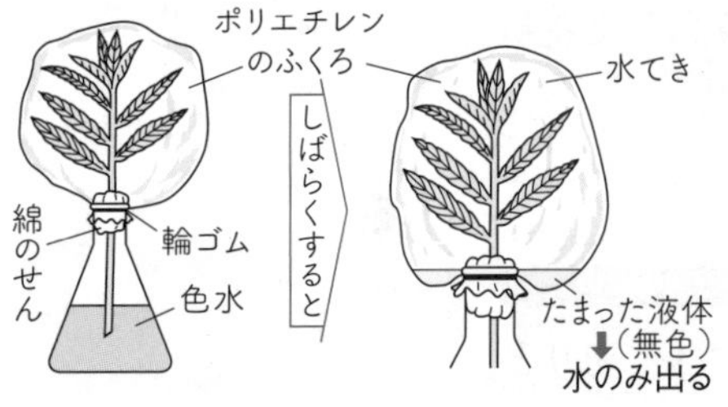

葉による水の蒸散

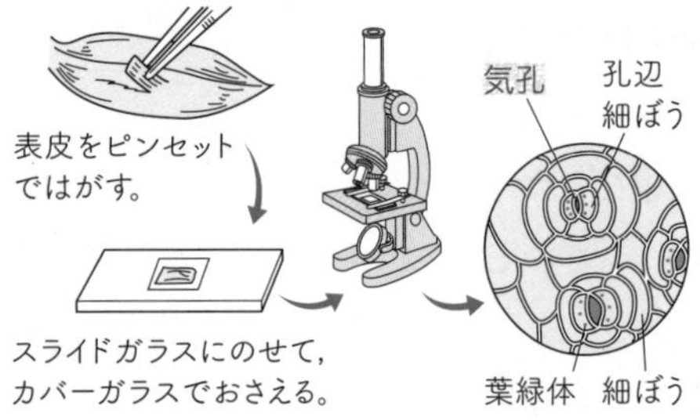

気　孔

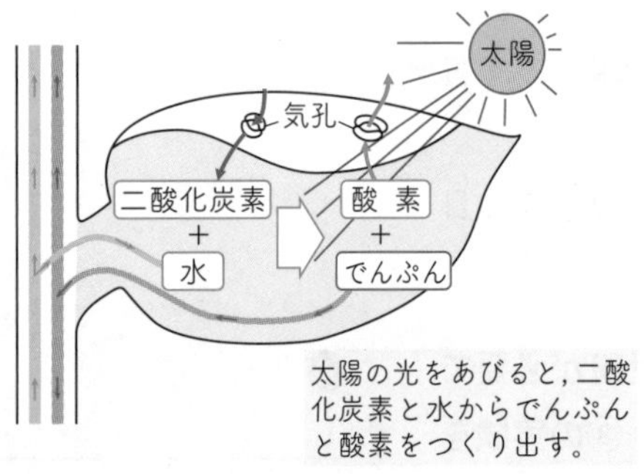

でんぷんのできるしくみ

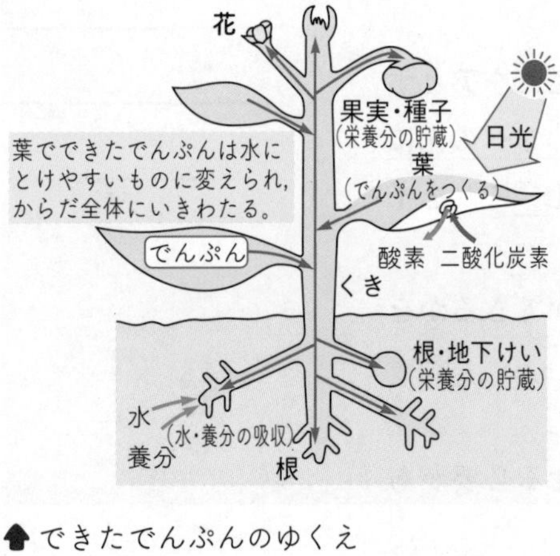

できたでんぷんのゆくえ

1. 葉と水のゆくえ

❶ **葉による水の蒸散《じょうさん》**…植物の葉から水が水蒸気となって出ていくことを蒸散という。蒸散により，根から水分や水にとけた養分の吸収がさかんになる。

❷ **気《き》　孔《こう》**…植物の葉は，外側を小さな穴のある表皮で包まれている。この穴を気孔という。温度が高いとき，気孔が大きく開いて蒸散がさかんになる。

気孔では，酸素や二酸化炭素の出し入れも行われている↵

2. でんぷんのできるしくみ(光合成)

❶ **光合成**…葉が緑色をした植物が日光を受けて，でんぷんをつくることを光合成という。

❷ **光合成を行う場所**…光合成は，おもに葉の緑色の部分(葉緑体のあるところ)で行われる。

❸ **でんぷん**…根からとり入れた水と，葉の気孔からとり入れた二酸化炭素をもとにつくられる。

❹ **光合成とエネルギー**…水と二酸化炭素からでんぷんをつくるとき，日光のエネルギーを必要とする。

❺ **光合成でできるもの**…でんぷんができると同時に酸素ができる。光合成が行われるとき，気孔からは酸素が出ていく。

❻ **でんぷんのゆくえ**…光合成でつくられたでんぷんは植物の生活や成長などのために使われ，余分なものは，実，種子，いもなどの中にたくわえられる。

果実↵

❼ **水中の生き物**…陸上の植物のほか，海中にある海草や，池の中にある水草なども光合成を行っている。

❽ **呼吸《こきゅう》と光合成**…植物は光合成と反対のはたらきの呼吸(気孔から酸素をとり入れ，二酸化炭素を放出する)も行っている。呼吸はつねに行っている。晴れた日の日中では，光合成のほうがさかんなので，全体としては二酸化炭素をとりこんで，酸素を出しているようにみえるが，呼吸も行われている。

❾ **葉以外の光合成**…光合成は，おもに葉で行われるが，植物の体の中の緑色のところ(葉緑体のあるところ)では，どこでも光合成は行われる。

3. 光合成と条件 ★★

❶ **カナダモによる光合成の実験**…右の図のように，カナダモを使って実験すると，日光を受けて光合成を行うとき，水にとけこんでいる二酸化炭素を吸《す》って，酸素のあわを出していることがわかる。

❷ **光合成と条件**…日光のかわりに電灯を使って光の強さを変えたり，水の温度を変えたり，一度ふっとうさせた水を入れたり，いろいろ条件を変えてみる。あわがさかんに出るときは，光合成がさかんに行われている。ある限度までは，光が強いほど，二酸化炭素の量が多いほど，温度が高いほど光合成はさかんである。

- この実験では，カナダモを使って光合成のようすについて調べたが，アサガオやホウセンカなどの陸上に育つ植物でも同じようなことがいえる。

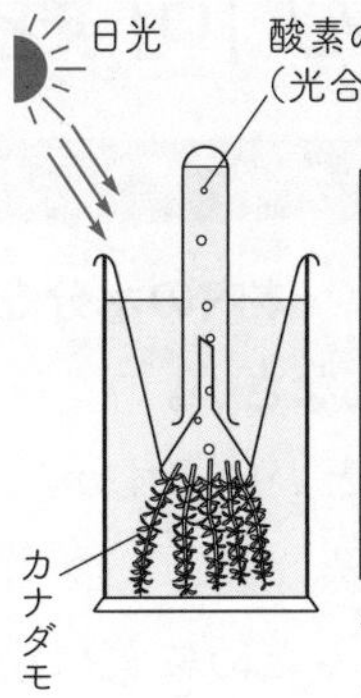

電灯のきょり	電灯の数	あわの数〔1分間〕
70cm	1	55
50cm	1	71
50cm	2	100

▲光合成と光 25cmくらいのカナダモ 1本，電灯100W，温度は12～13℃。

およその温度〔℃〕	10.5	15	17.5	21
あわの数〔1分間〕	57	100	112	152

▲光合成と温度　500Wの電灯を約50cmのきょりに置く。

⬆光合成をすすめる条件

4. でんぷんの確かめ方 ★★★

❶ **実験の手順**…日光によって葉にでんぷんができるかどうかは，次のようにして，**ヨウ素でんぷん反応**で確かめることができる。

(1)アサガオやジャガイモなどの葉で，日光のよくあたっているところとあたっていないところのものを採取する。
(2)採取した葉を熱い湯に 1 ～ 2 分間入れておく。
(3)その葉をろ紙ではさむ。
(4)ろ紙をビニルシートにはさみ，木づちでたたく。
(5)葉をろ紙からはがし，ろ紙をヨウ素液につける。
(6)水の中で，静かにろ紙を洗《あら》う。

❷ **結　果**…日光のよくあたった葉はでんぷんをつくり，青むらさき色になる。アルミニウムはくでおおい，日光のあたっていない葉では，変化がおこらない。

⬆葉にあるでんぷんの確かめ方

要点チェック

①植物の葉から水が水蒸気《すいじょうき》になって出ていくことを何というか。	① 蒸散
②植物の葉の外側を包んでいる表皮にあいている穴《あな》を何というか。	② 気《き》孔《こう》
③植物が日光のエネルギーを使い，でんぷんをつくることを何というか。	③ 光合成
④光合成では，でんぷんとともに同時にどんな気体ができるか。	④ 酸素
⑤でんぷんはヨウ素液と反応して何色になるか。	⑤ 青むらさき色

実力問題

よく出る

1 【植物と水】植物は，体内の水分を外へ出すはたらきをもっています。次の問いに答えなさい。

カリタス女子中

(1) このはたらきを何といいますか。

ア 呼《こ》吸《きゅう》　**イ** 蒸《じょう》散《さん》　**ウ** 消化　**エ** 光合成

(2) (1)のはたらきをするために葉に備わっているつくりを何といいますか。

ある植物を用意し，このはたらきが主にどこで行われているかを調べる実験を行いました。

手順1 同じ大きさの葉をつけた同じ大きさの枝を用意し，次の図のように固定した。

Aは，葉をすべてとり，すべての切り口にワセリンをぬった枝。

Bは，葉のうら側にワセリンをぬった枝。

Cは，葉の表側にワセリンをぬった枝。

Dは，何も手を加えていない枝。

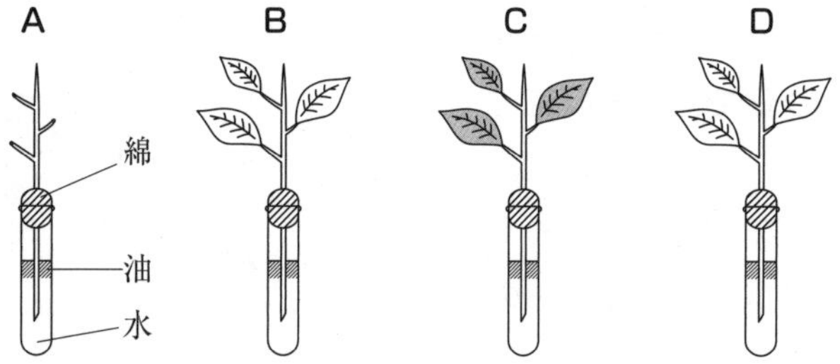

手順2 時間の経過とともに減った水の量をグラフにしてみたところ，右のようになった。

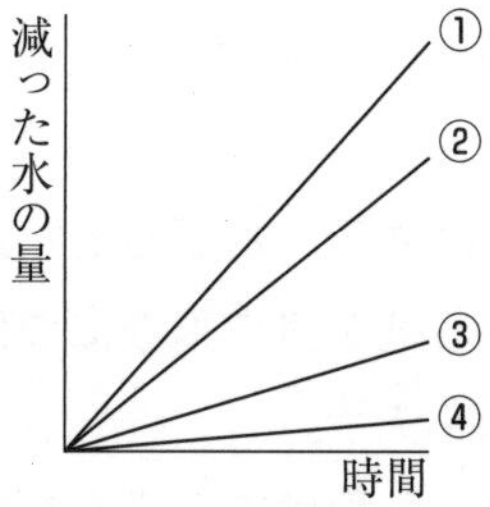

(3) **手順1**において，各容器の中に油を入れています。油を入れる理由を答えなさい。

(4) グラフの①と③は**A**～**D**のどの枝ですか。それぞれ１つずつ選び，記号で答えなさい。

❶

(1)

(2)

(3)

(4)①

③

2 【水の通り道】図のように，ホウセンカを食紅で色をつけた水に数時間さしておきます。次の問いに答えなさい。

麗澤中

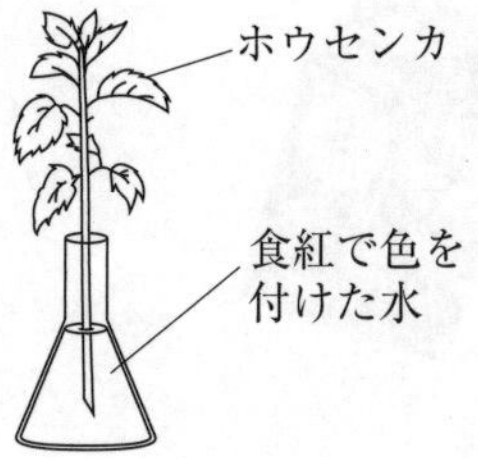

(1) そのあと，くきを横に切り，断面を観察すると，赤く染《そ》まった部分が観察されました。正しいものを**ア**～**エ**のうちから１つ選びなさい。なお，赤く染まった部分は黒くぬりつぶしている。

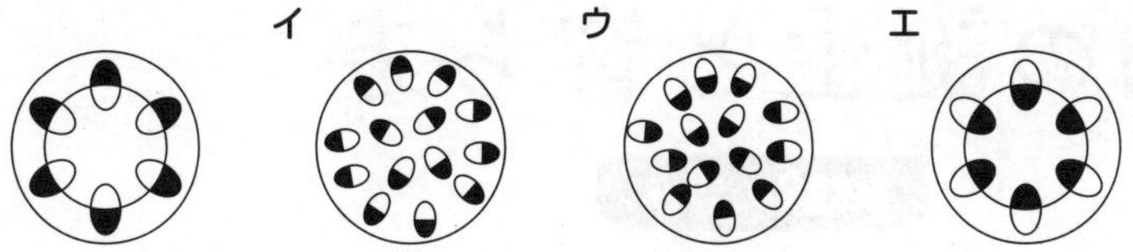

⑵ この実験により，赤く染《そ》まった部分にはどのような役割《やくわり》があると考えられますか。最も適当なものを次の**ア**～**エ**から１つ選び，記号で答えなさい。

ア この部分には葉でつくられた養分が通っている。

イ この部分には葉から吸収《きゅうしゅう》された水が通っている。

ウ この部分には根からはい出される不要物が通っている。

エ この部分には根から吸収された水が通っている。

⑶ この実験により赤く染まった部分は，何が染まったために赤くなりましたか。次の**ア**～**ウ**から１つ選び，記号で答えなさい。

ア 道　管　　**イ** 師　管　　**ウ** 維管束

3 【光合成】**葉のはたらきと光の関係を調べるため，次のような実験を行いました。あとの問いに答えなさい。** 巣鴨中

アサガオの鉢植えをａ１日暗いところに置いた。次に，図のように，ふ入り（図の白ぬきの部分）のある葉にアルミはくをかぶせて日光によくあててからつみとった。その葉を（　①　）につけてから，あたためた（　②　）につけて脱色《だっしょく》したあと，水で洗い，ｂヨウ素液をかけて色の変化を観察した。

⑴ 下線部**ａ**を行う理由として適するものを，次の**ア**～**オ**から１つ選びなさい。

ア 葉の栄養分をなくすため。　**イ** 葉の水分をなくすため。

ウ 葉の活動をとめるため。　**エ** 葉をやわらかくするため。

オ 葉の緑色をなくすため。

⑵ 文中の空らん①と②に適するものを，次の**ア**～**キ**から１つずつ選びなさい。

ア 石灰水《せっかいすい》　**イ** 食塩水　**ウ** エタノール

エ 熱　湯　**オ** 氷　水　**カ** うすい塩酸

キ うすい水酸化ナトリウム水よう液

⑶ 下線部**ｂ**について，次の問いに答えなさい。

① ヨウ素液は何に反応しますか。また，何色に変化しますか。

② 色の変化が見られなかった部分を，図の**Ａ**～**Ｄ**からすべて選びなさい。

⑷ 図の**Ａ**と**Ｄ**の結果を比べてわかることを簡単《かんたん》に説明しなさい。

2

⑴

⑵

⑶

ワンポイント

くきのちがいは子葉のちがいの分け方といっしょになる。

プラス α

子葉の枚数《まいすう》によって双《そう》子葉類《しようるい》と単子葉類があるが，単子葉類は根がひげ根になり，双子葉類では主根と側根に分かれる。

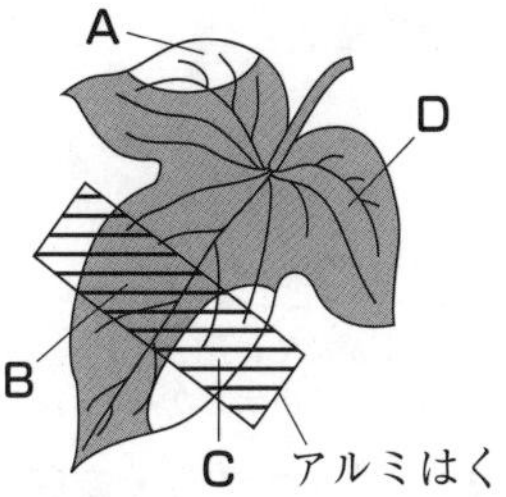

3

⑴

⑵①

②

⑶①反応

色

②

⑷

〔　　月　　日〕

動物の誕生と育ち方

試験の要点

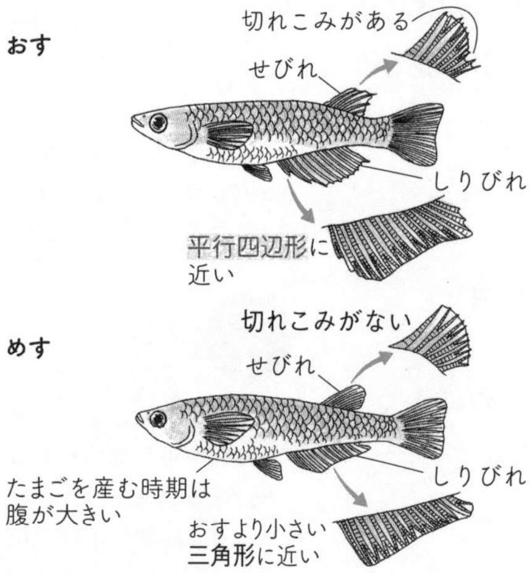

メダカのおすとめすの見分け方

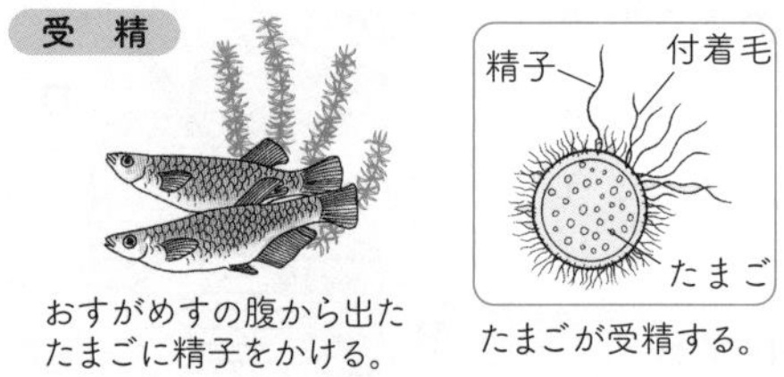

メダカの受精と産卵

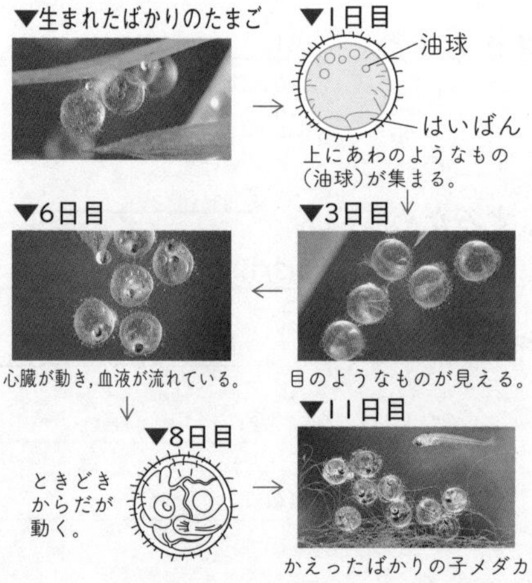

メダカのたまごの変化

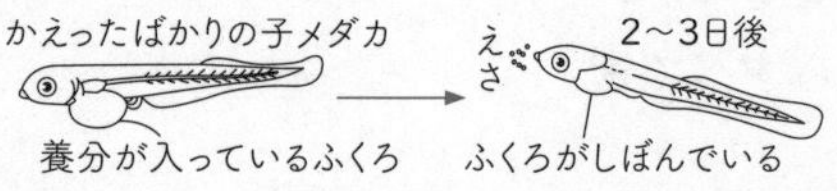

子メダカの育ち方

1. メダカの飼い方 ★★

- 水は**くみ置きの水**を使い，にごったら少しずつかえる。
- 水そうの底によく洗った砂《すな》や**小石**を入れ，**水草**も入れる。
  たまごを産みつけるところ↲
- メダカは，おすとめすを５〜６ぴきくらいずつ入れる。
- 水そうは，日光が**直接あたらない，明るい所**に置く。
  ↳１日13時間は明るく
- えさは，時こくを決めて１日に１〜２回くらい，**食べ残しが出ない**くらいの量をあたえる。

2. メダカの産卵《さんらん》 ★★

❶ メダカのおすとめすの見分け方

- **お　す**　せびれに**切れこみ**があり，**しりびれ**は**平行四辺形**に似ている。
- **め　す**　**せびれ**に切れこみがなく，**しりびれ**は**三角形**に似ている。

❷ メダカの産卵…えさを十分にあたえ，水温を 25 ℃くらいにしておくと，メダカはたまごをよく産む。めすがたまごを産むころになると，おすとめすがならんで泳ぐようになる。おすはめすにからだをすりよせ，めすの腹からたまごが見え始めると，たまごに精子《せいし》をかける。たまごは受精《じゅせい》して成長を始める。

3. メダカのたまごの育ち方 ★★★

❶ たまご…水草に産みつけられたたまごは直径１〜1.5 mm で，表面には毛が一面に生えている。受精したたまごは，**約２週間**（水温 25 ℃ の場合）で子メダカとなる。
水温 25 ℃ の場合↲

❷ 水温とたまごの育ち方…水温は 25 ℃ くらいがちょうどよい。水温が低いと日数がかかり，低すぎるとたまごの中はほとんど変化せず，メダカはかえらない。
水温によって子メダカがかえるまでの日数にはちがいがある↲

4. 人の男女と生命の誕生 ★

① **卵《らん》**…女性の卵そうでは，卵がつくられる。卵の大きさは，**約 0.2 mm** である。
↳卵子ともいう

② **精《せい》　子《し》**…男性の精そうでは，精子がつくられる。精子の大きさは，**約 0.06 mm** である。

③ **受《じゅ》　精《せい》**…精子と卵が結びつくことを受精といい，受精した卵を受精卵という。人は，受精卵が母親の子宮のかべについて育っていく。人は，精子と卵の受精によって成長を始める。

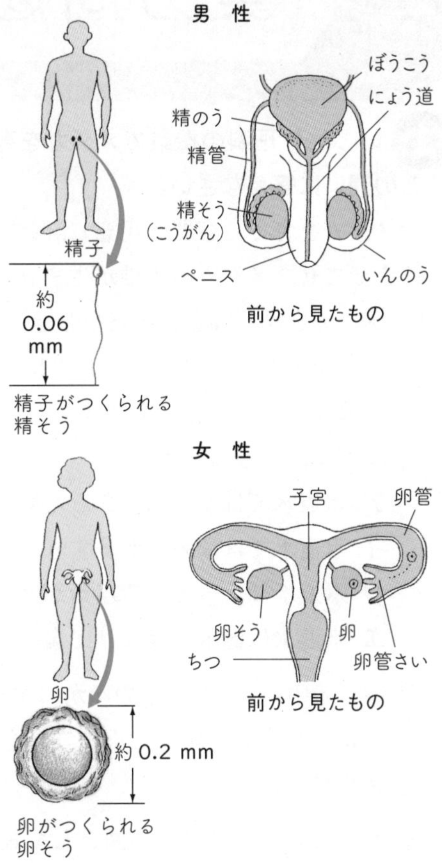

⬆女性と男性の内性器

5. 母体内での育ち ★★

① **母体内での育ち**…胎児《たいじ》は，受精してから母体内で約 38 週間育ち，生まれる。その間，**へそのお**を通して成長に必要な養分や酸素などをもらっている。
胎ばんとつながっている↵

② **母親と胎児のつながり**

- **子　宮**　胎児が育つ部屋。ふくろのような 1 ～ 2 cm の厚さの筋肉のかべでできていている。
- **胎ばん**　胎児に必要な養分などを送り出し，胎児でいらなくなったものをとり入れる。
- **へそのお**　胎児と胎ばんをつなぐ管で，胎児に必要な養分は，へそのおから送られる。へそのおは子宮のかべにある胎ばんにつながっており，この胎ばんを通して母親から養分などをもらい，いらなくなったものを胎ばんを通して母親にもどしている。
- **羊まく**　胎児を包むふくろで，中に羊水《ようすい》が入っている。
- **羊　水**　胎児を水で保護し，クッションの役目をしている。胎児はこの中にいるので肺《はい》で呼吸《こきゅう》することはできず，へそのおを通して必要な酸素や養分などをもらっている。

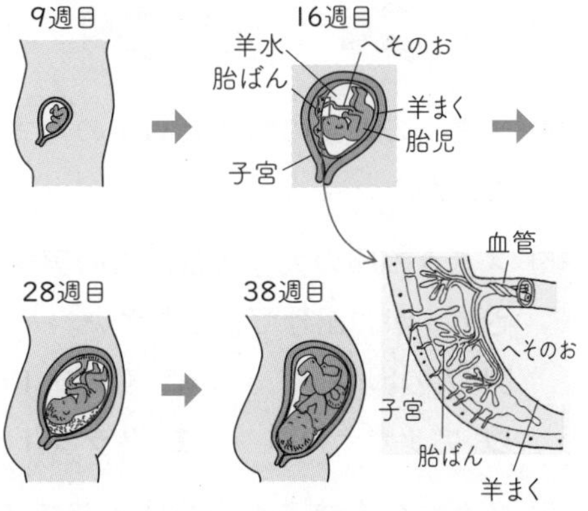

⬆母体内での育ちと母親と胎児のつながり

要点チェック

①メダカのたまごを育てるには，水温は何度くらいがよいか。	① 25 ℃
②せびれに切れこみがあり，しりびれが平行四辺形ににているのはおすのメダカかめすのメダカかどちらか。	② おす
③精子《せいし》と卵《らん》が結びつくことを何というか。	③ 受精
④胎児《たいじ》は，受精してから母体内で約何週間育つか。	④ 約 38 週
⑤胎児と胎ばんをつなぐ管を何というか。	⑤ へそのお

実力問題

〔　月　日〕

生命　解答3ページ

よく出る

1【メダカ】**理科の授業でメダカを育てました。次の文を読み，あとの問いに答えなさい。**　清泉女学院中，浅野中ー改

メダカを育てる容器を用意し，おすとめすを１ぴきずつ入れ，たまごを産ませ，メダカの子供が生まれるまでのようすを観察しました。

(1) メダカを飼う容器に小石をしき，水道水を入れました。そこにメダカを入れようとしたら先生にとめられました。水道水をそのまま使わない理由としてあてはまるものを，次の**ア**～**エ**から１つ選び，記号で答えなさい。

ア 水道水ではとう明すぎるため。
イ 水道水では栄養分が多すぎるため。
ウ 水道水に入っている塩素がメダカによくないため。
エ 水道水は海水と異なり，塩分が入っていないため。

(2) 容器の中に，小石や水のほかに水草を入れました。水草を入れる理由はたまごを産ませる以外にもあります。その理由を１つ答えなさい。

(3) おすとめすのメダカの図として最も適切なものを次の**ア**～**エ**の中からそれぞれ選び，記号で答えなさい。

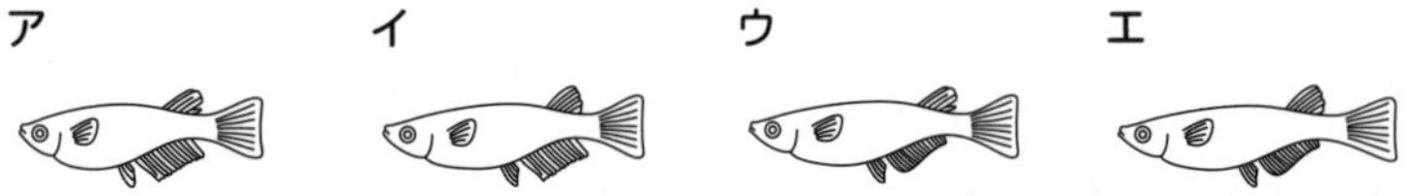

(4) メダカのおすの精子とめすのたまごが結びつくことを何といいますか。

(5) メダカの卵の大きさは，次の**ア**～**エ**のどれと同じくらいの大きさですか。記号で答えなさい。

ア 人の卵子《らんし》　　**イ** イクラ１つぶ
ウ アサガオの種　　**エ** タラコ１つぶ

(6) メダカのたまごがふ化するまでのようすを観察し，スケッチをしました。スケッチを，観察した順にならべなさい。ただし，スケッチは実際の大きさを考えずにかかれているものとします。

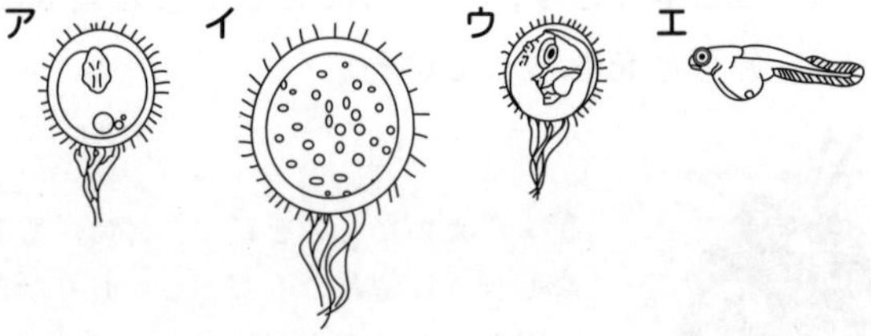

(7) メダカのたまごの大きさは産卵直後からふ化する直前までで，どのように変わりましたか。次の**ア**～**ウ**から１つ選び，記号で答えなさい。

❶
(1)
(2)
(3)おす
めす
(4)
(5)
(6)
(7)

ア 大きさは２倍くらいになった。

イ 大きさはほとんど変わらなかった。

ウ 大きさは半分くらいになった。

2【人の誕生《たんじょう》】**動物の誕生は，卵《らん》と精子が受精し，受精卵を形成することから始まります。中でもほ乳類は受精卵が母親の子宮に着床《ちゃくしょう》し，胎児《たいじ》を守るしくみがおなかの中に形成され，ある一定の期間は母親の胎内で成長します。次の問いに答えなさい。** 広尾学園中

(1) ヒトの受精卵《じゅせいらん》が成長していく過程で，次の**ア**～**オ**の中でいちばん初めにつくられるものを１つ選び，記号で答えなさい。

ア 目　**イ** 耳　**ウ** 胃　**エ** 心《しん》臓《ぞう》　**オ** 肺

(2) 胎児を守るしくみとして，胎児が胎ばんからへそのおを通して養分以外に母親から受けとっているものは何ですか。次の**ア**～**オ**から１つ選び，記号で答えなさい。

ア ちっ素　**イ** 二酸化炭素　**ウ** 酸素

エ 水素　**オ** にょう

(3) 胎児が母親の胎内にいるときには行わず，体外に出てすぐ行うことができるようになることは何か答えなさい。

(4) 子宮の内部はある液体で満たされています。その液体とは何か，ひらがなで答えなさい。また，その役割《やくわり》についても答えなさい。

2

(1)

(2)

(3)

(4)液体

役割

3【人の誕生】**次の文章を読み，あとの問いに答えなさい。**

自修館中

<u>A女性の卵《らん》そうでつくられた卵と男性の精そうでつくられた精子</u>が結びつくと，受精卵ができます。そして，受精卵は子宮のかべに付着します。子宮の中では胎児は羊水にうかんでいる状態で成長していきます。また，胎児はへそのおを通じて，<u>B胎ばん</u>とつながっています。胎児は受精後，約（　　）週で生まれ出てきます。

(1) 下線部**A**において，ヒトの卵と精子の大きさの関係として正しいものを次の**ア**～**エ**の中から１つ選び，記号で答えなさい。

ア 卵の直径と精子の直径を比べると，ほぼ同じである。

イ 卵の直径と精子の直径を比べると，精子のほうが大きい。

ウ 卵の直径と精子の直径を比べると，卵のほうが大きい。

エ さまざまな大きさの卵と精子があり，比べることはできない。

(2) 文中の空らんに最も適する数字を次の**ア**～**エ**の中から１つ選び，記号で答えなさい。

ア 19　**イ** 38　**ウ** 54　**エ** 72

(3) 下線部**B**において，胎ばんのはたらきについて説明しなさい。

3

(1)

(2)

(3)

〔　月　日〕

7 人のからだのつくり ①

試験の要点

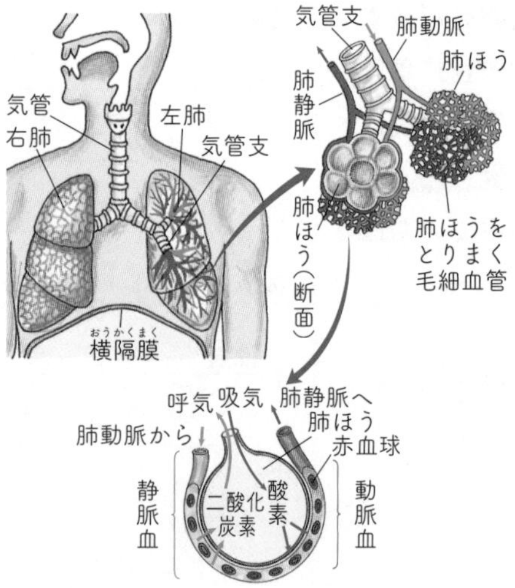

肺のしくみとはたらき

1. 呼吸《こきゅう》のはたらき ★★★

❶ **肺《はい》のしくみ**…肺は，のどから続く**気管**，気管の先が2本に分かれた気管支，さらに細かく分かれた肺ほうというふくろからできている。

肺ほうの数は約7億(両肺)，その表面積は70～100 m² といわれている

❷ **肺のはたらき**…吸《す》いこんだ空気が肺ほうに入ると，空気の中からとり入れた酸素とからだの各部分でできた二酸化炭素や水蒸気《すいじょうき》を肺ほうをとりまく**毛細血管**の血液の間で交かんする。そして，毛細血管に入った酸素は，血液によって**肺静脈**《はいじょうみゃく》から心臓《しんぞう》へ運ばれる。

▼心臓のつくり

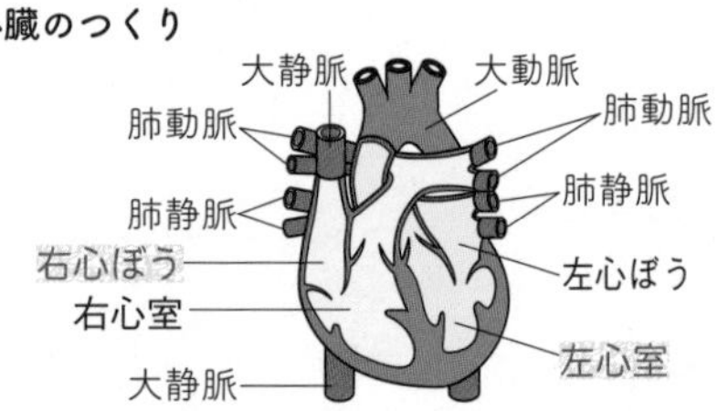

▼血液のじゅんかん

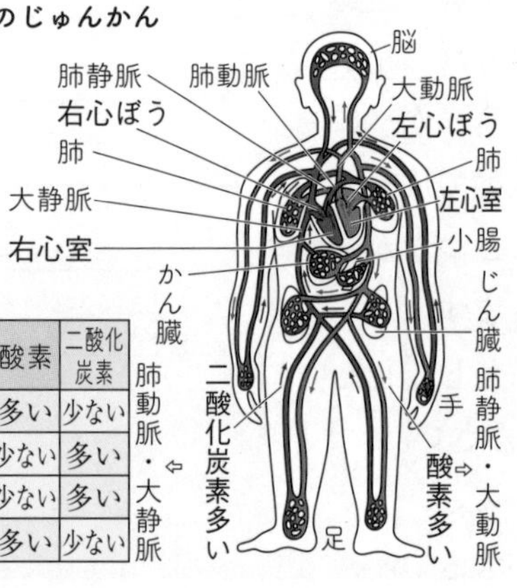

	酸素	二酸化炭素
大動脈	多い	少ない
大静脈	少ない	多い
肺動脈	少ない	多い
肺静脈	多い	少ない

心臓と血液のはたらき

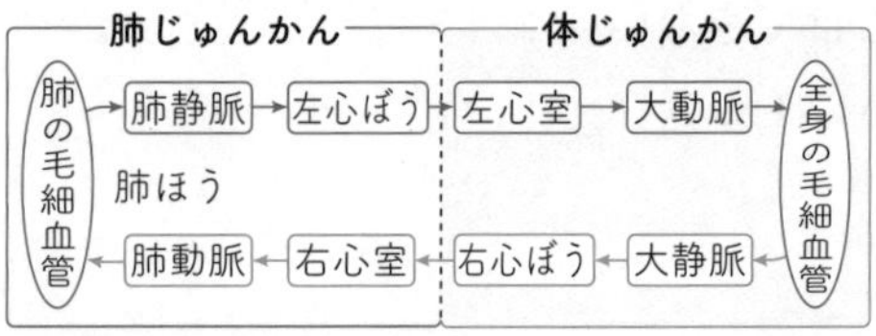

血液のじゅんかん

2. 心臓と血液のはたらき ★★★

❶ **心臓のつくり**…心臓は，にぎりこぶし大で厚い筋肉《きんにく》でできている。内部はかべで縦《たて》に左右2つに仕切られ，さらにそれぞれが2つの部屋に分かれ，合計4つの部屋(**左心ぼう**，**左心室**，**右心ぼう**，**右心室**)になっている。部屋は**血管**や**弁**でつながっている。

↳血液の逆流を防ぐ

❷ **心臓のしくみとはたらき**…ポンプのように縮《ちぢ》んだりふくらんだりして，血液を全身に送り出す。この動きは，からだ全体へ脈はくとして伝わる。運動すると，呼吸数だけではなく，脈はく数もふえる。

↳成人では，1分間に約70回

細ぼうが必要とする量がふえたことによる

❸ **血　管**…血液が流れる管を血管といい，心臓から送り出す血液が流れる動脈《どうみゃく》と心臓へもどる血液が流れる静脈とがある。動脈には，心臓から肺へいく**肺動脈**，全身へいく**大動脈**などがある。静脈には，全身から心臓へもどる**大静脈**，肺から心臓へもどる**肺静脈**などがある。全身にはあみの目のように広がっている**毛細血管**があり，血液は，これらの血管を通り，酸素や二酸化炭素，養分や不要物を運ぶ。

↳弁がある(肺静脈など弁のない静脈もある)

酸素の少ない血液が流れる

酸素の多い血液が流れる

❹ **血液のじゅんかん**…心臓のはたらきで送り出された血液は，血管を通って全身をめぐり，ふたたび心臓にもどってくる。

- **肺じゅんかん**　心臓→肺→心臓の流れ
- **体じゅんかん**　心臓→全身→心臓の流れ

3. 消化・吸収とはい出 ★★★

❶ **消　化**…食べ物にふくまれている養分は，そのまま
でんぷん，しぼう，たんぱく質など↵
では養分として体内にとり入れることができないので，体内に吸収されやすいものに変える必要がある。この食べ物の中の養分を体内に吸収されやすいものに変えるはたらきを，消化という。

❷ **胃**…胃は，じょうぶな筋肉《きんにく》でできている。内側は大きなひだが縦《たて》にたくさんならび，このひだがのびたり縮《ちぢ》んだりする。ひだの間の胃せんからは**胃液**という消化するはたらきのある消化液が出る。
↳食べ物をまぜるはたらきをする

❸ **十二指腸**…十二指腸は，胃から続く約 30 cm の部分で，かん臓でつくられ，たんのうにたくわえられている**たんじゅう**と，すい臓でつくられた**すい液**の出る管が開いている。それらが十二指腸で食べ物にまじり，消化する。
↳消化こう素はふくまれておらず，しぼうの消化を助けるはたらきがある

❹ **小　腸**…小腸は，十二指腸から大腸まで続く長い管で，身長の約 4 倍ぐらいの長さがある。十二指腸に出されるたんじゅう，すい液のほかに腸せんから腸液が出て，食べ物を消化する。消化された養分は，小腸のじゅう毛から吸収される。
↳6～7m

❺ **大　腸**…大腸は 1.5 m くらいの長さで，小腸から続いている。**大腸では消化は行わず**，小腸までで消化吸収された食べ物の残りかすを細きんで分解したり，水分を吸収したりしたあと，大便としてこう門に送り，はい出する。

❻ **消化こう素**…だ液，胃液，すい液，腸液などの消化液にふくまれ，食物の消化を助ける物質。
↳でんぷんを糖にかえる

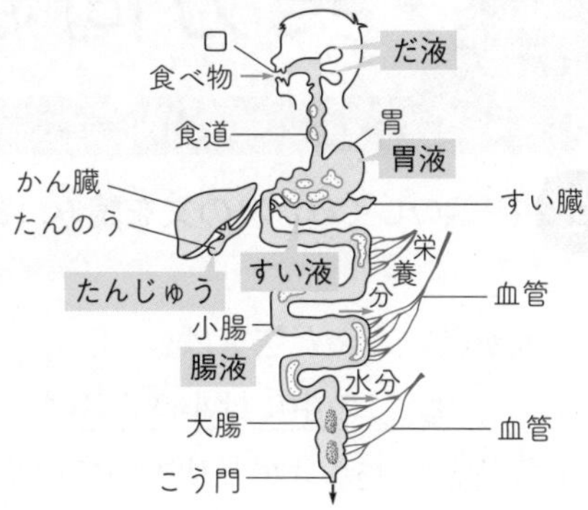

⬆消化器と消化

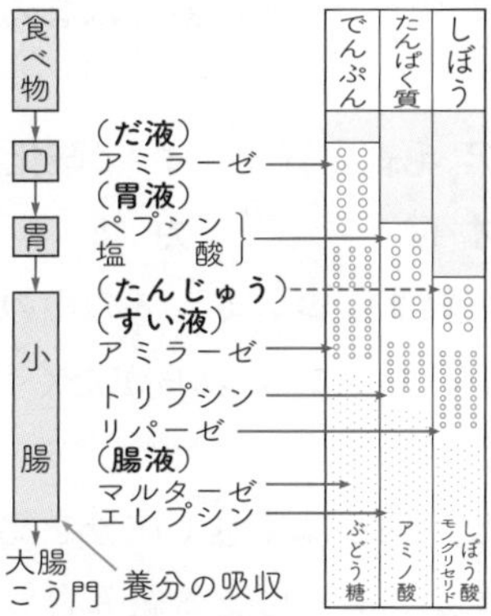

⬆消化液のはたらき

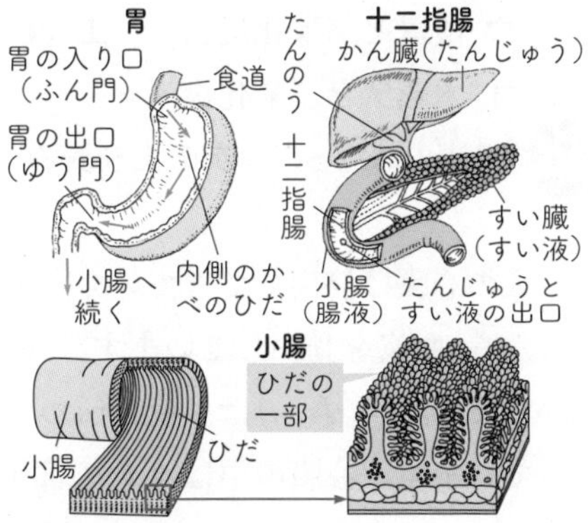

⬆消化に関わるからだのつくり

要点チェック

①肺《はい》はたくさんのふくろでできているが，このふくろを何というか。	① 肺《はい》胞《ほう》
②心臓《しんぞう》から全身にいく血管を何というか。	② 大動脈
③全身にあみの目のように広がっている血管を何というか。	③ 毛細血管
④食べ物のなかの養分を体内に吸収《きゅうしゅう》されやすいものに変えるはたらきを何というか。	④ 消　化
⑤消化はせず，主に水分を吸収する部分を何というか。	⑤ 大　腸

実力問題

（　月　日）

生命　解答3ページ

よく出る

1 【呼吸のしくみ】次の文を読み，あとの問いに答えなさい。

学習院女子中ー改

人が吸《す》いこんだ空気は（　①　）を通って左右の（　②　）にいきます。（　②　）の中には小さなふくろ状のものがたくさんあり，そのまわりを（　③　）がとりまいています。ここでは血液との間で空気中の成分の交かんが行われ，（　②　）で空気中の成分の交かんが行われると，血液は（　④　）をたくさんふくみ，明るい赤色になります。

(1) 文中の①～④にあてはまるものを次の**ア**～**ク**から選び，記号で答えなさい。

ア 毛細血管　**イ** 二酸化炭素　**ウ** 気　管　**エ** 心　臓
オ 酸　素　**カ** 肺《はい》　**キ** 食　道　**ク** 大動脈

(2) 下線部について，②の中のふくろ状のものの名まえを答えなさい。さらに，これらがたくさんあることの利点を簡単《かんたん》に説明しなさい。

(3) 吸う息とはく息で成分を比べると，はく息でふえる成分は何ですか。あてはまる組み合わせを，次の**ア**～**オ**から１つ選び，記号で答えなさい。

ア 酸素と水蒸気　**イ** 水蒸気とちっ素
ウ 酸素と二酸化炭素　**エ** 酸素とちっ素
オ 水蒸気《すいじょうき》と二酸化炭素

❶
(1)①
②
③
④
(2)名まえ
利点
(3)

2 【心臓《しんぞう》のはたらき】次の文を読み，あとの問いに答えなさい。

東京純心女子中，跡見学園中ー改

人の心臓は筋肉《きんにく》でできていて，ちぢんだりゆるんだりをくり返しながら，血液を動かしています。この心臓の運動のことを（　A　）といいます。（　A　）は血液を伝わって，全身の動脈の（　B　）になっています。心臓の中は４つの部屋に分かれ，右図のようなつくりになっています。血液はその部屋の中をまじらないように流れます。

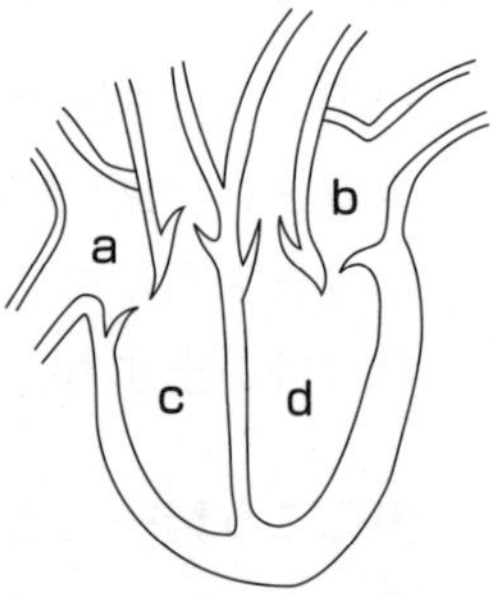

(1) 文中の空らんA，Bにあてはまる語句を答えなさい。

(2) 心臓と手首に手をあててA，Bの動きを調べました。おたがいにどのようなテンポで動いていますか。次の**ア**～**ウ**から１つ選び，記号で答えなさい。

ア それぞれが独自のテンポで動いている。
イ 動きはずれるが，かわりばんこに同じテンポで動いている。
ウ ほぼ同時にテンポもずれないで動いている。

(3) 心臓が運動して血液が流れるとき，全身からもどった血液は図

a～dの部屋と肺《はい》をどのような順で流れますか。肺をeとして，流れる順を記号で答えなさい。

(4) 血液はいろいろなものをふくんで体中をじゅんかんします。酸素や二酸化炭素もその一例ですが，ふくまれるものの量は，流れているところによって変化しています。

① 酸素を多くふくんでいる血液を何といいますか。

② 心臓の4つの部屋の中で，酸素を多くふくんでいる血液が流れている部屋を，図のa～dから2つ選び，記号で答えなさい。

(5) 血液の成分について述べた①～③にふさわしいものを，次のア～エから1つずつ選び，記号で答えなさい。

① 体に入ってきた病原菌《びょうげんきん》などを食べる。

② 液体成分であるもの。　③ 酸素を運ぶ。

ア 赤血球　**イ** 白血球　**ウ** 血小板　**エ** 血しょう

(6) 赤血球の中にある赤い色素の名まえを答えなさい。

3 【消化】消化とそれに関わる臓器《ぞうき》について，次の問いに答えなさい。

日本大学藤沢中－改

(1) 消化液の名まえとその説明の組み合わせとして誤っているものはどれですか。次の**ア**～**エ**から1つ選び，記号で答えなさい。

ア だ　液…食道を食べ物が通りやすいようにする。

イ 胃　液…食べ物を殺きん消毒する。

ウ すい液…すい臓でつくられる。たんじゅうといっしょにはい出される。

エ たんじゅう…たんのうでつくられる。十二指腸に食べ物が入ってくると少しずつはい出される。

(2) 消化液の中で，消化こう素がふくまれていないものはどれですか。次の**ア**～**エ**から1つ選び，記号で答えなさい。

ア だ　液　**イ** 胃　液　**ウ** すい液　**エ** たんじゅう

(3) 次の手順で試験管を4本準備しました。

① 水にでんぷんを入れて熱し，でんぷんのりをつくる。

② できたでんぷんのりを体温ぐらいの温度になるまで冷やす。

③ でんぷんのりを4本の試験管に分け，試験管A～Dとする。

④ 試験管Aにはアミラーゼ，Bにはペプシン，Cにはトリプシンと水を，試験管Dには同量の水をそれぞれ加えた。

試験管A～Dにヨウ素液を加えたときに，試験管が青むらさき色になったものはどれですか。記号で答えなさい。

(4) 胃液を試験管に入れ，緑色のBTB液を加えると，BTB液の色は何色になりましたか。

2

(1)A ＿＿＿＿

B ＿＿＿＿

(2) ＿＿＿＿

(3) ＿＿＿＿

(4)① ＿＿＿＿

② ＿＿＿＿

(5)① ＿＿＿＿

② ＿＿＿＿

③ ＿＿＿＿

(6) ＿＿＿＿

3

(1) ＿＿＿＿

(2) ＿＿＿＿

(3) ＿＿＿＿

(4) ＿＿＿＿

生命

8 人のからだのつくり ②

〔　　月　　日〕

試験の要点

かん臓には，体内の糖分を調節する，にょう素をつくる，有害なものを無害なものに変える，血液の量を調節し，体温を一定に保つ，などのはたらきがある。

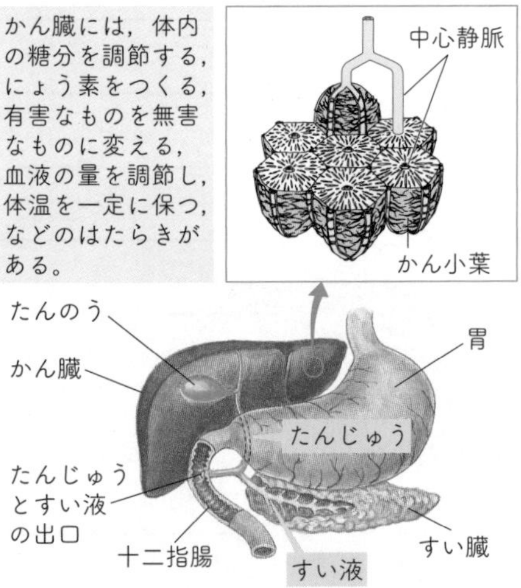

▲かん臓

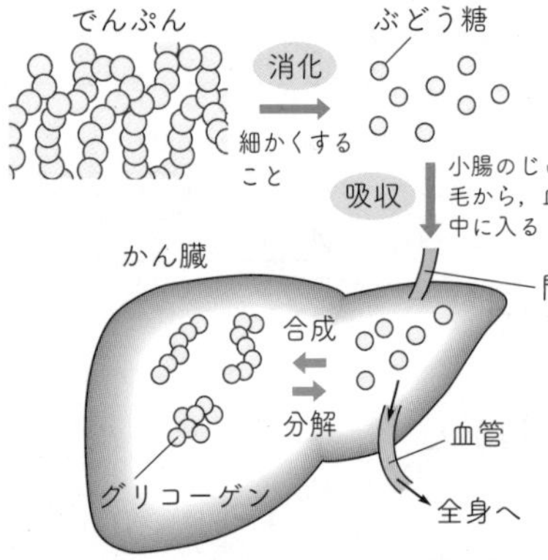

▲でんぷんの消化と利用

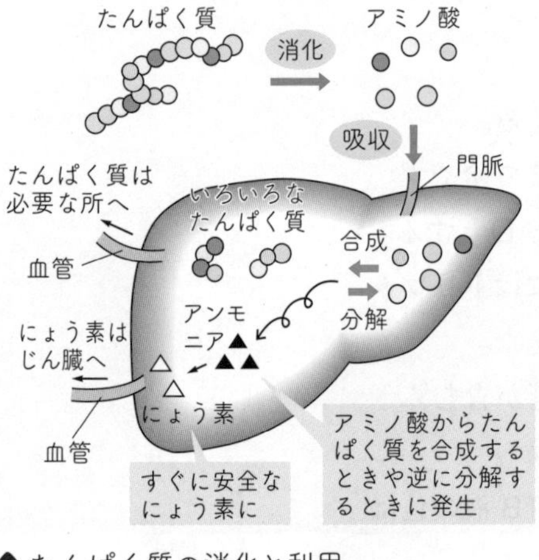

▲たんぱく質の消化と利用

1. かん臓《ぞう》 ★★★

❶ **かん臓の位置**…腹部《ふくぶ》の右上にある。横隔膜《おうかくまく》の下で，
肺の下にあり，肺をふくらませるはたらきをする筋肉↲
胃の横側になる。

❷ **かん臓のつくり**…成人では 1.0 ～ 2.0 kg ほどの大きな内臓で，かん小葉《しょうよう》というものが集まってできて
1 mm ほどで六角柱状↲
いる。かん小葉どうしの間には無数の静脈《じょうみゃく》や動脈《どうみゃく》が入りこんでいる。かん臓は小腸と門脈という静脈でつながり，小腸で吸収《きゅうしゅう》された養分が集まっている。

❸ **かん臓のはたらき**…からだの中の化学工場ともいわれ，500 以上のはたらきがあるといわれている。

- **たんじゅうをつくる**　たんじゅうはしぼうの消化を助ける液である。たんのうにたくわえられ，十
胃から続く，30 cm ほどの部分↲
二指腸から出される。
- **養分を一時たくわえる**　小腸で吸収した養分は門脈を通って運ばれ，一時的にたくわえられる。でんぷんが消化されたぶどう糖《とう》(グルコース)はグリ
↳細胞が活動するエネルギーになる
コーゲンに合成されてたくわえられる。体内のぶ
↳ぶどう糖がたくさんつながってできている
どう糖が不足する場合は，グリコーゲンを分解して必要な量だけぶどう糖をつくり，血液を通して全身に送る。たんぱく質が消化されたアミノ酸も，かん臓にたくわえられたのち，血液を通じて全身に送られる。
- **アンモニアをにょう素に変える**　アミノ酸が細胞で利用されると，有害なアンモニアができる。ア
↳無色で特有のにおいがある
ンモニアはかん臓で安全なにょう素に変えられる。
↳無色でにおいもない
- **害のあるものを分解する**　食品には害になるものがふくまれている場合がある。これを害のないものに分解するはたらきがある。
- **アルコールを分解する**　アルコールの 90 % は，かん臓で分解される。
- **血液の量を調整する**　古くなった赤血球をこわす
血液は骨ずいでつくられる↲
ことで血液の量を調整している。かん臓には全身の 4 分の 1 の血液が流れ，かん臓であたためられた血液が体内をめぐることで，体温を保っている。
体温が外界にえいきょうされない動物は，ほ乳類と鳥類だけ↲

2. じん臓《ぞう》

❶ じん臓の位置…背《せ》中側《なかがわ》のこしの高さのところにある。

左右一対↲

❷ じん臓のつくり…にぎりこぶし大で，ソラマメのような形である。大動脈《だいどうみゃく》と大静脈《だいじょうみゃく》からそれぞれじん動脈とじん静脈がのびている。じん臓の中には，毛細血管から不要物をこしとる小さな部分がたくさんある。

❸ じん臓のはたらき…じん臓内の毛細血管から，血管中の不要なにょう素や塩分などをこしとり，にょう

かん臓でつくられ，無害↲

をつくる。にょうは，輸にょう管を通りぼうこうまで運ばれ，一時ためられたのち，体外へ捨《す》てられる。

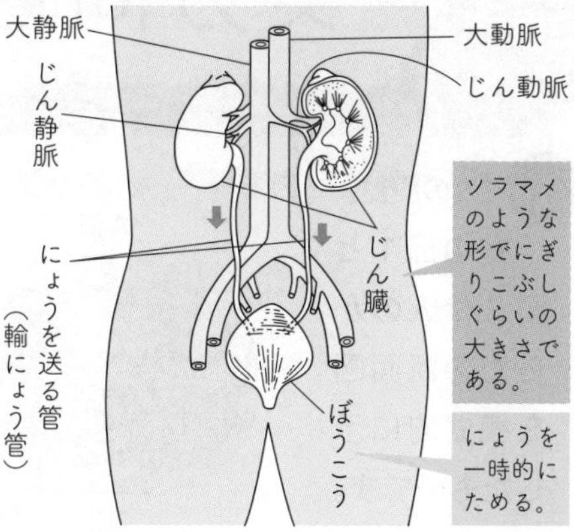

じん臓の位置

3. 骨《ほね》と筋肉《きんにく》

❶ 骨のはたらき…人には約200個の骨があり，それらが組み合わさって骨格《こっかく》をつくり，全身を支えている。

↳大小さまざまある

↳頭がい骨（頭骨）

骨のはたらきとして，脳や心臓などを外部から守ること，筋肉の動きに合わせてからだを動かすこと，

↳ろっ骨

血液をつくることなどがある。

↳骨ずいでつくられる

❷ 筋肉の種類とはたらき…うでやあしの筋肉のように自分の意思で動かすことができる運動するための筋肉がある。また，心臓や胃を動かす筋肉のように，

↳はげしい動きができるかわり，適度に休むことが必要（骨格筋という）

自分の意思とは関係なく動き続ける筋肉もある。

❸ 関　節…ひじや手首は，骨と骨がつなぎ合わさっている。このつなぎ目を関節という。骨と骨の間には，

↳関節でつながっているから首や背中が自由に動く

なん骨があり，なめらかに動くのはそのためである。骨には運動するための筋肉がつながっていて，そのつなぎ目をけんという。

❹ うでののび縮み…うでや足の骨格筋《こっかくきん》は，縮むこととゆるむことができ，のばす筋肉と曲げる筋肉は対《つい》に

↳引っ張りのばすことはできない

なっている。うでを曲げる筋肉が縮むとき，うでをのばす筋肉はゆるむ。うでをのばす筋肉が縮むときはうでを曲げる筋肉がゆるみ，うではのびる。

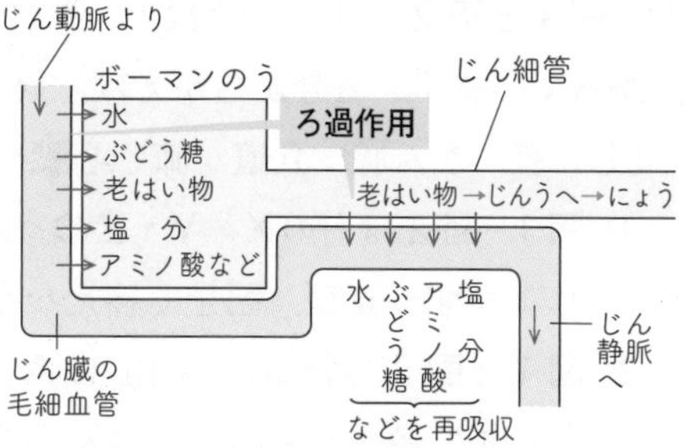

じん臓のはたらき

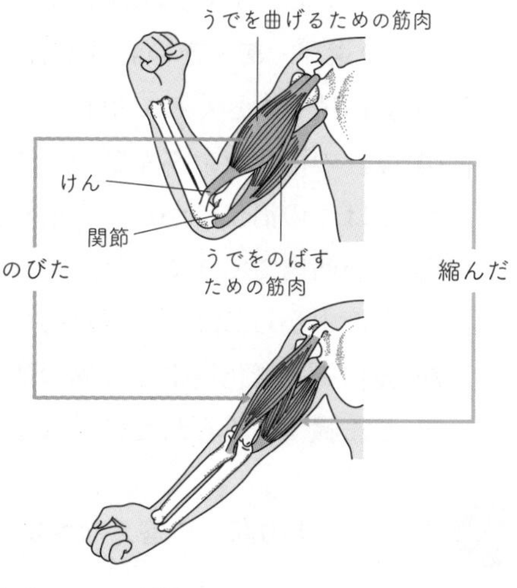

うでののび縮み

要点チェック

- ①小腸で吸収された養分が集まり，かん臓に流れこむ静脈を何というか。　① 門　脈
- ②アンモニアはかん臓で何に変えられるか。　② にょう素
- ③にょうは，じん臓からどこに運ばれて一時ためられるか。　③ ぼうこう
- ④骨と骨のつなぎ目を何というか。　④ 関　節
- ⑤骨と筋肉のつなぎ目を何というか。　⑤ け　ん

実力問題

〔　月　日〕

生命 解答４ページ

1【人の臓器《ぞうき》】

右の図１と図２は人のからだの断面図を模式的に示したものです。

これと，次の文を読み，あとの問いに答えなさい。　豊島丘女子学園中ー改

図１

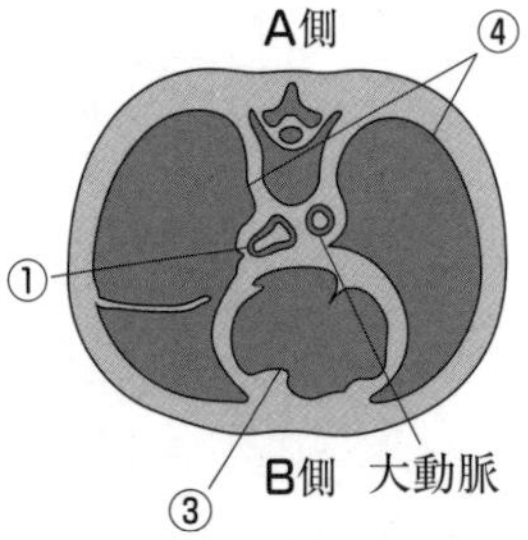

図２

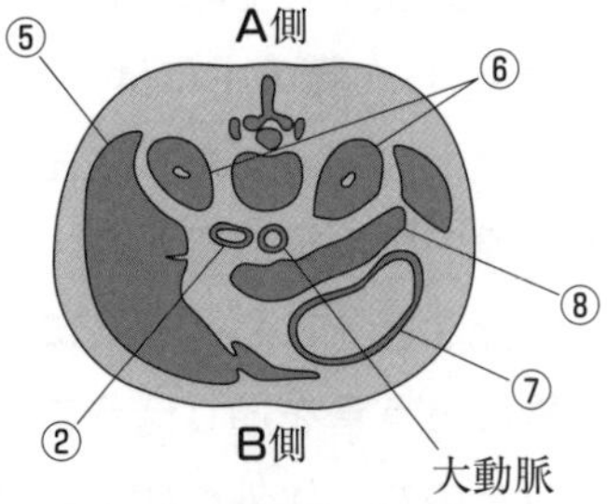

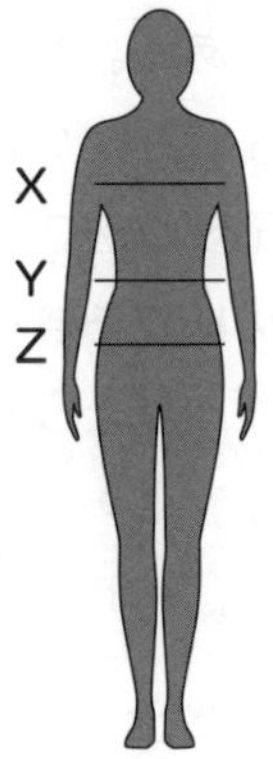

図１と図２の①～⑧は次の「臓器や管」のどれかであることがわかっています。番号がちがえば，異《こと》なる「臓器や管」です。

〔じん臓　かん臓　食道　肺《はい》　心臓　胃　すい臓　大静脈〕

(1) 図１・図２は右の**X**・**Y**・**Z**のうち，どの横断面ですか。それぞれ１つずつ選び，記号で答えなさい。

(2) 図１と図２の背側《はいそく》(背《せ》中側《なかがわ》)は**A**側か**B**側のどちらですか。

(3) ②，⑧に適するものを「臓器や管」の中からそれぞれ１つずつ選びなさい。

(4) ③～⑦のはたらきを説明する文として正しいものをそれぞれ１つずつ選び，**あ**～**き**の記号で答えなさい。

あ 表面積を大きくして栄養分の吸収《きゅうしゅう》を高めている。
い 酸性の消化液をぶんぴつして，主にタンパク質を消化する。
う しぼうの消化にかかわる消化液をつくる。
え 強い筋肉《きんにく》でできており，全身に血液を送り出す。
お 血液中から二酸化炭素以外の老はい物をこしとる。
か 体内の二酸化炭素と外界の酸素を交かんする。
き じん臓でつくられたにょうをためる。

1
(1)図１ ＿＿＿＿
図２ ＿＿＿＿
(2) ＿＿＿＿
(3)② ＿＿＿＿
⑧ ＿＿＿＿
(4)③ ＿＿＿＿
④ ＿＿＿＿
⑤ ＿＿＿＿
⑥ ＿＿＿＿
⑦ ＿＿＿＿

よく出る

2【かん臓】次の問いに答えなさい。　日本大学藤沢中

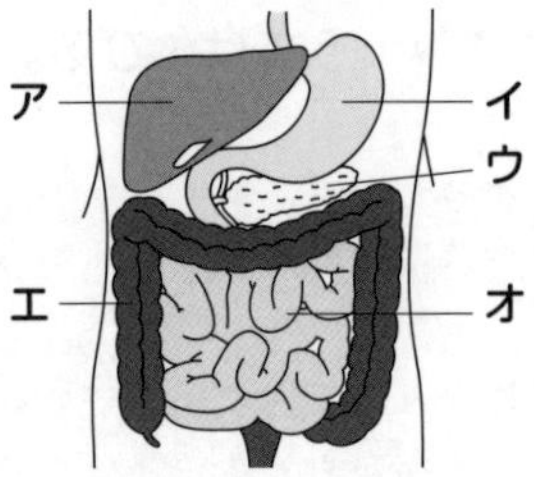

(1) かん臓はどれですか。

(2) かん臓のはたらきとして誤っているものはどれですか。次の**ア**～**オ**から１つ選び，記号で答えなさい。

ア アンモニアをにょう素に変える。
イ 血液中にとけている有毒な物質を分解する。
ウ 古くなった赤血球をこわし，新しい赤血球をつくる。

2
(1) ＿＿＿＿
(2) ＿＿＿＿

エ ぶどう糖《とう》をグリコーゲンにつくり変え，たくわえる。

オ 血液中の糖が不足してきたら，たくわえてあるグリコーゲンを分解し，ぶどう糖を供給する。

3 【じん臓《ぞう》】次の問いに答えなさい。 神奈川大学付中－改

(1) じん臓は，体のどの位置にいくつありますか。次の中から選び，記号で答えなさい。

ア 胸側《むねがわ》の中心に１つ

イ 胸側の左右に２つ

ウ 背中側の中心に１つ

エ 背中側の左右に２つ

(2) 次の文の(　)にあてはまる言葉は何ですか。

じん臓は血液中から体内で生じた不要なものをとりのぞき，(　　　)をつくる臓器です。(　　　)はぼうこうにためられ，やがて体の外に出されます。

❸
(1)
(2)

4 【筋肉《きんにく》と骨《ほね》】次の問いに答えなさい。 東京女学館中，東京純心女子中

(1) 人の骨格を構成する骨の数はおよそ何個ですか。次の**ア**～**エ**から１つ選び，記号で答えなさい。

ア 50 個　　**イ** 200 個　　**ウ** 1000 個　　**エ** 2000 個

(2) 人の心臓の筋肉は，手や足を動かす筋肉とはちがう特ちょうがあります。どのようなところがちがうのか，20 字以内で説明しなさい。

❹
(1)
(2)

5 【人のからだのつくり】次の問いに答えなさい。 トキワ松学園中

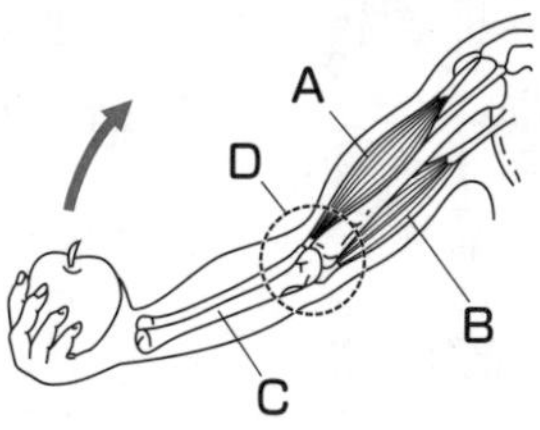

(1) 図の**A**と**B**は，さわるとやわらかいですが，力を入れると固くなる部分です。何といいますか。

(2) 図の**C**は，さわると固い部分です。何といいますか。

(3) 図の**D**のように，曲げることができる部分を何といいますか。

(4) 図の**A**と**B**のはしの部分は細く，じょうぶになっていて，**C**にしっかりとついています。この部分を何といいますか。

(5) 図の状態からりんごを食べようとしてうでを曲げたとき，**A**と**B**はそれぞれ縮《ちぢ》みますか。ゆるみますか。

(6) 人は，**C**のはたらきによって，からだを動かすことができます。ほかにはどのような役割《やくわり》がありますか。２つ述べなさい。

❺
(1)
(2)
(3)
(4)
(5)A
B
(6)

9 生き物とかん境

試験の要点

植物の蒸散と水の吸収

1. 生き物と水 ★★

❶ **人などの動物**…人のからだの約 60 % は水分である。血液をはじめ，全身のすべての部分に水はふくまれている。水の中や水辺にすむ動物もいる。

❷ **植　物**…植物のからだは，およそ 80 % ぐらいが水分である。植物は，土の中にふくまれている肥料分(養分)を固体のままではとり入れることができないので，水にとけた肥料分をとり入れて，からだの各部分に運んでいる。

❸ **水のゆくえ**…水は，動物や植物が生きていくために必要なものである。人などの動物は，生きていくために水を飲んで水分をえる。そして，にょうやあせ，**呼吸**《こきゅう》により体外に水分が出される。

植物では，根から水をとり入れている。根からえた水がくきを通って葉まで運ばれ，でんぷんをつくる(**光合成**)のに使われる。残りの水の多くは，葉の表面の**気孔** ↱孔辺(こうへん)細ぼうが向き合っている というすきまから水蒸《すいじょう》気《き》となって蒸発する。これを蒸散《じょうさん》という。

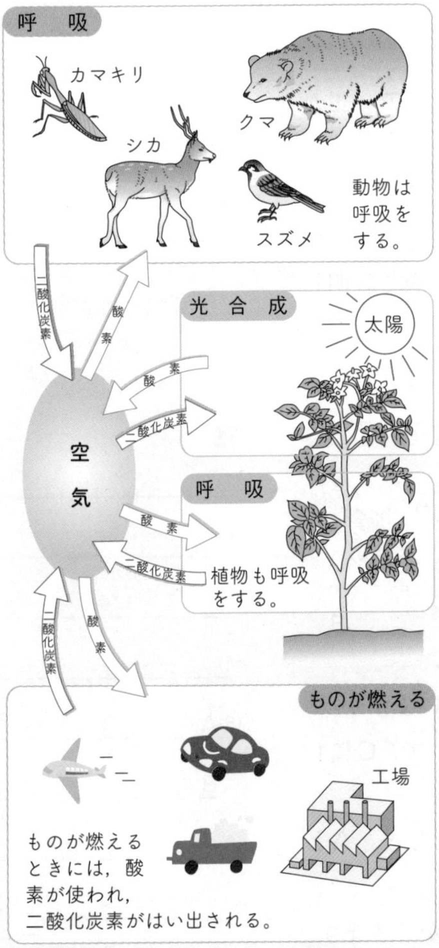

生き物と空気

2. 生き物と空気 ★★★

❶ **人などの動物**…動物はたえず呼吸をして，空気中の酸素をとり入れ，二酸化炭素を出している。

❷ **植　物**…植物は**二酸化炭素**をとり入れ，**酸素**を出す光合成をしている。また，生きていくために酸素をとり入れ，二酸化炭素や水蒸気を外に出す呼吸をしている。酸素や二酸化炭素の出し入れは**蒸散**を行う気孔《きこう》でいっしょに行われる。蒸散は日中に行われる。植物でも，動物と同じように**呼吸は一日中休みなく行われる。**

❸ **その他**…自動車は燃料《ねんりょう》を燃《も》やして走っている。ものが燃えるときには，**酸素**を使い，**二酸化炭素**が発生する。工場や飛行機なども，酸素を使って二酸化炭素を発生させている。

3. 生き物と食べ物 ★★

❶ 動物と植物の養分のとり方…動物は，みずから養分をつくることができないので，植物やほかの動物を食べ物としてとり入れる。植物は，日光を使って葉で**でんぷん**をつくる。葉でつくられたでんぷんは，植物のからだの各部に運ばれ，成長するための養分などになる。

❷ 植物のつながり(食物連鎖《しょくもつれんさ》)…食べ物となるもとをたどると，すべて植物にたどりつく。また，生き物は食べる・食べられるの関係でつながっている。これを食物連鎖という。食べる・食べられるの関係にある動植物の数や量の間には密接な関係がなりたっていて，調和を保っている。

❸ 生態(生物)ピラミッド…食物連鎖の関係を，生物の量で模式的に表したもの**生態(生物)ピラミッド**という。生物間の数量関係は生態ピラミッドのように，つりあいが保たれているが，何らかの原因でその関係がくずれるときがある。しかし，数量のつりあいがこわれても，食物連鎖によって長い時間をかけてもとにもどり，また，つりあいが保たれる。

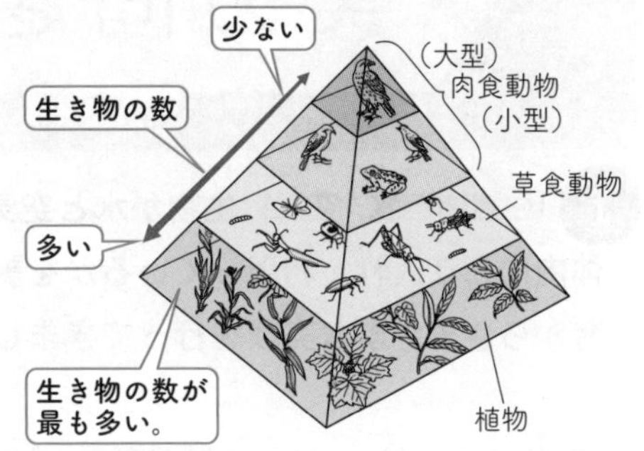

⬆生態(生物)ピラミッド

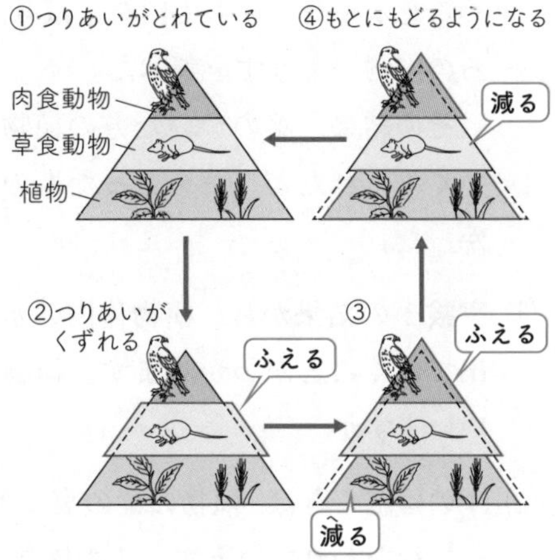

⬆食物連鎖の中の生き物の数

4. かん境問題 ★★

❶ 森林の減少…森林が減っていき，地球が砂ばく化する問題がある。森林が減り，植物が減ると地球上の酸素の量が少なくなり，二酸化炭素の量がふえる。

❷ 地球温暖化《ちきゅうおんだんか》…燃料を燃やして出された大量の二酸化炭素などが原因で，地球の大気の温度が上がる。

❸ 海や湖の汚染《おせん》…工場はい水，生活はい水，肥料などが流れこみ，海や湖がよごされる。水の中にすむ魚や貝のなかまなどが死めつする。

❹ 酸性雨…強い酸性を示す雨で，森林や農作物をはじめ，水の中にすむ魚などにもえいきょうをあたえる。

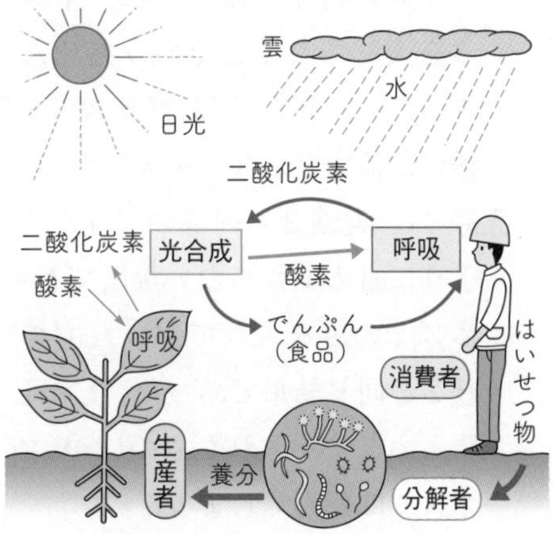

⬆人のくらしとものの流れ

要点チェック

①植物が水を気孔から水蒸気として出すことを何というか。	① 蒸散
②植物と動物がどちらもしている酸素をとり入れ，二酸化炭素を出すしくみを何というか。	② 呼吸
③食べる・食べられるの関係を何というか。	③ 食物連鎖
④地球温暖化《ちきゅうおんだんか》のおもな原因になると考えられている気体は何か。	④ 二酸化炭素

実力問題

〔　　月　　日〕

生命　解答 4 ページ

1【生き物と水，空気】**生物が水と空気，そして栄養分をどのように体内にとり入れ，利用しているかを調べるために，多くの科学者は昔からさまざまな実験を行ってきました。あとの問いに答えなさい。**

神奈川大附中－改

〔**実験 1**〕 晴れた日に，同じ種類でほぼ同じ大きさの植物を 2 つ選び，一方の葉を全部とった。それぞれの植物にポリエチレンのふくろをかぶせ，ひもで口をしばり，15 分程度放置した後，ふくろの内側のようすを調べた。

その結果，葉のついた方の植物ではふくろの内側に水てきが多くみられたが，葉をとったものは水てきがほとんど見られなかった。

(1) **実験 1** の結果から，植物体内の水は，水蒸気《すいじょうき》となって空気中に出ていくことがわかります。植物におけるこのはたらきを何といいますか。

(2) (1)のはたらきは，植物の葉の裏《うら》に多く見られるある構造で，さかんに行なわれています。この構造は何ですか。

〔**実験 2**〕 図のように，日なたにおいたガラスの密閉《みっぺい》容器の中に，ネズミのみを入れておくとそのうち死んでしまった。一方で，同じガラスの密閉容器内に植物とネズミを入れておくと，ネズミは生きていた。

〔**実験 3**〕 **実験 2** と同様の実験を，図のように日のあたらない場所で行った。ネズミのみを入れておいたものは**実験 2** と同じ結果であった。しかし，植物とネズミを入れたものについても，しばらく放置したところネズミは死んでしまった。

(3) 次の文章は，**実験 2** と **3** の結果から考えられたことです。文章中の①～④にあてはまることばをそれぞれ答えなさい。ただし，①は(　)内のどちらかのことばを選んで書きなさい。

実験 2 と **3** において，植物をガラスの密閉《みっぺい》容器内に入れたあとの結果が異なったのは，植物は①(明るい　　暗い)ときに，植物やネズミが(　②　)によって放出する分の(　③　)を吸収《きゅうしゅう》し，(　④　)を放出するからであると考えられる。

1

(1)

(2)

(3)①

②

③

④

く出る

2 【食物連鎖《しょくもつれんさ》】**森林では多くの生物がともにくらしており，図は生物どうしのつながりと，気体のやりとりを示しています。例えば，「生物Y➡生物X」は生**[redacted]**ることを，「気体A→植**

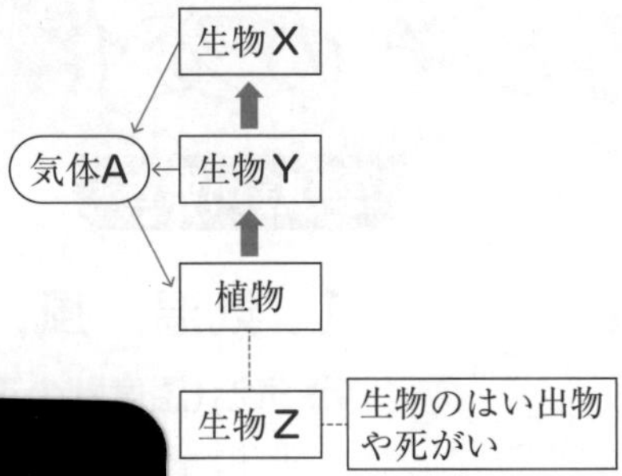

[redacted]**表します。これについて，**

慶應義塾湘南藤沢中－改

[redacted]死がいと関わるはたらき
[redacted]ているそのはたらきにつ
[redacted]らすべて選びなさい。
[redacted]すために，岩石をくだき，
[redacted]あたえる。
[redacted]。
[redacted]いようにする。
[redacted]の中から２つずつ選びな
[redacted]メ　**エ** タガメ
[redacted]サギ　**ク** ダンゴムシ
[redacted]い。
[redacted]りのすべてが示されてい
[redacted]矢印(→)を図にかき入れ

2
(1)
(2)X
Y
Z
(3)
(4)　（図に記入）

3 【かん境問題】**かん境問題について，次の問いに答えなさい。**

千葉日本大第一中－改

(1) 二酸化炭素のような地球温暖化《ちきゅうおんだんか》の原因物質を何といいますか。

(2) 二酸化炭素のはい出の原因として化石燃料の燃焼《ねんしょう》があげられます。化石燃料として正しいものを次の**ア**～**エ**から選びなさい。

ア まき　**イ** ウラン　**ウ** 木炭　**エ** 石油

(3) 二酸化炭素のう度の増加は二酸化炭素のはい出量の増加が主な原因と考えられていますが，二酸化炭素の吸収量《きゅうしゅうりょう》が減少していることも原因です。二酸化炭素の吸収量が減少している理由を簡単に説明しなさい。

3
(1)
(2)
(3)

天気とその変化

試験の要点

温度計の正しい読み方

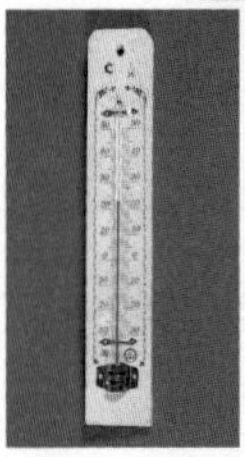

温度計　地上1.2m～1.5mの所の日かげの空気の温度。

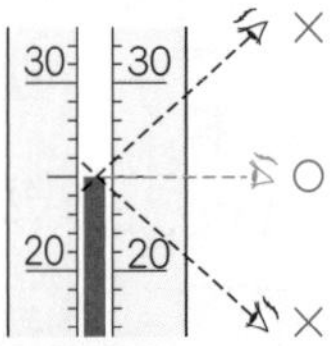

風がおこるわけ

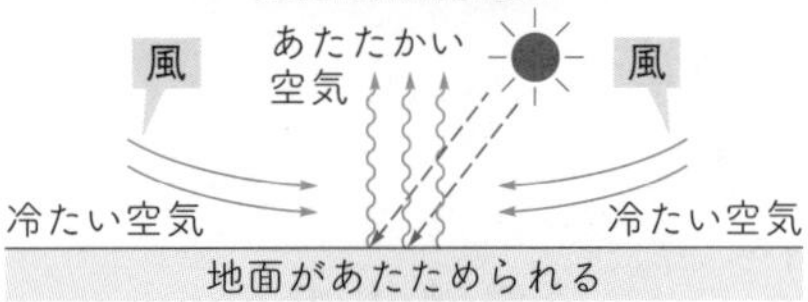

いろいろな雲

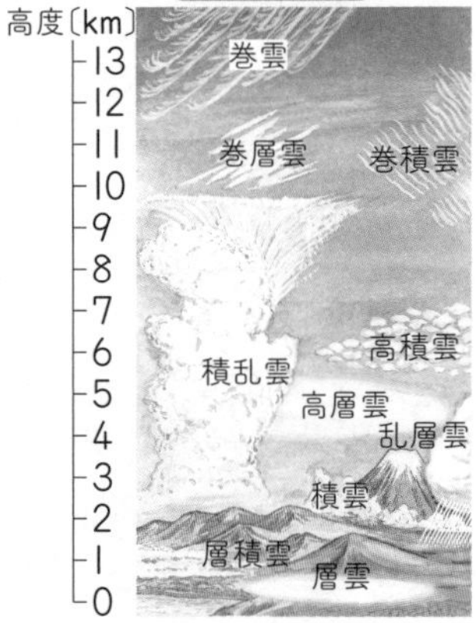

🡅気温，風，雲

1. 気温，風，雲 ★

❶ **気温(温度計の正しい読み方)**…気温は，風通しのよい日かげで，地上からの高さが 1.2 ～ 1.5 m の所ではかる。(**百葉箱**の中ではかる。)

↳地面はしばふなど，てりかえしの少ないところを選ぶ

↳直射日光や雨のえいきょうがないようつくられている

- 液だめは，さわったり，息をふきかけたりしない。
- 目盛《めも》りは，温度計から 20 ～ 30 cm はなれて，液の先と**目の高さを同じ**にして読む。

❷ **風**…風は空気の動きのことである。天気によって風の向きや強さは変化する。

- 風がふいてくる向きのことを風向といい，ふいてくる方位(16 方位)で表す。

↳例えば，北からふく風は北の風という

- 風がものを動かす力を風力といい，空気がはやく動くほど強い。

↳0 ～ 12 の 13 階級がある

❸ **雲**…雲は，空気中の水蒸気が冷やされて小さな水や氷のつぶになり，それが空にうかんだものである。

- おもな雲は 10 種類で，これを **10 種雲形**という。
- 「快晴」「晴れ」「くもり」という天気は空全体をおおう雲の量の割合で決まる。

↳雲量 0 ～ 1 は快晴，雲量 2 ～ 8 は晴れ，雲量 9 ～ 10 はくもり

1日の気温の変化

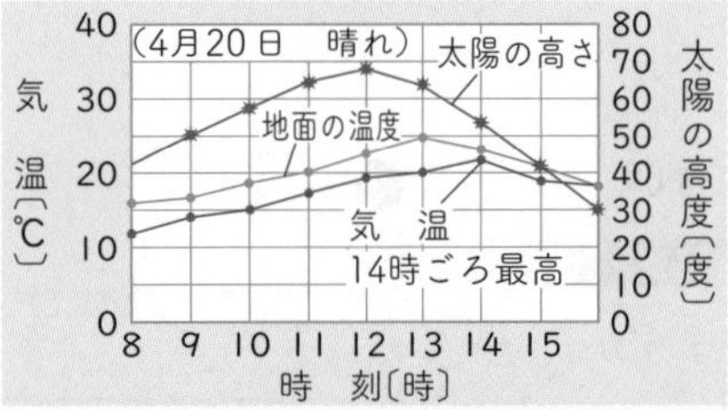

天気と気温の変化

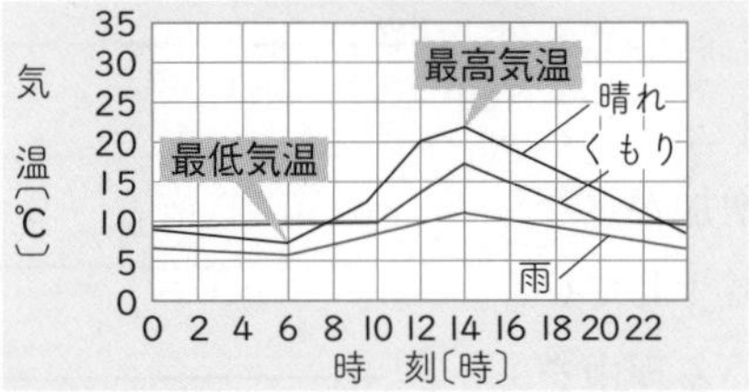

🡅気温の変化

2. 気温の変化 ★★

❶ **太陽の高さと気温の変化**…1 日の気温の変化は，太陽の高さの変化や地面の温度の変化と関係している。**太陽の高さは 12 時**ごろに，**地面の温度は 13 時**ごろに，**気温は 14 時**ごろにそれぞれ最高となる。これは，日光がまず地面をあたため，地面の温度が十分に上がったあと，地面の熱が空気に伝わって気温が上がっていくためである。

❷ **天気と気温の変化**…気温が上がるには日光が必要で，太陽が出ていないくもりや雨の日の気温は変化が小さく，気温は 1 日を通して低くなる。晴れの日は 1 日の気温の変化が大きい。14 時ごろに最高気温となる。このあと気温は下がり，太陽が出てくるまで下がり続ける。よって，日の出ごろに最低気温となる。

3. 天気予報 ★★

❶ **天気の予想**…雲や風のようすを見て，天気の変化を予測することを**観天望気《かんてんぼうき》**という。

- 夕焼けのとき，次の日は晴れ。
- 月がかさをかぶると，次の日は雨。
- 星がまたたくと，次の日は晴れ。

❷ **天気予報**…**気象衛星**からの映像《えいぞう》や，**地域気象観測システム(アメダス)**などをもとに行われている。
↳気象衛星「ひまわり」

- **地域気象観測システム(アメダス)**　自動的に雨量，風速，気温などを観測する装置《そうち》が全国に約 1300 か所設置されており，その情報は気象台に集められる。このシステムのことを地域気象観測システム(アメダス)という。
- **その他**　海洋気象観測船による**海洋気象観測**や気象ロケットによる**高層《こうそう》気象観測**，**気象レーダー観測**などが行われている。

◀アメダス（地域気象観測システム）

▲風向風速計

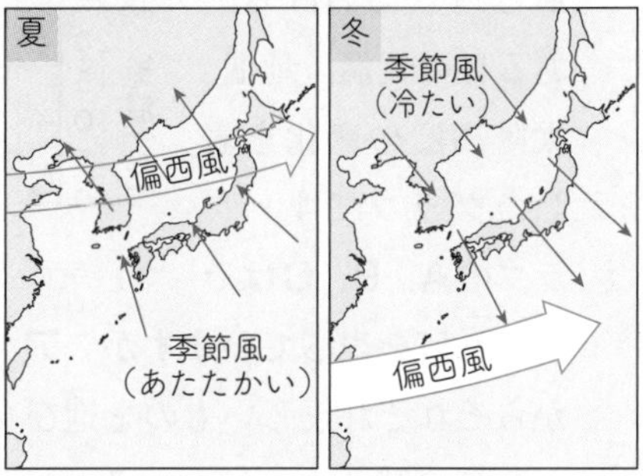

⬆気象観測システムと季節風

4. 天気の変化 ★★

❶ **日本の天気**…日本付近の上空は**偏西風《へんせいふう》**とよばれる風が西から東へふいている。この風のために，**雲が西から東へ動いていく**ことが多く，天気の変わり方も西から東へと移っていくことが多い。
↳住んでいる所より西のほうの天気を調べると，天気の予測をすることができる

❷ **夏と冬の天気**…夏の季節風は，太平洋のほうからふく南東の風で，太平洋のしめり気をふくんでいる。
↳半年ごとに風の向きが変わる
冬の**季節風**は，大陸からふく北西の風で，日本海のしめり気をふくんでいる。この季節風により，夏は日本列島にむし暑い晴天の日を多くもたらし，冬は日本海側の地域に雨や雪を降《ふ》らせる。
↳大陸上ではかわいており，日本海上を通過するときしめり気をふくむ

❸ **春と秋の天気**…春と秋のころは，**低気圧**と移動性高気圧がかわるがわる通りすぎていく。そのために，天気が何日かおきに変わることが多い。
くもりや雨になりやすい↲
４～７日ぐらいの周期↲

台　風
ほぼ円形で，大きさはさまざまである。中心部は雲のない部分(台風の目)が見られることがある。

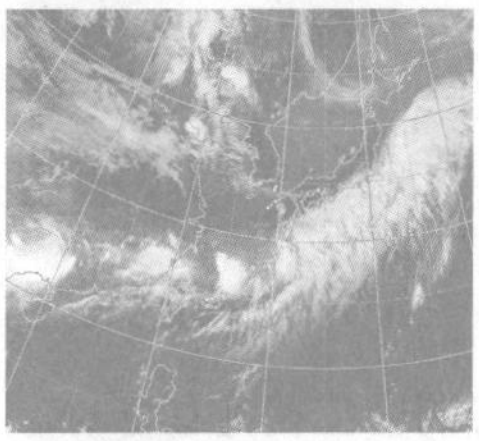
つ　ゆ
東西に長く雲が発達し，何日間もしとしとと雨の日が続く。つゆが終わるころには集中ごう雨になることがある。

冬
冷たくかわいた北西の風が海上でしめり，すじ状の雲ができる。日本海側は雪，太平洋側はかんそうした晴れの日が多い。

⬆日本の雲のようす

要点チェック

①風がふいてくる向きを何というか。	① 風　向
②晴れの日に，1 日の気温が最高になるのは何時ごろか。	② 14 時
③全国約 1300 か所に設置され，自動的に雨量，風速，気温などを観測する装置から情報が気象庁《きしょうちょう》に集められているが，これを何というか。	③ アメダス（地域気象観測システム）
④天気はどちらからどちらに移っていくことが多いか。	④ 西から東

実力問題

〔　月　日〕

地球　解答 5 ページ

1 【気温と雲】次の問いに答えなさい。

東京女学館中，昭和女子大付昭和中，品川女子学院中－改

□(1) 次のグラフは日本のある地点における，ある日の気温，地温，太陽高度の変化を表したグラフです。グラフのA，B，Cはそれぞれ何を表していますか。**ア**：気温　**イ**：地温　**ウ**：太陽高度からそれぞれ正しいものを選びなさい。

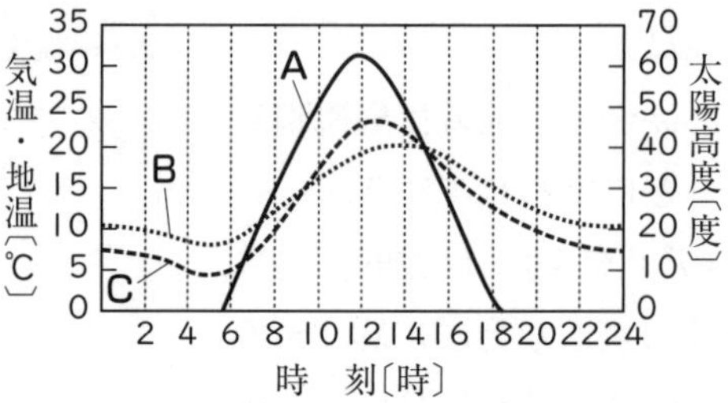

□(2) 百葉箱の特ちょうに関する次の**ア**～**オ**の文の中から，正しいものを２つ選び，記号で答えなさい。

ア 気温を正確にはかるために，全体を緑色にぬる。

イ 温度計の位置が地上から 1.2 m ～ 1.5 m の高さになるように百葉箱を設置する。

ウ 直射日光が入らないように，扉《とびら》は北向きに設置する。

エ 観測しやすいように，百葉箱は建物のすぐとなりに設置する。

オ しっかり安定させるために，百葉箱はアスファルトの上に設置する。

□(3) 快晴，晴れ，くもりは雲量に決まりますが，晴れのときの雲量のはん囲を 0 ～ 10 から選んで書きなさい。

1

(1)A

B

C

(2)

(3)

2 【台風】次の問いに答えなさい。

湘南学園中

□(1) 台風の地表付近での風のふき方を表している図として，正しいものを選び，記号で答えなさい。

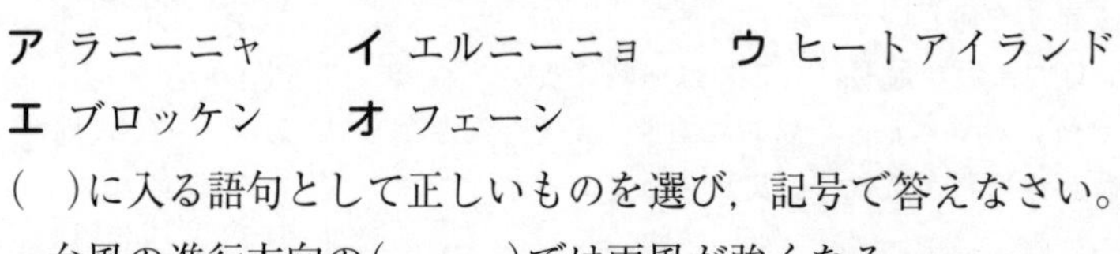

□(2) (　)に入る語句として正しいものを選び，記号で答えなさい。

台風の影響で，気温が高くなる現象を(　　　)現象という。

ア ラニーニャ　　**イ** エルニーニョ　　**ウ** ヒートアイランド

エ ブロッケン　　**オ** フェーン

□(3) (　)に入る語句として正しいものを選び，記号で答えなさい。

台風の進行方向の(　　　)では雨風が強くなる。

ア 左　　**イ** 右　　**ウ** 上　　**エ** 下

2

(1)

(2)

(3)

(4)

□(4) 台風の目の特ちょうとして正しいものを選び，記号で答えなさい。

ア 雨や風が最も強くなる。

イ 雨は弱まるが，最も風が強くなる。

ウ 風や雨が弱まることが多い。

エ 竜巻《たつまき》が起こることが多い。

く出る

3 【日本の天気】右の図はある季節の日本のまわりの天気図です。次の各問いに答えなさい。

東京女学館中ー改

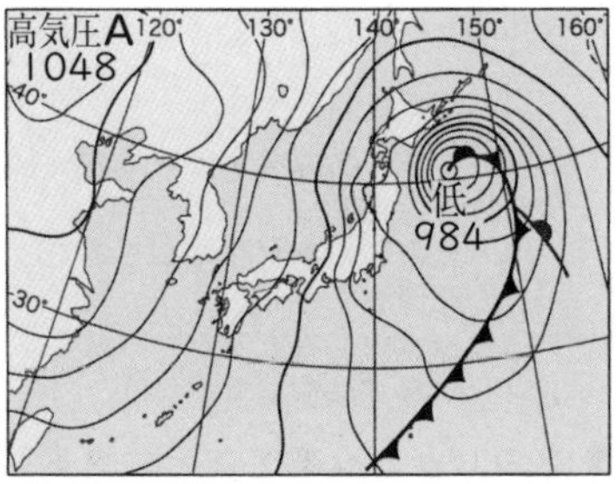

□(1) 図のような気圧配置になる季節を春・夏・秋・冬から１つ選びなさい。

□(2) 図の天気図における雲の画像として最も適当なものを次の**ア**～**エ**から１つ選び，記号で答えなさい。

ア

イ
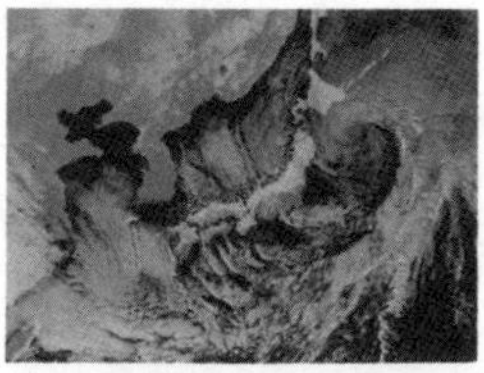

ウ
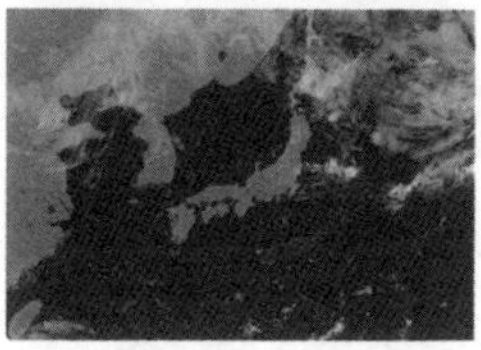

エ

□(3) 図の高気圧**A**を何といいますか。

□(4) 高気圧**A**がつくる気団の特ちょうとして適するものを次の**ア**～**エ**から１つ選び，記号で答えなさい。

ア あたたかくかわいている。　**イ** あたたかくしめっている。

ウ 冷たくかわいている。　**エ** 冷たくしめっている。

□(5) 次の文章の①～⑤にあてはまることばをそれぞれ選びなさい。

この季節に高気圧**A**からふき出してふく季節風の風向は(①北東／北西)です。この風は日本列島に達するころにはふき出したときとは性質が変わり，(②かわいた風／しめった風)になります。この風のえいきょうで，日本海側では(③晴れ／雨や雪)の日が多くなります。この季節風は，日本海側から山脈をこえて太平洋側へふきこみ，太平洋側ではしつ度の(④高い／低い)，(⑤晴れ／雨や雪)の日が多くなります。

□(6) (5)の文中の下線部のようになる理由を，ふき出したころの性質にもふれて，説明しなさい。

❸

(1)

(2)

(3)

(4)

(5)①

②

③

④

⑤

(6)

水のゆくえ

〔　　月　　日〕

試験の要点

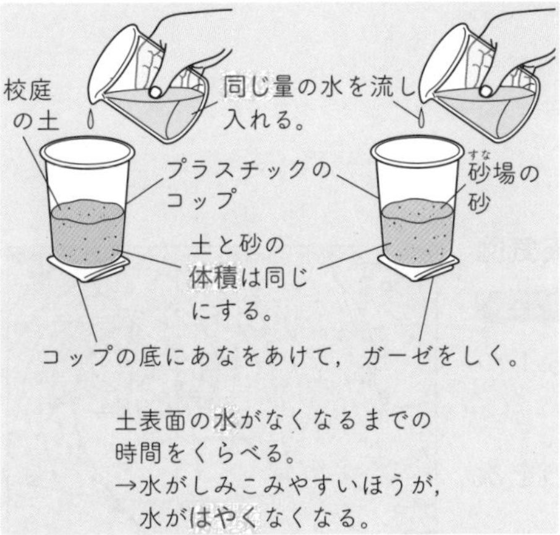

⬆水のしみこみやすさを調べる実験

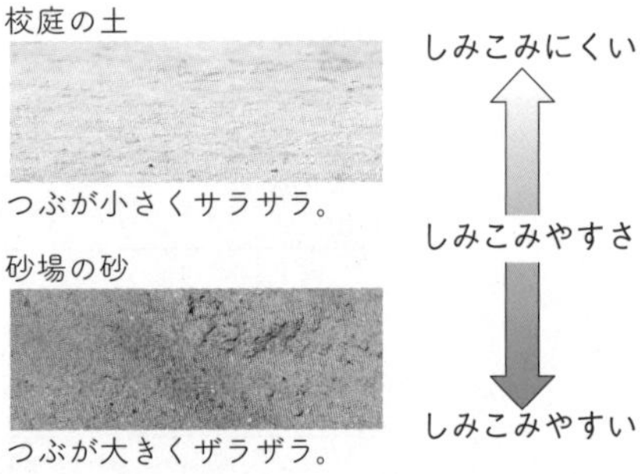

⬆水のしみこみやすさのちがい

こう水がおこったとき，水は高い所から低い所に流れていく。

⬆こう水

⬆ふっとうする水

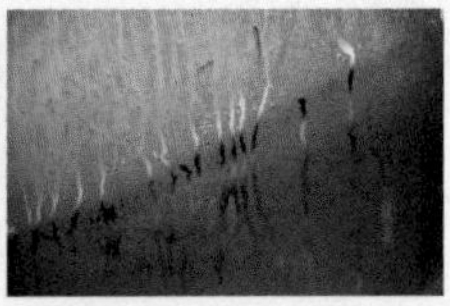

⬆窓ガラスの水てき

1. 雨水のゆくえと地面のようす ★★★

❶ **雨水の流れ方**…地面に降《ふ》った雨水は流れて，水たまりをつくる。雨水は，地面の高い所から低い所へと流れる。地面のくぼんでいる所など地面の低い所で水たまりをつくる。

❷ **雨水と土のつぶ**…雨は地面にしみこんでいくが，しみこみ方にはちがいがある。**土のつぶ**が大きいほどはやく水はしみこむ。

❸ **こう水《ずい》**…たくさん雨が降ると，川から水があふれ出てしまうことがある。これをこう水という。こう水がおこったとき，水は高い所から低い所に流れていくので，低い場所は水につかってしまうことがある。水につかりやすい場所を示した地図をこう水ハザードマップといい，避難《ひなん》をするときの参考になる。

2. 空気中の水蒸気《すいじょうき》 ★★

❶ **蒸　発**…水の表面から水蒸気に変化するのを水の**蒸発**という。水たまりの水がなくなったり，せんたく物がかわくことは，水の蒸発である。水の蒸発のしかたは，しつ度や気温といった条件によって変わる。水の蒸発は，水の状態のほか，氷の状態でもおこる。水の表面だけでなく，内部からも激《はげ》しく水蒸気になることをふっとうという。

❷ **ほう和状態**…空気中にそれ以上水蒸気をふくむことができなくなった状態をほう和状態という。空気1 m^3 あたりにふくむことのできる水蒸気の量を**ほう和水蒸気量**という。この値は，気温が高いほど大きくなる。

- 気温が高いほど，たくさんの水蒸気をふくむことができる。
- 気温が下がると，水蒸気が水てきとなって空気中から出てくる。これは，冷たい空気は水蒸気をふくむことができる量が少ないからである。

❸ **しつ度**…ほう和水蒸気量を 100 % としたとき，実際に水蒸気《すいじょうき》がどれくらいふくまれているかを表したものをしつ度といい，次の式で求められます。

しつ度〔%〕＝

$$\frac{\textbf{空気 1 m}^3\textbf{ 中の水蒸気量〔g〕}}{\textbf{その気温での空気 1 m}^3\textbf{ 中のほう和水蒸気量〔g〕}}\times 100$$

空気がどれくらい乾燥《かんそう》しているか，または空気のしめり具合を表す指標となります。

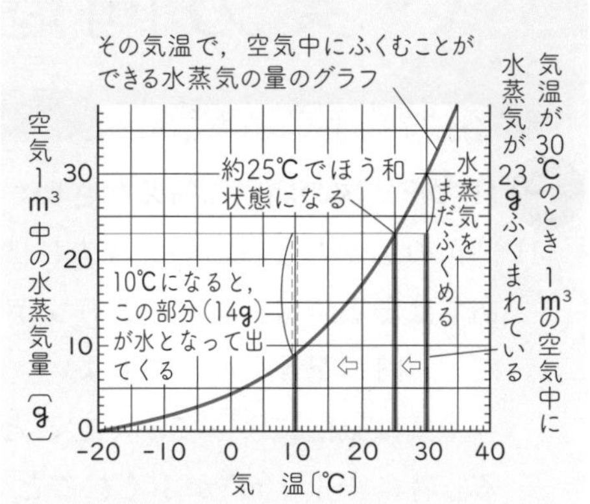

空気中の水蒸気

3. 水のじゅんかん ★

❶ **地上の水**…雨や雪となって地上に降《ふ》った水は，高い所から低い所へ流れていく。流れが集まって川となったり，地下にしみこんで地下水となったりして，やがて海や湖へと流れていく。

❷ **空気中の水**…地上や海から蒸発した水は，水蒸気となって，空気中にたくわえられる。これらは冷やされて雲をつくり，やがて雨や雪となって地上や海にもどる。

❸ **水のじゅんかんと太陽**…地球上の水は，太陽の熱（エネルギー）によって蒸発と降水《こうすい》をくり返している。

- **蒸　発**　地表や海面の水の一部は，太陽にあたためられて，つねに蒸発している。
- **降　水**　雲をつくっている小さな水てきや氷のつぶはまとまって大きくなり，雨や雪などの降水として地上にもどる。

❹ **森林の役割《やくわり》**…森林の表面は，落ち葉がくさったり，ミミズなどによってたがやされたりしてできた土でおおわれ，植物が十分に根を張っていたり，落ち葉などで水をたくわえやすい地面になっている。そのため，降った雨を一度に出さない自然のダムのはたらきをしている。

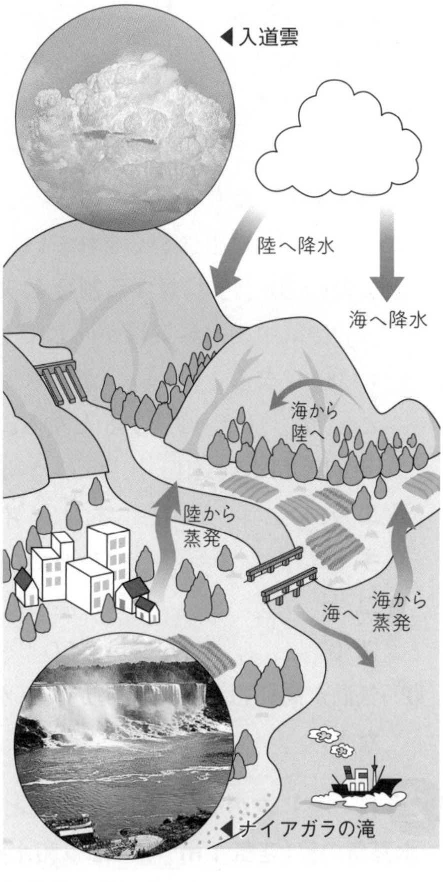

自然の中の水のじゅんかん

要点チェック

①雨水は高い所から低い所に流れるか，低い所から高い所に流れるか。	① 高い所から低い所
②土と砂《すな》はどちらがはやく水がしみこむか。	② 砂
③空気にどれくらい水蒸気《すいじょうき》がふくまれているかを示す指標を何というか。	③ しつ度
④気温が高いほうと低いほうのどちらが多く水蒸気をふくむことができるか。	④ 高いほう

実力問題

〔　月　日〕

地球　解答５ページ

1【しつ度】**次の問いに答えなさい。**　藤嶺学園藤沢中－改

□(1) 降雨《こうう》のもととなる雲のでき方に関する次の文の空らん①～⑨にあてはまる語句をあとの**ア～ソ**から選び，記号で答えなさい。ただし，同じ記号を選んでもよい。

空気は気温によってふくむことのできる水蒸気《すいじょうき》の量に差がある。特に空気１m^3がふくむことのできる水蒸気の量のことを，その温度における（　①　）という。（　①　）は気温が低いほど（　②　）なる。

地上であたたまった空気は（　③　）する。上空で空気は（　④　）る。（　④　）ると空気の（　①　）は（　⑤　）なる。（　①　）をこえた分の水蒸気が（　⑥　）や氷のつぶとなる。これが集まったものが雲である。

「空気１m^3中にふくまれている水蒸気の量の」の，「その温度での（　①　）」に対する割合を％で表したものを（　⑦　）という。空気中の水蒸気量が同じでも，気温が下がると（　⑦　）は（　⑧　）なる。（　⑥　）ができ始める温度よりも気温が下がると（　⑦　）は（　⑨　）％となる。

ア　ほう和水蒸気圧　　**イ**　ほう和水蒸気量　　**ウ**　小さく
エ　大きく　　**オ**　上《じょう》　昇《しょう》　　**カ**　下　降
キ　冷　え　　**ク**　あたたま　　**ケ**　水てき
コ　わ　た　　**サ**　温　度　　**シ**　しつ度
ス　0　　**セ**　50　　**ソ**　100

□(2) 気温が高いほど洗たく物がよくかわく理由を20字以内で書きなさい。

2【しつ度】**次の表は，空気の温度と１m^3中にふくむことができる水蒸気の量（空気１m^3中のほう和水蒸気量〔g〕）を示した表です。**

温度〔℃〕	0	5	10	15	20	25	30	35	40
空気１m^3中のほう和水蒸気量〔g〕	4.9	6.8	9.4	13	17	23	30	40	51

地表（標高０m）に空気のかたまりがあります。この空気のかたまりは温度が35℃でしつ度が40％でした。この空気のかたまりは標高何mのところまで上がると雲になり始めるでしょうか。最も適当なものを次のア～カから１つ選び，記号で答えなさい。ただし，空気１m^3あたりの水蒸気量は変化せず，空気のかたまりは100m上《じょう》昇《しょう》すると１℃温度が下がるものとします。　豊島岡女子学園中－改

1

(1)①

②

③

④

⑤

⑥

⑦

⑧

⑨

(2)

2

ワンポイント

１m^3の空気を考える。

ア 0～500　　イ 1000～1500　　ウ 1500～2000
エ 2000～2500　　オ 2500～3000　　カ 3000～3500

3【水のじゅんかん】**次の文を読み，あとの問いに答えなさい。**

実践女子学園中－改

水は地球上をじゅんかんしています。右の図は地球における水のじゅんかんの一部分を表しており，次の文章はこの図を説明したものです。

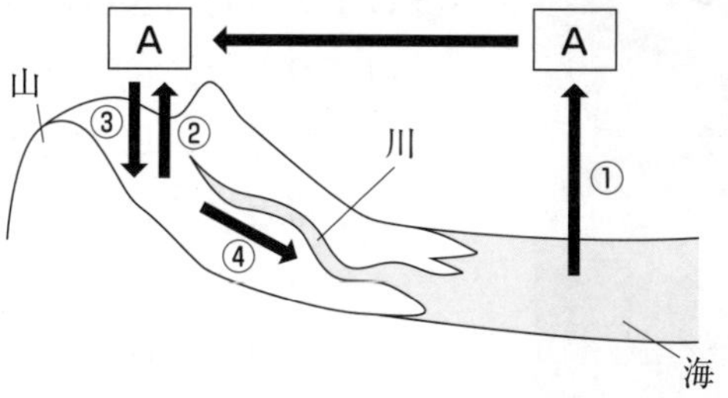

海の水は，矢印①で表されているように，太陽によってあたためられて(　X　)し，(　Y　)となって大気中にふくまれます。また，矢印②のように，水は陸地からの(　X　)や植物の(　Z　)というはたらきによっても(　Y　)となり，大気中にふくまれます。この(　Y　)をふくむ空気が上昇《じょうしょう》し，冷やされることによって**A**が生じます。**A**が風によって移動し，陸上で雨となって降り(矢印③)，川の水や地下水として流れ(矢印④)，また，海に注ぎます。

□(1) 文章中の**X**～**Z**にあてはまる語句を答えなさい。

□(2) **A**にあてはまる語句を答えなさい。

3
(1)X
Y
Z
(2)

4【水のじゅんかん】**あとの問いに答えなさい。**

山脇学園中－改

右の図は，地球全体の水の移動を表したものです。また，矢印の横の数字は1年間の水の移動量で，単位は「兆トン」です。なお，1年間を通してみると，海水の量や空気中の水蒸気《すいじょうき》の量は一定です。

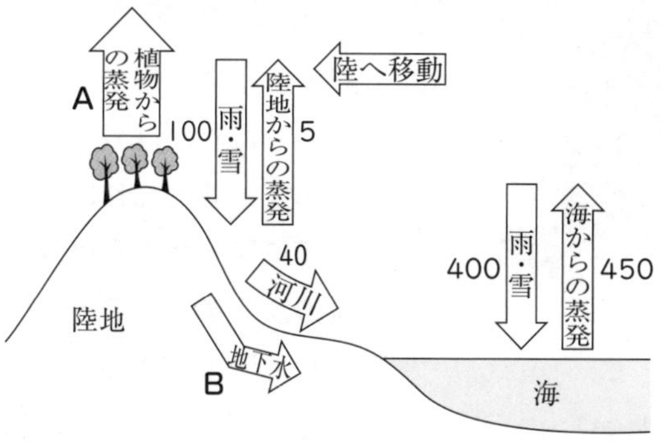

□(1) 図中の**A**，**B**にあてはまる数値をそれぞれ答えなさい。

□(2) 地面がコンクリートでほそうされると，水の移動量がふえるのは次の**ア**～**エ**のうちどれですか。最も適切なものを1つ選び，記号で答えなさい。また，その理由を答えなさい。

ア 植物からの蒸発　　**イ** 河　川
ウ 地下水　　**エ** 陸地からの蒸発

4
(1)A
B
(2)記号
理由

地球

12 流水のはたらき

〔　　月　　日〕

試験の要点

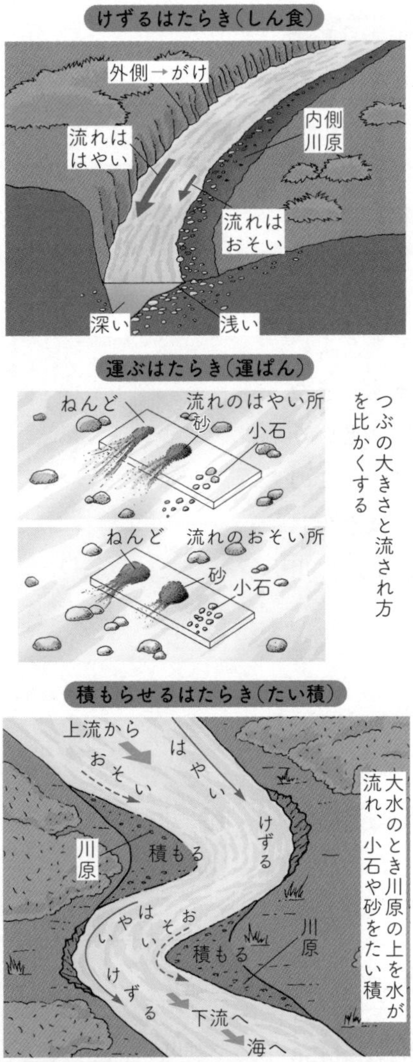

⬆川の水のはたらき

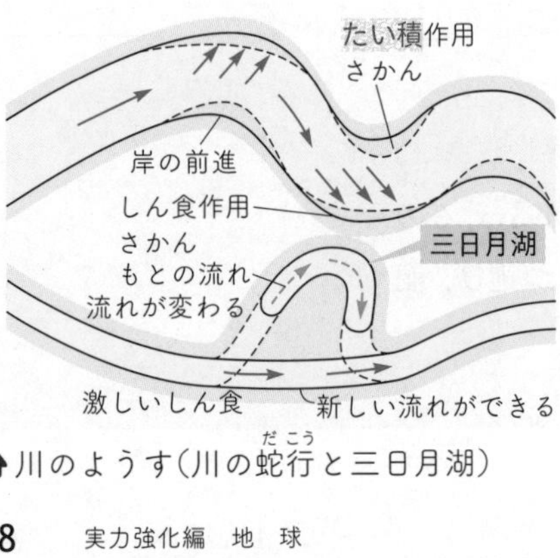

⬆川のようす(川の蛇行《だこう》と三日月湖)

1. 流れる水のはたらき ★★★

❶ **けずるはたらき(しん食)**…流水の力で川底や川岸をけずりとり，谷やがけをつくるはたらき。

- 流れる水のしん食は，流れがはやく，水の量が多いほど大きい。
- 流水によって石はころがり，角ばった形から下流ほど丸みを帯びてくる。

❷ **運ぶはたらき(運ぱん)**…けずりとった石や砂《すな》を下流へ運ぶはたらき。

- 流れる水の運ぱん作用は，流れがはやく，水の量が多いほど大きい。
- 運ばれる石や砂はつぶが小さく，軽いものほど流されやすい。

❸ **積もらせるはたらき(たい積)**…運んできた石や砂などを川底や河口などに積もらせるはたらき。

- 流れる水のたい積は，流れがおそいほど大きい。
- 運ばれてきた石や砂のつぶが大きく，重いものから積もっていく。

2. 川のようす ★★★

❶ **上流のようす**…川の上流は山地のため，かたむきが急なので流れがはやい。

- しん食・運ぱん作用が大きくはたらく。
  深い谷をつくり，大きな石を運ぶ↵
- 上流に見られる石は，大きく角ばったものが多い。

❷ **中流のようす**…中流では，川のはばが少し広くなり，流れも上流よりゆるやかになる。

- しん食・運ぱんは上流ほどは大きくなく，場所によってはたい積も見られるようになる。
- 大きく曲がった川の**内側には広い川原**もできる。
  ↳外側はけずられてがけになる
- 川原に丸みのある石が多くなる。

❸ **下流のようす**…下流では，川のかたむきが小さくなり，川のはばも広く，流れもゆるやかになってくる。

- たい積の作用がはたらく。広い川原や河口には**三《さん》角州《かくす》**ができることがある。また，川底は浅くなる。

- 川原には，上流から流されてきた砂《すな》やどろが多く見られる。小石や砂は丸みがある。

❹ **河口での砂やねんどの積もり方**…図１のように雨水の流れが広い所に出るとおそくなり，砂やねんどを積もらせる。図１をＡ－Ｂの断面で切ると，図２のような積もり方をしている。

図１
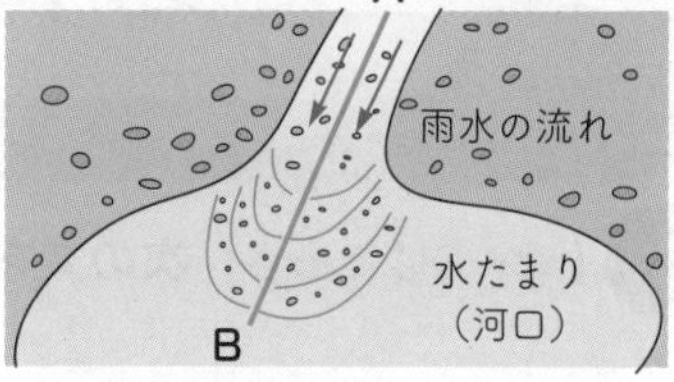

図２
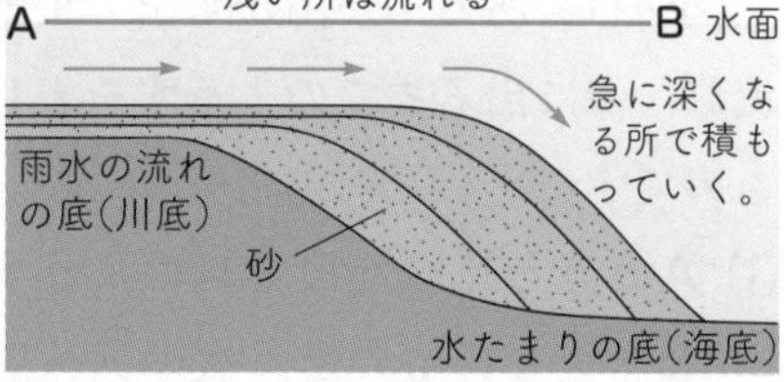

⬆河口での砂やねんどの積もり方

3. 川原の石 ★★

❶ **上流の石(岩)**…大きく**角ばって**いる。

❷ **中流の石(岩)**…上流より小さくなり，角が**まるく**なる。

❸ **下流の石**…中流よりさらに小さくなり，**まるい**。

❹ **川原の石の変化**…下流に近づくほど石が小さくまるくなる。これは，石が川底をころがって運ばれるうちに，他の石や岩とぶつかって角がとれ，水といっしょに流れている砂やねんどで表面がけずられたりするからである。

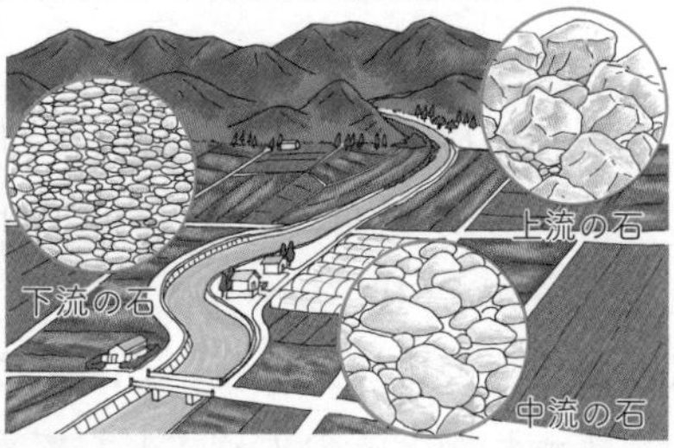

⬆川原の石

4. 川の防災 ★

❶ **ダ　ム**…川の水をせきとめ，大雨の水が一度に下流に流れていかないように川に流れる水の量を調整している。その水は発電や農業用水として使うことがある。

❷ **砂防《さぼう》ダム(砂防えんてい)**…上流の谷につくるダムで，大雨などで岩や土が流れ出すのを防ぐはたらきや水の勢いを弱めるはたらきをしている。

❸ **てい防**…川の水があふれないように両岸を高くしている。曲がっている川では，内側より外側のてい防をより高くじょうぶにつくる。

❹ **水制工《すいせいこう》**…石や消波ブロックをならべるなど，水の勢いを弱め，てい防が水によってけずられないようにする。
↳特に曲がって流れている川の外側のてい防

⬆川の防災

要点チェック

①流れる水のはたらきを３つ答えなさい。	① しん食，運ぱん，たい積
②石が小さくまるくなるのは上流か下流かどちらか。	② 下流
③れき，砂，ねんどのうち最もはやく積もるのはどれか。	③ れき
④川の水をせきとめ，大雨の水が一度に下流に流れていかないように水の量を調節する施設を何というか。	④ ダム
⑤てい防が水によりけずられないようにすることを何というか。	⑤ 水制工

実力問題

〔　月　日〕

地球　解答６ページ

よく出る

1 【流水のはたらき】次の文を読み，あとの問いに答えなさい。

東京純心女子中

図１は，ある川が山から出て平野を流れ，海に出るまでのようすを表したものです。

図１

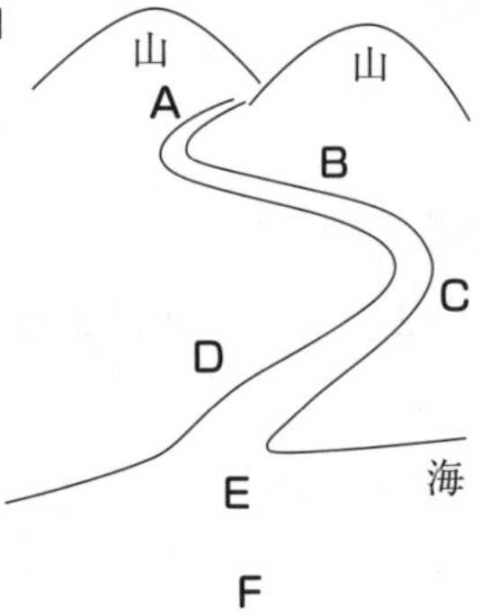

□(1) **A**地点と比べた**D**地点のようすとして正しいものを，次の**ア**～**エ**から１つ選び，記号で答えなさい。

ア 川の流れがはやく，川岸の石は小さく丸いものが多い。

イ 川の流れがはやく，川岸の石は大きく角ばったものが多い。

ウ 川の流れがおそく，川岸の石は小さくまるいものが多い。

エ 川の流れがおそく，川岸の石は大きく角ばったものが多い。

□(2) **B**地点と**C**地点において，**図２**のように３枚の板を並べて流したときのようすとして正しいものを，次の**ア**～**オ**から１つずつ選び，記号で答えなさい。

図２

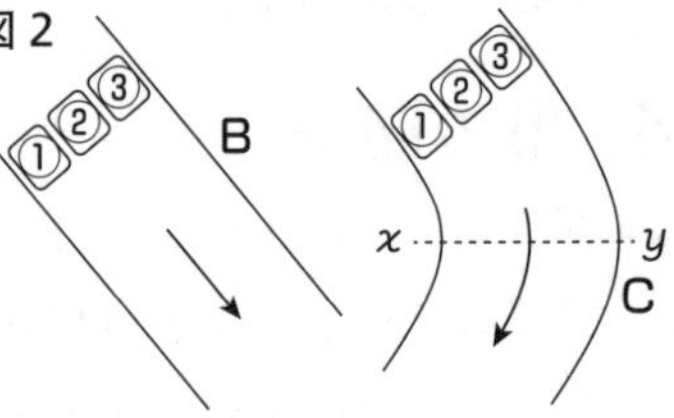

ア ①の板が最もはやく，③の板が最もおそく流れる。

イ ③の板が最もはやく，①の板が最もおそく流れる。

ウ ②の板が最もはやく，①と③の板はほぼ同じ速さで流れる。

エ ②の板が最もおそく，①と③の板はほぼ同じ速さで流れる。

オ どの板もほぼ同じ速さで流れる。

□(3) **C**地点の川の断面 x — y のようすとして正しいものを次の**ア**～**エ**から１つ選び，記号で答えなさい。

ア

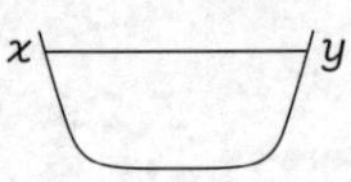

イ

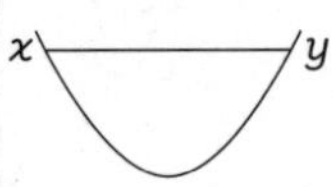

ウ

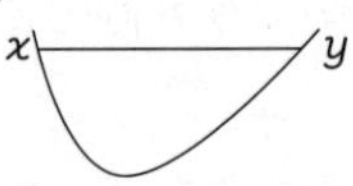

エ

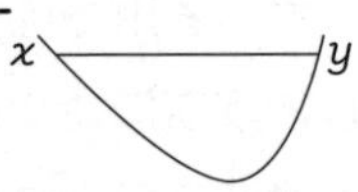

1

(1)

(2)B

C

(3)

ワンポイント

つぶの大きさによって運ばれやすさがかわる。

2 【川の防災】図１・図２は，大雨などで水の量が多くなったときの災害を防ぐ工夫です。これについて，次の問いに答えなさい。

京都教育大附属桃山中－改

図１

□(1) 川の上流には，**図１**のようにダムが連続してつくられている場合があります。何のための工夫ですか。次の**ア**～**エ**から１つ選び，記号で答えなさい。

2

(1)

(2)

(3)①

②

ア 川岸がけずられて，てい防をこえて水が流れ出すのを防ぐ工夫
イ 魚やこん虫などの生き物が流されてしまうのを防ぐ工夫
ウ 多くの川の水が一時的にためられ，少しずつ流す工夫
エ 石や砂《すな》が一度に流されたりするのを防ぐ工夫

□(2) 図１のようなダムの名まえを答えなさい。

□(3) 図２は，てい防の内側にあって，２つとも同じ考え方でつくられたものとします。これらは，どのような「①考え方」で，何を「②目的」としたものですか。①はア～ウから，②はエ～カから１つずつ選びなさい。

図２

重いコンクリートのブロックを置いたもの　　はり金であんだかごの中に石を入れて固定したもの

① 考え方	② 目　的
ア 川はばをせまくする。	エ 流れる水が川岸をけずる力を弱めて，てい防をこわれにくくする。
イ 水の流れをはやくする。	オ 流れる水が運んでくる土や石を積もらせて，てい防を高くする。
ウ 水の流れをおそくする。	カ 流れる水が川底をけずる力を強めて，一気に水を流す。

3 【流水のはたらき】 川の流れに関する次の問いに答えなさい。

横浜女学院中－改

□(1) 川のだ行がもとでできた湖は何とよばれるか答えなさい。

□(2) 図の①と②で起こっている流れる水のはたらきの名まえと，それによってできる地形を以下のア～ウからすべて選び，記号で答えなさい。

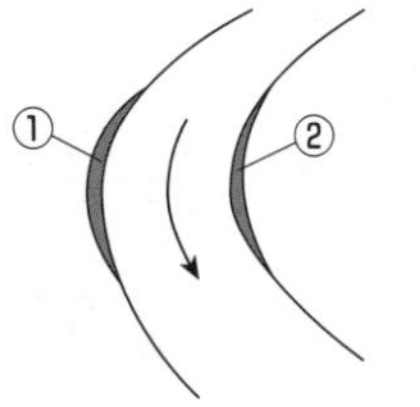

ア

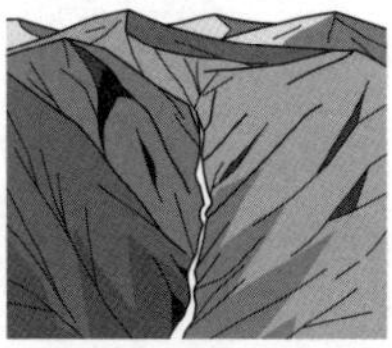

イ

ウ

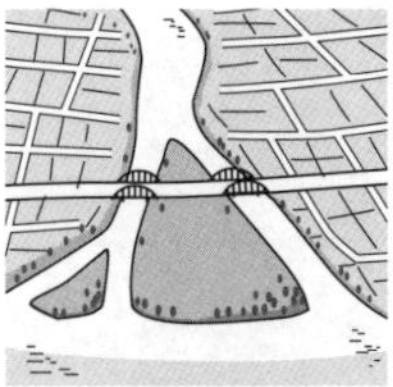

□(3) (2)のイとウの土地を形成する土砂《どしゃ》のつぶの大きさを比かくすると，どちらのつぶのほうが大きいと考えられるか，答えなさい。

□(4) (2)のイのような地形の土地の特ちょうとして最も適当なものを以下のア～ウから１つ選び，記号で答えなさい。
ア 水分を保ちやすいため，水田として利用されることが多い。
イ 水分を保ちやすいため，果樹園として利用されることが多い。
ウ 水はけがよいため，水田として利用されることが多い。
エ 水はけがよいため，果樹園として利用されることが多い。

3
(1) ＿＿＿＿
(2)①名まえ ＿＿＿＿
地形 ＿＿＿＿
②名まえ ＿＿＿＿
地形 ＿＿＿＿
(3) ＿＿＿＿
(4) ＿＿＿＿

ワンポイント
流水のはたらきはしん食，運ぱん，たい積の３つの作用がある。水はけは土のつぶの大きさによって決まる。

地球

13 土地のつくりとその変化

〔　　月　　日〕

試験の要点

地　層

1. 地層《ちそう》のようす

❶ **地層のようす**…がけや切り通しなどに見られる，小石・砂《すな》・ねんどなどがしま模様《もよう》に見える積み重なりを地層という。１つ１つの層は**おくのほうまで**，広いはん囲に広がっている。
（土の色やつぶの大きさがちがうのでそう見える）

❷ **地層の変化**…地層は水平なものだけではなく，ななめのもの，曲がっているもの(しゅう曲)，地層がくいちがっているもの(断層《だんそう》)がある。

- **しゅう曲**　大きな力で横からおされたり，下からもち上げられたりして地層が曲がること。
- **断　層**　大きな力で引っぱられたり，おし縮《ちぢ》められたりして，一部が食いちがった地層をいう。
（大きな地しんのあとには，地表にも地面のずれ(断層)がよく見られる）

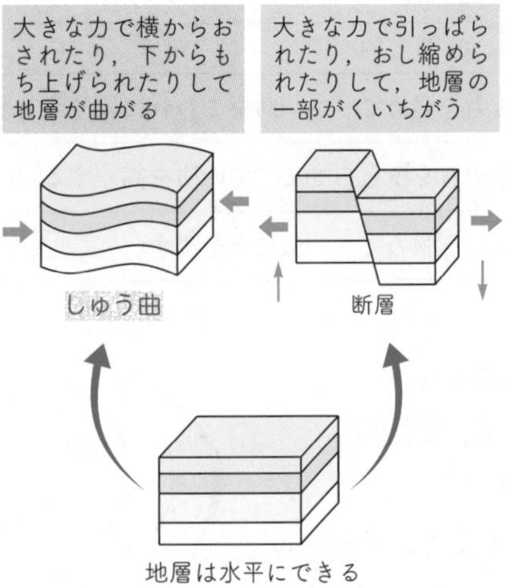

地層の変化

2. 地層のでき方

❶ **水のはたらきによってできた地層**…流れる水によって海や湖に運ばれた小石・砂・ねんどなどが底に**たい積**してできる。地層にふくまれる石は，角がとれてまるいものが多い。
（そのため，地層は上のものほど新しいことになる）

❷ **火山のはたらきによってできた地層**…火山のふん火でふき出した**火山灰**などが積もってできる。
（関東ローム層や鹿児島のシラス台地が有名）

- 火山灰《かざんばい》でできた地層には，角ばってゴツゴツした石や**小さな穴《あな》**がたくさんあいたれきなどが，まじっている。
（火山ガスがぬけた穴）
- 火山灰は広いはん囲に一しゅんにして降《ふ》り積もり，層をつくる。

❸ **化　石**…地層の中には，砂やねんどのほかに，大昔の貝や木の葉などの生き物の死がいや**すみあと**などがふくまれていることがある。これを**化石**という。
（足あとの化石もある）

見つかった化石から地層ができた時代や当時の土地や気候のようすがわかる。例えば，サンゴの化石が見つかれば，当時はあたたかくて浅い海であったことがわかる。地層ができた時代がわかるものを**示《し》準《じゅん》化石**，当時の土地や気候のようすなどがわかるものを**示相《しそう》化石**という。

▼地層のつぶのようす

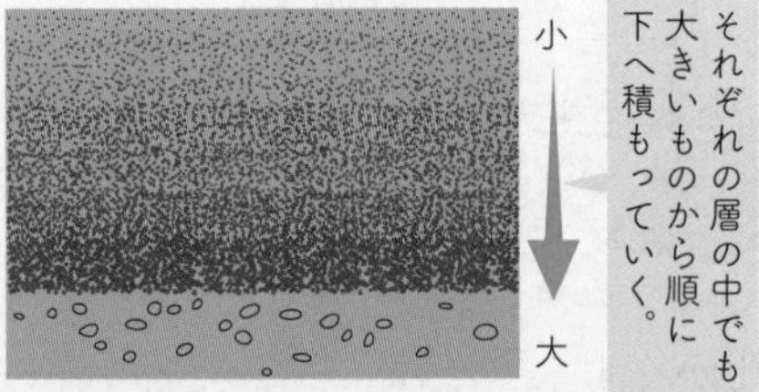

▼化石のでき方

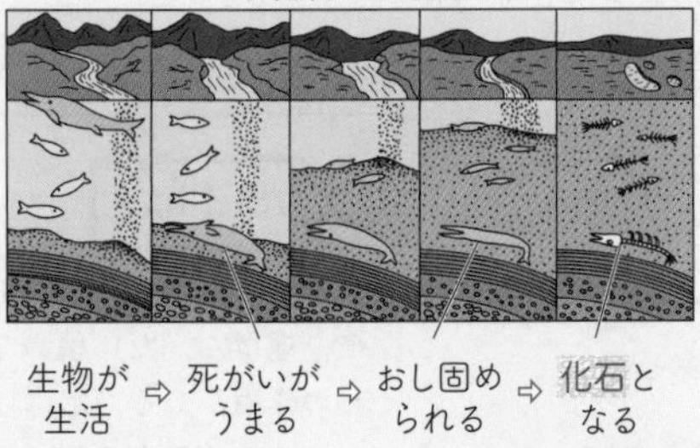

地層のでき方

3. たい積岩と火成岩 ★★

❶ **たい積岩**…たい積した小石・砂《すな》・ねんどなどが長い年月の間に，その上に積み重なったものの重みでおし固められ，岩石になったものをいう。

❷ **火成岩**…地球の内部にあるどろどろにとけた**マグマ**が固まってできた岩石をいう。

- 結しょう状の鉱物《こうぶつ》をふくんでいるものがある。
  ↳セキエイ・チョウ石・クロウンモ・カクセン石・キ石など
- ガラスのように光る鉱物をふくんでいるものもある。
- 固まるまでの時間のちがいで，深成岩と火山岩に分類される。

❸ **深成岩**…マグマが地下の深い所でゆっくり冷えて固まってできた火成岩。
例花こう岩，せん緑岩，はんれい岩など

❹ **火山岩**…火山がふん火したときに，ふき出した**マグマ**や**よう岩**が地上で急に冷えて固まったり，地上近くで急に冷えて固まってできた火成岩。
例流もん岩，安山岩，げん武岩など

種類	でき方	性質
れき岩	小石と砂やねんどがいっしょに固まってできる。	つぶはあらく，コンクリートの割《わ》れ目とよく似ている。
砂《さ》岩《がん》	砂が固まってできる。	黄色，茶色，白っぽい色などをしている。ざらざらとした手ざわり。
でい岩	ねんどが固まってできる。	黒，茶，灰色をしている。割れやすく，くぎでたやすくきずがつく。
石灰岩《せっかいがん》	貝がらやサンゴの石灰分や，水にとけた石灰分が固まってできる。	灰色や白色のつるつるした手ざわりできめが細かく，つぶは見えない。やわらかくてくぎできずがつく。割れると角ばる。うすい塩酸にとけて，二酸化炭素を出す。
ぎょう灰岩	火山灰が固まってできる。	色は青みがかったものや灰色のものや，赤色，茶色などさまざま。

⬆たい積岩の種類

⬆火成岩と火山のふん火

4. 火山と地しん ★

火山のふん火や地しんによって，土地のようすが変わる。

❶ **火　山**…マグマが，地上にふき出る所が火山であり，マグマや，よう岩，火山灰，火山ガスがふき出ることをふん火という。

❷ **地しん**…火山のふん火や大陸の岩ばんのゆがみがもどろうとするとき，大地が大きく動くことがある。これを地しんという。地しんの発生した所を**しん源《げん》**という。また，大きな地しんのあとに引き続いておこる地しんを**余《よ》しん**という。
↳地しんの大きさ(規模)はマグニチュードで，ゆれの大きさはしん度で表される

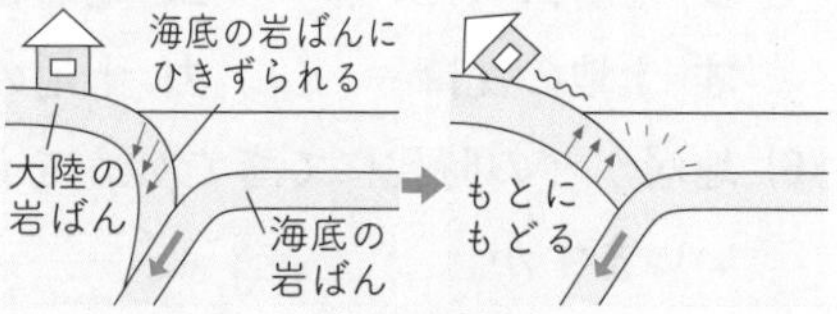

▲地しんの発生

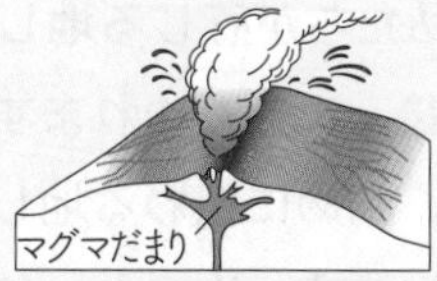

◀マグマだまり

⬆地しんの発生とマグマだまり

要点チェック

①小石・砂《すな》・ねんどなどがしま模様に見える積み重なりのことを何というか。	① 地《ち》層《そう》
②大きな力で引っ張られたりおし縮《ちぢ》められたりして一部が食いちがった地層を何というか。	② 断《だん》層《そう》
③地層ができた時代がわかる化石を何というか。	③ 示準化石
④マグマや，よう岩，火山灰《かざんばい》，火山ガスがふき出ることを何というか。	④ ふん火

実力問題

〔　月　日〕

地球　解答6ページ

よく出る

1【地層《ちそう》のようす】**図のような地層がみられました。以下の問いに答えなさい。**

江戸川女子中－改

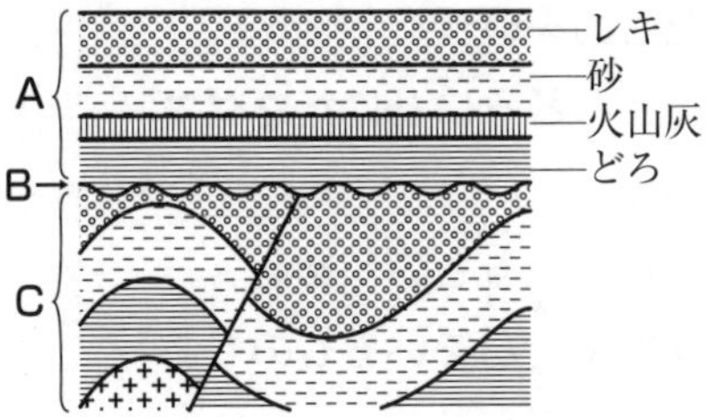

□(1) 地層Cのしゅう曲は左右に引かれる力，左右からおされる力，どちらの力がはたらいてできたでしょうか。

□(2) 地層Cの断層は左右に引かれる力，左右からおされる力，どちらの力がはたらいてできたでしょうか。

□(3) 地層Aには火山灰《かざんばい》の層が見られます。火山灰の層のつぶは砂《すな》やれきなどの層のつぶとはかなり異《こと》なっていますが，火山灰の層をつくっているつぶはどのような形をしていますか。ほかの層と異なっている理由もふくめて答えなさい。

□(4) 地層のBのように，地層が不連続になっていることを何といいますか。

□(5) 図の地層がつくられるにはどのような出来事があったと考えられますか。次のア～カを古いものから並べなさい。

ア 地層Cのたい積　　**イ** 地層Cのしゅう曲
ウ 地層Aのたい積　　**エ** 地層Cの断層
オ 土地の沈降《ちんこう》　　**カ** 土地の隆起《りゅうき》としん食

□(6) 地層がどの時代にできたのかを決定するのに役立つ化石を何といいますか。

1
(1)
(2)
(3)
(4)
(5)
(6)

2【地しん】**私たちが感じる地しんは，はじめに，カタカタと小さくゆれ，その後，大きくゆれます。その原因は，地しん波のちがいによるもので，初めに伝わる地しん波をP波，あとに伝わる地しん波をS波といいます。次の問いに答えなさい。**

神奈川大学付属中，桐朋中－改

□(1) 地しんがおこる原因として誤っているものはどれですか。次の中から選び，その記号を書きなさい。

ア いん石の落下　　**イ** 火山活動
ウ 津《つ》　波《なみ》　　**エ** プレートのずれ

□(2) 次の文の空らんにあてはまる語句を書きなさい。

地しんは(　A　)と(　B　)とで表すことができ，(　A　)は地しんの規模，(　B　)は観測点でのゆれの大きさを表す。

2
(1)
(2)A
B
(3)①
②
(4)

□(3) ある観測所で２つの地しんを観測しました。そして，図のような観測結果が得られました。縮尺《しゅくしゃく》はそれぞれ同じとします。

①しん源が近い，②(2)の（　A　）が大きい のはそれぞれどちらの地しんですか。次の中から選び，その記号を書きなさい。

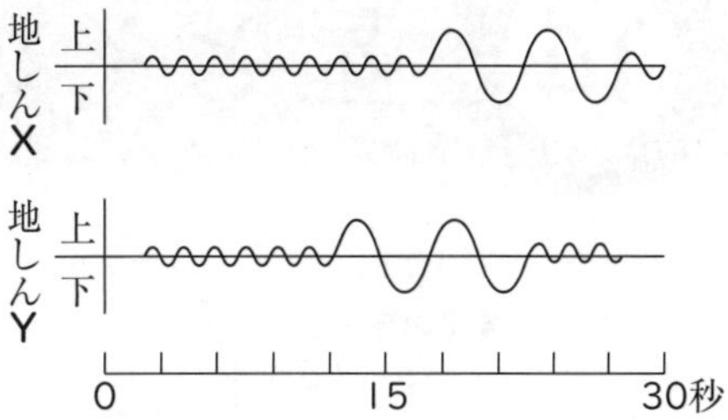

ア 地しんX　　**イ** 地しんY　　**ウ** どちらも同じ

□(4) 地しんが発生した際に心配される現象を，次の**ア**～**オ**からすべて選び，記号で答えなさい。

ア 地盤沈下《じばんちんか》や隆起《りゅうき》　　**イ** 高《たか》潮《しお》　　**ウ** 津《つ》波《なみ》

エ 液状化現象　　**オ** 落《らく》雷《らい》

く出る

3 【土地のつくりと変化】 次の文章を読み，あとの問いに答えなさい。

城西川越中

図１のA～Eはある地域《ちいき》で行われた地層の調査地点を表したものです。各地点での調査結果（柱状図）は図２のようになりました。なお，調査地点の標高はすべて同じであったものとします。

図１

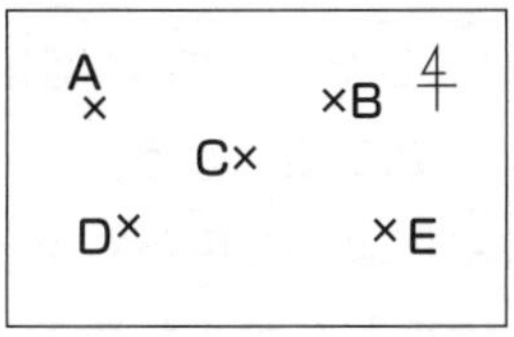

図２

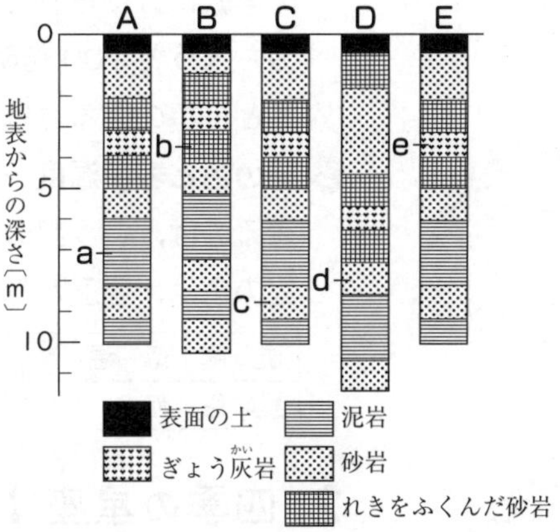

□(1) 土砂《どしゃ》がたい積して地層ができるのはどのような場所ですか。

□(2) 砂岩《さがん》とでい岩のちがいは何ですか。簡単《かんたん》に説明しなさい。

□(3) 図２から，過去にこの地域付近で火山活動があったことがわかります。それはなぜですか。簡単に説明しなさい。

□(4) 図２から，この地域は過去に土地が沈降《ちんこう》したことがわかります。最低何回沈降したといえますか。

□(5) 図２のa～eの地層をたい積した時代が古いものから順にならべなさい。

□(6) この調査結果から，地層はどの方向に向かって低くなっていますか。８方位で答えなさい。

3

(1)

(2)

(3)

(4)

(5)

(6)

ワンポイント

共通の地層が何か考える。

地球

14 星とその動き

〔　　月　　日〕

試験の要点

▼星の等級と明るさ

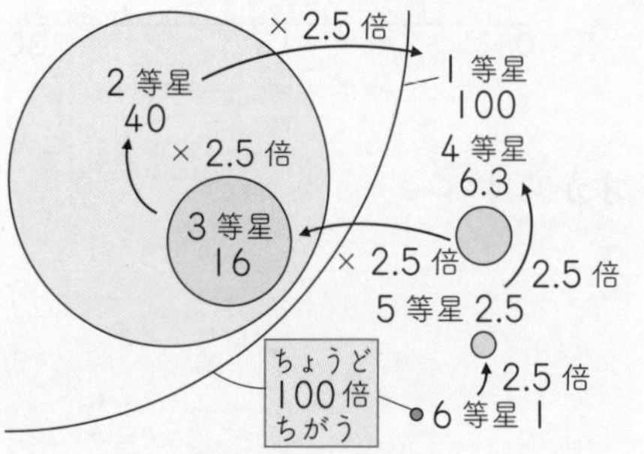

▼星の色と表面温度

表面温度	3000	4500	6000	7500	10000	15000(℃)
星の色	赤	だいだい	黄	うす黄	白	青白
星の例	アンタレス ベテルギウス	アルデバラン アークトゥルス	カペラ **太陽**	プロキオン カノープス	アルタイル ベガ デネブ シリウス	リゲル レグルス スピカ

⬆星の明るさと色

▼夏の南の空（7月20日20時ごろ）

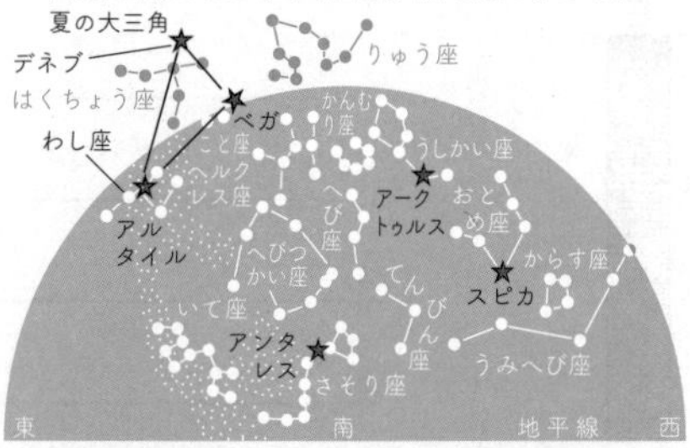

▼冬の南の空（1月20日20時ごろ）

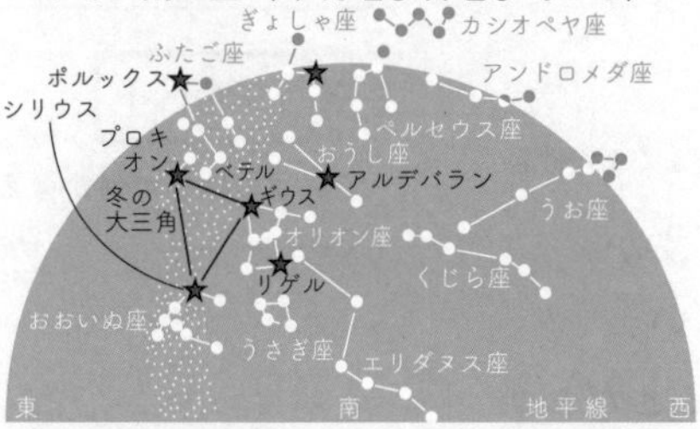

⬆星　座

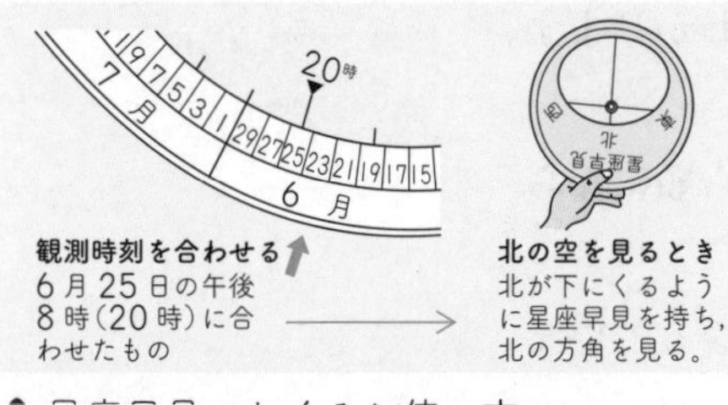

⬆星座早見のしくみと使い方

1. 星の明るさと色 ★★

❶ **こう星とわく星**…太陽のように自分自身で光や熱を出している星をこう星といい，地球のように太陽の光を反射《はんしゃ》して光り，太陽のまわりを回っている星をわく星という。
（↳太陽以外のこう星は非常に遠くにある）

- **わく星**　太陽系のわく星は，太陽に近いほうから，水星，金星，地球，火星，木星，土星，天王星，海王星の**8個**である。
- **衛　星**　地球に対する月のようにわく星のまわりを回っている星を**衛星**という。
- **そのほかの星**　**準わく星**（**めい王星**など），小わく星，すい星などがある。
（2006年8月，わく星からはずされた↲）

❷ **星の明るさ**…星の明るさは，地球上から見たときの**見かけの明るさ**によって，1等星から6等星の6つの等級に分けられている。1等星は6等星の明るさのちょうど100倍明るい。したがって，1等級ちがうと，星の明るさはおよそ2.5倍ちがう。
（↳もっと明るい星は0等星，−1等星などとよばれる）
（↳肉眼では見えない星は7等星，8等星，…と続く）

❸ **星の色と表面温度**…こう星によって色がちがって見えるのは，こう星の表面温度がちがうためである。星の色は，温度が低いほど赤く，高いほど青白い。

温　度	低　温 ←				→ 高　温
星の色	赤	だいだい	黄	うす黄	白	青白

2. 四季の星座《せいざ》 ★★

❶ **星　座**…全天で88の星座がある。オリオン座，はくちょう座，さそり座，カシオペヤ座などがある。

- こう星はおたがいの位置を変えないので，季節が変わっても，星座の形は変わらない。
- 同じ時刻《じこく》でも，季節によって見える星座がちがう。
- **夏の大三角**（アルタイル・デネブ・ベガ）
（↱それぞれ，わし座・はくちょう座・こと座の1等星）
- **冬の大三角**（ベテルギウス・シリウス・プロキオン）
（↱それぞれ，オリオン座・おおいぬ座・こいぬ座の1等星）

❷ **星座早見の使い方**…内側の時刻の目《め》盛《も》りを回して外側の月日の目盛りと合わせ，見たい空の方位が下にくるように持ち，頭の上にあげて見る。

3. 北極星 ★★

❶ **北極星の見え方**…北極星は，こぐま座《ざ》の星である。2 等星で，いつも真北の方角にあって動かないので，昔から方角を知る手がかりとして使われてきた。

❷ **北極星の見つけ方**…おおぐま座の一部分である北と七星やカシオペヤ座を手がかりに，右の図のようにしてさがすことができる。北極星の見える高さは見ている場所の緯度(**北緯**《ほくい》)に等しい。北緯 35° の地点では，北極星は 35° の高さ(高度)に見える。

北緯 90 度の北極点では真上に見えることになる↰
北極星の高度が地平線から 35° ↲

▼北極星の見え方

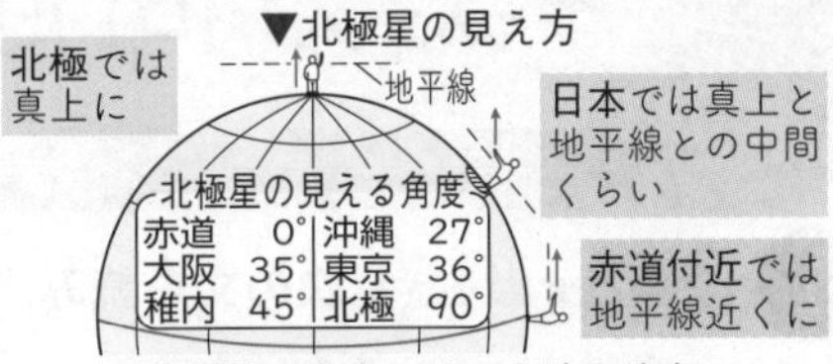

北極星の高度＝その土地の緯度

▼北極星の見つけ方

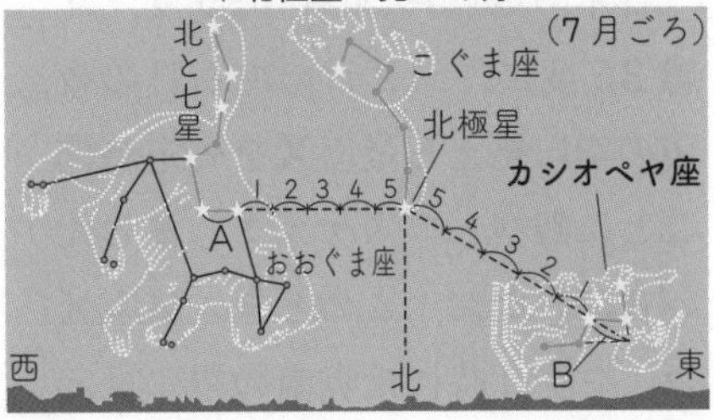

⬆北の空に見える星座

4. 星の動き ★★★

❶ **空の星の動き**…太陽や月と同じように星も少しずつ動いている。次の日の同じ時刻《じこく》にはほぼ同じ所に見えるが，毎日約 1° ずつ西側へずれていく。

星の動きは，地球が自転しているためにおこる見かけの動きである。北極星以外の星は，1 時間に 15° の速さで位置を変える(360° ÷ 24 時間 = 15°)。

- 北極星から 90° はなれた星の見かけの動きが最も大きい。
- 北の空の星は，北極星を中心にして左まわり(時計と反対まわり)に位置を変える。
- 南の空の星は，太陽と同じように，東から南を通って西へ，位置を変える。
- 東の空の星は，太陽と同じように右ななめ上にのぼっていく。
- 西の空の星は，太陽と同じように右ななめ下にしずんでいく。

❷ **天　球**…星は大きな球状の天井《てんじょう》にはりついているように見える。この見かけの球状の天井を**天球**という。

実際に存在するわけではない↲

❸ **天球上での星の動き**…天球上のすべての星は北極星を中心に，東から西へ 1 時間で約 15° 位置を変える。

1 日で約 360° ↲

▼北の空の星の動き

▼東の空の星の動き

▼南の空の星の動き

▼西の空の星の動き

⬆空の星の動き

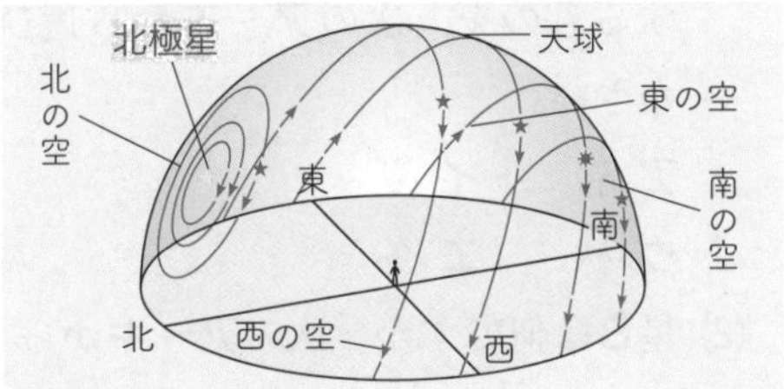

⬆天球上の星の動き

要点チェック

①太陽のように自分で光や熱を出している星を何というか。	① こう星
②太陽にいちばん近いわく星は何か。	② 水　星
③夏の大三角をつくる 1 等星を 3 つあげよ。	③ アルタイル・デネブ・ベガ
④いつも真北の方角にあり，動かない 2 等星を何というか。	④ 北極星
⑤星は見かけ上 1 時間何度動いてみえるか。	⑤ 15°(15 度)

実力問題

〔　月　日〕

地球　解答7ページ

1【星座《せいざ》とその動き】**次の文を読み，あとの問いに答えなさい。**

専修大学松戸中－改

日本の地点P（東経135度，北緯36度）で，12月のある日の夜，南の空に見える星座Xを一定時間ごとに観察してスケッチしました（右図）。なお，このとき，星座Xは，午前0時には真南の空に見えました。

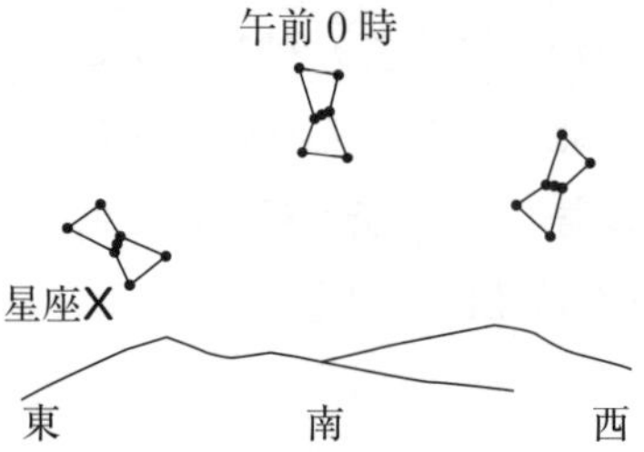

□(1) この星座Xの名まえは何といいますか。

□(2) この星座Xには，赤色と青白色の2つの1等星がふくまれています。それぞれ何という星ですか。

□(3) 地点Pで星座Xが西の地平線にしずむのは，何時ごろですか。次のア～エから1つ選び，記号で答えなさい。

ア 午前3時ごろ　**イ** 午前6時ごろ

ウ 午前9時ごろ　**エ** 午前12時ごろ

よく出る

2【星座とその動き】**東京で，ある日の22時に南の空を見上げたところ，図1のように星座が見えました。次の問いに答えなさい。**

巣鴨中－改

図1

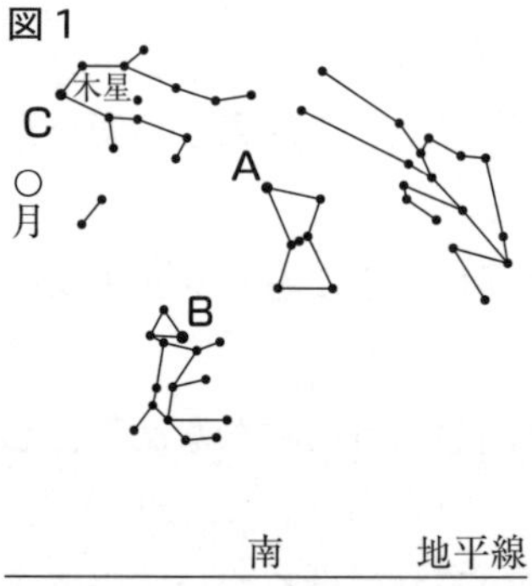

□(1) この日の季節は何ですか。最も適するものを，次のア～エから選びなさい。

ア 春　**イ** 夏

ウ 秋　**エ** 冬

□(2) 星Bは何ですか。次のア～キから1つ選びなさい。

ア リゲル　**イ** ベテルギウス　**ウ** カノープス

エ シリウス　**オ** ベガ　**カ** アルタイル

キ アンタレス

□(3) 図1で，星Cの付近に木星と月が見えました。3日後の同じ時刻《じこく》に見たときに，その位置が最も変わって見えるのはどれですか。次のア～ウから1つ選びなさい。

ア C　**イ** 木星　**ウ** 月

□(4) 星Aのある星座はしずむころにはどのように見えますか。最も

1

(1)

(2)赤色の星

青色の星

(3)

プラスα

青白い星は温度が高い。質量の大きい若い星である。赤い星は温度が低い。質量の小さい星か，年老いた星である。

2

(1)

(2)

(3)

(4)

(5)

(6)向き

角度

適するものを，次の**ア**～**オ**から１つ選びなさい。

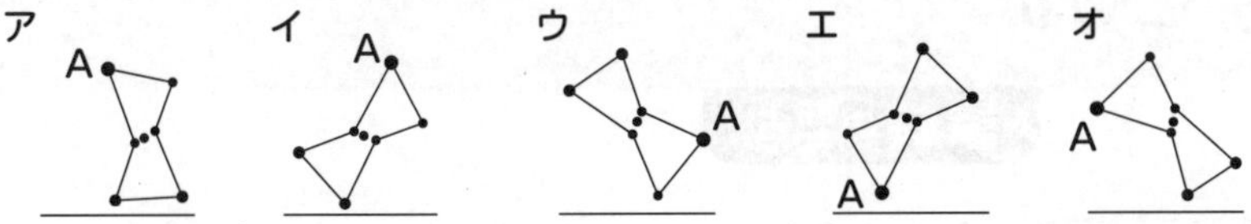

図２は星《せい》座《ざ》早《はや》見《み》を示しています。星座早見は２枚《まい》の板を中央でとめて，回せるようになっています。下の板には星座がえがかれ，上の板にはまるい形のとう明な窓《まど》があります。下の板のふちに日付の目《め》盛《も》りが，上の上の板のふちに時《じ》刻《こく》の目盛りがそれぞれかかれています。日付の目盛りと時刻の目盛りを合わせ，窓にある星座がその日時の空に見える星座です。

図２

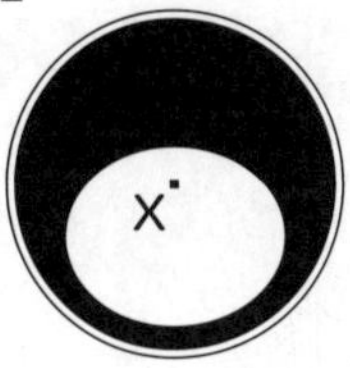

□(5) ２枚の板をとめているところにある星は何ですか。

□(6) １時間後の星の位置を知るには，下の板をどちらの向きに何度回せばよいですか。向きと角度を**ア**～**キ**から１つずつ選びなさい。

ア 時計まわり　**イ** 反時計まわり

ウ １度　**エ** 10度　**オ** 15度　**カ** 30度　**キ** 60度

❸【星の動き】**次の図は，日本のある地点で，東，西，南，北の空のいずれかを観察し，星の動きを示したものです。これについて，あとの問いに答えなさい。**

聖セシリア女子中

図１

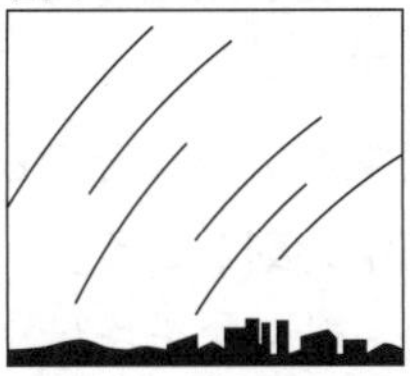

図２

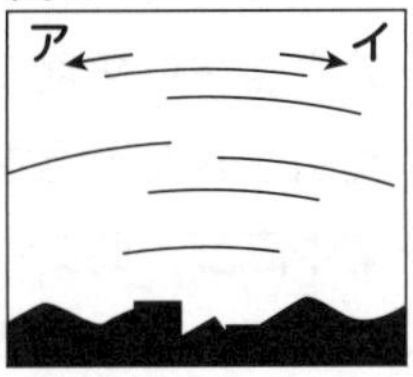

図３

□(1) **図１**，**２**は，東，西，南，北のうち，それぞれどの方位のようすを示したものか答えなさい。

□(2) **図２**で，星は**ア**，**イ**のどちらの方向に動いて見えますか。記号で答えなさい。

□(3) **図３**の**A**は北極星を示しています。北極星の見える位置について正しく述べているものを，次の**ア**～**エ**から１つ選び，記号で答えなさい。

ア 春は最も高い位置に見える。

イ 夏には見えなくなることがある。

ウ 一年中ほぼ同じ位置に見える。

エ 冬は最も低い位置に見える。

❸

(1)図１ ＿＿＿＿＿＿

図２ ＿＿＿＿＿＿

(2) ＿＿＿＿＿＿

(3) ＿＿＿＿＿＿

太陽と月

試験の要点

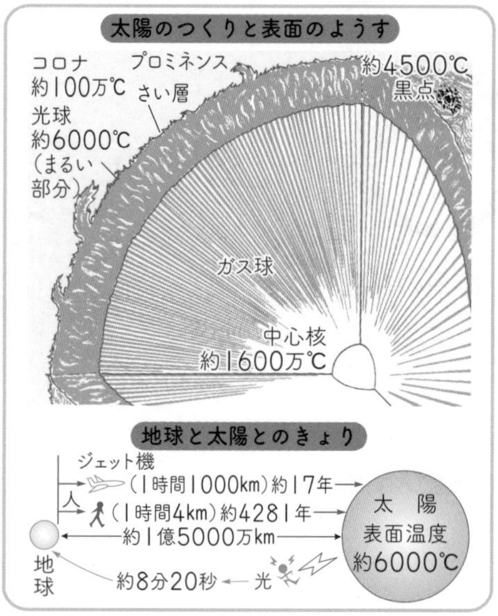

⬆太陽のようす

1. 太陽のようす ★★

❶ **太陽のつくりと表面のようす**…太陽は地球や月とは異《こと》なり，全体が水素を中心としたガスでできていると考えられている。その水素を酸素を使わない燃《も》やし方（核ゆう合という）でエネルギーに変えて，光や熱を出している。

- 太陽は**しゃ光板**を使って観察したり，天体望遠鏡で**投えい板**にうつして観察する。
- 太陽の表面の温度は約 6000 ℃ である。まわりより温度が低いために黒く見える黒点（表面にある黒いしみのようなもの）は約 4500 ℃ である。

❷ **太陽の大きさと太陽までのきょり**…太陽の半径は地球の半径の約 109 倍である。地球と太陽とのきょりは，約 1 億 5000 万 km あり，光の速さ（1 秒間に約 30 万 km）で約 8 分 20 秒かかる。

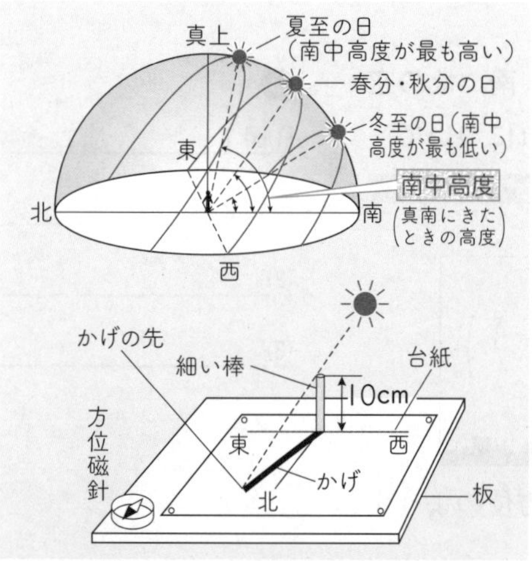

⬆太陽の動きを調べる装置

2. 太陽の動き ★★★

❶ **太陽の 1 日の動き**…太陽は，東からのぼって南の空を通り，西にしずむ。高度は真南のときが最も高い。

- 太陽の方向と地面がつくる角度を**太陽の高度**といい，その大きさは角度で表す。
- 太陽が真南にきたときを南中といい，そのときの高度を**南中高度**，時刻を**南中時刻**という。

❷ **季節による太陽の動き**…**春分・秋分**（昼と夜の長さがちょうど同じになる）のときは，真東からのぼって真西にしずむ。日の出，日の入りの位置は，夏至（昼の時間が最も長くなる）のときは最も北より，冬至のときは最も南よりとなる。

❸ **太陽の動きと棒《ぼう》のかげ**…かげは，光のあたる方向といつも反対側にできるので，棒のかげは太陽の動きと反対に動く。垂《すい》直にたてた棒のかげを使って太陽の動きを調べることができる。（太陽の高度が高いほどかげは短くなる）

❹ **太陽の動く速さ**…太陽は 1 日で天球上を 1 周している。これは，地球が自転しているためにおこる。1 日は 24 時間なので，太陽は 1 時間に 15° 動く。

$360° \div 24$ 時間 $= 15°$

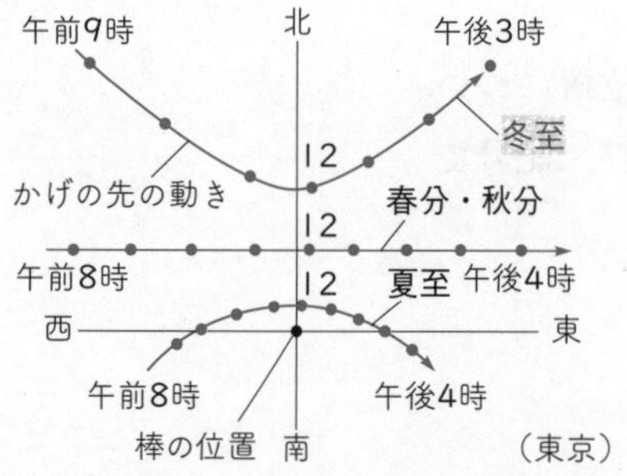

⬆かげの先の動き変化(太陽の動きの変化)

3. 月のようす ★★

❶ 月の形と表面のようす…月は，太陽や地球と同じ球形で表面にはクレーターや海とよばれる所がある。

比かく的平らで黒く見える部分で水はない↲

❷ 月の大きさと月までのきょり…月の大きさは直径約3500 km で地球の約 4 分の 1 である。地球と月とのきょりは**約 38 万 km** である。

↳光の速さで約 1.3 秒かかる

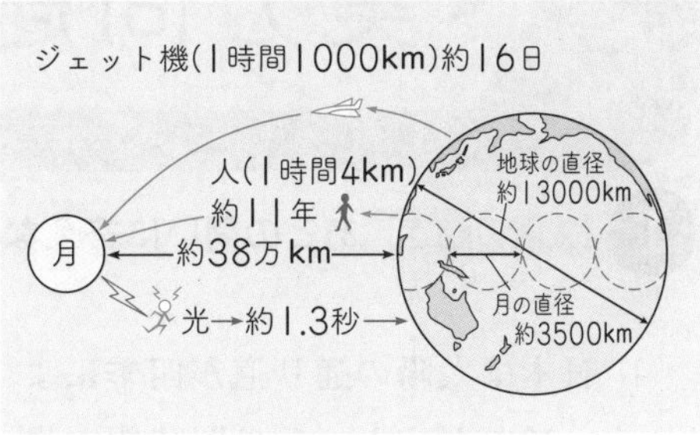

地球と月とのきょり，月の大きさ

4. 月の形と動き ★★★

❶ 月の動き…月は太陽と同じように，東からのぼって南の空を通り，西にしずむ。日中も月は東から西へ動いているが，太陽が明るいために見えないことが多い。ほかの星も同じで，日中は見えない。

毎日 50 分ずつおくれていく↲

- **三日月**　夕方に西の空に見え，すぐにしずむ。新月から数えて 3 日目の月である。
  ↳2～3 時間後
- **上げんの月**　夕方に南の空に見え，真夜中にしずむ。
- **満　月**　夕方に東からのぼって，真夜中に南の空に見え，明け方に西にしずむ。満月のときの月は，地球をはさんで太陽の反対側に位置しているので，日の入りと同時にのぼり始める。
  ↳月食は満月のときにしかおこらない
- **下げんの月**　真夜中に東からのぼり，朝方南の空に見える。

❷ 月の満ち欠けと月齢《げつれい》…月は，太陽のように自分で光を出しているのではなく，太陽の光を受けて光っているので，太陽と地球と月の位置の関係で形が変わって見える。形は，右から太り，右からやせていく。

- **新月**から次の新月まで約 29 日(29.5 日)かかる。
  ↳太陽と同じ方向にあってまったく見えない月
- 月の形を新月からの日にちで表したものを**月齢**という。新月が月齢 0，三日月が月齢 3，満月が月齢 15 くらいである。

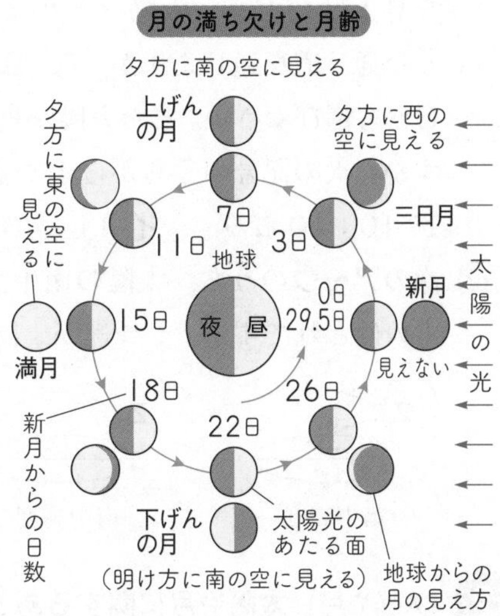

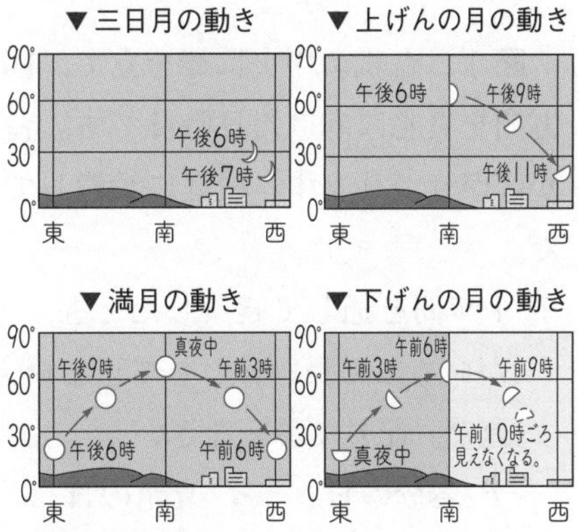

月の形と動き

要点チェック

①太陽の表面にある，温度が低いために黒く見える部分を何というか。	① 黒点
②太陽が真南にきたときを何というか。	② 南中
③昼の時間が最も長くなるときを何というか。	③ 夏至
④月の表面にみられるくぼみは何というか。	④ クレーター
⑤新月から次の新月までは何日かかるか。	⑤ 約 29 日(約 29.5 日)
⑥真夜中に南の空に見られる月は何か。	⑥ 満月

実力問題

〔　月　日〕

地球　解答 7 ページ

1 【太陽の動き】あとの問いに答えなさい。

中央大附中，大宮開成中－改

□(1) 日本は太陽の通り道が四季によってちがうため，日照時間が異なります。冬至の日に日本で空を見上げたとき，太陽はどのような通り道を通りますか。**A**，**B**，**C**から選びなさい。また太陽が真南を通過するのは，何時ごろですか。次の記号のうちから１つ選びなさい。

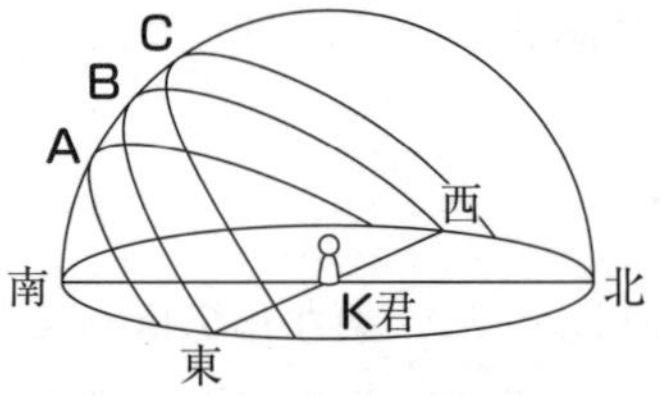

ア 10：10ごろ　　**イ** 11：40ごろ　　**ウ** 13：20ごろ

□(2) 次の**ア**～**ウ**のうち，太陽の南中高度を示したものとして正しいものはどれですか。１つ選び，記号で答えなさい。

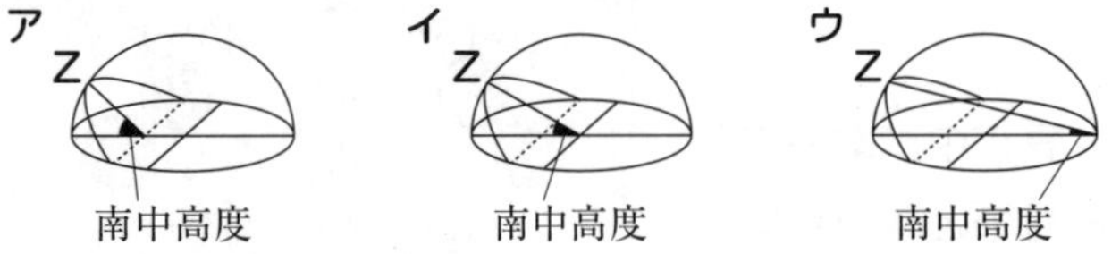

❶
(1)通り道 ______
時刻 ______
(2) ______

2 【太陽や月】太陽や月に関するあとの各問いに答えなさい。

国学院大学久我山中－改

図１は台紙の中央に棒《ぼう》を立て，図中の★印の方向を真北に向けた日時計です。台紙には棒のかげがうつります。校庭に設置して観察しました。

図１

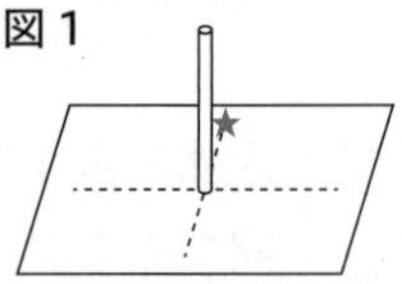

□(1) １年間を通して観察したとき，太陽が南中したときの棒のかげがいちばん長い日として正しいものを次の**ア**～**エ**の中から１つ選び，記号で答えなさい。

ア 春分の日　　**イ** 夏至の日　　**ウ** 秋分の日　　**エ** 冬至の日

□(2) ９月中旬の午前10時ごろに観察したとき，かげのようすとしてふさわしいものを次の**ア**～**エ**の中から１つ選び，記号で答えなさい。

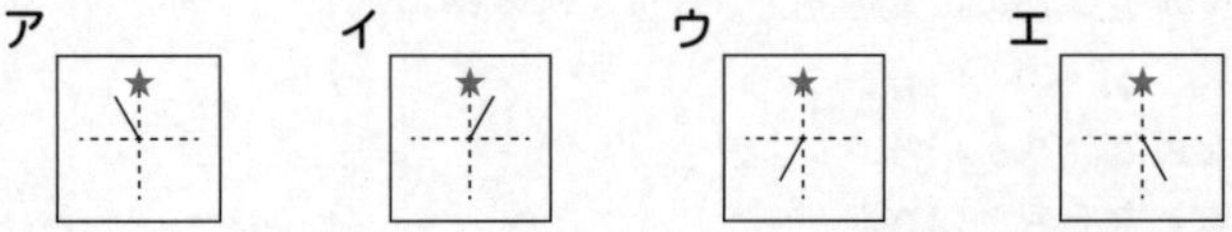

□(3) 次の**ア**～**エ**の中で，かげの先が東西の線より南側にくるときがある日として正しいものを１つ選び，記号で答えなさい。

ア 春分の日　　**イ** 夏至の日　　**ウ** 秋分の日　　**エ** 冬至の日

❷
(1) ______
(2) ______
(3) ______
(4) ______
(5) ______

図２は，太陽と地球の月の位置や動きを示したものです。地球は太陽のまわりを365日で１周します。また，月は地球のまわりを27.3日で１周します。そして満月から次の満月まで29.5日かかります。地球の北極側からみると，地球も月も反時計まわりに回っています。

図２

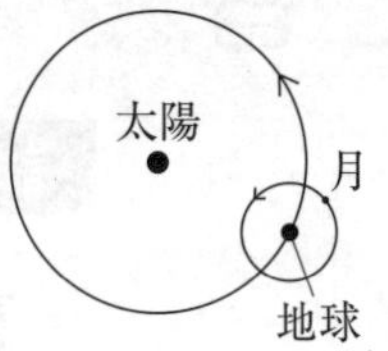

□(4) 日食は，地球，月，太陽の位置が変わることで起こる現象です。東京で昼ごろに日食めがねで皆既《かいき》日食を観察しました。このとき太陽がかけていく向きとして正しいものを次の**ア**～**エ**の中から１つ選び，記号で答えなさい。

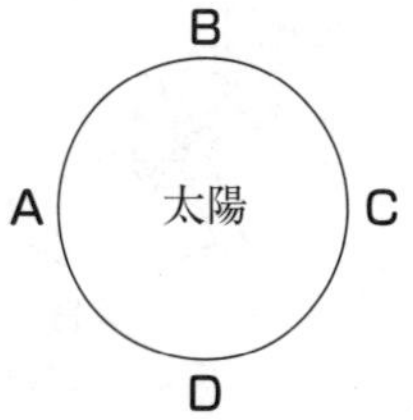

ア A→C　**イ** B→D　**ウ** C→A　**エ** D→B

□(5) 月の満ち欠けの見え方を示していないものを次の**ア**～**オ**の中から２つ選び，記号で答えなさい。

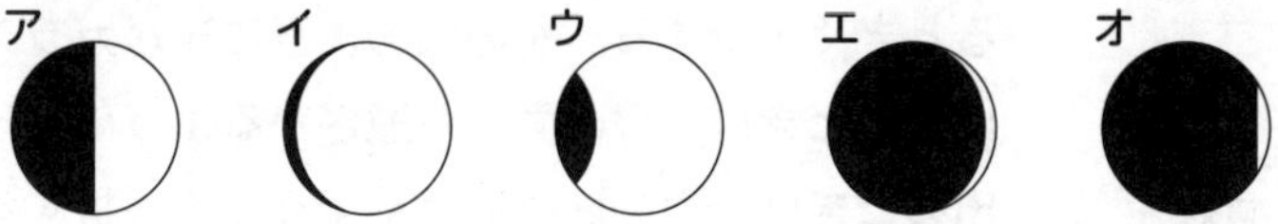

よく出る

３ 【月の形と動き】図は，北極星側から見た地球と月の位置関係と太陽の光を表しています。あとの各問いに答えなさい。

明治大学付属中野中

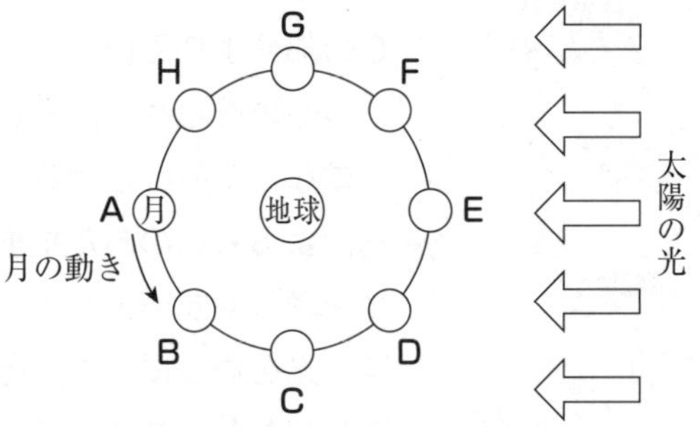

□(1) 新月の月の位置は図の**A**～**H**のどこですか。記号で答えなさい。

□(2) 東京で月を肉眼で観察したとき，図の**C**の位置にある月の形はどのように見えますか。次の**ア**～**キ**から最も近いものを選び，記号で答えなさい。

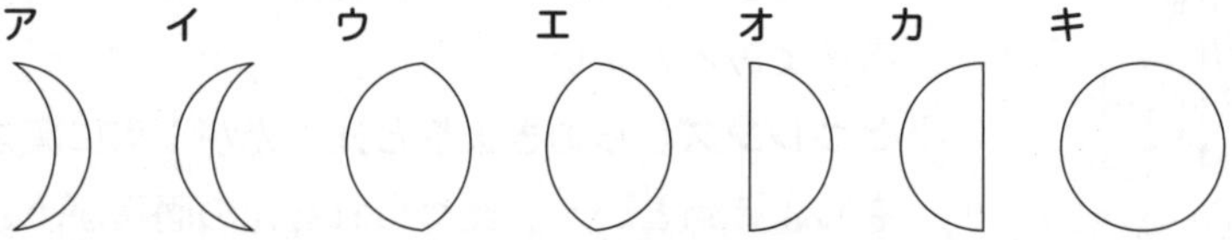

□(3) 東京で図の**G**の位置にある月を観察しました。午後６時ごろと午後０時ごろの月はそれぞれどこに見えますか。次の**ア**～**ウ**から最も適するものを選び，記号で答えなさい。

ア 東のほうの低い空　**イ** ほぼ真南の空
ウ 西のほうの低い空

３
(1) ＿＿＿＿
(2) ＿＿＿＿
(3)午後６時 ＿＿＿＿
午後０時 ＿＿＿＿

光と音

〔　　月　　日〕

試験の要点

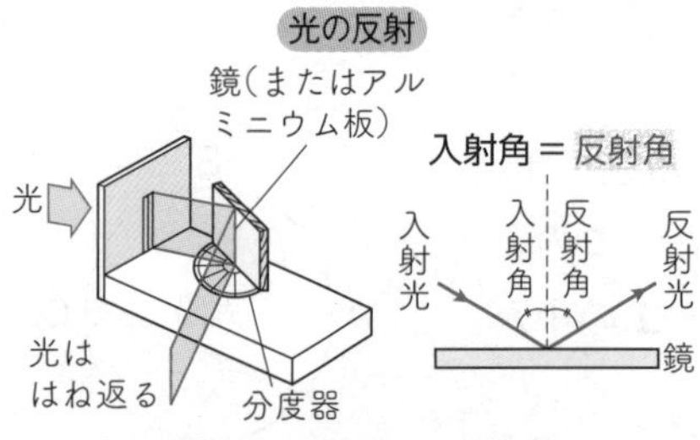

光は，鏡などにあたると反射する。

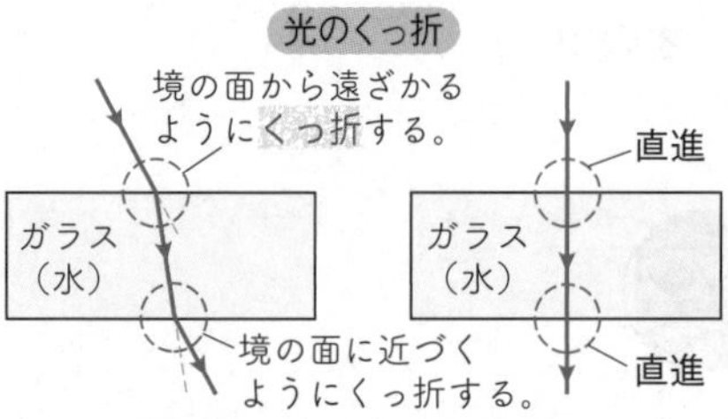

光は，質がちがうものへななめに出入りするとき，くっ折する。

⬆光の進み方

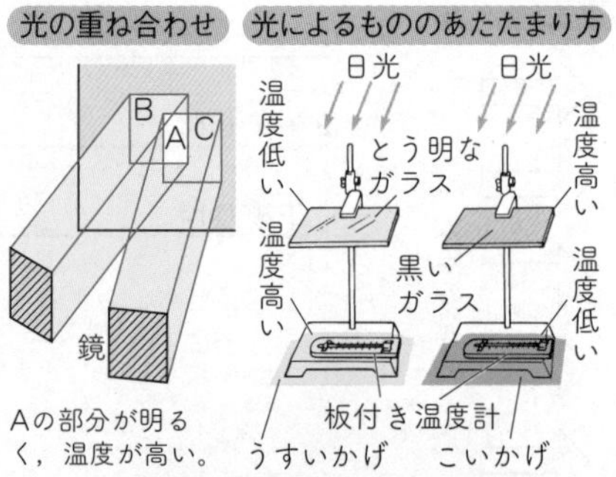

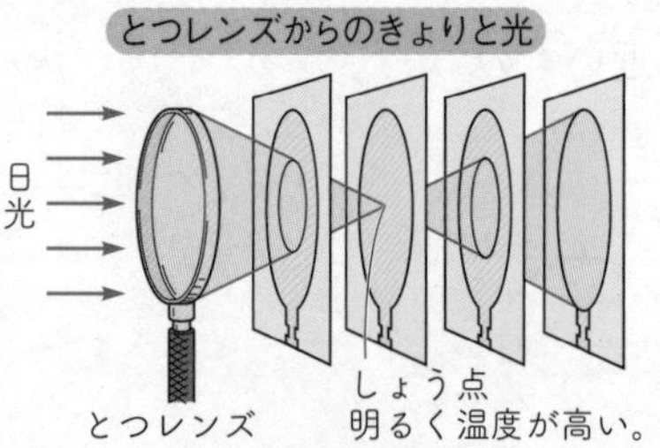

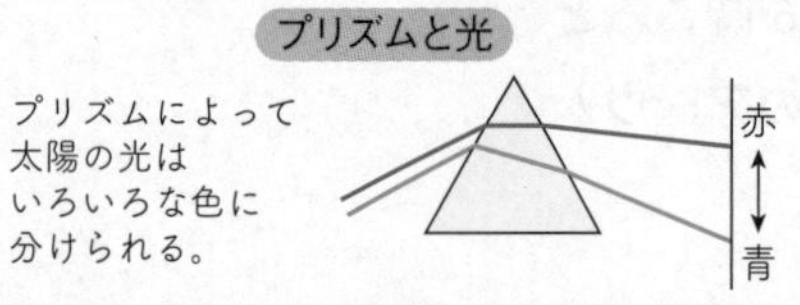

⬆光のあたり方と明るさ・温度

1. 光の進み方 ★★

❶ **光の直進**…光は，空気中や水中を直進する。例えば，遊園地などのサーチライト照明やかい中電灯で夜空を照らすと，まっすぐにのびる光の筋《すじ》が見える。

❷ **光の反射《はんしゃ》**…光は，鏡などにあたると反射する。このとき，**入射角《にゅうしゃかく》**と**反射角**は等しい。光の的あてゲームのときの鏡と光によってできる角度を正確に調べるとわかる。

❸ **光のくっ折**…質がちがうものへ，ななめに出入りするときくっ折する。左の図のように光がガラス（水）に**入るとき**は，境の面から**遠ざかる**ようにくっ折し，**出るとき**は，境の面に**近づく**ようにくっ折する。レンズは光のくっ折を利用している。

2. 光の明るさ・温度 ★★

❶ **光の重ね合わせ**…左の図のAの部分は，B，Cの部分よりも明るくなる。また，温度は，Aの部分はB，Cの部分より高い。

鏡の数をふやし，同じように重ね合わせると，多く重なった所ほど明るく，温度は高くなる。

❷ **光によるもののあたたまり方**…とう明なガラスは，光を通しやすいのであたたまりにくい。黒いガラスは，光を通しにくく，あたたまりやすい。白いものほどあたたまりにくく，黒いものほどあたたまりやすい。夏場のシャツに白が多いこと，晴れた日に暗まくを引くと部屋がすぐにあたたまることなどから考えてみるとよい。

❸ **とつレンズからのきょりと光**…光が１点に集まる所をしょう点という。集められる光の面積が小さいほど明るくなり，温度も高くなる。

❹ **プリズムを使って光を分ける**…太陽の光をプリズムにあてると，虹《にじ》のような色に分かれる。これは，光は色によってくっ折する角度が異なるためで，この現象を光の分散という。

3. 音の伝わり方 ★

①もののしん動と音…ものがしん動すると音が出る。しん動がとまると音は消える。このしん動が空気に伝わり，空気のしん動が音となって伝わる。だから，真空中では伝わらない。

水も音を伝える↲
例 **しん動を伝えるもの**…たいこの皮やげん楽器のげん，糸電話の糸など。空気も伝えるものの１つ。

②音の大小・高低…音の大小はしん動のふれはばによる。げんを強くはじくと，げんは大きくふれて，大きな音が出る。また，音の高低は単位時間あたりにしん動する数（しん動数）で決まる。しん動数の多いものほど高い音が出る。

モノコード	高 い 音	低 い 音
げんの長さ	短 い	長 い
げんの太さ	細 い	太 い
げんの張り方	強 い	弱 い

③動く音源《おんげん》の高低…音を出しているもの（**音源**）が動いている場合，近づいてくるときは音は高くなり，遠ざかるときは低くなる。
発音体ともいう↲

ドップラー効果という↲
例 救急車が通過するときのサイレン音の変化など

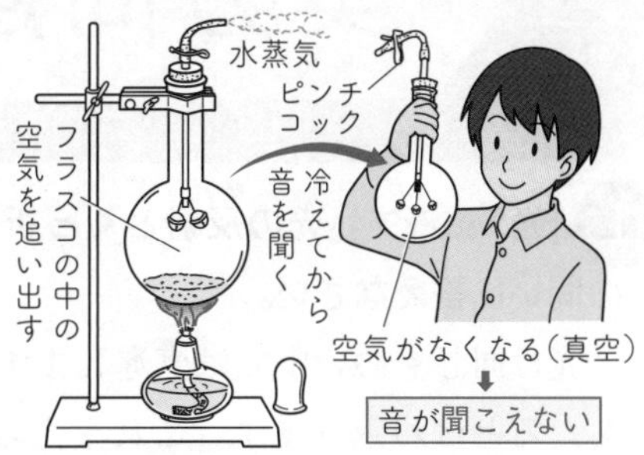

⬆音の伝わり方

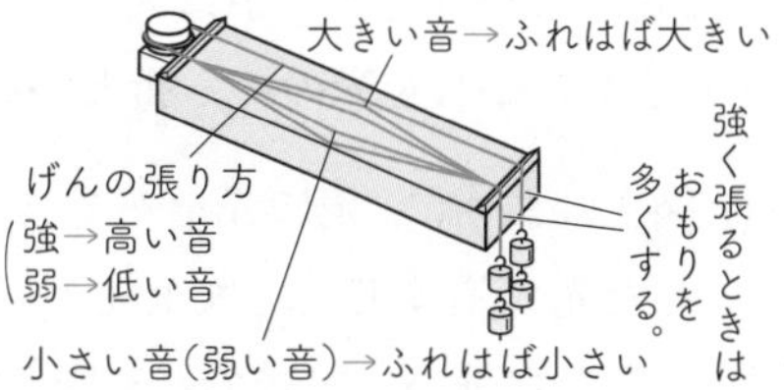

⬆音の大小・高低

⬆動く音源の高低

4. 音の反射《はんしゃ》と吸収《きゅうしゅう》 ★★

①音の反射…山びこやこだまなどでもわかるように，音も光と同じように反射する。特に，表面がかたくてなめらかなものほどよく反射する。

②音の吸収…音がものにあたって吸《す》いとられることを音の吸収という。面がやわらかくでこぼこなもの（布・綿・スポンジ）は，音を吸収しやすい。

③光と音の速さ…光は１秒間に 30 万 km 進む。音の速さは，毎秒（331＋0.6×気温）m で求めることができる。
温度が高いほうがはやく進む↲

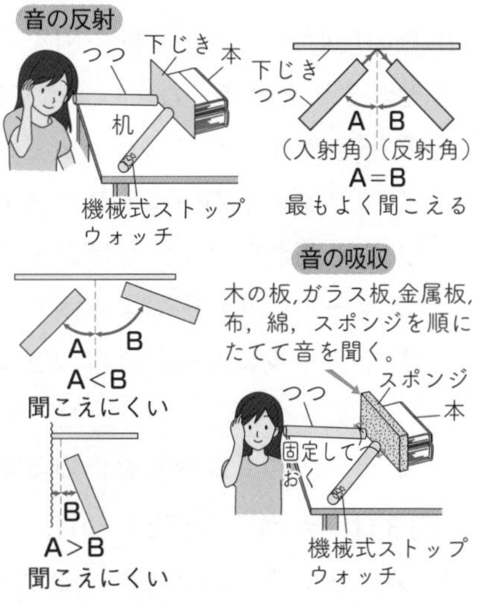

⬆音の反射と吸収

要点チェック

- ①光は，質のちがうものにななめに出入りするとき，どうなるか。 ① くっ折する。
- ②とつレンズで光が１点に集まる所を何というか。 ② しょう点
- ③プリズムに光をあてて虹《にじ》のような色に分かれる現象を何というか。 ③ 分散
- ④音は真空中ではどう聞こえるか。 ④ 聞こえない。
- ⑤音はしん動数が多くなるとどうなるか。 ⑤ 高くなる。

実力問題

よく出る

1【光の進み方】**光の反射《はんしゃ》とくっ折について，次の文を読み，あとの問いに答えなさい。** 実践女子学園中

光は同じものの中では直進しますが，鏡のようになめらかな面にあたるとはね返ります。これを光の反射といいます。また，空気からガラスの中に入るときなど，ちがうものの中に入るときに折れ曲がります。これを光のくっ折といいます。

図1

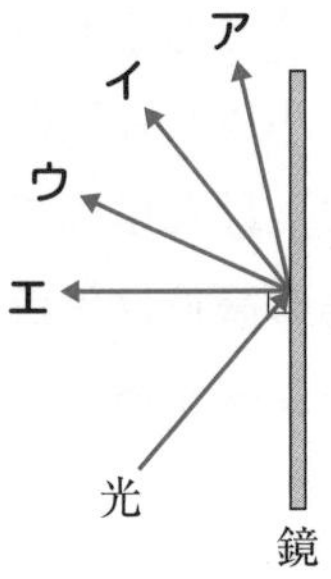

□(1) **図1**のように，鏡に光をあてました。反射した光の道すじとして正しいものを，**ア**～**エ**から選び，記号で答えなさい。

□(2) **図2**のように，ガラスに光をあてました。くっ折した光の道すじとして正しいものを**ア**～**オ**から選び，記号で答えなさい。

図2

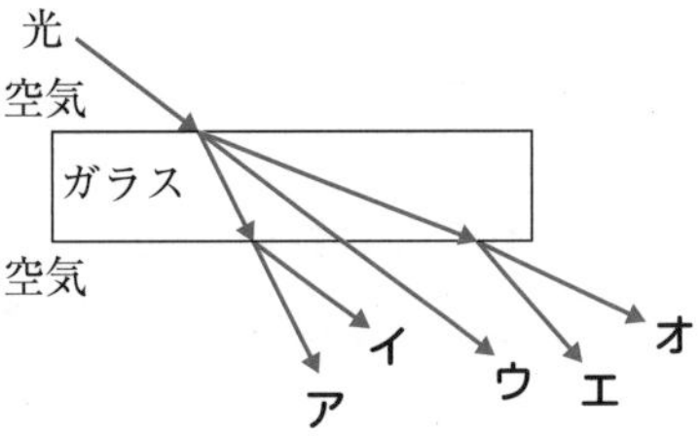

□(3) 光の反射の例とくっ折の例をそれぞれ次の**ア**～**カ**からすべて選び，記号で答えなさい。

ア 景色が湖の水面にうつっている。
イ コップの水の中に入れたストローが曲がって見える。
ウ よく晴れた日に，かげができる。
エ プールの底が実際より浅く見える。
オ トンネルに入った電車の窓《まど》ガラスに自分の顔がうつってみえる。
カ 虫めがねで太陽光を集めると，黒い紙がこげる。

図3は，かべに鏡がとりつけられている部屋で**A**～**E**の5人が立っているようすを真上から見た図です。これについて，次の問いに答えなさい。

図3

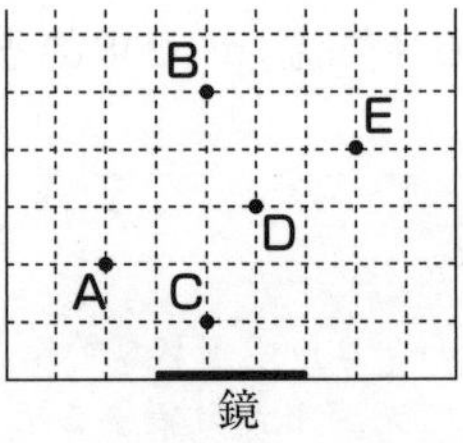

□(4) 5人の中で，自分の姿を鏡にうつしてみることができないのはだれですか。**A**～**E**からすべて選び，記号で答えなさい。

□(5) **A**から見たとき，鏡にうつっている姿《すがた》を見ることができるのは誰ですか。**B**～**E**からすべて選び，記号で答えなさい。

1
(1)
(2)
(3)反射
くっ折
(4)
(5)

2【とつレンズからのきょりと光】**次の図は，虫めがねを使って紙の上に太陽の光を集めているようすを表しています。AとBの光を集めた部分について述べたあとの①～③の文のうち，正しいものには○，まちがっているものには×を書きなさい。** 筑波大附中

A　B

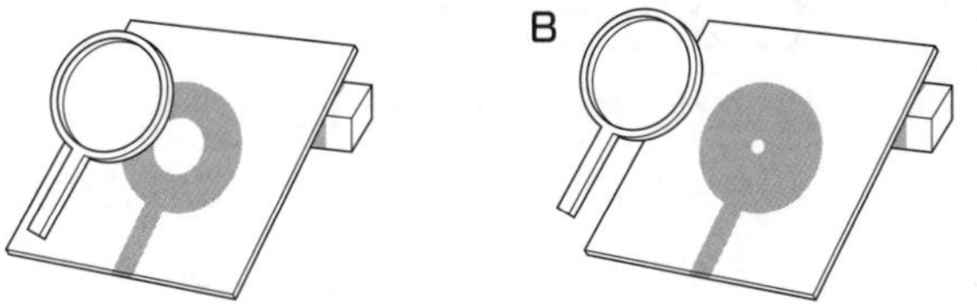

① Aのほうが，レンズと紙の明るい部分が近いので，Bよりも明るくなる。

② Aのほうが，明るい部分が大きいので，Bよりも明るくなる。

③ Bのほうが，太陽の光が１か所に集中するので，Aよりも熱くなる。

3【音】**あとの問いに答えなさい。(1)～(4)は以下のア～オから正しいものを１つずつ選び，記号で答えなさい。** 法政大中－改

アコースティック・ギターのげんをひいて，音を出します。

ア 大きい音がする。　**イ** 小さい音がする。
ウ 高い音がする。　**エ** 低い音がする。
オ 音は変わらない。

□(1) ギターのげんはそれぞれ太さがちがいます。太いげんをひくと，どのような音がするでしょうか。ただし，げんの張りぐあいは同じものとし，指でげんを同じ強さでひくものとします。

□(2) ギターをひくとき，げんに指をあてることによってしん動するげんの長さを変えます。長いげんをひくと，音はどうなりますか。ただし，指でげんを同じ強さでひくものとします。

□(3) ギターは糸巻きの部分を使って，げんの張りぐあいを調整します。げんの張りぐあいを強くすると，音はどうなりますか。指でげんを同じ強さでひくものとします。

□(4) ギターをひくとき，げんを指で強くひくと音はどうなりますか。

□(5) ギターにはボディとよばれる箱がありますが，中はほとんど空どうになっています。このボディには主にどんな意味があるのでしょうか。次の**カ**～**ケ**から正しいものを１つ選び，記号で答えなさい。

カ 音が大きくなる。　**キ** 音が高くなる。　**ク** 音がきれいになる。
ケ 演奏者《えんそうしゃ》の持ちやすさのためにあるので，音には関係がない。

2
①
②
③

3
(1)
(2)
(3)
(4)
(5)

エネルギー

17 ものの動くようす

〔　月　日〕

試験の要点

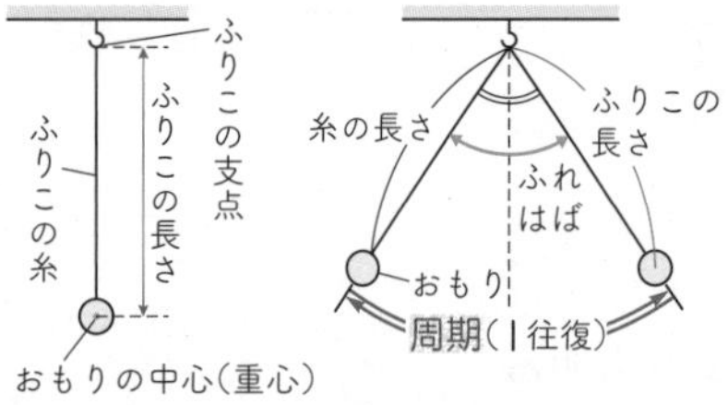

⬆ふりこのきまり(図1)

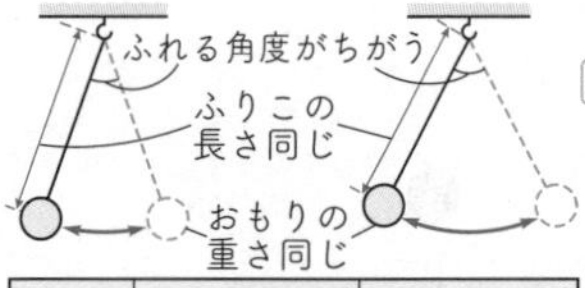

	小さいふれはば	大きいふれはば
周　期	1.4秒	1.4秒

注 1往復の時間は短くはかりにくい。10往復の合計時間を10で割り，1往復の平均時間を計算して周期を求める。

⬆ふれはばと周期(図2)

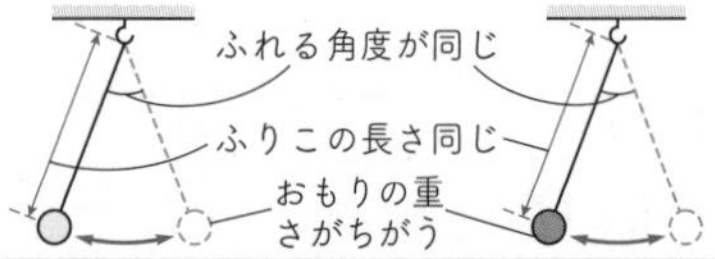

	おもりが軽い	おもりが重い
周　期	1.4 秒	1.4 秒

⬆おもりの重さと周期(図3)

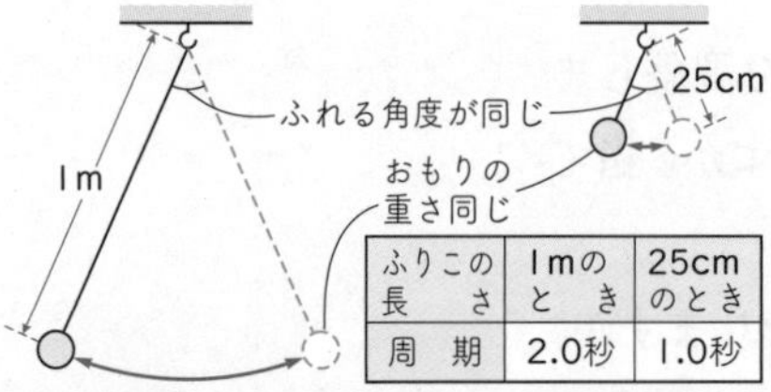

ふりこの長　さ	1mのとき	25cmのとき
周　期	2.0秒	1.0秒

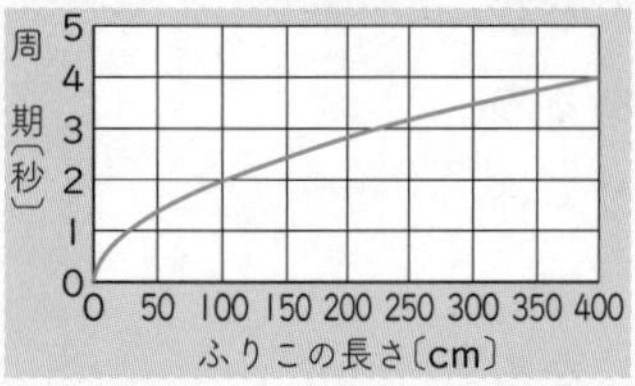

⬆ふりこの長さと周期(図4)

1. ふりこ ★

❶ **ふりこのきまり**…図1のように，ふりこの支点からおもりの**中心**までの長さを**ふりこの長さ**という。おもりがふれているとき，おもりのはしからおもりのはしまでのふれる角度を**ふれはば**という。また，1往復《おうふく》する時間を周期という。

↳これが重心(p.72 参照)にあたる

❷ **ふりこのふれはばと周期**…**ふりこの長さ**とおもりの重さが同じとき，ふれはばがちがっても，ふりこの周期は同じである(図2)。

❸ **ふりこのおもりの重さと周期**…ふりこの長さとふりこのふれはば(ふれる角度)が同じとき，おもりの重さがちがっても，ふりこの周期は同じである(図3)。

❹ **ふりこの長さと周期**…おもりの重さとふれはばが同じとき，ふりこの長さがちがうと周期は異《こと》なる。ふりこの長さが長いとき周期は長くなり，短いときは周期も短くなる。

- ブランコに体重の重い人と軽い人が乗って同じようにこぐと，ほぼ同じようにふれる(❸)。
- ブランコを勢いよくこいでも，小さくゆらしても，ほぼ同じ周期になる(❷)。

2. ふりこの長さと周期 ★★

ふりこの長さをいろいろ変えてその周期を調べてグラフにすると，図4のようになる。ふりこの長さが 100 cm から 25 cm と $\frac{1}{4}$ になれば，ふりこの周期は $\frac{1}{2}$ になる。反対に，ふりこの長さを 100 cm から 400 cm へ 4 倍にすると，ふりこの周期は，2 倍になる。

- ふりこの周期とは，ふりこが 1 往復する時間をいう。
- ふりこの周期は，ふりこの長さによって決まる。ふりこのおもりの重さや形，ふれはばには関係がない(これを**ふりこの等時性**という)。
- 周期は，ふりこの長さが長いほど長く，ふりこの長さが短いほど短い。

3. おもりのものを動かすはたらき ★★★

❶ 板をころがるおもりのはたらき

- **おもりのころがり始める高さ**　ころがり始める高さが高いほど，ものにしょうとつしたときの速さははやくなる。速さがはやいほど，しょうとつされるものはより遠くへ動く。
- **板のかたむき**　板のかたむきを変えてもころがり始める高さが同じであれば，ものにしょうとつするときの速さは同じである。このとき，しょうとつされるものが動くきょりは，どちらも同じである。
- **おもりの重さ**　おもりを重くすると，しょうとつされるものの動くきょりは大きくなる。
- **しょうとつされるものの重さ**　しょうとつされるものの重さが重いほど，それが動くきょりは短い。

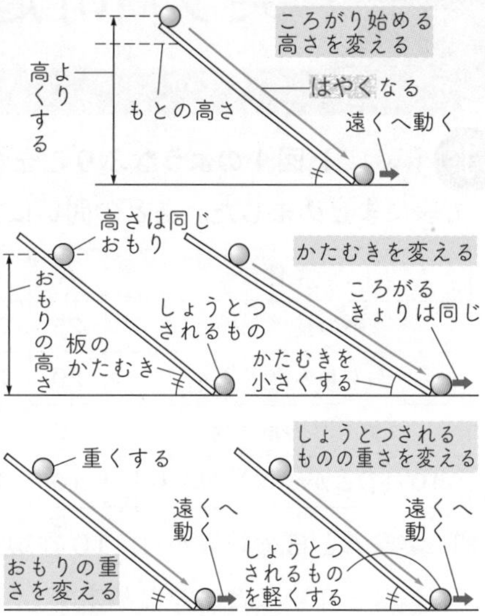

⬆おもりのものを動かすはたらき

❷ ふりこのおもりのはたらき

ふりこのおもりのはたらき…ふりこのおもりを使ってものを動かすとき，ふりこのふれはばを大きくすると，おもりのふり始める高さが高くなるので，しょうとつされるものはより遠くへ動く。また，おもりの重さを重くしたり，しょうとつされるものを軽くしても，しょうとつされるものはより遠くへ動く。

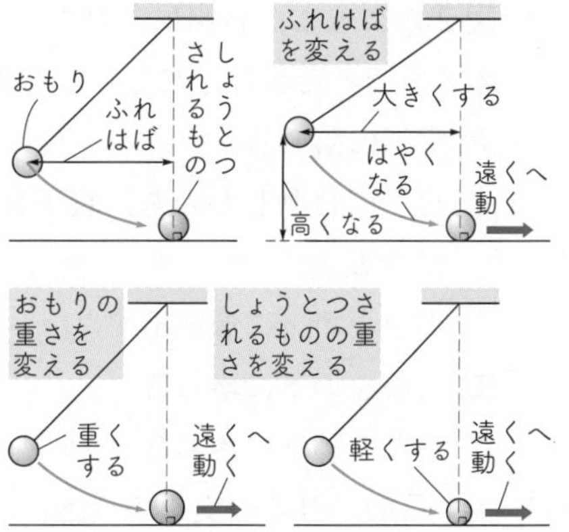

⬆ふりこのおもりのはたらき

❸ しょうとつされたものの動き

しょうとつされたものの動き…ボールを水平な地面上でころがすとやがてとまる。これはボールと地面や空気との間でまさつしあうためである。仮にまさつしあうことがなくなると，いつまでもころがり続けるといえる。また，適当な高さの所からボールをころがすと，ころがし始めと同じ高さの所までボールはころがってきてとまる。この性質を利用したものがジェットコースターである。

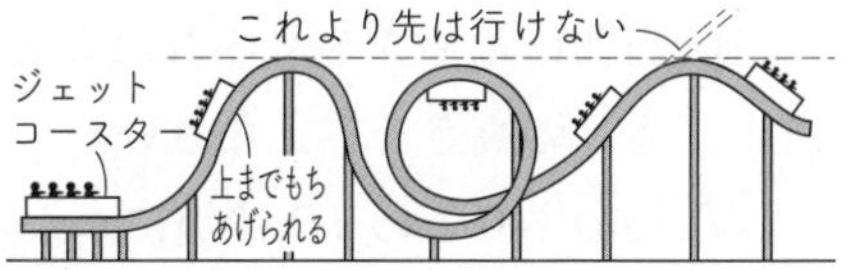

⬆ジェットコースター

要点チェック

■ ①ふりこの長さとふれる角度を同じにして，おもりを2倍の重さにすると周期は何倍になるか。	① 1倍(変わらない。)
■ ②ふりこの長さを4倍にすると周期は何倍になるか。	② 2倍
■ ③板の上でおもりをころがして別のおもりにぶつけるとき，ころがり始める高さを高くするとしょうとつされたおもりの進むきょりはどうなるか。	③ 大きくなる。
■ ④ボールを水平な地面でころがすとやがてとまるが，これは何が起こっているからか。	④ まさつ

実力問題

〔　月　日〕

エネルギー　解答 8 ページ

1【ふりこ】**図 1 のようなふりこをつくり，条件を変えて実験して表にまとめました。あとの問いに答えなさい。** 青山学院中－改

図 1

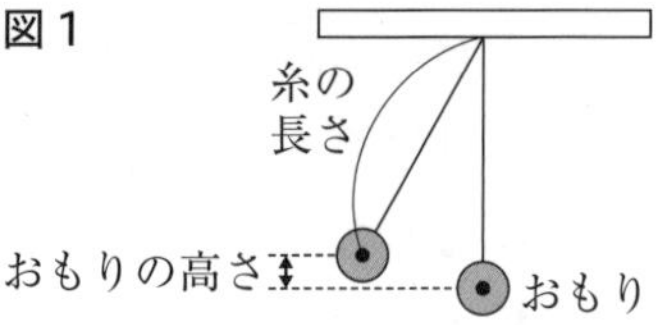

条件	A	B	C	D	E	F
糸の長さ〔cm〕	25	25	100	100	400	x
おもりの高さ〔cm〕	20	20	10	20	15	5
おもりの重さ〔g〕	10	30	30	30	40	10
10 往復にかかった時間〔秒〕	10	10	20	20	40	30

□(1) 実験AとBの結果から，10 往復《おうふく》にかかった時間はおもりの重さによらないことがわかります。では，10 往復にかかった時間が糸の長さに関係することがわかる実験はどれとどれですか。

□(2) 表の x にあてはまる糸の長さを答えなさい。

□(3) 図 2 のように，右側にふれたおもりが最も高い位置で，ふりこの糸を切った場合，おもりはどのように動きますか。

ア 真下に落ちる。
イ 真上に移動したのち，真下に落ちる。
ウ 右ななめ上に飛び出す。
エ 右ななめ下に落ちる。
オ 左ななめ下に落ちる。

図 2

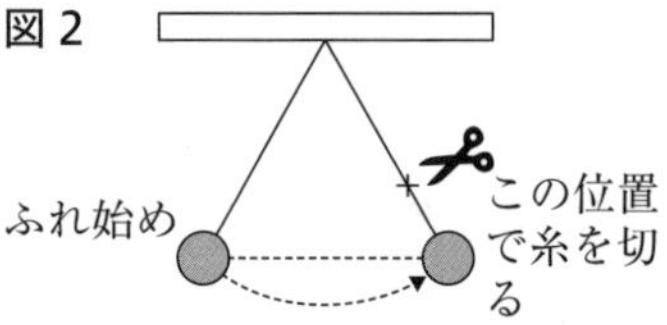

□(4) 実験Cのふりこの支点の真下に，図 3 のようにくぎを打ち，高さ 20 cm の位置からおもりをはなしました。

① 右側に最も大きくふれたときのおもりの高さを答えなさい。
② このふりこの 10 往復にかかる時間を答えなさい。

図 3

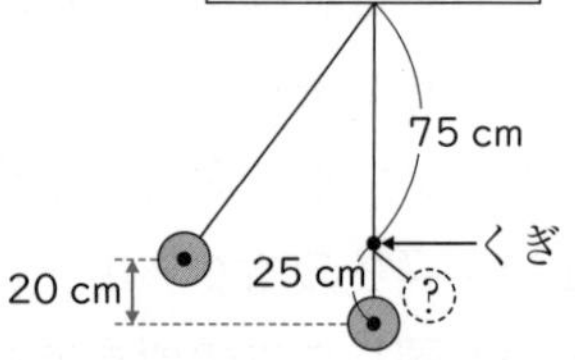

❶
(1)
(2)
(3)
(4)①
②

2【運動のようす】**図1のふりこは，A点から静かにボールをはなし，0.2 秒ごとのボールの位置を表したものです。また，図 2 はなめらかなレール上からD点から静かにボールをころがすようすです。あとの文章①～⑥には，次のア～ウのうちどれかのことばが入ります。それぞれ正しいものを選び，記号で答えなさい。**

湘南白百合学園中－改

図 1

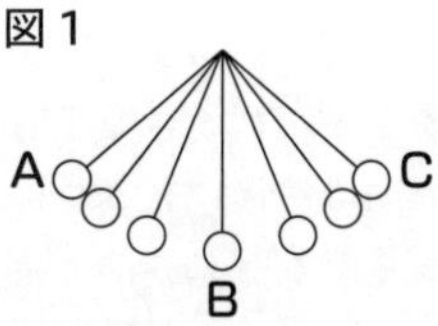

図 2

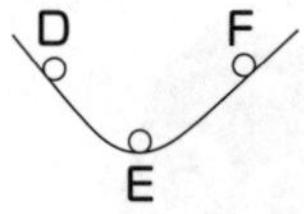

ア 変わらないままで動き　イ はやくなり　ウ おそくなり

ふりこで往復《おうふく》するおもりは，Ａ点からＢ点に向かうまでは速さが(　①　)，Ｂ点からＣ点に向かうまでは速さが(　②　)ます。Ａ点と同じ高さのＣ点では，速さは０になりいっしゅんとまった状態になります。また，図２のようななめらかなレール上でころがるボールは，Ｄ点からＥ点に向かうまでは速さが(　③　)，Ｅ点からＦ点に向かうまでは速さが(　④　)，Ｄ点と同じ高さのＦ点では，速さは０になり，いっしゅんとまった状態になります。

ふりこのおもりやレール上のボールは，おもりやボールの位置が最も低いときに速さは最も(　⑤　)，また，最初の位置が高いほど，いちばん低い位置(図のＢ点やＥ点)での速さは(　⑥　)ます。

❷
①
②
③
④
⑤
⑥

❸【ものの動くはたらき】なめらかなしゃ面上から小球をすべり落とす実験１と実験２を行いました。あとの問いに答えなさい。

青陵中－改

実験１　図１のように，しゃ面の点Ａから，質量がそれぞれ１０ｇ，２０ｇ，３０ｇの小球ａ，ｂ，ｃを落下させました。

図１

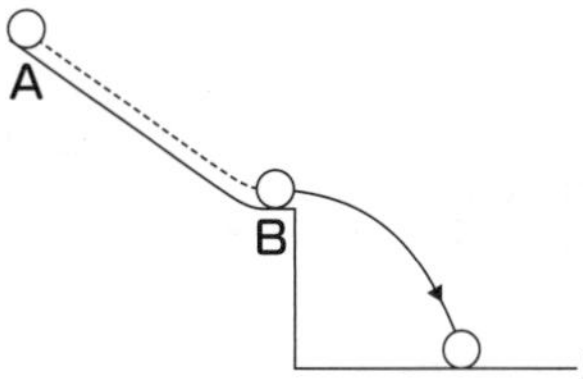

□(1) このとき水平面の点Ｂに達したときの速さはどうなりますか。最もはやい小球をａ～ｃで答えなさい。すべて同じ速さの場合はｄと答えなさい。

□(2) 小球は点Ｂを通過したあと，水平方向に飛び出しました。そのあとの小球の運動として，①最もはやく床面《ゆかめん》にしょうとつする小球と②最も遠い地点に落下する小球をそれぞれａ～ｃで答えなさい。３つすべて同じ場合はｄと答えなさい。

実験２　図２のように，角度の異なるしゃ面①，②，③で図の位置から小球ａをそれぞれ落下させました。

図２

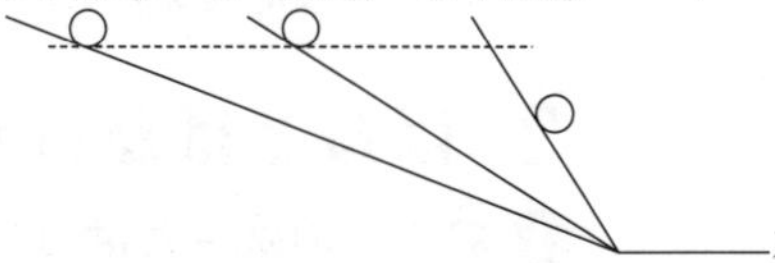

□(3) このとき水平面に達したときの小球の速さはどのようになりますか。次の**ア**～**エ**から選び，記号で答えなさい。

ア　しゃ面③が最もはやく，しゃ面①と②が同じ速さ。
イ　しゃ面③が最もはやく，しゃ面①が最もおそい。
ウ　しゃ面③が最もおそく，しゃ面①と②が同じ速さ。
エ　しゃ面①，②，③とも同じ速さ。

❸
(1)
(2)①
②
(3)

〔　　月　　日〕

18 てんびんとものの重さ

試験の要点

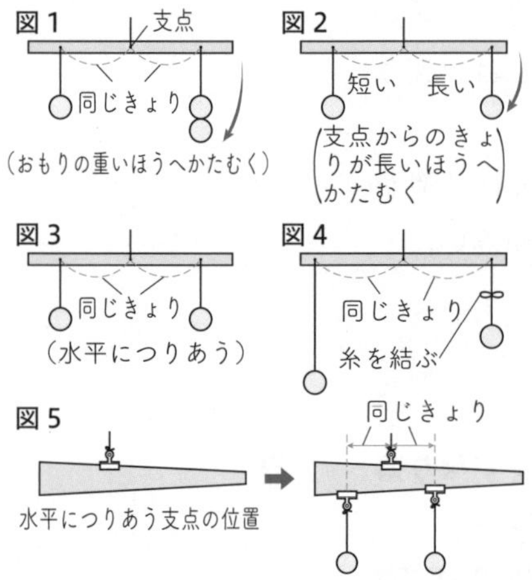

⬆てんびんのつりあい

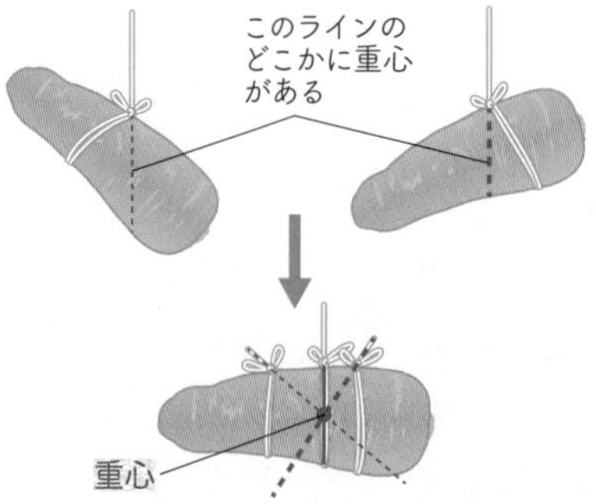

⬆重　心

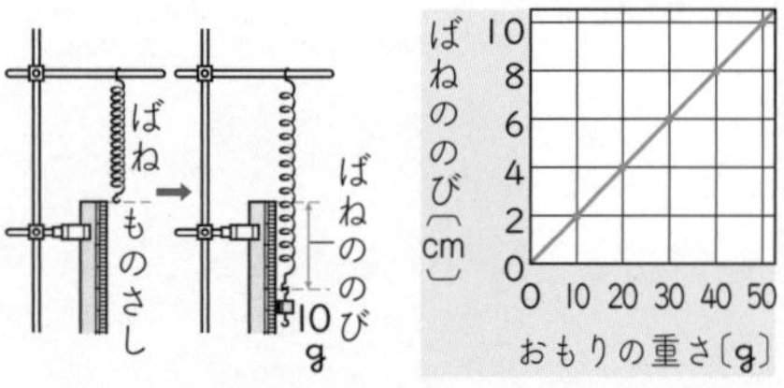

⬆おもりの重さとばねののび

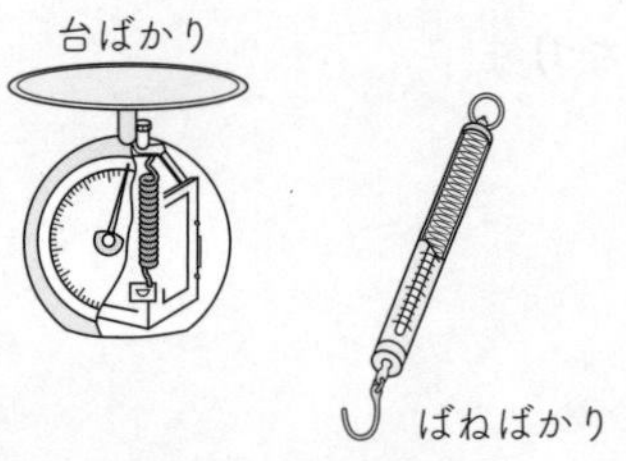

⬆ばねののびを利用した道具

1. てんびんのつりあい ★★★

❶ **てんびんのつりあう条件**(図1～図3)…てんびんの棒の太さが均一(一様)であるとき，つりあう場合の基本的パターンは次の通りである。

- 支点から同じきょりに，同じ重さのおもりをつるしたとき。
- 支点の右側と左側で，支点からのきょりとおもりの重さの積が等しいとき。

てんびんがつりあうとき，次の関係がなりたつ。

(左側)支点からのきょり×重さ

＝(右側)支点からのきょり×重さ

❷ **注意が必要なもの**(図4・図5)

- 糸を結んでおもりをつるす糸の長さをかえても，重さについては同じである。
- 太さが均一でない(一様でない)棒《ぼう》は，水平につりあう位置を支点にすれば，太さが同じ棒と**同じ結果**になる。

❸ **重　心**…ものの重さの中心となる点を**重心**という。棒の太さが均一であるとき，重心が真ん中にあるため，支点が真ん中にくる。一方，太さが均一でない棒は，水平につりあう位置を糸でつるしたり，指で支えるなどの方法によって見つけることができる。また，ニンジンでも太さが均一でない棒と同じようにして重心を調べることができる。

2. ばねとばねばかり ★★

❶ **おもりの重さとばねののび**…おもりの重さによってばねは，一定の割合でのびる。下の表のようにばねののびは，つり下げたおもりの重さに比例している。この原理は，いっぱんに**フックの法則**とよばれる。例えば，台ばかりやばねばかりは，この性質を利用している。

おもりの重さ〔g〕	0	10	20	30	40	50	…
ばねののび〔cm〕	0	2	4	6	8	10	…

❷ **ばねの組み合わせ**…ばねを上下につなぎ合わせる直列つなぎと束にしてつなぐ並列《へいれつ》つなぎがある。ばねの直列つなぎと並列つなぎでは，ばねにかかる力やばねののびにちがいがみられる。

- **ばねの直列つなぎ**　直列つなぎの場合は，それぞれのばねに重さがかかるので，それぞれのばねがおもりによってのびるので，全体ののびは大きくなる。同じばねのときは，ばねの本数とばね全体ののびは比例する。
- **ばねの並列つなぎ**　並列つなぎの場合は，ばねが2本であれば，ばねにかかる力は$\frac{1}{2}$に，3本であれば，ばねにかかる力は$\frac{1}{3}$になる。このように，同じばねのときは，ばねの本数とばね1本ののびは反比例する。

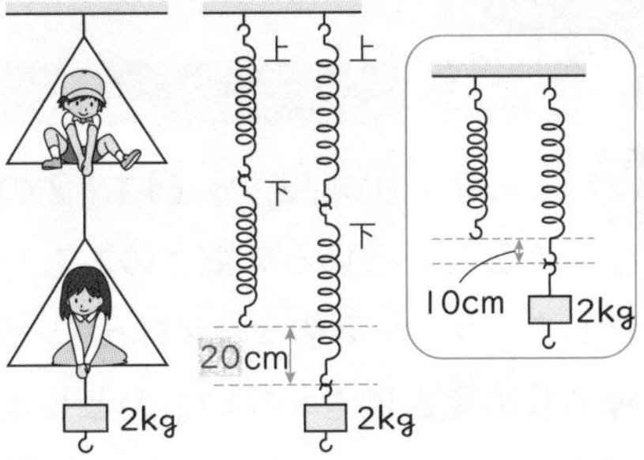

⬆ばねの直列つなぎ

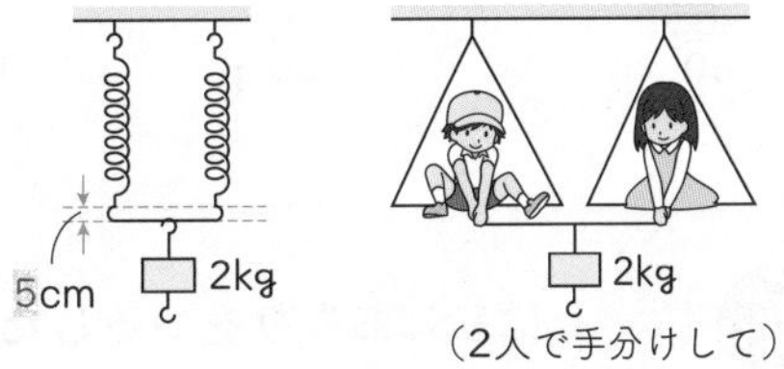

⬆ばねの並列つなぎ

3. 浮《ふ》　力《りょく》 ★★

❶ **液体中のものの重さ**…液体中にものを入れると，軽く感じられる。これは，ものに浮力がはたらくからである。浮力の大きさは，あふれ出た液体（おしのけられた液体）の重さの分だけ軽くなる。液体中でのものの重さは，次のようにして求められる。

液体中でのものの重さ
＝ものの重さ－あふれ出た液体の重さ

❷ **液体中でのうきしずみ**…同体積の重さを比べる。

- **ものの重さ＞液体**　ものは液体にしずむ。
- **ものの重さ＜液体**　ものは液体にうく。

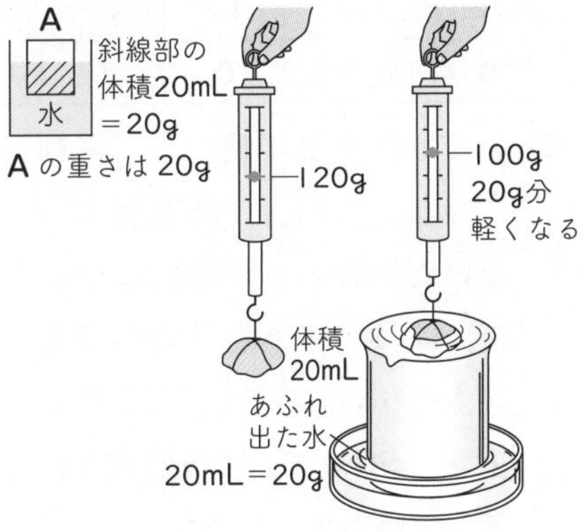

⬆浮　力

要点チェック

■ ①てんびんの支点の左側に同じ重さのおもり3個をおもりをきょり2の位置につるした。てんびんの支点の右側のきょり1の位置に同じおもりを何個つるせばつりあうか。	① 6個
■ ② 20gのおもりをつるしたとき3cmのびるばねに40gのおもりをつるすと何cmのびるか。	② 6cm
■ ③ 1本のばねでつるすと3cmのびるおもりを，同じばねを並列で3本使ってつるすと何cmのびるか。	③ 1cm
■ ④③のおもりを，同じばね2本を直列でつるすと全体で何cmののびるか。	④ 6cm
■ ⑤ばねばかりで80gをさしていた物体をビーカーに入れた水につけると，水が30gあふれ出たとき，ばねはかりは何gをさしているか。	⑤ 50g

実力問題

〔　　月　　日〕

エネルギー　解答 9 ページ

よく出る

1 【てんびんのつりあい】図 1，2 のように，長さが 120 cm の一様な棒ＡＢといろいろな重さのおもりを使って棒を水平につりあわせました。図 1，2 の x，y はそれぞれ何 cm ですか。ただし，糸と棒ＡＢの重さは考えないものとします。　国府台女子学院中－改

図 1

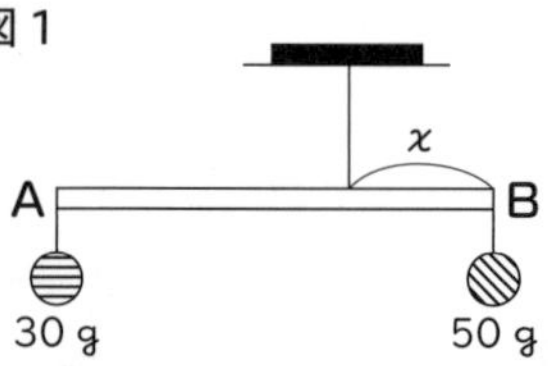

図 2

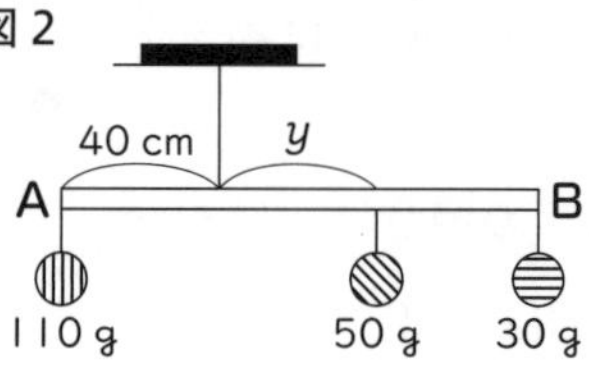

2 【ばね】ばねにおもりをつるしたときのようすを表にまとめました。あとの問いに答えなさい。　昭和女子大附属昭和中－改

おもりの重さ〔g〕	0	10	20	30	40	50
ばねの長さ〔cm〕	10	11	12	13	14	15
ばねののび〔cm〕	0	1	2	3	4	5

□(1) 表のばねを 2 本使い，①直列につないだ場合，②並列につないだ場合のそれぞれについて，ばね 1 本あたりののびを答えなさい。ただし，おもりの重さは 50 g で，ばねの重さは考えないものとします。

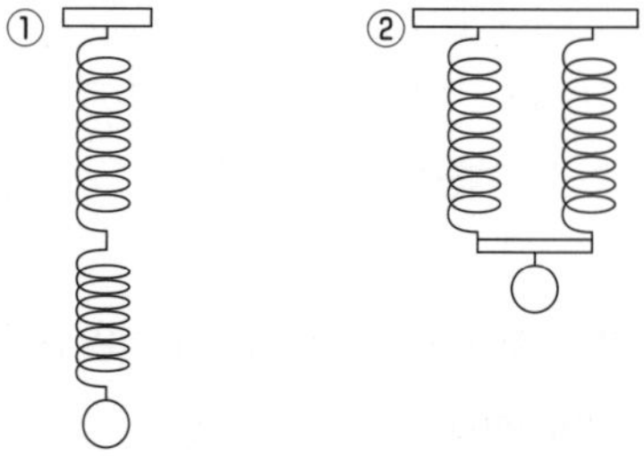

□(2) 同じばねに同じ重さのおもりを用いて，次の図の①～③のつるし方をしたとき，ばねののびについて正しく表したものを，**ア**～**オ**の中から 1 つ選び，記号で答えなさい。

①天井《てんじょう》から
ばねをつるす

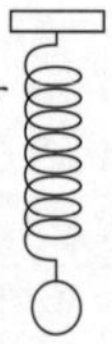

②左はかべ，右はおもり

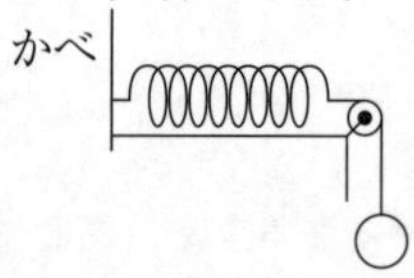

③両方からおもり

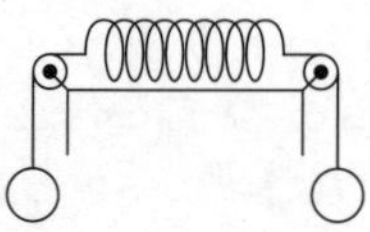

ア ①＞②＞③　**イ** ③＞②＞①

ウ ①＝②＞③　**エ** ①＞②＝③

オ ①＝②＝③

□(3) 空気中では重くて持ち上げられない重い物体でも水中なら持ち上げられることがあります。これは，物体をおしあげる浮力《ふりょく》とい

1

x

y

2

(1)①

②

(2)

(3)

ワンポイント

全体ののびと 1 本 1 本ののびは別である。

う力がはたらくためです。表のばねに 50 g のおもりをつるし，そのおもりを水に入れたとき，ばねの長さは 12 cm でした。浮《ふ》力《りょく》の大きさは何 g はたらきましたか。

3 【浮力】**次の文を読み，あとの問いに答えなさい。**

西武学園文理中ー改

図 1 のように底面積 1 cm^2，長さ 10 cm の金属棒《きんぞくぼう》をばねばかりにつるして重さをはかったあと，そのまま金属棒だけメスシリンダー内の水中にしずめると，ばねばかりの指針《ししん》は図のときより軽い値《あたい》を示しました。このとき，メスシリンダーの値が 1 mL ふえれば金属棒の重さは図のときより 1 g だけ軽くなりました。

図 1

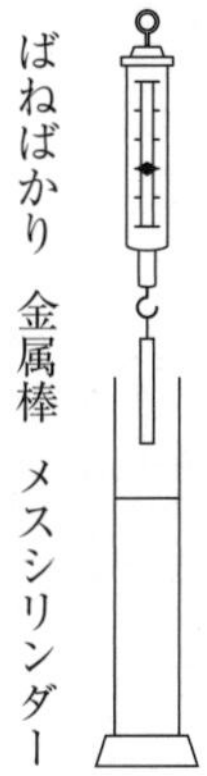

□(1) 『金属棒の底面と水面までのきょり』をグラフの横軸《よこじく》に，『軽くなった量』を縦軸《たてじく》にとると，どんなグラフになりますか。次の**ア**～**エ**の中から 1 つ選び，記号で答えなさい。

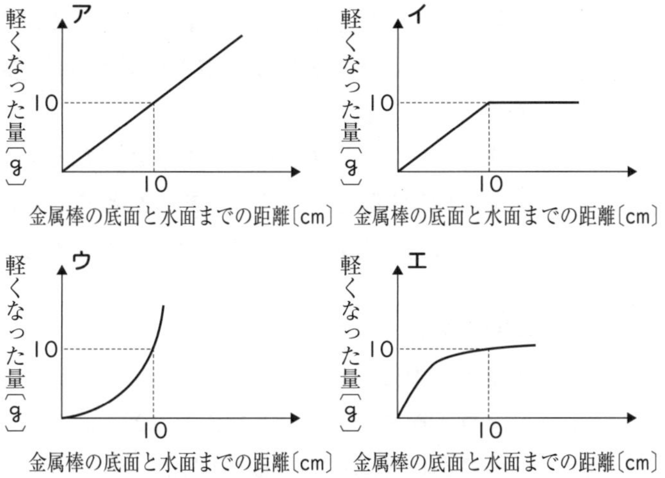

□(2) 図 2 のように，重さ 300 g，体積 20 cm^3 の石を，水にしずめました。このとき，ばねばかりの針は何 g をさしますか。

図 2

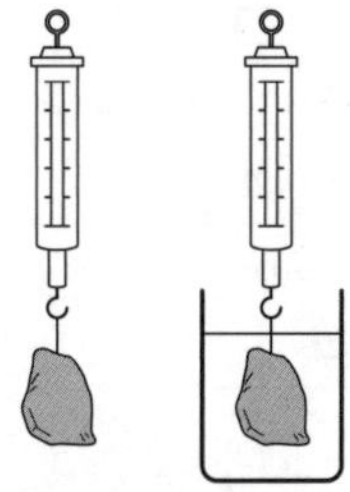

図 3

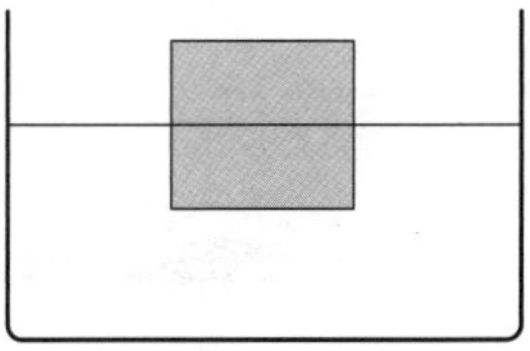

□(3) 図 3 のように，一辺が 20 cm の立方体を水にうかべたら，10 cm だけしずみました。この立方体の重さは何 g ですか。

□(4) 物体**A**・物体**B**・物体**C**の『体積』と『重さ』をはかり，右の表にまとめました。水にしずむ物体を表の物体**A**～**C**の中からすべて選び，記号で答えなさい。

	体積	重さ
物体A	200 cm^3	500 g
物体B	10 cm^3	15 g
物体C	80 cm^3	70 g

❸
(1)
(2)
(3)
(4)

エネルギー

19 てこのしくみとはたらき

〔　　月　　日〕

試験の要点

図1　てこの3点

図2　てこの種類

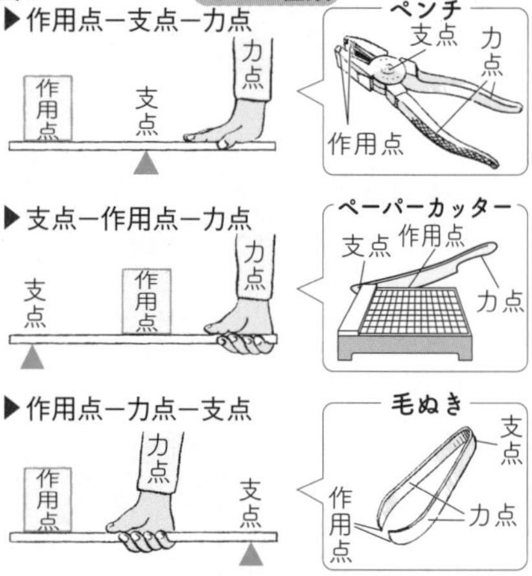

図3　力の表し方

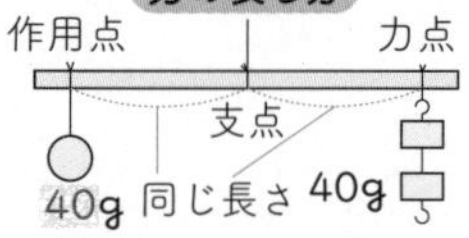

🡅てこのしくみとはたらく力

図4　支点が中にあるてこ

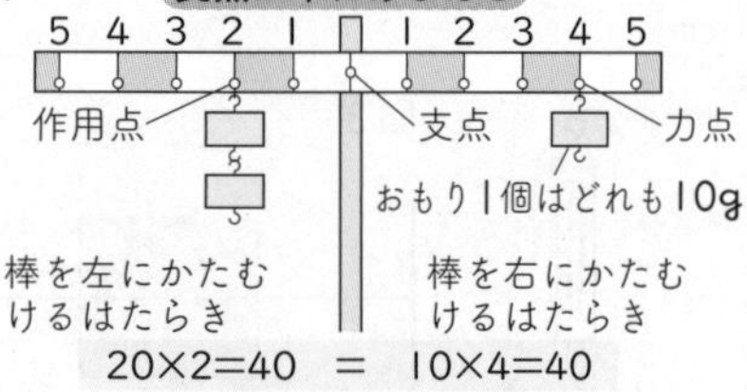

図5　支点がはしにあるてこ

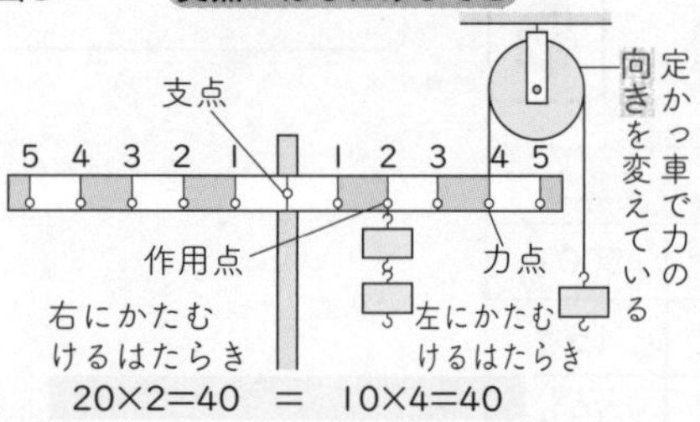

🡅実験用てことてこのつりあい

1. て　こ ★★★

❶ **てこのしくみとはたらく力**…**図1**のように棒《ぼう》の1か所を支えて，加えた力を他のものに作用させるしくみのことをてこという。てこには次の3つの点がある。

- 支点　てこを支えている点
- 力点　力を加える点
- 作用点　作用させるものに力がはたらく点

また，支点，力点，作用点の位置によって3つの種類に分けることができる。それぞれ3種類のてこに力を加えたときの力のはたらき方は**図2**のようになる。

支点から力点までのきょりが長いほど，小さな力で重いものを持ち上げたり，動かしたりできる。

力を表すとき，おもりの重さをグラム(記号g)で表すことができる。

作用点に，ある重さのおもりをかけたとき，力点に40gの分銅をかけてつりあったとすると作用点にかかる力と力点にかかる力は等しくなる(**図3**)。

❷ **実験用てこのつりあい**

- **支点が中にあるてこ**　左右のうでの支点からのきょり×重さが等しいときにつりあう。てんびんのつりあいと同じである(**図4**)。
- **支点がはしにあるてこ**　支点から作用点までのきょり×重さと支点から力点までのきょり×重さが等しいときにつりあう。つまり，右にかたむけるはたらきと左にかたむけるはたらきが等しく，力のはたらく向きは逆である(**図5**)。
- **複数のおもりがあるてこ**　おもりが2つ以上あり，2か所以上につり下げたときは，右にかたむけるはたらきの和と左にかたむけるはたらきの和が等しいときつりあう。
- **てこの棒の重さ**　てこの棒の重さを考える場合は，図6のように棒の重さと等しい重さのおもりを棒の中心につるしたと考える。よって，支点からのきょり×おもりの重さと支点からのきょり×棒《ぼう》の重さの和が右にかたむけるはたらきとなる。

(作用点にはたらく力)×(支点から作用点までのきょり)
＝(力点に加える力)×(支点から力点までのきょり)

図6

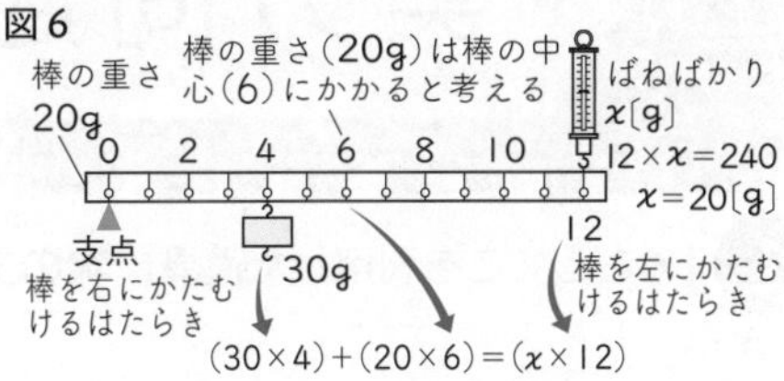

てこの棒の重さを考えたとき

2. 輪《りん》じく

❶ 輪じくのつりあい…輪じくは，じくの中心をはさんでひもをつるし，それぞれの輪とじくに力を加えると，反対向きに回そうとはたらく。**てこと同じしくみ**と考えることができる。

このとき，輪じくのひもを動かすきょりは半径に比例する。

(輪にかかる力)×(輪の半径)
＝(じくにかかる力)×(じくの半径)

例 水道のじゃ口，ドアのノブ，きり，えん筆けずり，自転車のハンドルなど

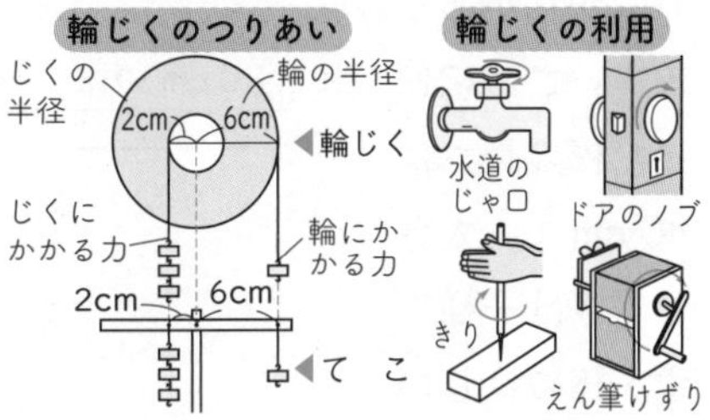

輪じく

3. かっ車

❶ 定かっ車と動かっ車…天井などに固定したかっ車を定かっ車といい，固定されていないかっ車を動かっ車という。

定かっ車でおもりを持ち上げるとき，力の大きさはおもりの重さと同じで，ひもを引くきょりはおもりの動くきょりと同じになる。これに対して，動かっ車は，ひもを引く力は $\frac{1}{2}$ になるが，ひもを引くきょりは，おもりの動くきょりの 2 倍になる。

❷ かっ車の組み合わせ…1 本のひもと 2 本以上のひもの場合がある。動かっ車と定かっ車を組み合わせると，加える力の大きさを小さくし，力を加えやすい向きに変えることができる。

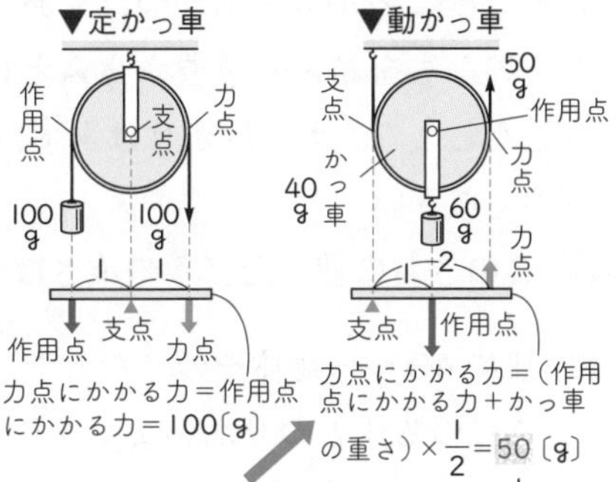

①ひもを引く力＝(おもりの重さ＋かっ車の重さ)× $\frac{1}{2}$ でよい。
②ひもを引くきょりは，おもりの動くきょりの2倍。

かっ車

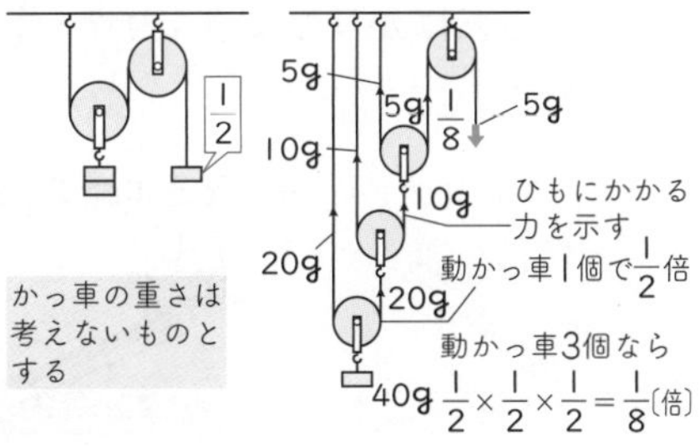

かっ車の組み合わせ

要点チェック

- ①てこの 3 つの点を答えなさい。
- ②小さな力で作用点に力をはたらかせることができるのは支点から力点までのきょりが小さいときか，大きいときか。
- ③ 30 g の動かっ車に 50 g のおもりをつるしたとき，ひもは何 g の力で引けばよいか。
- ④動かっ車でおもりを 10 cm 持ち上げたいとき，ひもは何 cm 引けばよいか。

① 支点・力点・作用点
② 大きいとき
③ 40 g $\left(\frac{30+50}{2}\text{g}\right)$
④ 20 cm

実力問題

〔　月　日〕

エネルギー　解答 9 ページ

1 【てことてこを利用した道具】**次の文を読み，あとの問いに答えなさい。**

青山学院中

図のようなさおばかりがあります。さおに使った棒《ぼう》の長さは 80 cm で，太さと重さは一様です。棒のはしの

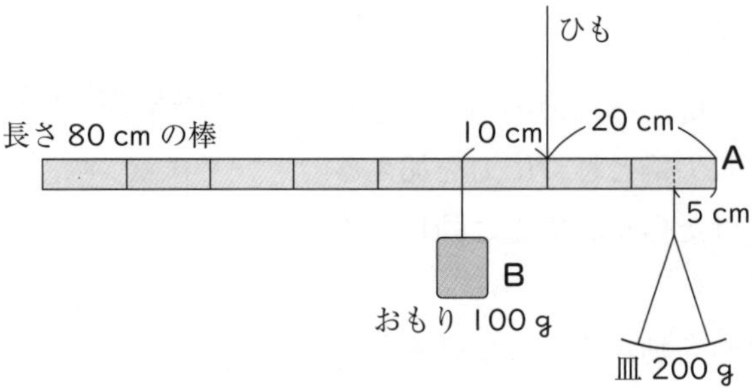

A から 20 cm のところにひもを結んで上からつるし，A から 5 cm のところに 200 g の皿がつけてあります。100 g のおもり B を，上からのひもを結んだ位置から A とは反対側へ 10 cm のところにつるしたところ，さおばかりは水平になりました。数値《すうち》はすべて整数で答えなさい。

□(1) このさおに使ったぼうの重さは何 g ですか。

□(2) 皿に 40 g の物体をのせたとき，おもり B を A から何 cm のところにつるすとつりあいますか。

□(3) 皿にある重さの物体をのせたとき，おもり B が A から 48 cm のところでつりあいました。のせた物体の重さは何 g ですか。

□(4) このさおばかりと支点・力点・作用点の位置関係が同じものを選びなさい。

ア ピンセット　**イ** 空き缶《かん》つぶし器　**ウ** ホッチキス　**エ** せんぬき　**オ** くぎぬき

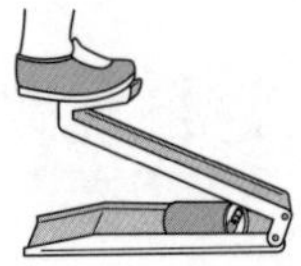
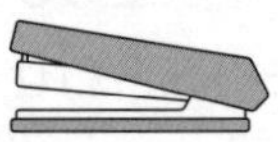
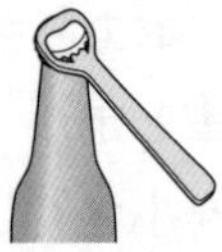
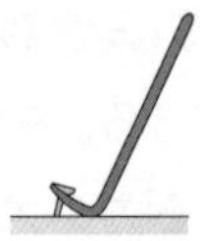

□(5) このさおばかりと同じしくみのはかりを，パン屋の職人さんが愛用することがあります。その理由を選びなさい。

ア 同じ重さのものを何度もはかりとることに適しているから。

イ 重さを 0.01 g きざみで正確にはかることに適しているから。

ウ 軽いものをはかりとることに適しているから。

エ 重いものをはかりとることに適しているから。

オ いろいろな重さのものをすばやくはかりとることに適しているから。

1

(1)

(2)

(3)

(4)

(5)

よく出る

❷【てこ】次の文を読み，あとの問いに答えなさい。ただし，つり下げるおもりはすべて同じ重さとします。 成城学園中－改

一様な太さで一様な重さのじょうぶな針金《はりがね》に糸をつけたところ，ちょうど真ん中で水平につりあいました。そして，右の図のように，真ん中から左右に等間かくに①～⑥の番号をつけ，そこにおもりをつり下げる実験をしました。

図1

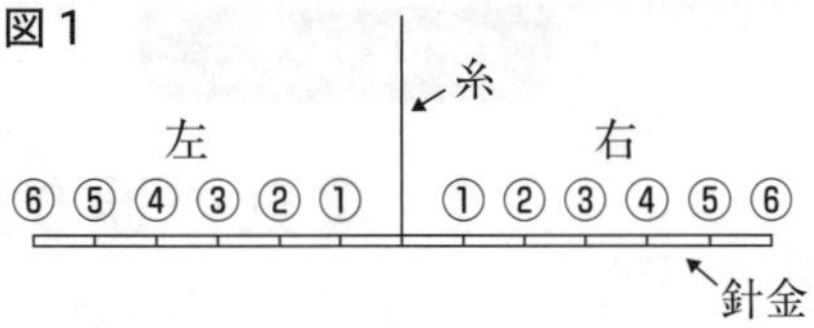

図2

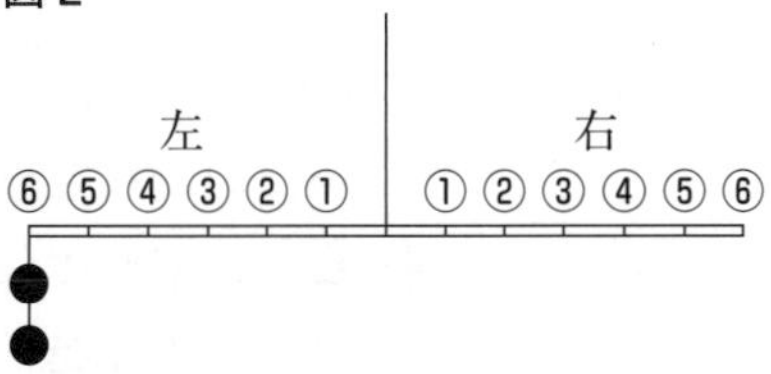

□(1) 右の図1のように，おもりをつり下げました。あと3個のおもりを1か所につり下げる場合，右の何番につり下げれば針金は水平につりあいますか。①～⑥の番号で答えなさい。

□(2) 右の図2のように，おもりをつり下げたところ，かたむきました。針金を水平に保つために，1か所におもりをつり下げるとき，そのおもりは左か右の何番に何個つり下げたでしょうか。

図3

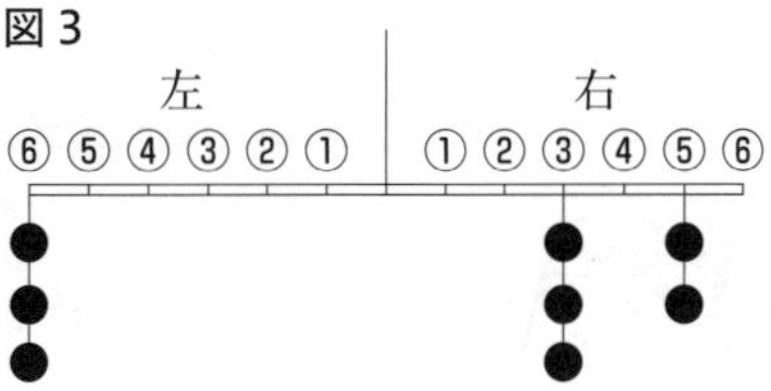

❸【かっ車】図のように，重さの無視できるかっ車とばねばかりを用いて，かっ車に重さ100gのおもりをつるしました。このとき，ばねばかりの示す値《あたい》は何gですか。 大宮開成中

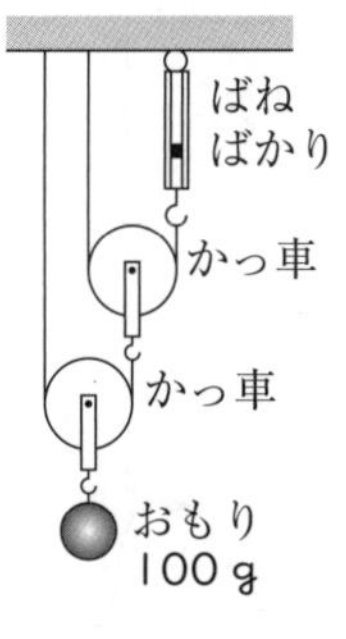

❹【輪じく】重さが120gのおもりAと重さがわからないおもりBと輪じくPを用いて図のような装置《そうち》をつくったところ，AとBは静止しました。輪じくPの輪の半径はそれぞれ4cmと6cmです。おもりBは何gですか。 吉祥女子中

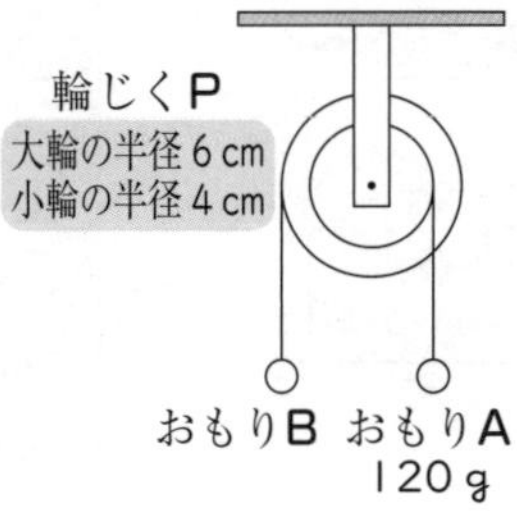

❷

(1)

(2)左か右

番号

個数

❸

❹

〔　　月　　日〕

20 かん電池と豆電球

試験の要点

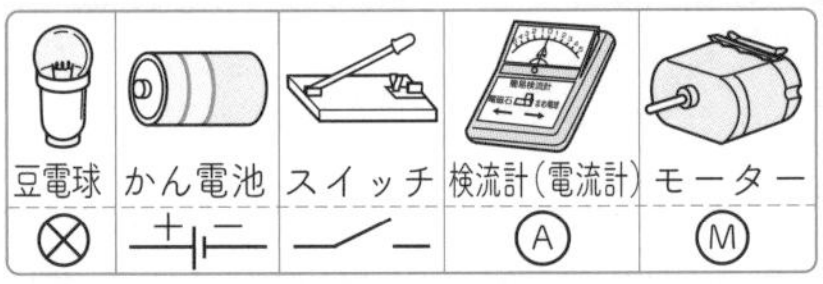

電気用図記号

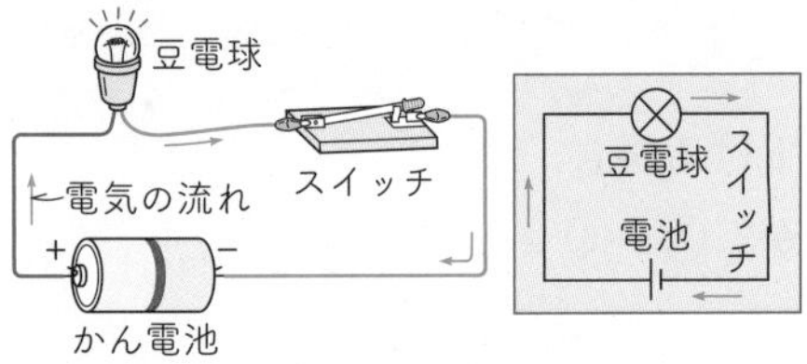

回路図

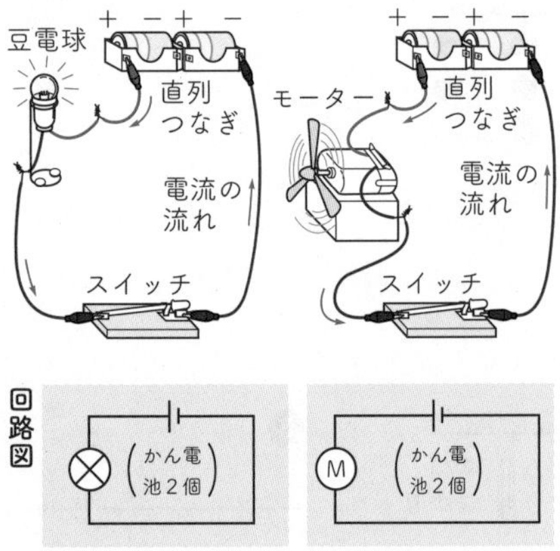

直列つなぎ

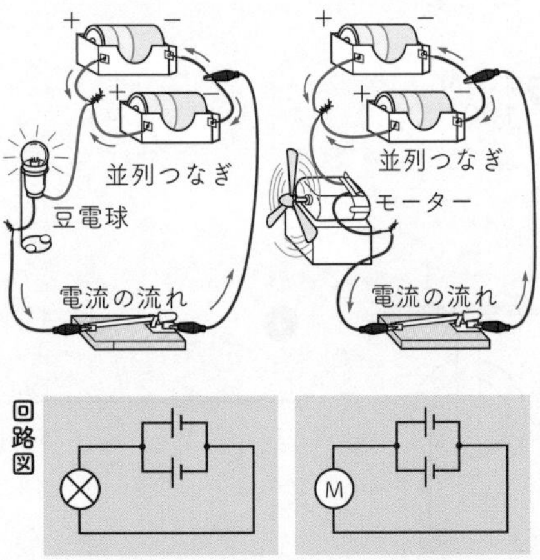

並列つなぎ

1. 電気の通り道 ★

❶ **回路と電流**…かん電池の＋極を出て導線を流れ，豆電球やモーターの中を通り，導線を通ってかん電池の－極にかえる電気の通り道を**回路**という。また，電気の流れを**電流**という。

とぎれずに1周できると電気が流れる↵

❷ **導体《どうたい》と不導体(絶えん体)**…金属など，電気をよく通すものを**導体**，通さないものを**不導体**(または**絶えん体**)という。

ガラス，ビニル，せともの，雲母など↵

❸ **電気用図記号**…かん電池や豆電球などの電気器具について，簡単《かんたん》な記号にして表したものを**電気用図記号**という。

❹ **回路図(配線図)**…電気用図記号を使って回路を表した図を回路図(配線図)という。記号には，左図のようなものがある。

2. かん電池のつなぎ方 ★★★

❶ **かん電池の直列つなぎ**…かん電池の＋極に他のかん電池の－極を順につないでいくつなぎ方を，かん電池の**直列つなぎ**という。

❷ **かん電池の並列《へいれつ》つなぎ**…かん電池の＋極どうしと，かん電池の－極どうしをつなぐつなぎ方を，かん電池の**並列つなぎ**という。

❸ **かん電池のつなぎ方とはたらき**…かん電池の直列つなぎと並列つなぎでは，下の表のようなちがいがある。

	かん電池2個の直列つなぎ	かん電池2個の並列つなぎ
流れる電流	かん電池1個のときより，大きい。	かん電池1個のときと，**同じ。**
豆電球の明るさ	かん電池1個のときより，明るい。	かん電池1個のときと，**同じ。**
モーターの回転	かん電池1個のときより，はやい。	かん電池1個のときと，**同じ。**
電池の消もう	かん電池1個のときより，**はやい。**	かん電池1個のときより，**長く使うことができる。**

❹ **かん電池のつなぎ方と電流の大きさ**…電流が大きいほど，豆電球は明るいので，豆電球を明るくするには，かん電池を直列つなぎにすればよいことがわかる。

❺ **検流計の使い方**…検流計は，右の図のように電池とモーター(豆電球)のとちゅうに入れ，1本の回路になるようにつなぐ。

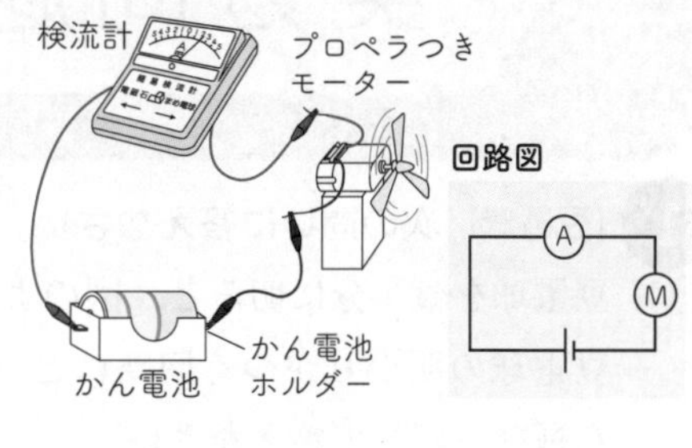

⬆検流計のつなぎ方

3. 豆電球のつなぎ方 ★★★

❶ **豆電球の直列つなぎ**…すべての豆電球とかん電池が図のように1本の回路になったつなぎ方を豆電球の**直列つなぎ**という。

❷ **豆電球の並列《へいれつ》つなぎ**…2個の豆電球が，図のようにそれぞれ別の回路になっているつなぎ方を，豆電球の**並列つなぎ**という。

❸ **豆電球のつなぎ方とはたらき**…豆電球2個を直列つなぎ，並列つなぎにしたときのちがいは，下の表のようになる。

	豆電球2個の直列つなぎ	豆電球2個の並列つなぎ
豆電球の明るさ	豆電球1個のときより，暗い。	豆電球1個のときと，**同じ**。
豆電球が1個消えると…	残りの1個も**消える**。	残りの電球は**消えない**。
電池の消もう	電池は，長く使える。	電池は，**はやくなくなる**。

豆電球を直列つなぎにすると，電流が流れにくくなり，電流の大きさが小さくなるので，暗くなる。並列つなぎにすると，それぞれの豆電球に1個のときと同じ大きさの電流が流れるので，同じ明るさになる。

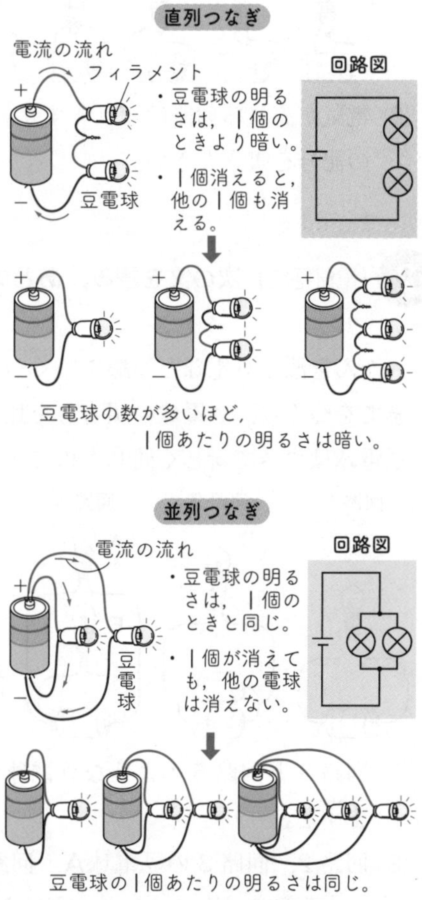

⬆豆電球のつなぎ方と明るさ

要点チェック

①電気の通り道を何というか。	① 回路
②①における電気の流れを何というか。	② 電流
③乾電池を2個直列につないだときと，2個並列《へいれつ》につないだときとどちらが電池は長持ちするか。	③ 並列につないだとき
④豆電球に乾電池を1個つないだときと，乾電池を2個つないだときとどちらが明るいか。	④ 2個
⑤同じ電池に豆電球を2個直列につなぐと，1個のときより明るいか，暗いか。	⑤ 暗い

実力問題

〔　月　日〕

エネルギー 解答 10 ページ

1 【豆電球】次の問いに答えなさい。 神奈川大付属中

□(1) 豆電球を縦《たて》半分に切ると，図のようになっています。豆電球の明かりがつく回路はどれですか。次の中から選び，記号で答えなさい。

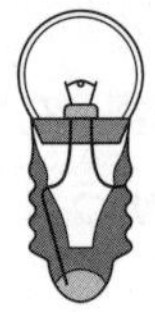

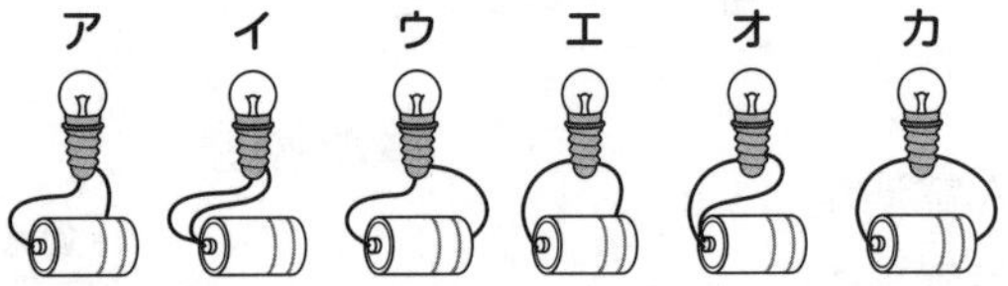

□(2) 電気が流れる回路はどれですか。(1)の**ア**～**カ**からすべて選び，その記号を書きなさい。

❶
(1)
(2)

2 【電気回路】次の文を読み，あとの問いに答えなさい。

カリタス女子中ー改

かん電池と豆電球と導線をいくつか用意して，回路 1 から回路 5 までをつくり，豆電球の明るさを比べました。ただし，かん電池と豆電球はすべて新しく同じものです。

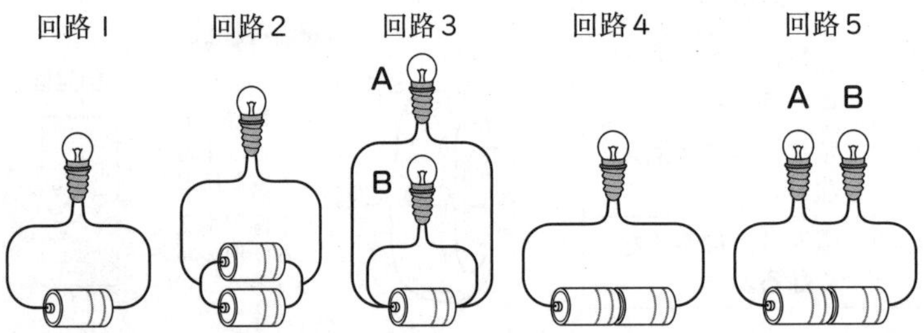

□(1) 回路 3 と回路 5 のような豆電球のつなぎ方をそれぞれ何といいますか。

□(2) 回路 2，回路 3 の豆電球**A**，回路 4 の豆電球の明るさは，回路 1 の豆電球と比べてどのようになりますか。次の**ア**～**ウ**から 1 つ選び，記号で答えなさい。

ア 明るい

イ 暗い

ウ ほとんど同じ

□(3) 回路 5 の豆電球**A**と**B**の明るさについて，正しいものはどれですか。次の**ア**～**ウ**から選び，記号で答えなさい。

ア **A**のほうが**B**より明るくなる。

イ **B**のほうが**A**より明るくなる。

ウ **A**も**B**もほとんど同じ明るさである。

❷
(1)回路 3
回路 5
(2)回路 2
回路 3
回路 4
(3)
(4)

□(4) 回路１～４のつなぎ方の中で，豆電球が最も長く光り続けるのはどの回路ですか。番号で答えなさい。

よく出る **3** 【電気回路】**図１のような回路をつくったところ，豆電球がつきました。同じ豆電球とかん電池を使って，いろいろな回路をつくりました。これについて，次の問いに答えなさい。**

図１

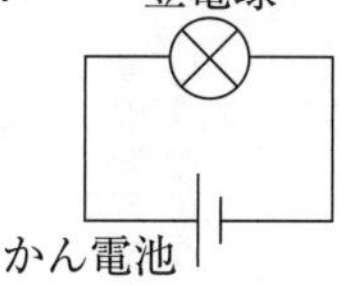

東京純心女子中

(1) 回路**ア**～**カ**について，あとの①～③に答えなさい。

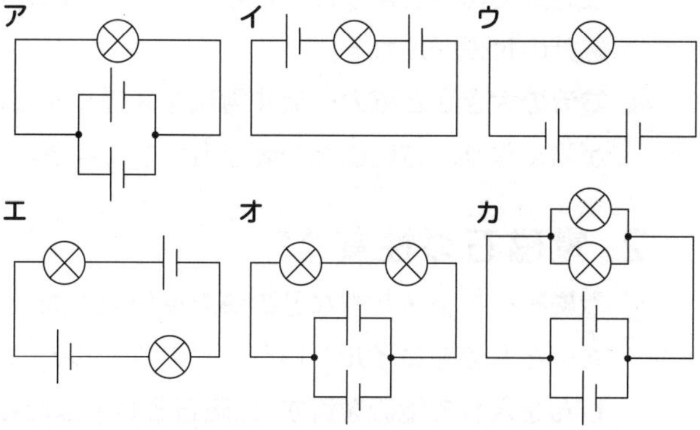

□① 豆電球がつかない回路はどれですか。**ア**～**カ**からすべて選び，記号で答えなさい。ただし，すべての回路で豆電球がつく場合は，「×」と答えなさい。

□② 豆電球が最も明るい回路はどれですか。**ア**～**カ**から１つ選び，記号で答えなさい。

□③ 回路**イ**～**カ**のうち，豆電球が回路**ア**と同じ明るさになるものを１つ選び，記号で答えなさい。ただし，豆電球が同じ明るさになる回路がない場合は，「×」と答えなさい。

(2) **図２**の回路において，次の①～④の場合，どの豆電球がつきますか。すべて答えなさい。ただし，すべての豆電球がつかない場合は「×」と答えなさい。

図２

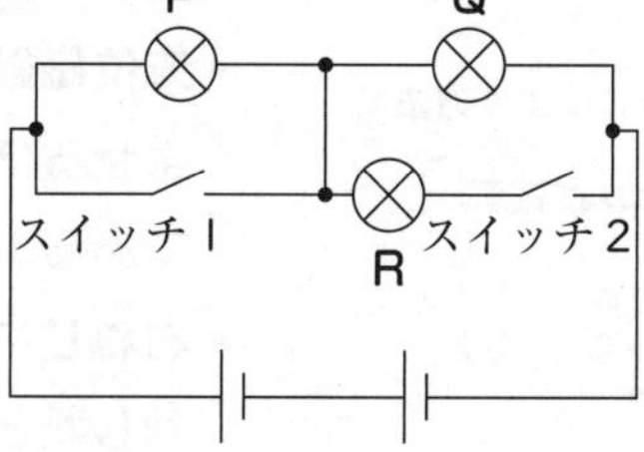

□① すべてのスイッチが開いたとき。

□② スイッチ１のみを閉《と》じたとき。

□③ スイッチ２のみを閉じたとき。

□④ すべてのスイッチを閉じたとき。

3

(1)① ____

② ____

③ ____

(2)① ____

② ____

③ ____

④ ____

ワンポイント

分かれ道で導線のみの道すじがあるとすべての電気が導線のみの道すじを通る。

〔　　月　　日〕

21 電気のはたらき

試験の要点

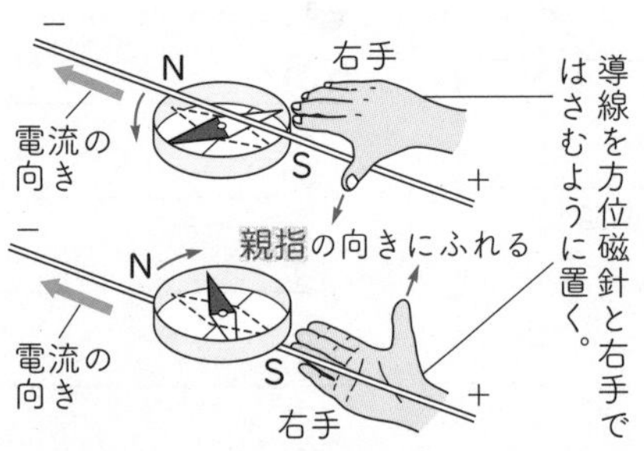

直線電流と磁界の向き

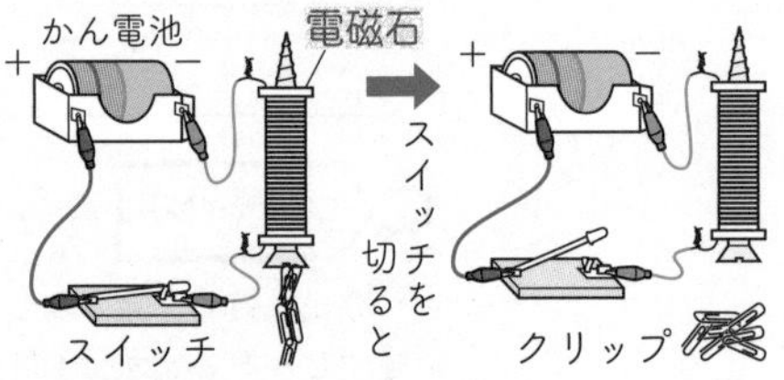

電磁石の性質

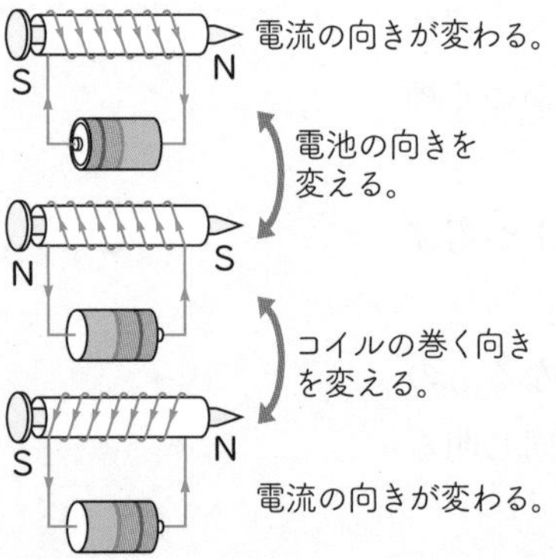

電磁石の極

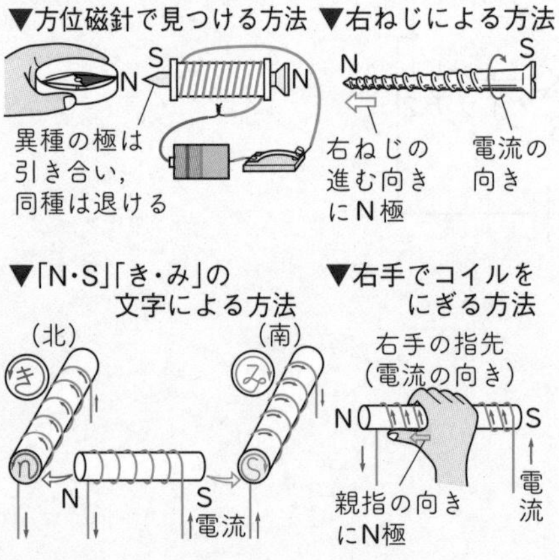

電磁石の極の見つけ方

1. 電流と磁力《じりょく》 ★★

❶ **直線電流と磁力**…導線に電流を流すと，導線のまわりには磁力がはたらく。このため，方位磁針《じしん》の針《はり》が動く。

❷ **直線電流と磁界《じかい》の向き**…導線を右手の手のひらと方位磁針ではさむようにしたとき，親指の向きに方位磁針のN極がふれる。
↳N極からS極へ向かう向き

❸ **電流の大きさと磁力**…流す電流を大きくすると磁力が強くなり，方位磁針の動きも大きくなる。

2. 電磁石《でんじしゃく》の性質 ★★★

❶ **電磁石**…エナメル線などの導線を何回も同じ向きに巻《ま》いたものを**コイル**という。このコイルの中心に鉄しんを入れて電流を流すと，磁石としてはたらく。これを電磁石という。鉄しんには，**なん鉄**が用いられる。
炭素をふくむ割合が 0.02 % 以下と少なく，やわらかい鉄↲

❷ **しんの材質**…なん鉄のかわりに，銅やアルミニウム，ガラス，木の棒《ぼう》などを入れても，電磁石の磁力は強くならない。

❸ **電磁石の極**…電磁石にも，永久磁石と同じようにN極とS極があり，以下の方法で変えることができる。
- コイルに流れる電流の向きを変える。
- コイルの巻く向きを変える。

❹ **電磁石の極の見つけ方**
- **方位磁針で見つける方法**　**方位磁針**のN極を引きよせるほうがS極，S極を引きよせるほうがN極である。
↳方位磁針の磁針は永久磁石である
- **右ねじによる方法**　右ねじを電流の流れる向きに回したとき，ねじの進む向きがN極である。
- **文字による方法**　電磁石のいずれかの極の正面を向き，電流の流れが図のように(n)になっているほうがN極，(S)になっているほうがS極である。
- **右手でコイルをにぎる方法**　右手の指先を電流の流れる向きに合わせてコイルをにぎる。親指を開いたとき，親指の向きがN極である。

⑤ 電磁石《でんじしゃく》の強さ…次の条件以外はそろえて考える。
2つ以上の条件を組み合わせると，より強くなったり，打ち消し合ったりすることがある↲

- **コイルの巻き数**　導線の長さが同じ電磁石では，巻《ま》き数が多いほうが強い。
- **コイルの巻き方**　導線の長さと巻き数が同じでも，導線をせまいはん囲に厚く巻いたほうが強い。
- **かん電池の数**　電流の大きさは，かん電池が1個のときより，2個のかん電池を直列につないだときのほうが大きい。よって，電磁石も強くなる。
  ↳電流が大きいほうが電磁石は強い
- **導線の太さ**　導線が太いほうが電流は大きいので，電磁石の強さは強い。
- **導線の長さ**　導線が短いほうが電流は大きいので，電磁石の強さは強い。
- **コイルの鉄しんの太さ**　鉄しんの太さだけちがう電磁石の強さは，鉄しんの太いほうが強い。また，鉄しんのある電磁石のほうがないものより強い。

⑥ 電流計の使い方…電流計は，コイルと直列につなぐ。−たんしは，まず5Aのたんしにつなぐ。針《はり》の動きが小さくて目盛《めも》りが読みにくいときは，500 mA，50 mAと1つずつ順につなぎかえていく。

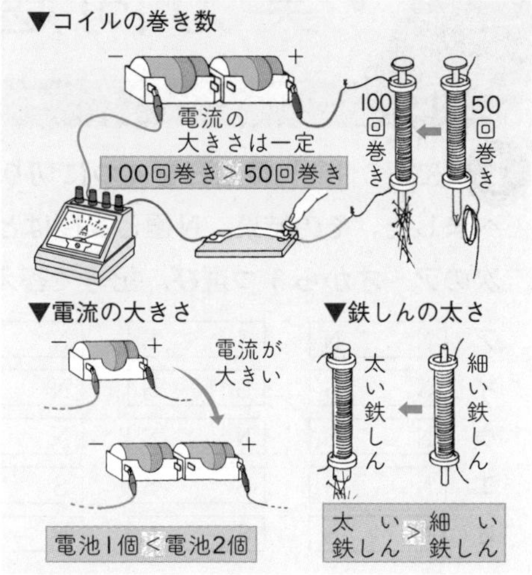

⬆電磁石の磁力の強さ

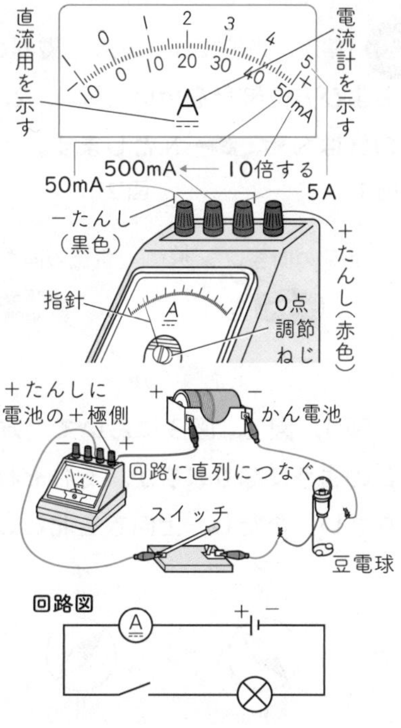

⬆電流計の使い方

3．電磁石と磁石《じしゃく》の性質 ★

		電磁石	磁石
共通点	引きつけるもの	鉄，ニッケル，コバルト	
	磁石の強さ	はしのほうが強い	
	2つの極	N極，S極がある	
	極の性質	異極は引き合い，同極は反発	
ちがう点	性質	電流を通したときだけ磁石	いつも磁石 ↳永久磁石という
	磁石の強さ	変えられる	変えられない
	極	変えられる	決まっている

要点チェック

- ①コイルの中心に鉄しんを入れて電流を流して磁石としてはたらく。これを何というか。　① 電磁石
- ②電磁石の鉄しんのかわりに，銅の棒《ぼう》を入れると電磁石の強さはどうなるか。　② 弱くなる
- ③電磁石にかん電池を1個つないだときと2個直列つなぎしたとき，電磁石はどちらが強いか。　③ 2個直列つなぎのとき
- ④コイルの巻き数が100回のものと50回のものでは，電磁石の強さはどちらが強いか。　④ 100回
- ⑤電流計はコイルと直列か並列《へいれつ》のどちらにつなげばよいか。　⑤ 直　列

実力問題

〔　月　日〕

エネルギー　解答 10 ページ

❶【磁石の性質】 棒磁石を 4 つに切り，向きを変えずにそのまま並べました。その結果，N 極と S 極はどうなりますか。正しいものを次のア～オから 1 つ選び，記号で答えなさい。　立教女学院中

ア	N　N	S　S	N　N	S　S
イ	N　S	S　N	N　S	S　N
ウ	N　S	N　S	N　S	N　S
エ	N　S	S　S	S　S	S　N
オ	N　S	S　S	N　N	N　S

❷【電流と方位磁針】 電流と磁界の関係を調べるために導線と厚紙，および方位磁針を用いて図 1，2，3 をつくりました。ただし，磁針の針は S  N とします。　日本大豊山中一改

図 1

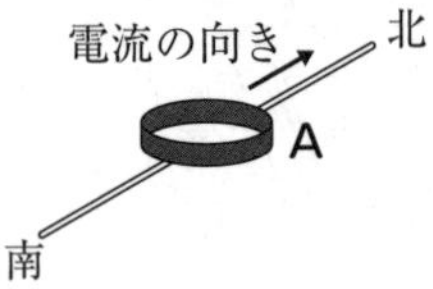

図 2

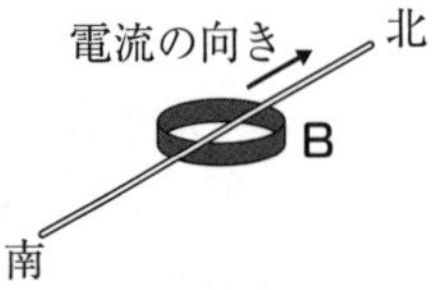

図 3

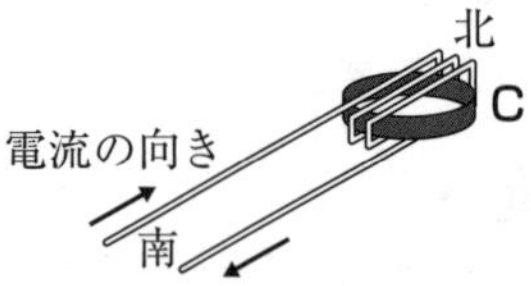

図 1，図 2，図 3 において，方位磁針 A，B，C を上から見ると，どのようになりますか。それぞれア～エから 1 つ選び，記号で答えなさい。ただし，上向きを北とします。

ア　イ　ウ　エ

A

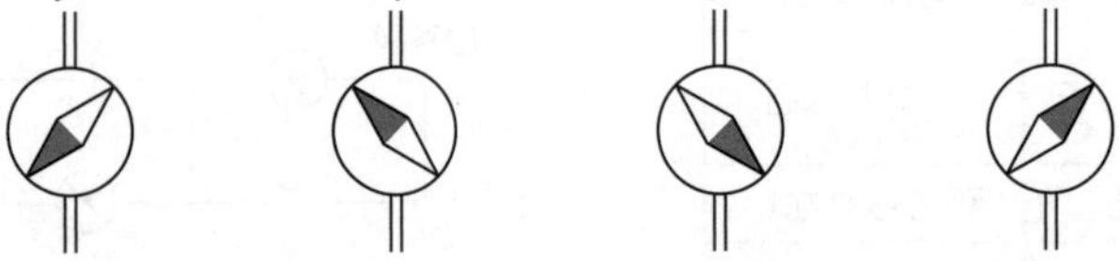

ア　イ　ウ　エ

B

ア　イ　ウ　エ

C

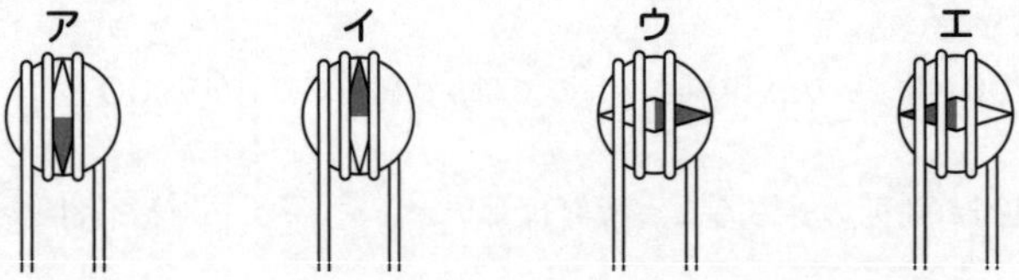

❶

❷
A
B
C

❸【電磁石】エナメル線を太いストローのまわりに 100 回巻《ま》いてコイルをつくりました。その中に鉄のくぎを入れ，電池をつないで電磁石をつくりました(図 1)。このとき，コイルの右側に置いた方位磁針《じしん》のN極は左側をさしました。これについて，次の問いに答えなさい。

図 1

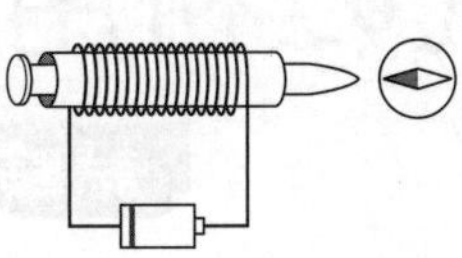

湘南学園中

□(1) 図 1 のコイルのまわりにクリップを何個か近づけると，クリップがコイルに引きつけられました。クリップが引きつけられているようすとして最も適切なものを**ア**～**エ**から選びなさい。

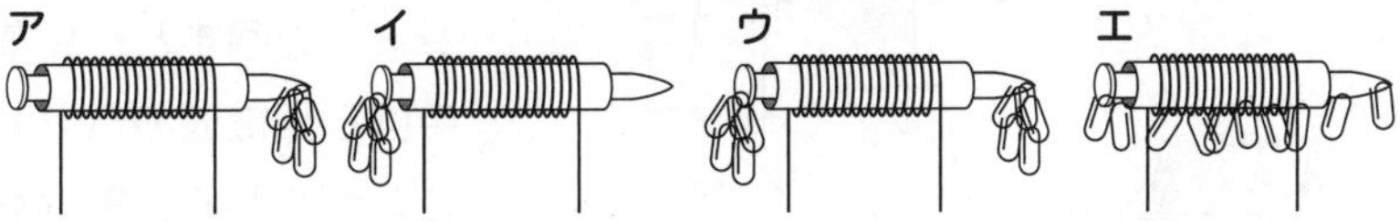

□(2) 図 1 のとき，コイルの右側は，磁石の何極にあたるか答えなさい。

□(3) 同じコイルを使って，**図 2** のように電池をつなぎました。コイルの左側の **A** に方位磁針を置いたとき，方位磁針の針の向きとして正しいものを**ア**～**エ**から選びなさい。

図 2

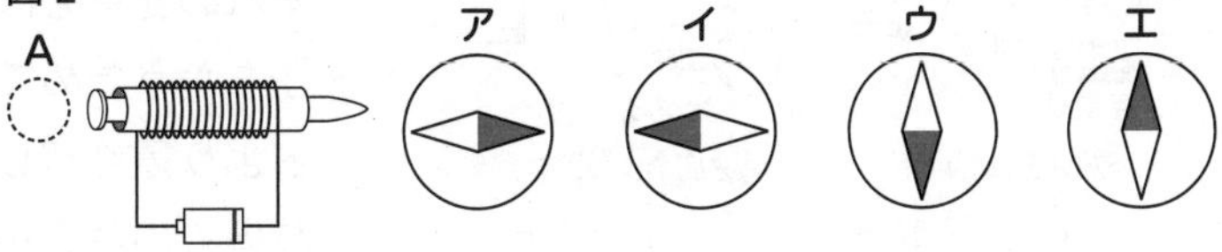

❸
(1)
(2)
(3)

❹【電磁石の強さ】次のア～クの中で，電流を流したときに最も強い磁石になるものを 1 つ選び，記号で答えなさい。

立教女学院中

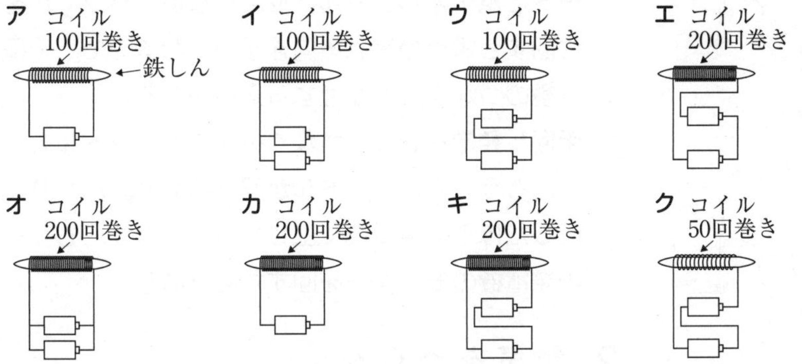

❹

❺【電流計】かん電池，豆電球，電流計を図 1 のようにつないで，回路に流れる電流をはかったところ，250 mA でした。そのとき，図 1 の導線 P と Q はそれぞれ図 2 の電流計のア～エのどのたんしにつなぐのがよいですか。最も適切なたんしをそれぞれ選び，記号で選びなさい。

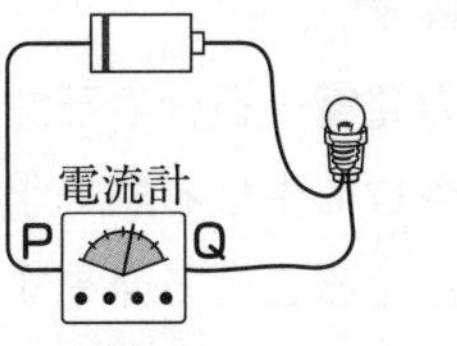

図 1

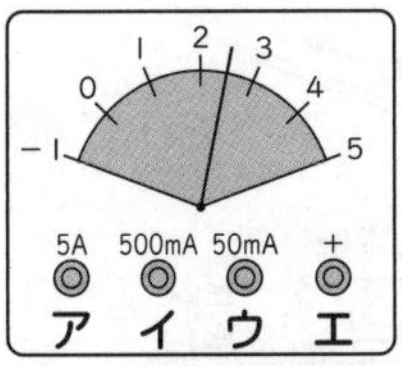

図 2

香蘭女学校中

❺
P
Q

エネルギー

22 電気の利用

〔　月　日〕

試験の要点

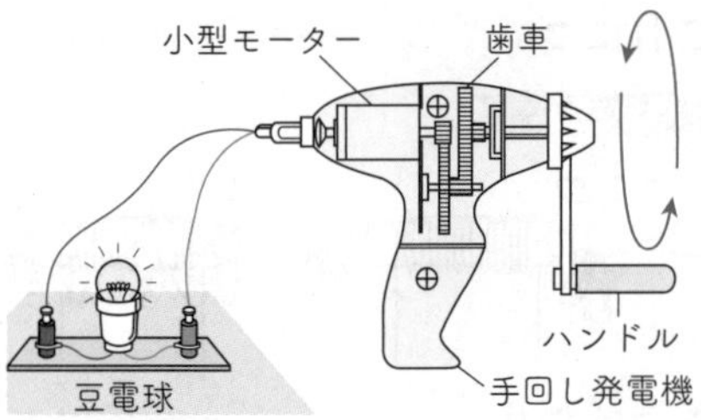

手回し発電機

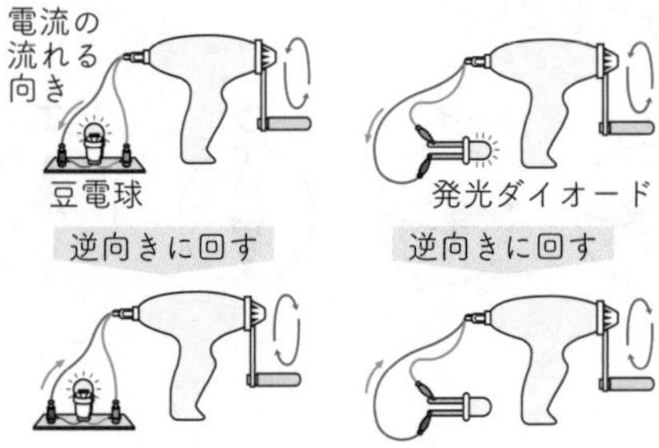

手回し発電機による発電

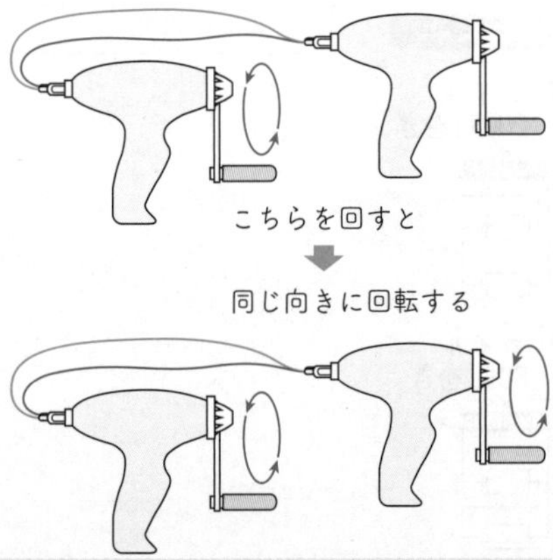

発電した電気は導線を伝わる間に熱のエネルギーなどに変わるので，もう一方のハンドルの回転数は，手で回した数より少ない。

２つの手回し機をつなぐ

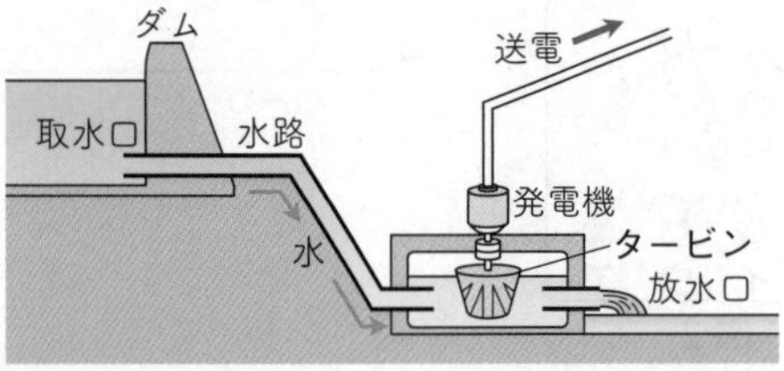

水力発電のしくみ

1. 手回し発電機 ★★

❶ **手回し発電機**…手回し発電機に豆電球をつないでハンドルを回すと，豆電球が点灯する。このことから，手回し発電機のハンドルを回すと電気がつくられることがわかる。電気をつくることを発電という。

❷ **ハンドルの手ごたえ**…手回し発電機に豆電球，発光ダイオード，電子オルゴールのそれぞれをつないでハンドルを回すと，手ごたえがちがう。これはそれぞれの器具をはたらかせるのに必要な電流の大きさがちがうためである。豆電球のほうが発光ダイオードより重く感じるのは，豆電球を光らせるほうがより多くの電流が必要だからである。

❸ **ハンドルをはやく回す**…ハンドルをはやく回すほど豆電球や発光ダイオードは明るく光る。これははやく回すほど，流れる電流が大きくなるからである。

❹ **ハンドルを逆に回す**…豆電球は光るが，発光ダイオードと電子オルゴールは反応《はんのう》しない。ハンドルを逆に回すと電流の流れる向きが逆になるので，＋極と－極のつなぎ方を注意する必要がある。

↳電池のつなぎ方と同じようにつなぐように考える

❺ **手回し発電機を２つつなぐ**…一方のハンドルを回すと，もう一方のハンドルが回り始める。ハンドルを回したほうの発電機で生じた電流により，もう一方の発電機のモーターを回すためである。

2. 電気をつくる

❶ **水力発電**…ダムにためた水は，高い所から低い所へ流れる。このときの水が落下するエネルギーを利用して，発電機につながるタービン(羽根車)を回し，発電する。

↳ダム建設による自然はかいが問題になっている

↳発電機はモーターと同じしくみで，コイルを回転する軸にタービンが取り付けられている

↱二酸化炭素など温室効果ガスが発生し問題になっている

❷ **火力発電**…石炭や石油，天然ガスなど，化石燃料を燃《も》やして生じる熱で水蒸気《すいじょうき》をつくり，タービンを回転させることで発電する。

蒸気タービンといい，蒸気を出しながら回転するものもある↲

❸ **原子力発電**…核分裂《かくぶんれつ》による熱で水蒸気をつくり，タービンを回転させて発電する。

↳有害な放射性はいき物の処分などが問題になっている

3. 電気をためる ★★

❶ **蓄《ちく》電《でん》**…手回し発電ラジオはハンドルを回すのをやめても，しばらくの間ラジオを聞くことができる。これは発電した電気がたくわえられているからである。電気をたくわえることを蓄電という。

蓄電できるものを蓄電池という↵

❷ **コンデンサー**…電気をたくわえておけるものの１つであり，キャパシターともいう。＋極と－極があり，

つなぎ方が逆だとはたらかない↵

蓄電できる量には限度がある。

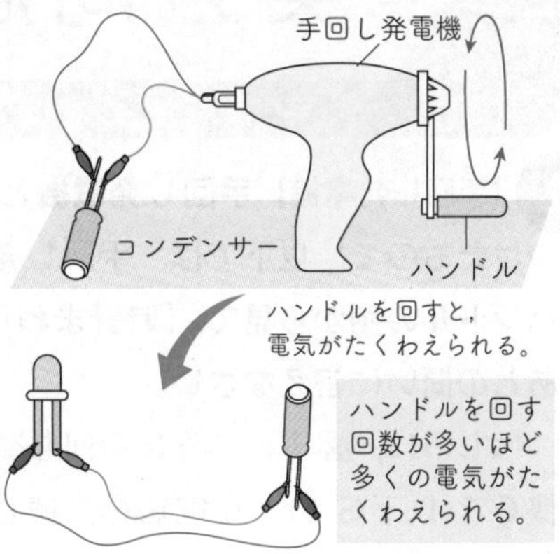

⬆発電と蓄電

4. 電気の利用 ★

❶ **光の利用**…豆電球や発光ダイオードに電流を流すと光る。例照明器具，モニター，信号機など

ほかにイルミネーション，電光かん板↵

❷ **音の利用**…電子音を発生する機器に電流を流すと音が出る。例シンセサイザー，ブザー，サイレン，電

↳電子音をつくることができる

子ピアノ，ＩＣレコーダーなど

❸ **熱の利用**…電熱線に電流を流すと熱が発生する。

例アイロン，ホットカーペット，オーブントースター，

電子レンジは水のりゅう子をあたためるのでしくみが異なる↵

ドライヤー，電気ポットなど

❹ **磁力の利用**…コイルに電流を流すと電磁石になり，これを利用する。例モーター，スピーカーなど

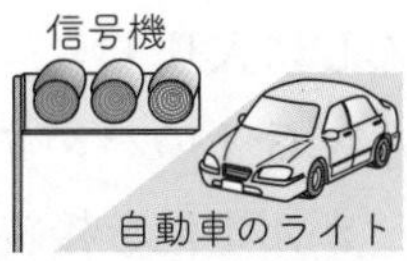

▲電流による光の利用

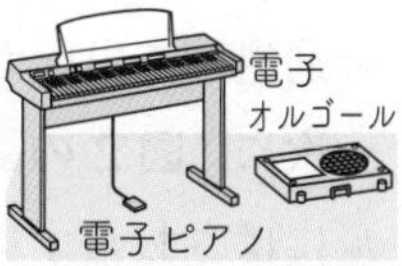

▲電流による音の利用

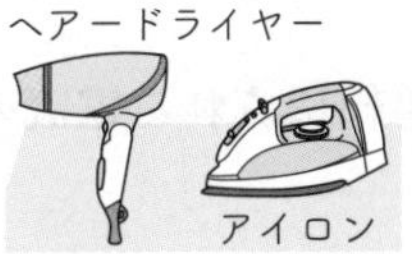

▲電流による熱の利用

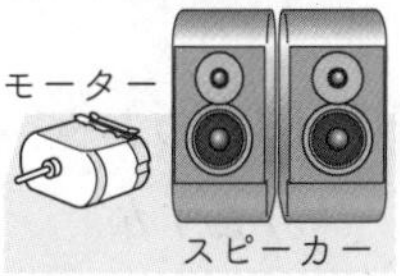

▲電流による磁石の利用

⬆電気を利用した道具

5. 光電池のはたらき ★★

光をあてると電気を生じるものを光電池という。

❶ **光の強さと電流**…光が強くあたっている光電池のモーターのほうがはやく回転する。光電池に**光が強くあたる**と，電流も大きく流れる。

❷ **光のあたる面積と電流**…光のあたる面積が広いほどモーターがはやく回転する。**光のあたる面積が広い**ほど，電流も大きくなる。

❸ **光のあたる角度と電流**…光が光電池に直角にあたったとき，モーターの回転が最もはやくなる。これは光電池に入る光の量が最も大きくなるからである。

光のあたる角度が直角に近いほど電流も大きくなる↵

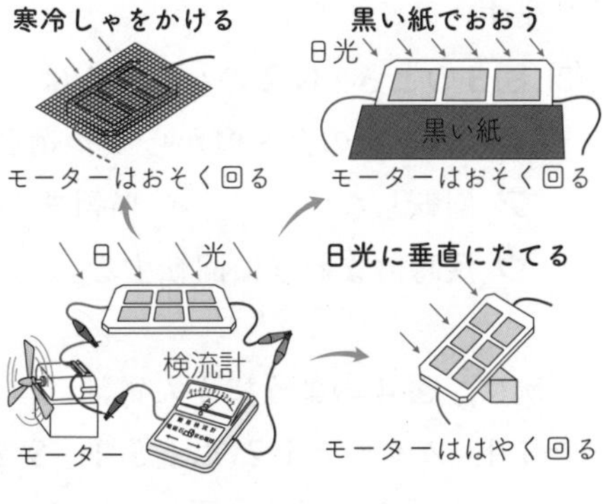

⬆光電池のはたらき

要点チェック

①電気をつくることを何というか。	① 発電
②発光ダイオードに手回し発電機をつなぎ，回したら光がついた。逆向きにハンドルを回すと発光ダイオードはどうなるか。	② つかない
③原子力発電は何による熱で発電しているか。	③ 核分裂《かくぶんれつ》
④光電池に同じ強さの光をあてるとき，いちばん電流が大きくなる角度は何度か。	④ 90度

実力問題

〔　　月　　日〕

エネルギー　解答 11 ページ

1【手回し発電機】**手回し発電機とはモーターに手回しハンドルをつけたもので，以下では，手回し発電機のハンドルの回転方向を，ハンドルの側から見て，「時計まわり」，「反時計まわり」と表します。あとの問いに答えなさい。** 開成中－改

はじめに，**図1**のように手回し発電機**G 1**(以下**G 1**)と豆電球を接続します。ハンドルを時計まわりに手で回転させると豆電球が点灯します。このとき，電流は黒いたんしから出て豆電球を通過して白いたんしに入ります。

図1

次に，**図2**のように**G 1**のハンドルにはさわらずに，かん電池を接続すると，ハンドルは時計まわりに回転します。

図2

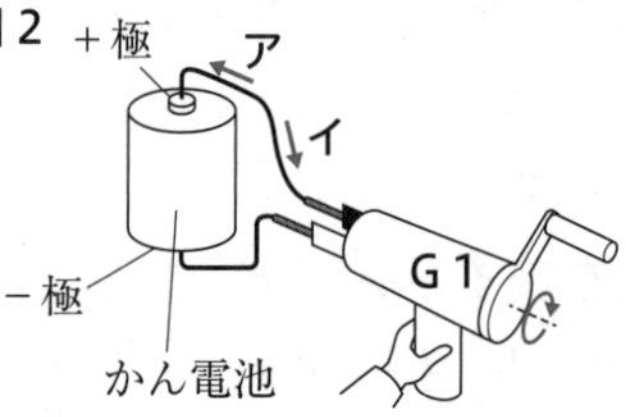

□(1) **図2**のとき，導線に流れる電流の向きは，**ア**，**イ**のどちらになりますか。

次に，電流の向きとハンドルの回転方向が**G 1**と同じになる手回し発電機**G 2**(以下**G 2**)を用いて，**図3**のように接続し，**G 2**のハンドルにはさわらずに，**G 1**のハンドルを時計まわりに手で回転させます。

図3

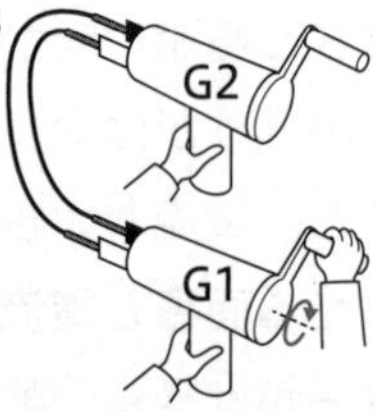

□(2) **図3**のとき，**G 2**のハンドルはどのようになりますか。正しいものを次の**ア**～**ウ**から1つ選び，記号で答えなさい。

ア 回転しない。　　**イ** 時計まわりに回転する。

ウ 反時計まわりに回転する。

次に，**図4**のようにかん電池，コンデンサー，**G 1**，スイッチ**S 1**，スイッチ**S 2**(以下**S 1**，**S 2**)を接続します。**S 2**を開いた状態で**S 1**だけを閉じてしばらく放置するとコンデンサーに電気がたまります。続いて，①**S 1を開いてからS 2を閉じる**と，コンデンサーにたまった電気が流れるので，**G 1**のハンドルから手をはなしておくと時計まわりに回転し始めます。そして，だんだん回転がおそくなって，しばらくするととまります。

図4

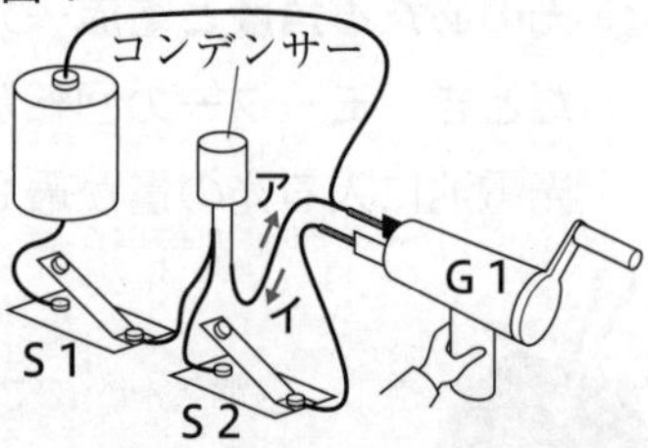

□(3) **図4**において下線部①の直後，コンデンサーと**G 1**の回路に流れる電流の向きは**ア**，**イ**のどちらになりますか。正しいものを1つ選び，記号で答えなさい。

1

(1)

(2)

(3)

(4)G 1

G 2

ワンポイント

発電機としてはたらくときと，モーターとしてはたらくときで電流とハンドルの回転の向きが逆なので気をつける。

次に，図５のように乾電池，コンデンサー，Ｇ１，Ｇ２，スイッチＳ３(以下Ｓ３)を接続します。Ｇ１，Ｇ２のハンドルにはさわらずに，Ｓ３を閉じると，Ｇ１，Ｇ２のハンドルはどちらも時計まわりに回転し始めます。しばらくすると，コンデンサーに電流が流れなくなり，②Ｇ１のハンドルの回転だけがとまります。

図５

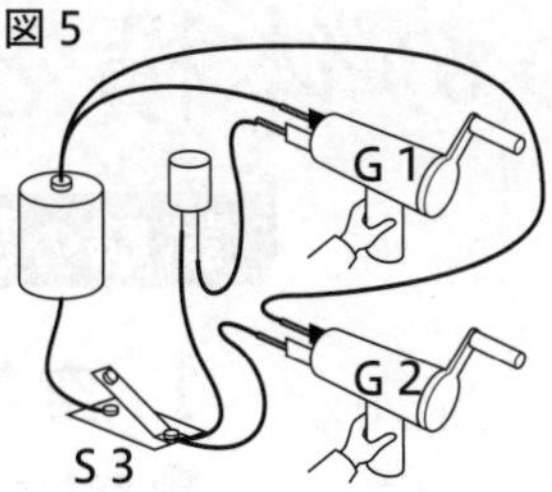

□(4) 図５において下線部②の後にＳ３を開いた直後，Ｇ１，Ｇ２のハンドルはそれぞれどちら向きに回転しますか。時計まわり，反時計まわりで答えなさい。

❷【光電池】図のような実験装置《そうち》で，モーターを回す実験をしました。次の問いに答えなさい。 東海中

□(1) 図中の装置以外のものを使わずにモーターをよりはやく回すには，どうすればよいですか。

□(2)「もう１つの光電池」を使ってモーターをよりはやく回すには，どうすればよいですか。

□(3)「鏡」を使ってモーターをよりはやく回すには，どうすればよいですか。

❷
(1) ＿＿＿＿＿＿
(2) ＿＿＿＿＿＿
(3) ＿＿＿＿＿＿

❸【発電】発電とは，電気エネルギーをとり出すことです。発電について，次の文章を読み，(1)，(2)に答えなさい。 白百合学園中－改

原子力発電は(　①　)燃料の中で起こる(　①　)分裂《ぶんれつ》反応で発生する熱で水蒸気をつくり，タービンを回して発電します。少量の燃料でばく大《だい》なエネルギーが得られますが，使用ずみ(　①　)燃料や(　②　)性廃棄物《はいきぶつ》の処理，廃炉《はいろ》がむずかしいという問題があります。

水力発電は，水が(　③　)い位置から(　④　)い位置へと流れることによって生じる力でタービンを回して発電します。発電時には環境汚染物質《かんきょうおせんぶっしつ》などをはい出しませんが，広大な土地に建設することでかんきょうにあたえるえいきょうを考りょする必要があります。

太陽光発電は，光があたると電流が流れる(　⑤　)を用います。光を直接電気に変えるので，水力発電と同じように発電時には環境汚染物質などをはい出しません。研究開発が進むことでより安く，安全に，効率よく発電できるようになる可能性があります。

□(1) 空らん①～⑤に入る最も適当な言葉を答えなさい。

□(2) 太陽光発電の欠点を１つあげなさい。

❸
(1)① ＿＿＿＿＿＿
② ＿＿＿＿＿＿
③ ＿＿＿＿＿＿
④ ＿＿＿＿＿＿
⑤ ＿＿＿＿＿＿
(2) ＿＿＿＿＿＿

〔　月　日〕

ものの体積とあたたまり方

試験の要点

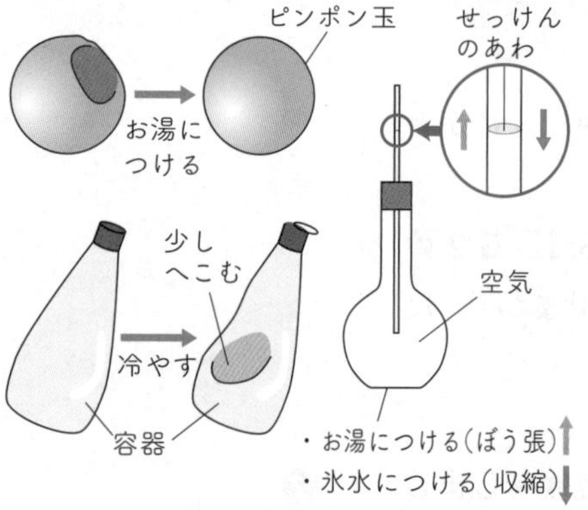

空気の体積変化

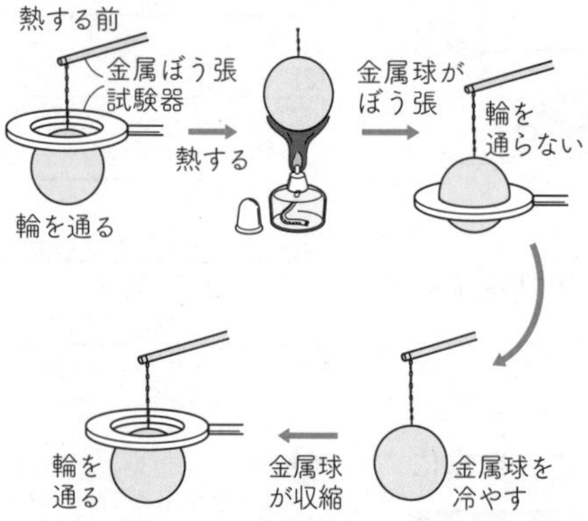

金属の体積の変化

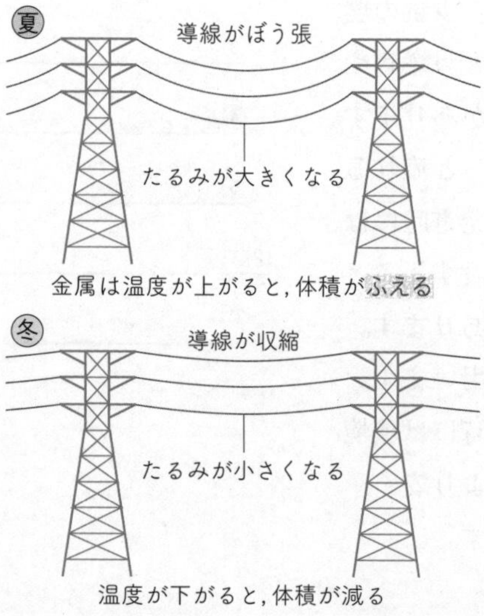

温度による導線の変化

1. 空気や水の体積変化 ★

❶ **空気の体積変化**…空気などの気体をあたためると体積がふえる。これをぼう張という。逆に，冷やすと体積は減る。これを収縮《しゅうしゅく》という。

- へこんだピンポン玉をお湯につけると，中の空気がぼう張し，へこみがもとにもどる。
- 空のマヨネーズ容器にふくらませてからふたをして冷蔵車へ入れると，へこんでいる。
- 空気は１℃につき，０℃のときの体積の約 $\frac{1}{273}$ ずつふえたり，減ったりする。 基準とする絶対零度(ぜったいれいど)は約－273℃

❷ **水の体積変化**…水も空気と同じく，あたためるとぼう張し，冷やすと収縮する。水の変化は空気の変化より小さい。

また，水は４℃で最も収縮する。つまり，同じ重さの水では，４℃のときの体積が最も小さい。

例 アルコール温度計など

2. 金属の体積変化 ★

夏の暑い日に線路が曲がってしまったり，高圧電線のたるみ方が季節によってちがったりする。金属をあたためると空気や水と同じようにぼう張し，冷やすと収縮するためである。金属の変化は水の変化より小さい。

丸い球のかたまりの体積がふえることを体ぼう張といい，棒《ぼう》のようなもののぼう張を線ぼう張という。

金属の種類	線ぼう張率
アルミニウム	0.000023
銅	0.000017
鉄	0.000012

(20℃)

金属の種類によってぼう張・収縮の割合《わりあい》は異《こと》なる。

3. もののあたたまり方 ★★

❶ **空気のあたたまり方**…箱や水そうの中に熱源《ねつげん》を入れるとあたたまった空気は軽くなり上しょうし始める。これによって空気の流れができる。やがて全体があたたまる。この熱の伝わり方を対流という。

- **天　気**　低気圧・高気圧も空気の対流といえる。低気圧のある所では，空気が上しょうし，高気圧のある所では空気は下降《かこう》してくる。
- **熱気球**　熱気球は，あたためられた空気は上しょうすることを利用している。

❷ 水のあたたまり方…水も空気と同じようにあたためられると上へのぼり，対流する。空気と水のあたたまり方のちがいは，水は，**あたためた所より**上で対流がおこり，下へは行きにくい。また，あたたまった水は上にとどまって上のほうからあたたまる。

- 冷たい水は下のほうへたまる。特に冬のふろでは，残り湯の上はまだあたたかいのに，下のほうは冷たくなっていることがある。
- 海水も対流のえいきょうを受けていて，冷やされた海水は重くなって海底に向かい，あたためられて軽くなったものは海面に向かう。

❸ 金属のあたたまり方…金属を熱すると，熱は熱したところからまわり全体へ，順に伝わっていく。この熱の伝わり方を伝導という。

❹ 金属の種類によるあたたまる速さのちがい…金属の種類によって熱の伝わる速さが異なり，代表的な金属では，**銅＞アルミニウム＞鉄＞ステンレス** の順になる。

ステンレスは熱を伝えにくいので，保温水とうにも使われている。

❺ 日光やストーブによるあたたまり方…日なたにいると，冬でもあたたかい。またストーブの前にいるとあたたかい。太陽やストーブからの熱は，空気や金属がなくても，直接伝わってあたたまる。この熱の伝わり方を放射(または熱放射)という。

- 太陽の光は，宇宙《うちゅう》(真空中)を通って地球に届《とど》いている。それでも日光はあたたかい。

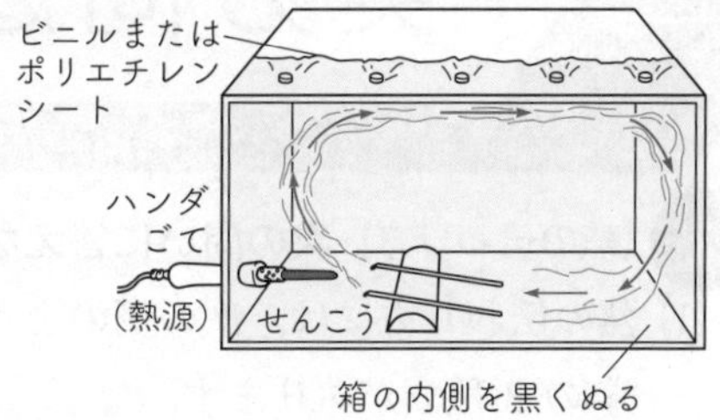

⬆空気のあたたまり方

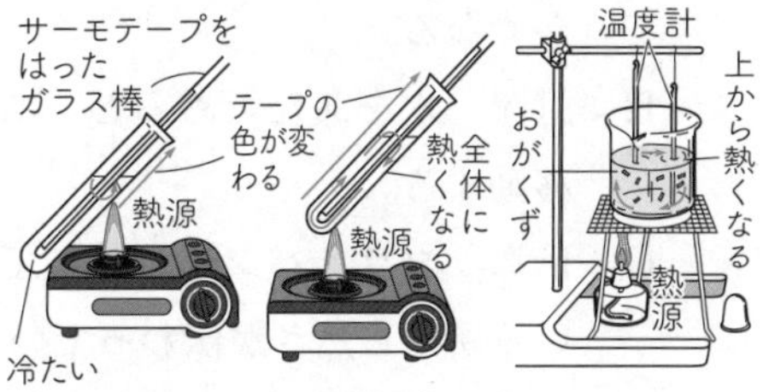

⬆水のあたたまり方

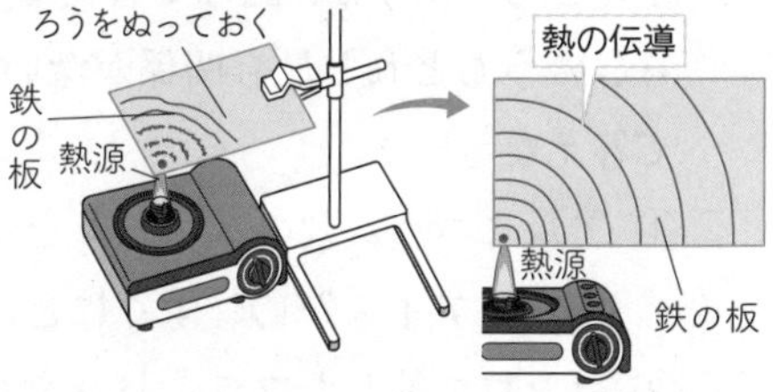

⬆金属板のあたたまり方

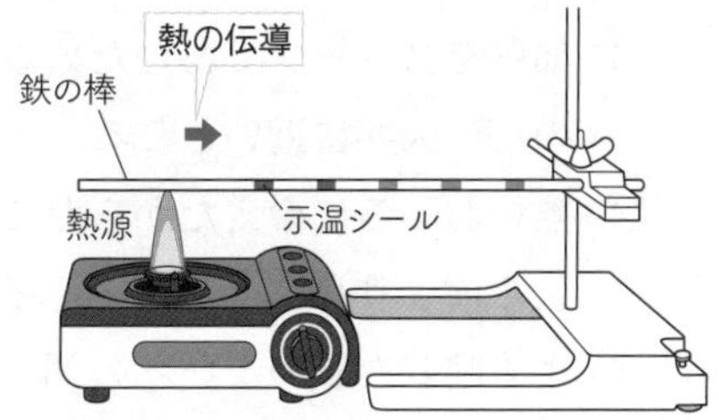

⬆金属棒のあたたまり方

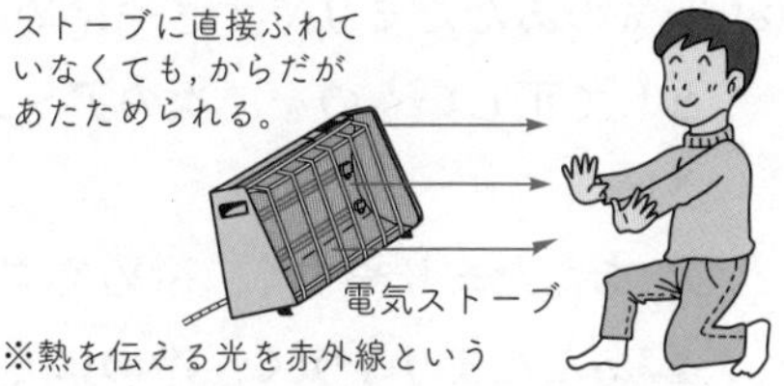

⬆放射

要点チェック

①あたためて体積が大きくなることを何というか。	① ぼう張
②空気や水のあたたまり方を何というか。	② 対流
③水は上か下かどちらからあたたまるか。	③ 上
④アルミニウムと鉄はどちらがあたたまりやすいか。	④ アルミニウム
⑤金属のあたたまり方を何というか。	⑤ 伝導

実力問題

〔　月　日〕

物質　解答 11 ページ

1【熱の伝わり方】**次の問いに答えなさい。**　桐光学園中－改

(1) 熱の伝わり方には，次の例のように**A**：放射　**B**：対流　**C**：伝導の３種類があります。

A：放射　電気ストーブに手をかざすと，かざした手があたたかくなる。

B：対流　水をあたためると，あたためられた水が下から上に移動する。

C：伝導　フライパンをコンロであたためると，火があたっている所から熱さが伝わっていく。

次の①～⑤中の(　)に適したことばはそれぞれの選択肢《せんたくし》**ア**・**イ**のどちらですか，記号で答えなさい。また，①～⑤は上の**A**から**C**のうちどれと最も関係が深いですか。**A**・**B**・**C**のいずれかで答えなさい。

□① アルミニウム製のスプーンを手で持ってアイスクリームをすくうとアイスが(**ア** すぐにとける　**イ** なかなかとけない)。

□② コンロで熱したフライパンをコンロの火をとめて放置すると，フライパンの温度が(**ア** 上がる　**イ** 下がる)。

□③ 部屋をストーブであたためると，あたためられた空気は部屋の(**ア** 天井《てんじょう》に近いところ　**イ** 床に近いところ)に動く。

□④ 熱いおふろに冷えたからだで入ると，おふろのお湯の温度が入る前より(**ア** 上がる　**イ** 下がる)。

□⑤ よく晴れた風のない冬の朝，地表表面の気温は，上空の気温より(**ア** 高い　**イ** 低い)。

□(2) 空気のあたたまりやすさや冷めやすさを金属と比べた時の説明として正しいものを，次の**ア**～**エ**から１つ選び，記号で答えなさい。

ア あたたまりやすく，冷めやすい。

イ あたたまりやすく，冷めにくい。

ウ あたたまりにくく，冷めやすい。

エ あたたまりにくく，冷めにくい。

よく出る

2【金属のあたたまり方と体積変化】**次の問いに答えなさい。**

捜真女学校中

□(1) アルミニウム，木，プラスチックでできた同じ形の棒《ぼう》を３本用意しました。手でにぎったときに，最も冷たく感じるものはどれ

1

(1)① ＿＿＿＿

② ＿＿＿＿

③ ＿＿＿＿

④ ＿＿＿＿

⑤ ＿＿＿＿

(2) ＿＿＿＿

ワンポイント

熱の伝わり方は，金属は伝導であり，水は対流である。

ですか。また，その理由を**ア**～**エ**から選び，記号で答えなさい。

ア 熱を最も伝えやすいから。

イ 熱を最も伝えにくいから。

ウ 表面がなめらかで，手になじみやすいから。

エ 表面がざらざらで，手になじみにくいから。

□(2) １枚の銅板を右図の形に切り，①～④のところに固めたろうをのせました。この銅板の×印を熱したとき，ろうがとけていく順番に①～④をならべなさい。

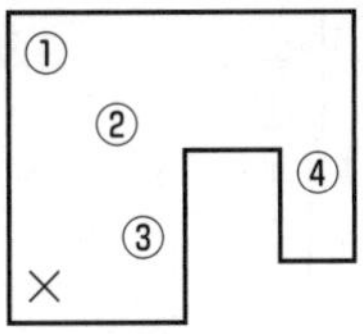

□(3) (2)の銅板を十分に熱くなるまで，全体を熱しました。銅板はどのように変化しましたか。**ア**～**エ**から選び，記号で答えなさい。ただし，熱する前の銅板の形を------の線で表しています。

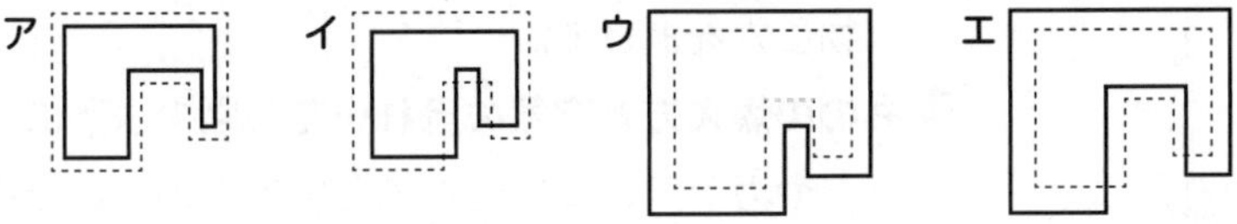

3 【熱の伝わり方】次の問いに答えなさい。 昭和女子大附属昭和中－改

□(1) 水と食塩を入れた試験管をガスバーナーで加熱して食塩を水にとかしました。このときの加熱の方法として最もふさわしいものを，上の**ア**～**ウ**の中から１つ選び，記号で答えなさい。ただし，**図１**の**X**は加熱した位置を表しています。

図１

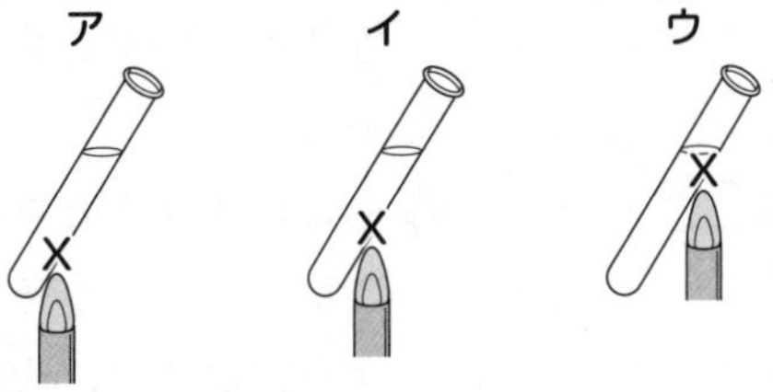

□(2) 加熱後しばらくすると食塩は完全にとけ，そのあとさらに食塩水を加熱し続けると，水のなかから激《はげ》しくあわが出てきました。このあわは何ですか。

□(3) エアコンで部屋全体をはやくあたためるためには，エアコンから出てくる風の向きをどうすればよいですか。次の**ア**～**ウ**の中から１つ選び，記号で答えなさい。

ア 上向きにする。 **イ** 下向きにする。 **ウ** 向きは関係ない。

□(4) **図２**のような金属のふたのついたガラスビンが開かなくなってしまいました。そこで，金属のふたの部分をあたためたところ，開けることができました。なぜ，ふたをあたためると開けることができたのか，理由を説明しなさい。

図２

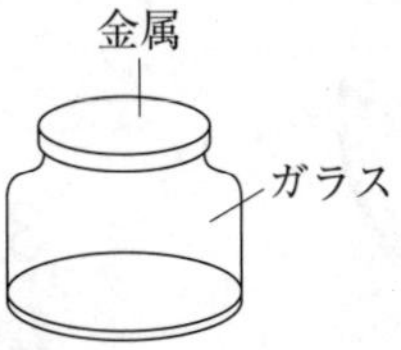

2

(1)もの ＿＿＿＿

記号 ＿＿＿＿

(2) ＿＿＿＿

(3) ＿＿＿＿

3

(1) ＿＿＿＿

(2) ＿＿＿＿

(3) ＿＿＿＿

(4) ＿＿＿＿

ものの燃え方と空気

試験の要点

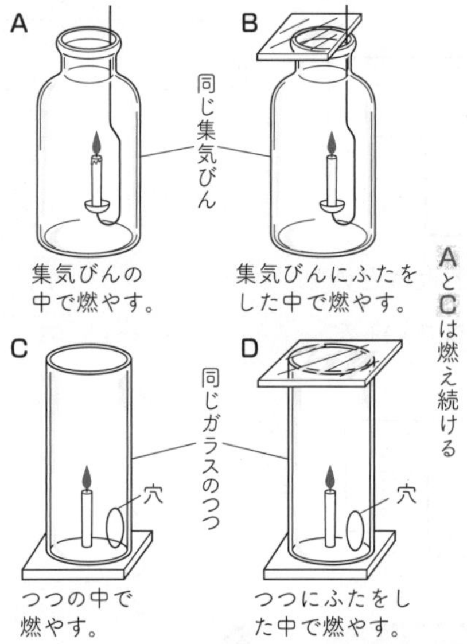

空気とろうそくの燃え方

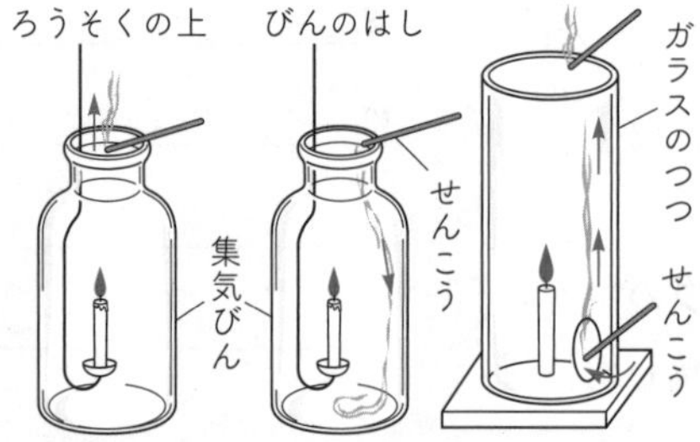

空気の流れと燃え方

酸素 20% ―燃焼後→ 10〜5%
(完全に0でない)

二酸化炭素 0.1%以下 ―燃焼後→ 10〜15%

空気の成分変化

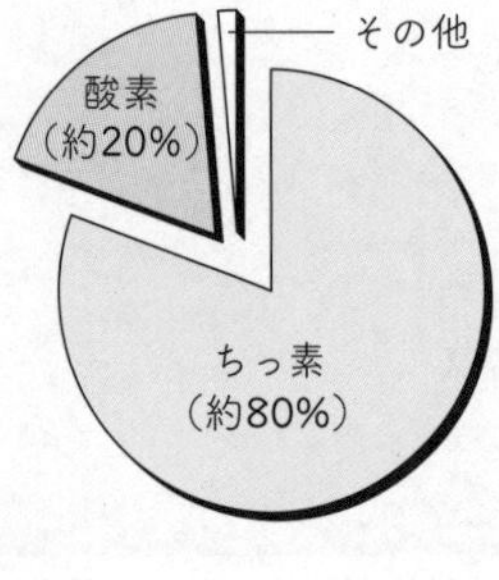

空気の成分

1. ものの燃《も》え方 ★★

❶ **火と空気**…日常生活では，次のようなときに，火がよく燃える。これは火と空気がよく**ふれ合う**からである。

- 火をうちわなどであおいだり，息をふきかける。
- キャンプなどで木を燃やすとき，木をたがいちがいに組んですきまをあける。
- かんなどの入れ物の中でものを燃やすとき，入れ物に穴《あな》をあける。

❷ **ものの燃え方と空気の流れ**…左の図のように，集気びんやガラスのつつをたてた中で火のついたろうそくをたてると，上部があいていると火が燃え続け，あいていないとやがて消える。これは，新しい空気が入っていくと火は燃え続けることができるからである。

❸ **ものが燃えるときの空気の変化**…新しい空気とふれていると，ろうそくの火は燃え続けるが，ふれないようになると，火はやがて消える。このときの空気の成分は，酸素が減り，二酸化炭素がふえている。酸素はものを燃やすはたらきがある。二酸化炭素には，そのはたらきがない。

例 スチールウールなどの金属が燃えたときには，二酸化炭素は出ない。

2. 空気の成分 ★

❶ **酸　素**…空気全体の**約** 20 % をしめる。酸素にはものを燃やすはたらきがある。
↳生き物になくてはならない気体

❷ **ちっ素**…空気全体の**約** 80 % ふくまれる。

❸ **その他の成分**…二酸化炭素やアルゴン，ヘリウムなどが少量あり，水蒸気《すいじょうき》もふくまれる。その量は天気や風・時刻《じこく》によって変化する。

3. 酸　素 ★★★

❶ **酸素のつくり方**…**二酸化マンガン**に**うすい過酸化水《かさんかすい》素水《そすい》**(オキシドール)を注ぐと，二酸化マンガンのは

たらきにより過酸化水素水が分解して，**水**と**酸素**に分かれる。**水上置かん法**で集める。
↳水にとけにくい性質があるため

❷ **酸素の性質**

- 色・におい・味がない。
- 空気よりも少し**重い**。
- ものを燃《も》やすはたらきがある（**酸素自身は燃えない**）。
  ↳このはたらきを助燃性という
- 水に**とけにくい**。

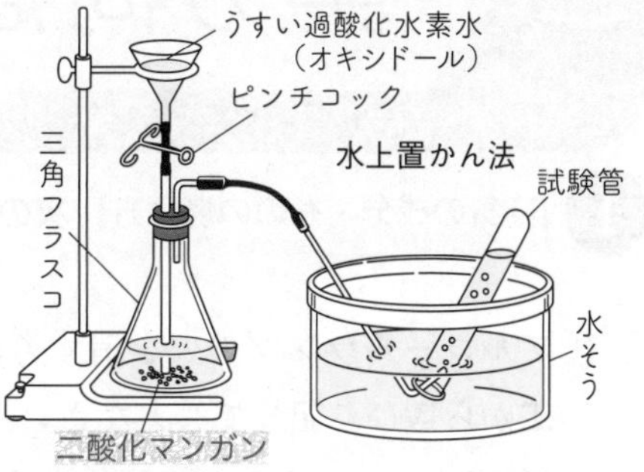

⬆酸素のつくり方

4. 二酸化炭素 ★★★

❶ **二酸化炭素のつくり方**…**石灰石**《せっかいせき》にうすい**塩酸**をかけると，二酸化炭素ができる。水上置かん法で集められるが，下方置かん法でも集められる（空気よりも重いため）。

❷ **二酸化炭素の性質**

- 色・におい・味がない。
- 空気よりも重い。
- 水に少しとける。
- 石灰水《せっかいすい》を白く**にごら**せる。
  ↱ただし，ふきこみ続けるととう明にもどる
  ↳水酸化カルシウムがとけた水よう液
- ものを燃やすはたらきはなく，二酸化炭素自身も**燃えない**。

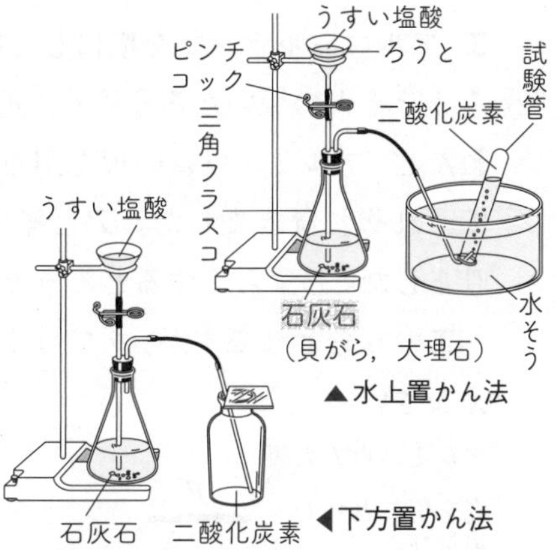

⬆二酸化炭素のつくり方

5. 金属の加熱と変化 ★

❶ **鉄や銅の加熱前とあとの変化**…よくみがいた鉄片や銅片をガスバーナーで強く熱すると以下のような変化がおきる。

	鉄		銅	
	熱する前	熱したあと	熱する前	熱したあと
色	銀　色	青っぽい黒	赤茶色	黒っぽい色
表面	つやがある	つやがない	つやがある	つやがない
電流	流れる	流れない	流れる	流れない
磁石	つ　く	つ　く	つかない	つかない

⬆二酸化炭素をつくる別の方法

要点チェック

- ①ものをもやすと減る気体は何か。 — ① 酸素
- ②酸素は，何にうすい過酸化水素水を注ぐとつくることができるか。 — ② 二酸化マンガン
- ③過酸化水素水は分解して酸素と何になるか。 — ③ 水
- ④酸素はどのような方法（捕集法《ほしゅうほう》）で集めるか。 — ④ 水上置かん法
- ⑤二酸化炭素を石灰水《せっかいすい》に通すとどうなるか。 — ⑤ 白くにごる

実力問題

〔　月　日〕

物質　解答12ページ

1 【空気の成分・ものの燃え方】次の問いに答えなさい。

湘南学園中，日本大豊山中－改

□(1) アルコールランプの火を消す方法として正しいものを次の**ア**～**エ**から選び，記号で答えなさい。

ア アルコールランプの真横から強く息をふきかける。

イ ふたをアルコールランプのななめ上からかぶせる。

ウ きりふきで水をふきかける。

エ アルコールランプを横にして中の燃料をすてる。

□(2) ろうそく火のついたろうそく，底を切りとった集気びん，土台のねんど，アルミニウムの板を用意し，次の図の**ア**～**エ**のようにしてそれぞれ置きました。**ア**と**イ**は土台のねんどにすきまをつくりました。しばらくするとろうそくの火が消えてしまうのは，**ア**～**エ**のうちどれですか。あてはまるものをすべて選び，記号で答えなさい。

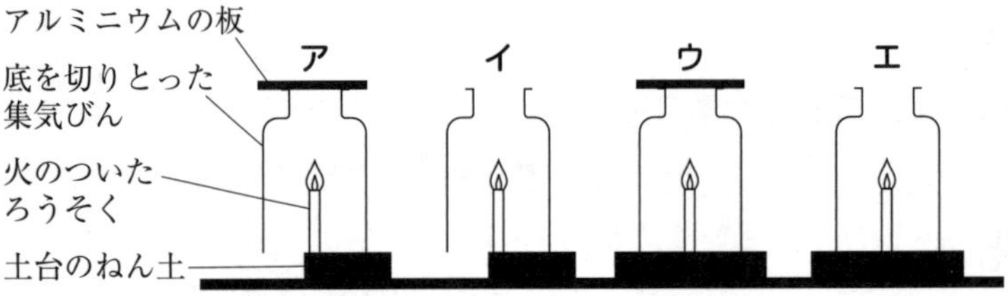

❶

(1)

(2)

よく出る

2 【ものが燃える条件】次の文章を読んで，あとの問いに答えなさい。

山脇学園中

ものが燃えるためには次の３つの条件が必要です。

1. 燃える「もの」があること。
2. 燃えるために必要な温度以上になること。
3. （　①　）があること。

（　①　）は通常，空気中の約（　②　）割《わり》をしめている気体です。この気体を発生させるためには，固体の（　③　）に液体の（　④　）を加えて，（　⑤　）法で集めます。

図１のようにふたをした集気びんに（　①　）と（　⑥　）を入れて，ろうそくに火をつけると，はげしく燃えたあとに火は消えます。ろうそくをとり出したあとに，集気びんをふりまぜると（　⑥　）は白くにごりました。

図１　図２

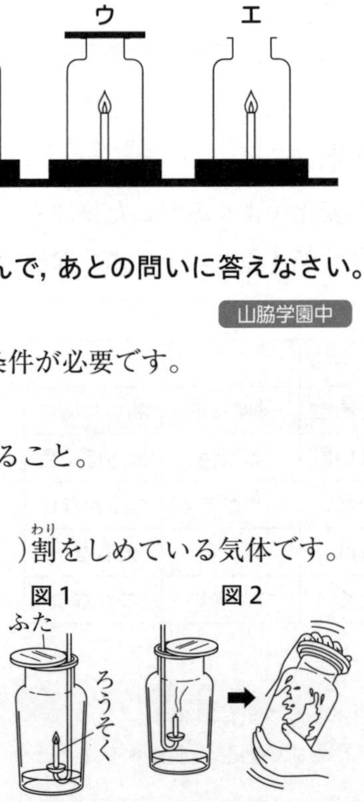

□(1) 文章中の空らん①～⑥にあてはまることばや数字(整数)を答えなさい。

□(2) 図1で(　①　)のかわりに，「ちっ素」「二酸化炭素」「空気」をそれぞれ入れてろうそくに火をつけました。その結果として正しいものを次の**ア**～**カ**から1つずつ選び，それぞれ答えなさい。同じ記号を複数回選んでもかまいません。

ア 激しく燃えたあとに火が消え，(　⑥　)は白くにごった。

イ 激しく燃えたあとに火が消えたが，(　⑥　)は白くにごらなかった。

ウ (　①　)のときよりもおだやかに燃えたあとに火が消え，(　⑥　)は白くにごった。

エ (　①　)のときよりもおだやかに燃えたあとに火が消えたが，(　⑥　)は白くにごらなかった。

オ すぐに火は消え，(　⑥　)は白くにごらなかった。

カ すぐに火は消えたが，(　⑥　)は白くにごった。

□(3) 図1で，ろうそくのかわりにスチールウールを入れて火をつけたときの変化を(2)の**ア**～**カ**から1つ選び，記号で答えなさい。

❷
(1)① ＿＿＿
② ＿＿＿
③ ＿＿＿
④ ＿＿＿
⑤ ＿＿＿
⑥ ＿＿＿
(2)ちっ素 ＿＿＿
二酸化炭素 ＿＿＿
空気 ＿＿＿
(3) ＿＿＿

❸【二酸化炭素】**二酸化炭素について，次の問いに答えなさい。**

中央大附中－改

□(1) 気体の二酸化炭素が発生する操作はどれですか。次の**ア**～**エ**の中から，正しいものを2つ選び，記号で答えなさい。

ア 大理石にうすい塩酸を加える。

イ スチールウールを燃やす。

ウ 過酸化水素水に二酸化マンガンを加える。

エ 水にドライアイスを入れる。

□(2) 二酸化炭素の記述として正しくないものはどれですか。次の**ア**～**エ**の中から1つ選び，記号で答えなさい。

ア 温暖《おんだん》化《か》対策ではい出量規制が進められている。

イ 石灰水に通すと石灰水を白くにごらせる。

ウ オゾン層《そう》を大量に破かいしてしまう。

エ 気体の温度を下げていくと液体にならず固体になる。

□(3) 気体の二酸化炭素の集め方のうち，適切ではないものは次の**ア**～**ウ**のうちどれですか。

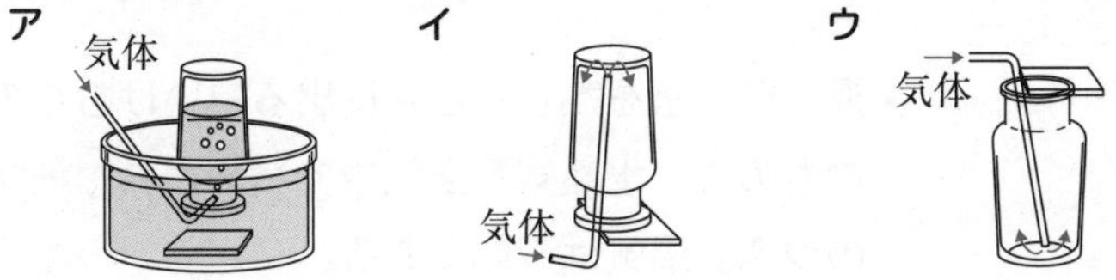

❸
(1) ＿＿＿
(2) ＿＿＿
(3) ＿＿＿

ワンポイント
二酸化炭素は空気より重い性質がある。

（　　月　　日）

ものの重さと状態変化

試験の要点

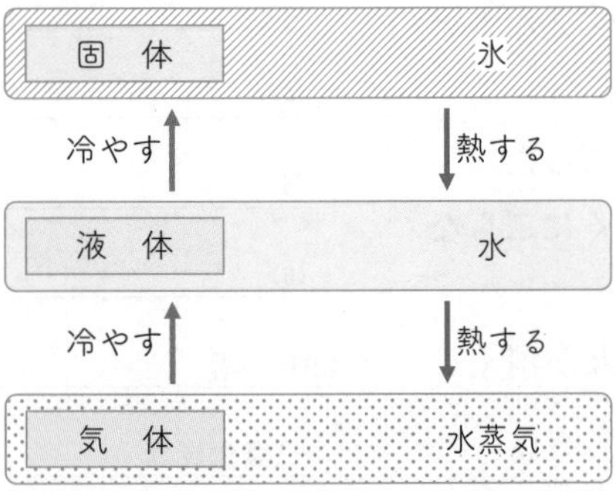

水の状態《じょうたい》変化と温度

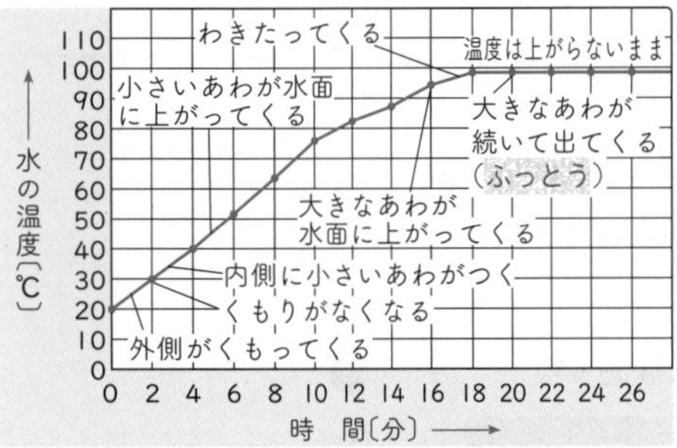

水を熱したときの状態変化

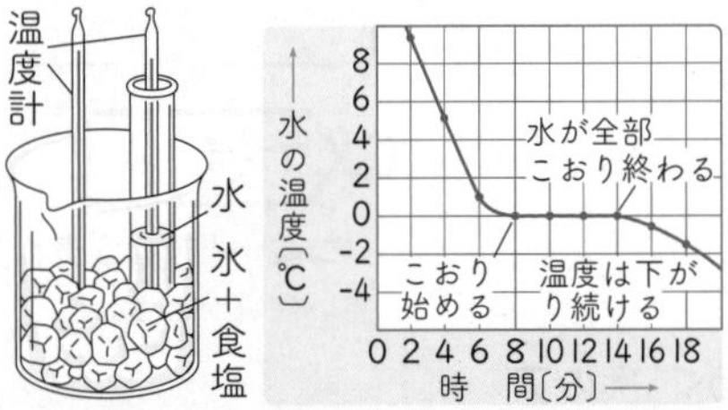

水を冷やしたときの状態変化

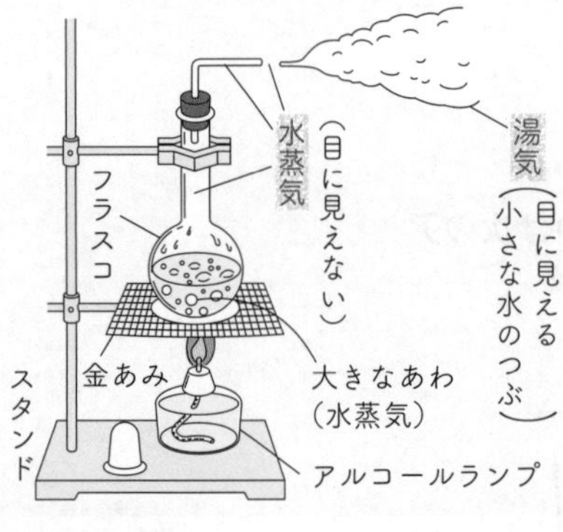

水蒸気と湯気

1．氷・水・水蒸気《すいじょうき》 ★★★

❶ 水の三態…水には，氷(固体)，水(液体)，水蒸気(気体)の３つのすがた(状態)がある。これを水の三態という。また，温度によって，水がすがた(状態)を変えることを水の状態変化という。

- **固　体**　氷のように，容器によって形も変わらず，体積も決まっているもの。
- **液　体**　水やアルコールのように，体積は決まっているが，容器によって形が自由に変わるもの。
- **気　体**　水蒸気や空気のように，体積も形も自由に変わるもの。

❷ 水を熱したときの状態変化…水の温度がだんだん上がっていくと，水の中に小さな**あわ**が出てくる。さらに熱すると，だんだん大きなあわが出てくるようになる。
水はどんどん減っていく↵

- あわが激《はげ》しく続けて出ていく状態をふっとうという。(あわの正体は水蒸気である。)
- 水は，ふっとうしている間，いくら熱しても，温度は100℃より上がらない(大気圧が１気圧のとき)。
↳気圧が低くなるとふっとうする温度は下がる

❸ 水を冷やしたときの状態変化…水の温度がだんだん下がっていくと，０℃でこおり始める。

- こおり始めてからこおり終わるまでの水の温度は０℃のままである。
- 水が全部こおり終わると，温度はふたたび下がり始める。(氷がとけて水になるときは逆になる。)

❹ 水蒸気と湯気

- **水蒸気**　気体の水で，目には見えない。水(液体)が水蒸気(気体)になると，**体積**が非常に大きくなる。
およそ1700倍↵
- **湯《ゆ》　気《げ》**　水を熱したときに出る白いけむりのようなもので，水蒸気が空気中で冷やされた細かい**水のつぶ**。湯気は液体である。

2. ものの重さ ★★★

❶ **ものの重さの変化**…ものは，形や状態が変わっても，重さは変化しない。

- 紙などをまるめても，もとのときと重さは変わらない。
- ねんどを１つのかたまりから細かくちぎり，小さなたくさんのかたまりにしても，重さは変わらない。
- 食塩を水にとかす。食塩がとけて見えなくなっても食塩の重さと水の重さの和と，できる食塩水の重さは等しい。
- 水に木をうかべても，木の重さは変わらない。また，水に木をうかべる前と水に木をうかべたあとでも，水の重さと木の重さの和に変化は見られない。

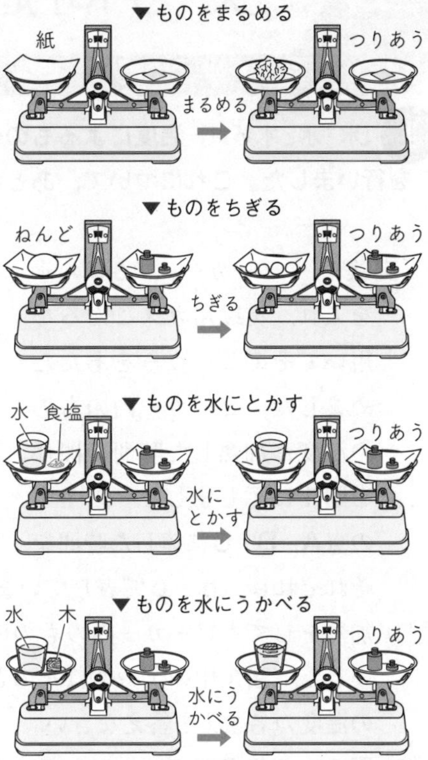

⬆ものの重さ

❷ **ものの重さと体積**…ものには，重さと体積がある。同じ体積でものの重さと水の重さを比べたとき，水の重さより重いものは水にしずみ，軽いものは水にうく。

- 水と氷の場合，水１gと氷１gとでは氷のほうが体積が大きい。氷を水と同じ体積にすると，氷のほうが軽くなる。そのため，氷は水にうく。

❸ **力と重さ**…地球上のものはすべて地球に引っ張られている。地球がものを引っ張る力のことを**重力**といい，その大きさのことを重さという。また，力と重さは同じはたらきをし，**力の大きさ**は，それと同じはたらきをする**ものの重さ**で表すことができる。

例 月の重力は地球の $\frac{1}{6}$ である。地球上で６kgのものを月面上でばねばかりにつるすと１kgになる。（上皿てんびんでは，６kgとつりあう。）

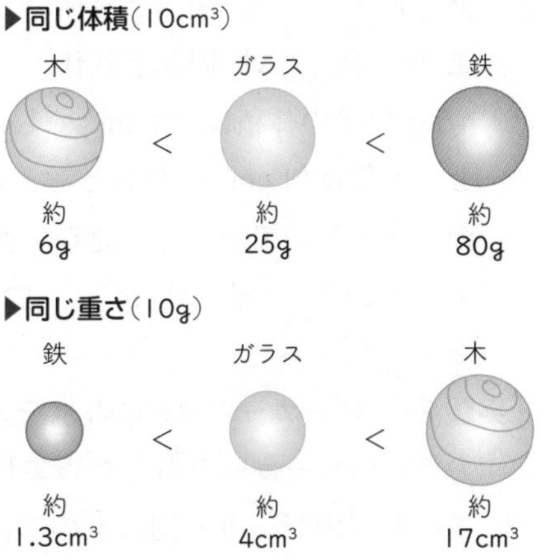

⬆ものの重さの比かく

要点チェック

- ①水には３つのすがた（状態）があるがその３つは何か。 ① 氷，水，水蒸気
- ②水を熱したとき，あわが激しく続けて出ていく状態を何というか。 ② ふっとう
- ③氷ができ始めてこおり終わるまでの水の温度は何度か。 ③ 0℃
- ④湯《ゆ》気《げ》は気体か液体か固体か。 ④ 液体
- ⑤同じ体積の木と鉄で重さを比べたとき，どちらが軽いか。 ⑤ 木

実力問題

よく出る

1【氷・水・水蒸気《すいじょうき》】**温度によるものの変化を調べるため，次の実験を行いました。これについて，あとの問いに答えなさい。**

星野学園中

〔**実験 1**〕 ビーカーに 46 g の氷を入れ，実験用ガスこんろを用いてそのビーカーをあたためました。ビーカー内のものの温度と加熱した時間の関係を**図 1** に示しました。**図 1** 中の点**A**，**B**，**C**に達した時間をそれぞれ**a**，**b**，**c**で表しています。

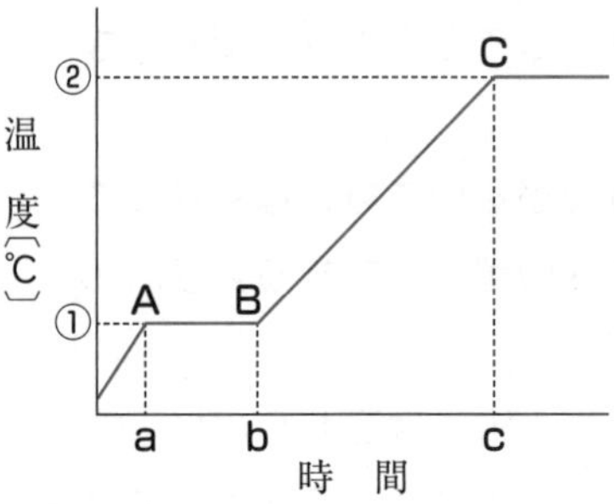

□(1) 加熱をしてもビーカー内のものの温度が変わらないときがありました。**図 1** 中の①や②はそのときの温度を表しています。②の温度の名まえを答えなさい。

□(2) **図 1** 中の**BC**間では，ビーカーの中のものはおもにどのような状態ですか。最もふさわしいものを次の**ア**～**オ**から 1 つ選び，記号で答えなさい。

ア 固　体　　**イ** 固体と液体　　**ウ** 液　体
エ 気　体　　**オ** 固体と気体

□(3) 46 g の氷の体積は 50 cm^3 でした。この氷をすべて液体にすると，体積は何 cm^3 になると考えられますか。最もふさわしいものを次の**ア**～**エ**から 1 つ選び，記号で答えなさい。

ア 46 cm^3　　**イ** 50 cm^3　　**ウ** 54 cm^3　　**エ** 58 cm^3

〔**実験 2**〕 ビーカーに 46 g の氷を入れ，**実験 1** のときより強い火力でこのビーカーをあたためました。

□(4) このときのビーカー内のものの温度と加熱した時間の関係を表すとしてふさわしいものを次の**ア**～**エ**から 1 つ選び，記号で答えなさい。ただし，**ア**～**エ**のグラフ中の**a**，**b**，**c**は**図 1** と同じ時間を表しており，①，②は**図 1** と同じ温度を表しています。

ア

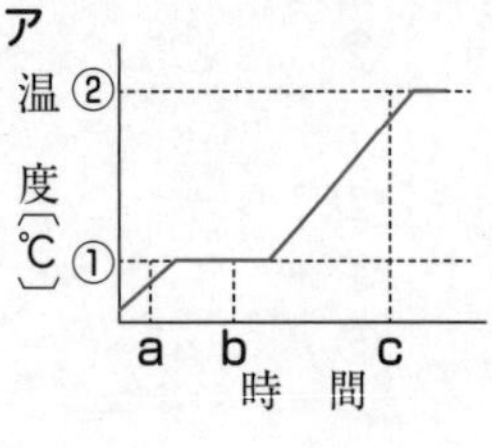

イ

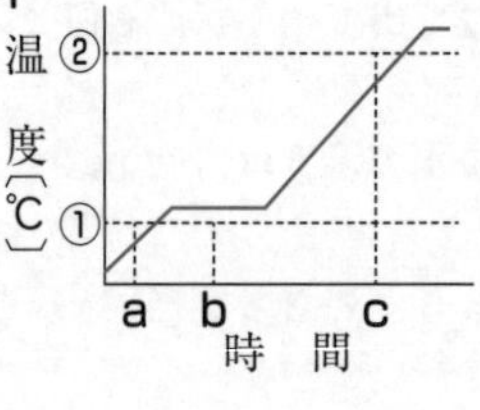

ウ

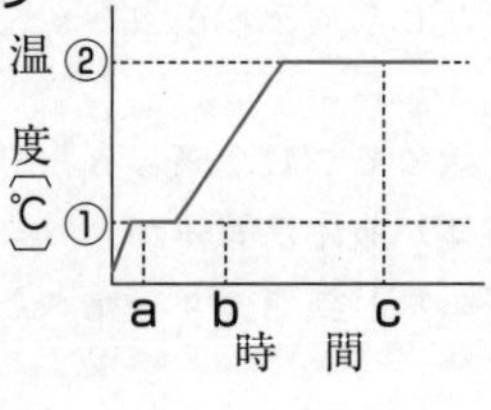

エ

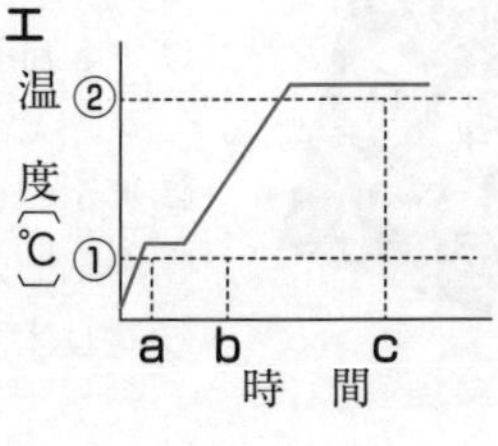

1

(1)

(2)

(3)

(4)

2【氷・水・水蒸気《すいじょうき》】**次の問いに答えなさい。** 成城中ー改

□(1) 次の**ア**～**オ**のうち，正しくないものを選び，記号で答えなさい。

ア 室温で固体の金属は加熱すれば液体にすることができる。

イ ドライアイスは二酸化炭素の固体である。

ウ 湯気は水蒸気である。

エ 水が水蒸気になると体積は大きくなる。

オ 水が氷になると体積は大きくなる。

□(2) 1ｇの水の温度を1℃上げるのに必要な熱の量は1カロリーです。また，2ｇの水の温度を1℃上げるのに必要な熱の量は2カロリーであり，1ｇの水の温度を3℃上げるのに必要な熱の量は3カロリーです。いま，80ｇの水に熱を加えたところ，温度が27℃から30℃になりました。加えた熱の量は何カロリーですか。ただし，加えた熱はすべて水に伝わり，熱は水の外へにげないものとします。

□(3) 80℃の水150ｇと20℃の水100ｇを混ぜ，しばらくたつと水は何℃になりますか。ただし，高い温度の水が失った熱の量と低い温度が得た水の量は等しいという関係があり，熱は水の外へにげないものとします。

−40℃の氷に一定の割合で熱を加え続けたところ，時間と温度の関係は右の図のようになりました。

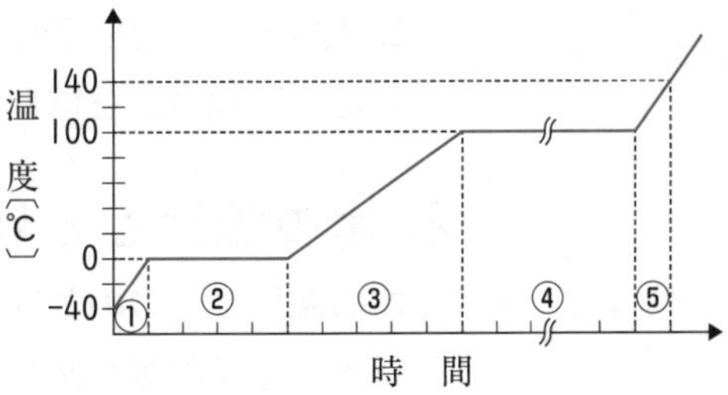

□(4) ①および④の時間帯のとき，水の状態として最も適当なものを，次の**ア**～**キ**からそれぞれ選び，記号で答えなさい。

ア 固体のみ　**イ** 液体のみ　**ウ** 気体のみ

エ 固体と液体　**オ** 固体と気体　**カ** 液体と気体

キ 固体と液体と気体

□(5) 次の文の空らんにあてはまることばを答えなさい。

②の時間帯では，熱を加えているのにもかかわらず水の温度が上がっていません。それは，加えた熱が(　　　)のために使われるために使われ，温度を上げるためには使われなかったからです。

□(6) ③と⑤の時間帯での温度変化のようすを比かくしてわかることとして，次の文章の**a**・**b**にあてはまることばを氷・水・水蒸気からそれぞれ選びなさい。

(　a　)より(　b　)のほうがあたたまりやすい。

2

(1)

(2)

(3)

(4)①

④

(5)

(6)a

b

プラスα

現在，熱の量を表す単位としては，J(ジュール)がいっぱん的である。1カロリーはおよそ4.2ジュール，1ジュールはおよそ0.24カロリーに相当する。

〔　月　日〕

もののとけ方

試験の要点

1. 水の量ととけ方 ★

❶ **もののとけ方**…ものが水にとけ，全体がどの部分も同じようにとう明になるとき，この液を水よう液という。水よう液は，どの部分も同じこさである。また，ろ過してもとけているものはとり出せない。
↳光を通すということ

❷ **水の量ともののとける量**…一定温度，一定量の水にとけるものの量には限度がある。とけるものの量の限度は，水の量に比例する。

❸ **ほう和**…一定温度のとき，ものがとけるだけとけて，それ以上とけなくなることを**ほう和**といい，そのような液を**ほう和よう液**という。
↳水にとかしたときはほう和水よう液という

❹ **水の蒸発と再結しょう**…水が蒸発し，水よう液の水の量が減ると，水にとけていたものが**結しょう**となって出てくる。(食塩やホウ酸などのつぶをけんび鏡で見ると，規則正しく同じような形をしている。このようなつぶを結しょうという。)

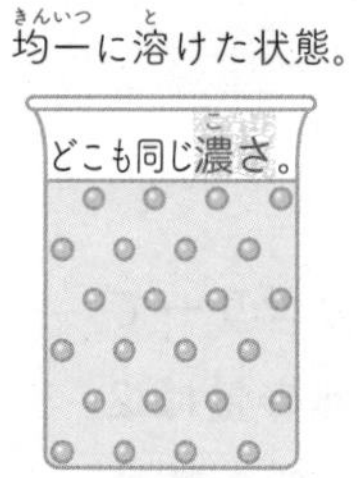

もののとけ方

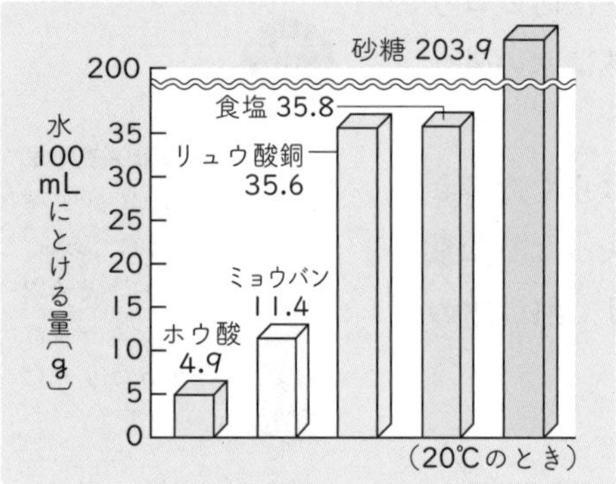

固体が水 100 mL にとける量

2. 水の温度ととけ方 ★★★

❶ **水の温度ともののとける量**…水温によってもののとける量には**限度**がある。これ以上とけない状態をほう和といい，ほう和をしている水よう液をほう和水よう液という。

- **食　塩**　水の温度が高いほどとける量は多い。しかしとける量はあまり変わらない。
- **ホウ酸**　水の温度を高くすると，とける量は多くなる。

❷ **水温の変化と再結しょう**…とけるものが固体の場合ふつう，水温が高いほどとける量は多い。水温が下がり，水溶液がほう和すると，とけているものが**結しょう**となって出てくる。これを**再結しょう**という。ホウ素のように，温度の低いときと高いときのとける量の差が大きいときは，再結しょうで固体をとりだすことができる。結しょうができたら，**ろ過**をすると，結しょうをとり出すことができる。

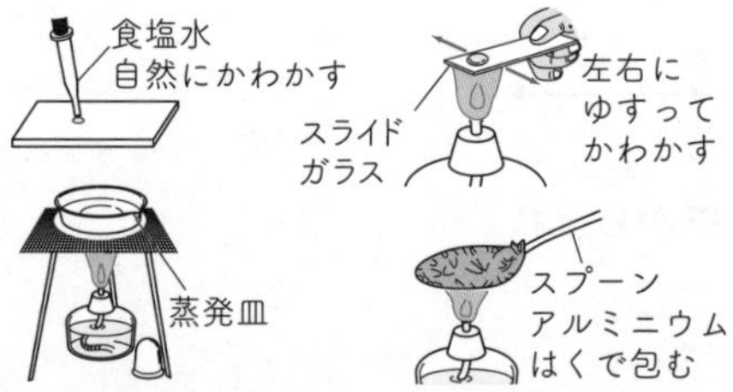

水を蒸発させる

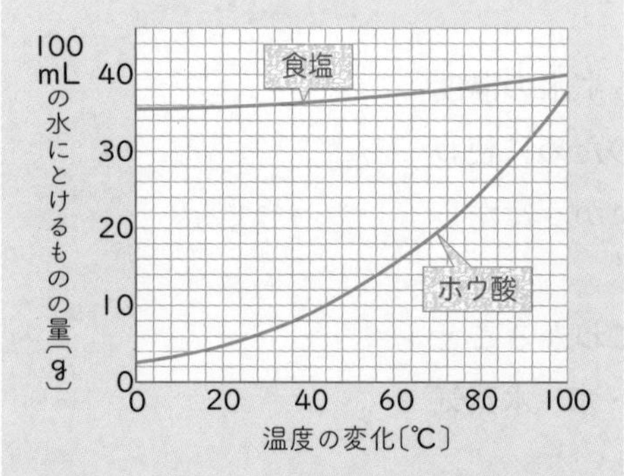

温度ともののとける量

❸ ろ過のしかた

(1)右図のように，ろ紙を折り，円すい形に広げる。

(2)ろうとの内側を水でぬらし，ろ紙をぴったりつける。

(3)ろうとを図のようにろうと台に置き，ろうとの先をビーカーの内側のかべにつける。

(4)液をガラス棒に伝わらせながら，ろ紙の中にゆっくりと少量ずつ注ぐ。

↑ろ紙の折り方

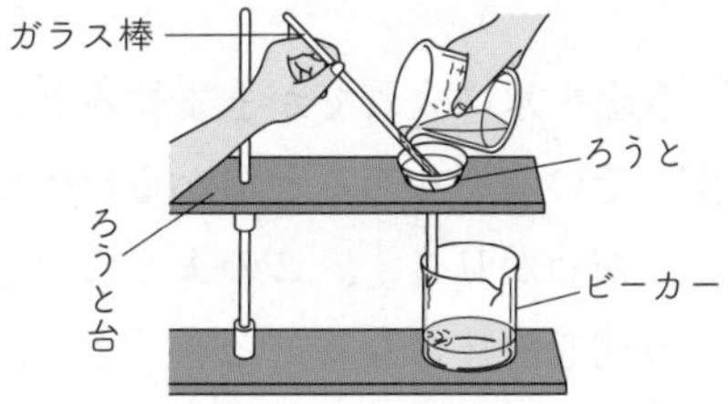

↑ろ過装置《かそうち》

3. 水よう液のこさと重さ ★★

❶ 水よう液の重さ…ものがとけて水よう液になると，水だけの重さより，とかしたものの重さ分が重くなる。

ものがとけることで，重さが変わることはない

水よう液の重さ＝水の重さ＋とかしたものの重さ

食塩水の場合は以下のようになる。

例**食塩水の重さ＝水の重さ＋とけている食塩の重さ**

❷ 食塩水のこさ…食塩水のこさは，水の量と食塩の量によって決まる。同体積の食塩水では，食塩がたくさんとけこんでいるほどこい食塩水である。

↳海の塩分は平均３～５％ぐらいである

- **水の量が一定**　食塩が多いほどこい食塩水になる。
- **食塩の量が一定**　水の量が少ないほどこい食塩水になる。
- **水の量も食塩の量も変えたとき**　水よう液全体の重さに対するとけているものの重さの割合を水よう液のこさ(のう度)といい，この差がわかればこくなったか，うすくなったかわかる。

水よう液のこさ〔%〕＝

$$\frac{\textbf{とけているものの重さ〔g〕}}{\textbf{水よう液全体の重さ〔g〕}}\times 100$$

↳水の重さ〔g〕＋とけているものの重さ〔g〕

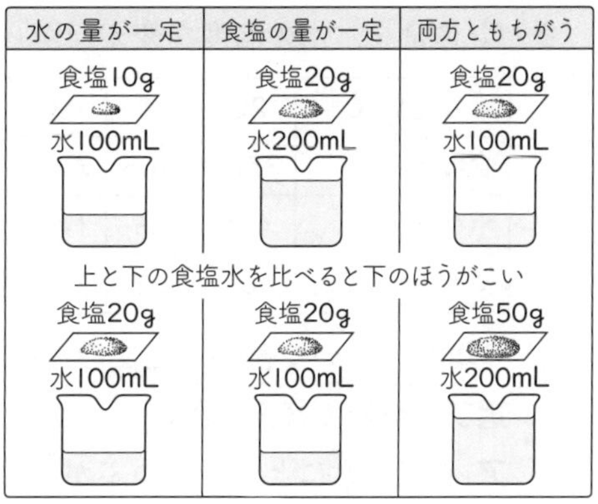

↑食塩水のこさ

❸ 食塩水のこさと重さの関係…食塩水のこさのちがいは，同じ体積の重さで比べることができる。こい食塩水ほど食塩がとけているので重い。

食塩をとかすことで体積はほとんど変化しない

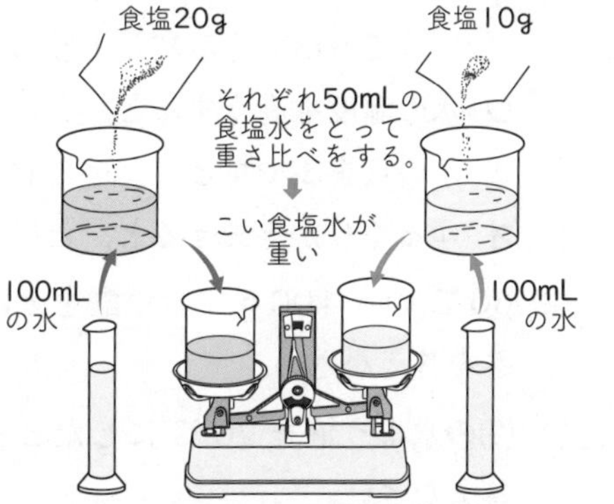

↑食塩水のこさと重さ

要点チェック

①ものがこれ以上とけないことを何というか。	① ほう和
②水にとけていたものが，ふたたび結しょうとして出てくることを何というか。	② 再結しょう
③食塩水の重さは何と何の重さの合計か。	③ 水，(とけている)食塩
④同じ体積のとき，こい食塩水とうすい食塩水のどちらが重いか。	④ こい食塩水
⑤ 100 g の水に 25 g の食塩をとかしたときの食塩水のこさは何％か。	⑤ 20 %

実力問題

〔　月　日〕

物質　解答13ページ

1 【ほう和水よう液】 次の文を読み，あとの問いに答えなさい。

湘南学園中

食塩を水に入れてかきまぜると，食塩のつぶが見えなくなりますが，その液をなめると塩からいので食塩がなくなったわけではないことがわかります。このように，水の中でものの形が見えなくなり，とう明な液体になることを「ものがとける」といいます。また，ものが水にとけた液体を「水よう液」といいます。

表は，水100gにとけるだけとかした場合の食塩，ホウ酸，ミョウバンの量を，水の温度を変えながら調べた結果を表したものです。

水の温度〔℃〕	20	40	60	80
食塩〔g〕	35.8	36.3	37.1	38
ホウ酸〔g〕	4.9	8.9	14.9	23.5
ミョウバン〔g〕	6	12	25	70

□(1) 食塩水について書かれた文のうち，まちがっているものを2つ選び，記号で答えなさい。

ア 食塩を水にとかすとつぶが見えなくなってしまうので，全体の重さはとかす前に比べて軽くなる。

イ ホウ酸やミョウバンの水よう液と比べて，食塩水は冷やしていっても出てくる結しょうの量が少ない。

ウ 水の温度を高くすると，とける食塩の量がふえる。

エ 水の量をふやすと，とける食塩の量がふえる。

オ ゆっくりかきまぜると，とける食塩の量がふえる。

□(2) 60℃の水100gにホウ酸をとけるだけとかした水よう液の重さを答えなさい。

□(3) (2)の水よう液を20℃にしたとき，出てきた結しょうの重さを答えなさい。

□(4) ミョウバンをとけるだけとかした40℃の水よう液100gに，とけているミョウバンの重さを答えなさい。ただし，答えが割《わ》り切れない場合は，小数第2位を四捨五入して小数第1位まで答えなさい。

□(5) 60℃の水200gにミョウバン100gを入れ，とけるだけとかしました。このミョウバン水よう液ののう度を答えなさい。

□(6) 食塩，ホウ酸，ミョウバン50gをそれぞれ80℃の水100gに入れ，とけるだけとかして，3つの水よう液をつくりました。の

❶

(1)

(2)

(3)

(4)

(5)

(6)

(7)

ワンポイント

とけ残ることもあるので注意しよう。

う度が最も高い水よう液を選び，記号で答えなさい。

ア 食塩水　　　　　**イ** ホウ酸水よう液

ウ ミョウバン水よう液　**エ** すべて同じ

□(7) (6)の３つの水溶液を 20 ℃ まで冷やしたとき，のう度が最も高い水よう液を(6)の**ア**～**エ**から選び，記号で答えなさい。

く出る

2 【水よう液のこさ】水に物質をとかした水よう液について，次の問いに答えなさい。

女子美術大学付中ー改

(1) 図は，しょう酸カリウム，ミョウバン，食塩，ホウ酸のそれぞれが，100 g の水にとける最大量と，温度変化の関係を表したグラフです。70 ℃ の水 100 g に各物質をそれぞれとかした水よう液について，次の問いに答えなさい。

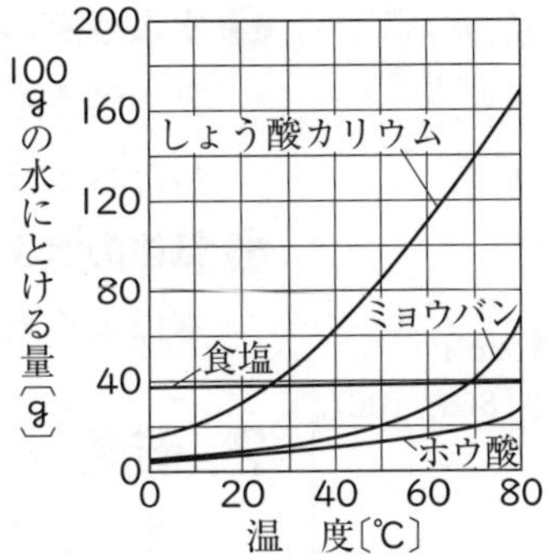

□① 70 ℃ のとき，最ものう度が小さい水よう液はどの物質をとかしてつくった水よう液ですか。物質は十分にとかすものとする。とけている物質名で答えなさい。

□② 水よう液の温度を 10 ℃ まで下げたとき，出てきた結しょうの量が最も多い水よう液はどれですか。物質名で答えなさい。また，出てきた結しょうの量はおよそ何 g ですか。

(2) 80 ℃ の水 100 g に食塩が 40 g とけるとして，次の問いに答えなさい。

□① 80 ℃ の水 75 g に食塩は何 g までとけますか。

□② 80 ℃ の水 75 g に食塩を 25 g までとかした水よう液があります。水よう液ののう度は何パーセントですか。

□③ 食塩の結しょうを虫めがねで観察するとどのように見えますか。**ア**～**エ**より選び，記号で答えなさい。

ア　　　**イ**　　　**ウ**　　　**エ**

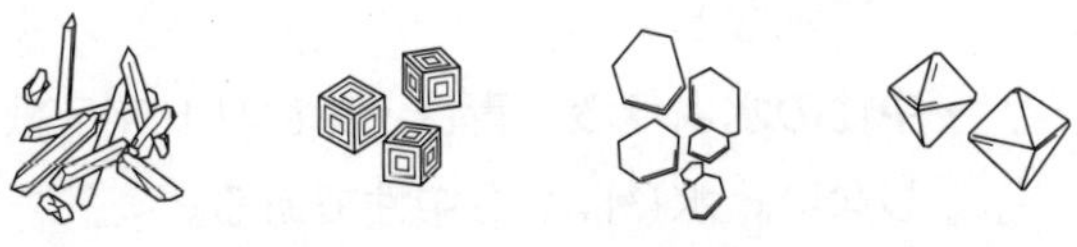

□(3) 60 ℃ の水 100 g に，ホウ酸を 15 g とかしました。ホウ酸は水 100 g に 15 g とけるとして，この水よう液から，温度を 60 ℃ に保ったまま，3 g のホウ酸の結しょうをとり出すには，水を何 g 蒸発させればよいですか。

2

(1)① ＿＿＿＿

②物質名 ＿＿＿＿

結しょうの量 ＿＿＿＿

(2)① ＿＿＿＿

② ＿＿＿＿

③ ＿＿＿＿

(3) ＿＿＿＿

水よう液の性質

試験の要点

1. 水よう液 ★

❶ **いろいろな水よう液**…水よう液には，**固体**が水にとけているものだけでなく，**液体**や**気体**が水にとけているものもある。炭酸水は，二酸化炭素の水よう液，
↱無色で鼻をさすようなにおいがする
塩酸は，塩化水素の水よう液である。

❷ **水よう液の蒸発《じょうはつ》**…**固体**をとかした水よう液の水を蒸発させるとあとに固体が残るが，**液体**や**気体**をとかした水よう液では，何も残らない。

❸ **気体の水よう液**…ふつう，**気体**は温度が低いほど，水によくとける。

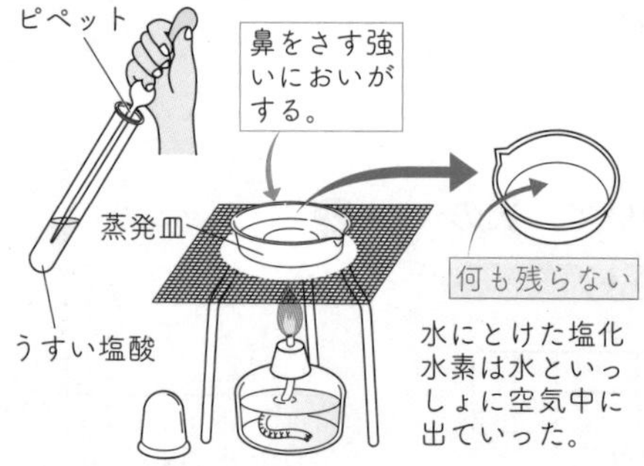

🡅塩酸の性質

水1 cm^3 にとける気体の体積〔cm^3〕

温　度	0℃	20℃	40℃	60℃	80℃	100℃
アンモニア	1176	702	－	－	－	－
塩化水素	507	442	386	339	－	－
二酸化炭素	1.71	0.88	0.53	0.36	－	－
酸　素	0.049	0.031	0.023	0.019	0.018	0.017
水　素	0.022	0.018	0.016	0.016	0.016	0.016
ちっ素	0.024	0.016	0.012	0.010	0.0096	0.0095

🡅気体のとけ方

2. 酸性・アルカリ性・中性 ★★

水よう液は，**リトマス紙**の色の変化によって，酸
↳リトマスゴケという植物から色素をとっている
性・アルカリ性・中性の３つに分けることができる。

❶ **リトマス紙の使い方**

(1)ピンセットでとり出したリトマス紙に，ガラス棒《ぼう》で水よう液をつける。

(2)必ず赤色と青色の両方のリトマス紙で調べる。

(3)ガラス棒は，１回ごとにきれいに洗《あら》う。

❷ **酸性・アルカリ性・中性**

- **酸性の水よう液**　青色リトマス紙を赤色に変える。なめるとすっぱく，鉄やアルミニウムなどと反応《はんのう》
↳有害なものもあるので，とりあつかいには注意が必要
して水素を発生する。
例炭酸水，塩酸，す，ホウ酸水など
- **アルカリ性の水よう液**　赤色リトマス紙を青色に変える。なめると苦く，さわるとぬるぬるする。
↳有害なものもあるので，とりあつかいには注意が必要
例水酸化ナトリウム水よう液，石灰水，アンモニア水など
- **中性の水よう液**　青色・赤色リトマス紙とも変化しない。水（純水《じゅんすい》）も中性である。
例食塩水，砂糖水，アルコールなど

❸ **その他の指示薬とその変化**…リトマス紙以外にもBTB液（**BTBよう液**）や**フェノールフタレイン液**などで調べることができ，これらを指示薬という。

▼リトマス紙の使い方

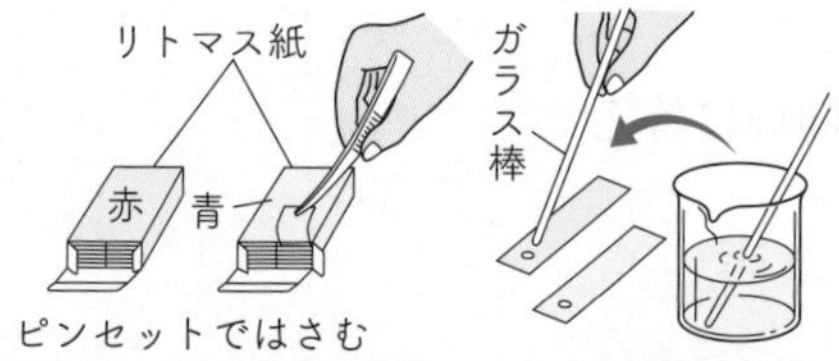

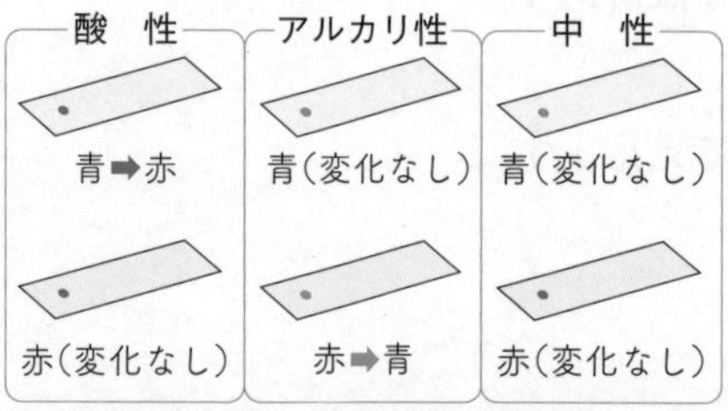

▼その他の指示薬とその変化

性質＼指示薬	リトマス紙	BTB液	フェノールフタレイン液
酸　性	青➡赤色	黄　色	無　色
中　性	変化なし	緑　色	無　色
アルカリ性	赤➡青色	青　色	赤　色

🡅酸性・アルカリ性・中性

3. 水よう液と金属の反応《はんのう》 ★★

❶ **うすい塩酸と金属の反応**…うすい塩酸の中に金属の小片《しょうへん》を入れると，次のような結果になる。

- **鉄，アルミニウム，あえん**　金属の表面から細かなあわ（↱最も軽く，燃えやすい気体である 水素）を出しながらとける。
- **マグネシウム**　短い時間で激《はげ》しくあわの水素を出しながらとける。
- **銅，なまり**　表面には何も変化が見られず，気体も発生しない。

❷ **うすい水酸化ナトリウム水よう液と金属の反応**

うすい水酸化ナトリウム水よう液の中に金属の小片を入れると，次のような結果になる。

- **アルミニウム**　金属の表面から気体のあわ（水素）を出して，とけていく。
- **鉄，銅**　表面には何も変化が見られず，気体も発生しない。
- **あえん，すず**　温度が高く，こい水酸化ナトリウム水よう液にはとける。

❸ **水よう液と金属の反応の速さ**…こい水よう液，高温の水よう液，表面積の大きな金属ほど，金属との反応の速さがはやい。

▼うすい塩酸と金属の反応

うすい塩酸	+ 鉄	→ 塩化鉄	+	水素
	+ アルミニウム	→ 塩化アルミニウム	+	
	+ あえん	→ 塩化あえん	+	
	+ マグネシウム	→ 塩化マグネシウム	+	
	+ 銅	→ 変化なし		
	+ なまり	→ 変化なし		

性質のちがう別の新しいものができる。

▼うすい水酸化ナトリウム水よう液と金属の反応

うすい水酸化ナトリウム水よう液	+ アルミニウム	→ アルミン酸ナトリウム	+ 水素
	+ 鉄	→ 変化なし	
	+ 銅	→ 変化なし	
	+ あえん	→ 変化なし	こい水よう液にはとける。
	+ すず	→ 変化なし	

性質のちがう別の新しいものができる。

⬆水よう液と金属の反応

4. 水よう液の中和 ★

酸性の水よう液とアルカリ性の水よう液をまぜ合わせると，おたがいにその性質を打ち消し合って反応して，もとの性質とちがったもの（塩《えん》）と水ができる。この反応を中和という。完全に中和すると水よう液の性質は中性を示す。塩酸と水酸化ナトリウム水よう液は中和して，食塩と水ができる。

↳中性となるのは，酸性の水よう液と中性の水よう液のこさが同じとき

塩酸＋水酸化ナトリウム水よう液

⟶塩化ナトリウム（食塩）＋水

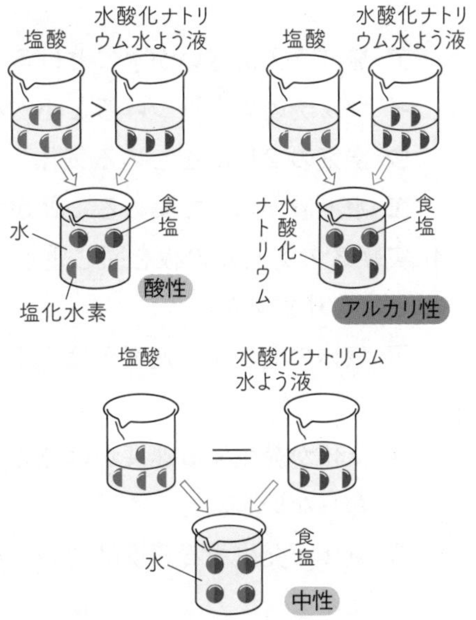

⬆水よう液の中和

要点チェック

- ①塩酸は何がとけた水よう液か。
- ②赤色のリトマス紙が青色，青色のリトマス紙が変化しない水よう液は何性か。
- ③BTB液（BTBよう液）は酸性では何色になるか。
- ④うすい塩酸に鉄やアルミニウムを入れると何のあわが出るか。
- ⑤酸性の水よう液とアルカリ性の水溶液をまぜて，塩と水ができる反応を何というか。

① 塩化水素
② アルカリ性
③ 黄色
④ 水素
⑤ 中和

実力問題

〔　月　日〕

物質　解答 13 ページ

1【水よう液の分類】**次の文を読み，あとの問いに答えなさい。それぞれの水よう液ののう度は5％とします。**　青山学院中

A～Eの5つの水よう液があり，これらは砂糖水《さとうみず》・アンモニア水・塩酸・水酸化ナトリウム水よう液・食塩水のいずれかです。これらの水よう液を4つの実験で調べました。

実験1	Cの水よう液を赤色リトマス紙につけると青色に変化した。
実験2	Aの水よう液を蒸発させると立方体のような形の結しょうが見えた。
実験3	Dにあえんの板を入れると気体が発生した。
実験4	DとEから鼻をさすようなにおいがした。

□(1) Cの水よう液にBTB液を入れると何色になりますか。

□(2) 蒸発《じょうはつ》させても固体が生じないものをA～Eからすべて選びなさい。

□(3) 実験3で発生した気体の特ちょうに合うものをすべて選びなさい。

ア 発ぽう入浴ざいが水にとけるときに発生する気体

イ マッチの火を近づけると小さなばく発が起きる気体

ウ 空気の21％をしめる気体

エ 水上置かん法で集めることができる気体

□(4) 実験3のあえんの板を同じ重さのあえんの粉末に変更《へんこう》した場合どうなりますか。

ア 気体の発生する速度がはやくなり，発生する気体の量がふえる。

イ 気体が発生する速度がはやくなるが，発生する気体の量は変わらない。

ウ 気体が発生する速度は変わらないが，発生する気体の量がふえる。

エ 気体が発生する速度も発生する気体の量も変わらない。

□(5) 10 mLのDに3 mLのCを入れたときに起こる変化を選びなさい。

ア 水よう液の温度が上がる。　**イ** 水よう液の温度が下がる。

ウ 水よう液が白くにごる。　**エ** 水よう液から気体が発生する。

1

(1)

(2)

(3)

(4)

(5)

2【水よう液の性質】**水よう液について，次の文を読んであとの問いに答えなさい。**　中央大附属横浜中－改

A～Eの水よう液が試験管にそれぞれ入っています。これらの水よう液は次のどれかです。

〔水よう液の種類〕

ア 塩酸　**イ** 水酸化ナトリウム水よう液　**ウ** 食塩水

エ 砂糖水《さとうみず》　**オ** さく酸水　**カ** 炭酸水

キ アンモニア水　**ク** 石灰水《せっかいすい》

これらの水よう液がそれぞれどれにあてはまるかを調べるために，次の実験を行いました。

実験１ 貝がらを入れると，**A**から気体が発生した。

実験２ **実験１**で発生した気体を通すと，**D**だけ白くにごった。

実験３ **D**をそれぞれ**A**，**B**，**C**，**E**に加えると**B**だけ白くにごった。

実験４ リトマス紙で調べた結果，**C**はアルカリ性であることがわかった。**A**と**C**の水よう液をちょうど中和させてできた水よう液は**E**の水よう液であることがわかった。

□(1) 水よう液**A**～**E**の中で，赤いリトマス紙を青くするものとして適切なものをすべて選び，記号で答えなさい。

□(2) 水よう液**A**～**E**をそれぞれ１てきスライドガラスにとって加熱して水を完全に蒸発《じょうはつ》させました。蒸発後，スライドガラスに固体が残るものとして適するものをすべて選び，記号で答えなさい。

□(3) 水よう液**A**に鉄，アルミニウム，銅をそれぞれ入れました。金属がとけて気体が発生するときは○，発生しないときは×を答えなさい。また，発生する気体は何ですか。

□(4) 水よう液**A**～**E**を〔水よう液の種類〕の**ア**～**ク**から選びなさい。

2

(1)

(2)

(3)鉄

アルミニウム

銅

気体

(4)A

B

C

D

E

3 【中和】次の文を読み，あとの問いに答えなさい。 安田女子中ー改

	ア	イ	ウ	エ	オ
塩酸の体積	6 cm^3	6 cm^3	6 cm^3	6 cm^3	6 cm^3
塩酸の中の◎の数	24 個	24 個	24 個	24 個	24 個
水酸化ナトリウム水よう液の体積	0 cm^3	3 cm^3	6 cm^3	9 cm^3	12 cm^3
水酸化ナトリウム水よう液の中の●の数	0 個	9 個	18 個	27 個	36 個

酸性の水よう液にアルカリ性の水よう液をまぜていくと中性にかわります。さらに入れ続けるとアルカリ性の水よう液にかわることもわかりました。酸性の水よう液にアルカリ性の水よう液をまぜると中性にかわるということは，◎１つと●１つがいっしょになるとそれぞれが打ち消しあうということになります。上の表は，塩酸と水酸化ナトリウム水よう液をまぜたときの実験の結果を示したものです。

□(1) 塩酸に水酸化ナトリウム水よう液をまぜた液がアルカリ性になっているのはどのときですか。**ア**～**オ**からすべて選びなさい。

□(2) 実験の結果より水酸化ナトリウム水よう液を何 cm^3 まぜると中性になるか答えなさい。

3

(1)

(2)

ワンポイント

酸性の水よう液とアルカリ性の水よう液をまぜてそれぞれの性質を打ち消し合う反応を中和という。

〔　　月　　日〕

時 間 20分	得点
合格点 70点	点

1 植物に関する問題

解答14ページ

よく出る **1** **植物のからだのつくりについて，次の問いに答えなさい。**【60点】　巣鴨中ー改

(1) **図1**は葉の断面を表したものです。次の問いに答えなさい。

図1

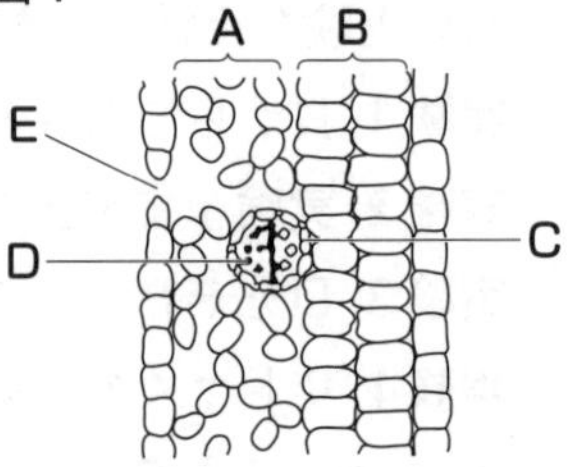

① 図の**A**と**B**の細ぼうには，緑色のつぶがあります。この緑色のつぶで行われているはたらきを何といいますか。(6点)

② 図の左，右のどちらが葉の表側ですか。(5点)

③ 葉でつくられた栄養分が通るのは図のどの部分ですか。適するものを次の**ア**～**ウ**から１つ選びなさい。(5点)

ア C　**イ** D　**ウ** CとDの両方

④ ①の緑色のつぶを「・」で表すと，図の**E**のまわりでは，どのように分布していますか。右の**ア**～**エ**から１つ選びなさい。(6点)

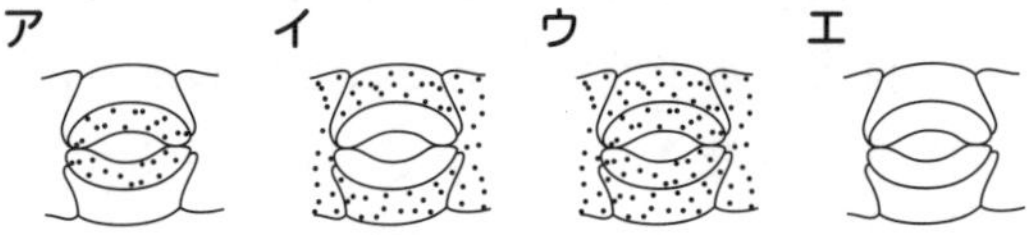

(2) 根について，次の問いに答えなさい。

① 根の先のほうに生えている細かい毛のようなものを何といいますか。(5点)

② ①で答えたものについて，誤っているものを次の**ア**～**エ**から１つ選びなさい。(5点)

ア １つの細ぼうでできている。

イ 根がのびていくと古いものからかれていく。

ウ ひげ根にはあるが，側根には生えていない。

エ 土のつぶの間に入りこんで土とふれる面積を大きくしている。

③「からだを支える」「栄養分を貯蔵する」以外の根のはたらきを答えなさい。(10点)

④ 次の**ア**～**オ**の野菜のうち，主に根の部分を食用としているものを２つ選びなさい。(8点)

ア サトイモ　**イ** ゴボウ　**ウ** ハ ス

エ ジャガイモ　**オ** サツマイモ

(3) **図2**は，アブラナ・イネ・エンドウ・サクラ・ツツジ・ヘチマの6種類の植物について，花のつくりに着目して分類したものです。①～⑤の基準を次の**ア**～**オ**から１つずつ選びなさい。ただし，**ア**～**オ**はそれぞれ①～⑤のいずれかにあてはまります。(10点)

図2

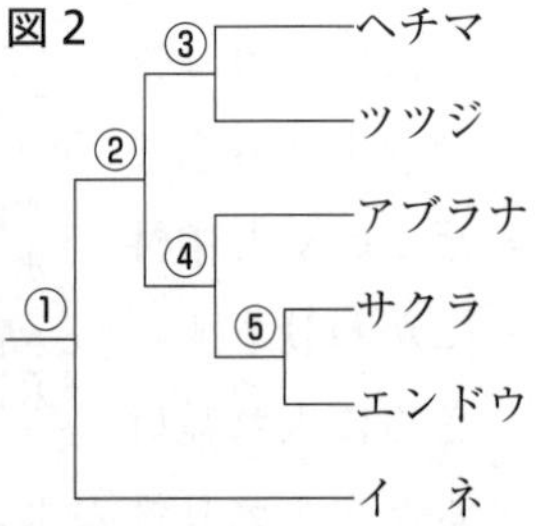

ア 花びらが，４枚《まい》か５枚か。　**イ** お花とめ花の区別があるかないか。

ウ 花びらが，あるかないか。　**エ** 花びらの形がすべて同じかそうでないか。

オ 花びらが，１枚１枚はなれているかくっついているか。

(1)①	②	③	④	
(2)①	②	③	④	
(3)①	②	③	④	⑤

難問 **2** **次の文を読み，あとの問いに答えなさい。**【40点】 城北中ー改

植物は光合成と呼吸《こきゅう》を行います。光合成と呼吸は逆の反応なので，縦《たて》じくに二酸化炭素の吸収量(吸収量がマイナスのときは放出量)，横じくに光の強さをとると，樹木《じゅもく》Xと樹木Yでは，グラフのようになります。このとき，縦じくの二酸化炭素の吸収量は，見かけの光合成量(真の光合成量－呼吸量)を表すことになります。

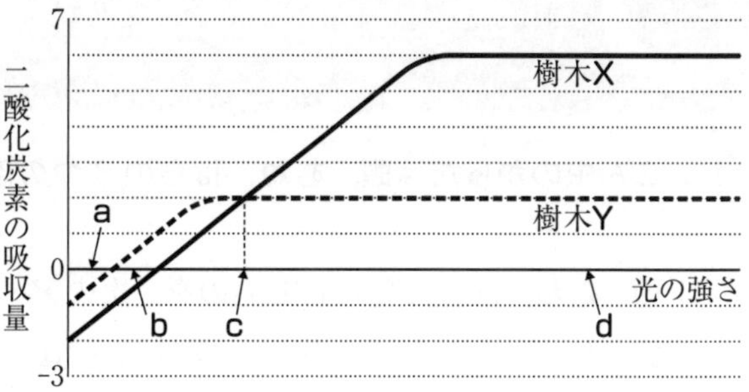

(1) 光の強さと，①光合成または②呼吸の関係について正しいものを次の**ア**～**エ**からそれぞれ１つ選び，記号で答えなさい。(10点)

ア 光の強さを強くすると，ふえ続ける。

イ 光の強さを強くするとふえていくが，ある光の強さをこえるとふえなくなる。

ウ 光を強くしても最初のうちは変化しないが，ある光の強さをこえると，光の強さを強くするにつれてふえるようになる。

エ 光の強さに関係なく一定の値《あたい》をとる。

(2) 光の強さがdのときの樹木《じゅもく》Xの真の光合成量を，二酸化炭素の吸収量で示しなさい。(8点)

森林の樹木はグラフの樹木Xまたは樹木Yのどちらかに分けられます。草原から森林に変わっていくとき，A最初にできるのは樹木Xの森林です。その後，樹木XとYがまざった森林となり，B最後は樹木Yの森林になって安定します。

(3) 下線部Aや下線部Bのようになる理由を，それぞれ次の文で説明したいと思います。AとBのそれぞれについて，空らん①にはグラフの横じくの明るさa～dから，空らん②にはあとの**ア**～**オ**からそれぞれ１つ選び，記号で答えなさい。(12点)

光の強さが(　①　)なので，(　②　)から。

ア 樹木Xのほうが樹木Yよりよく育つ　**イ** 樹木Xも樹木Yも同じように育つ

ウ 樹木Yのほうが樹木Xよりよく育つ　**エ** 樹木Xは育つが樹木Yはかれる

オ 樹木Yは育つが樹木Xはかれる

(4) 樹木Xの森林から樹木Yの森林に変化していく途中《とちゅう》のほかに，どのようなときに，樹木XとYがまざった森林ができますか。次の**ア**～**エ**から１つ選び，記号で答えなさい。(10点)

ア 樹木Xの森林で火災が起き，森林がすべて焼けてしまったあと。

イ 樹木Yの森林で火災が起き，森林がすべて焼けてしまったあと。

ウ 樹木Xの森林で土砂《どしゃ》くずれがあり，森林の一部がけずられてしまったあと。

エ 樹木Yの森林で土砂くずれがあり，森林の一部がけずられてしまったあと。

(1)①	②	(2)	(3)A①	②	B①	②	(4)

ヒント

2 (1)(2)光の強さが０のところに注目してみよう。

(3)草原であれば光が十分にとどく。樹木が育つと光はさえぎられる。

〔　月　日〕

時間 20分	得点
合格点 70点	点

② 動物・その他の生き物に関する問題

解答 15 ページ

1 こん虫のからだは頭，むね，はらの 3 つの部分からなる。次の問いに答えなさい。【25 点】

学習院女子中－改

(1) 頭，むね，はらに見られるものを，次の**ア**～**カ**からそれぞれ選び，記号で答えなさい。(6 点)

ア は　ね　**イ** 心《しん》　臓《ぞう》　**ウ** しょっ覚　**エ** 卵巣《らんそう》や精巣《せいそう》　**オ** 口　**カ** あ　し

(2) こん虫のしょっ角と同じはたらきをする，ヒトのからだの部分を答えなさい。(3 点)

(3) こん虫と人では骨格《こっかく》にどのようなちがいが見られますか。(10 点)

(4) こん虫には生活する場所が幼虫《ようちゅう》の時期と成虫の時期で異なるものがいます。幼虫の時期は水中で，成虫の時期は陸上で生活するこん虫を 2 つ答えなさい。(6 点)

(1)頭	むね	はら	(2)
(3)			
(4)			

2 次の文を読み，あとの問いに答えなさい。【30 点】

よく出る

横浜共立学園中，日本女子大附中－改

メダカのたまごと(　**A**　)が結びつくことを受精《じゅせい》といい，受精卵《じゅせいらん》は受精して(　**B**　)日くらいたつと心臓と血管が見えてくる。(　**C**　)日くらいたつとたまごのからを破ってメダカの子どもが出てくる。かえったばかりのメダカの子どもにははらに養分の入ったふくろがあるので，**D**しばらくの間何も食べないが，いずれ水中の**E**小さな生物を食べて成長していく。

(1) 文中の**A**にあてはまることばを答えなさい。(3 点)

(2) 文中の**B**と**C**にあてはまる日数の組み合わせとして，最も適当なものを右の表の**ア**～**エ**から選びなさい。(3 点)

	ア	イ	ウ	エ
B	1	5	10	15
C	3	10	20	30

(3) 下線部**D**の期間として最も適当なものを次の**ア**～**エ**から選びなさい。(3 点)

ア 1 日　**イ** 2～3 日　**ウ** 4～6 日　**エ** 7～10 日

(4) メダカのオスとメスのひれで大きく異なるのはどの部分ですか。その部分のみオスの図に書き入れなさい。(9 点)

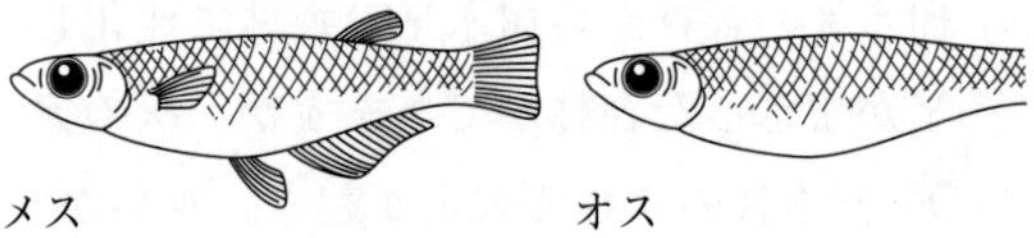

メス　　オス

(5) 下線部**E**について，右の生物**X**～**Z**の名まえを答え，また，実際の大きさの大きい順に記号でならべなさい。(12 点)

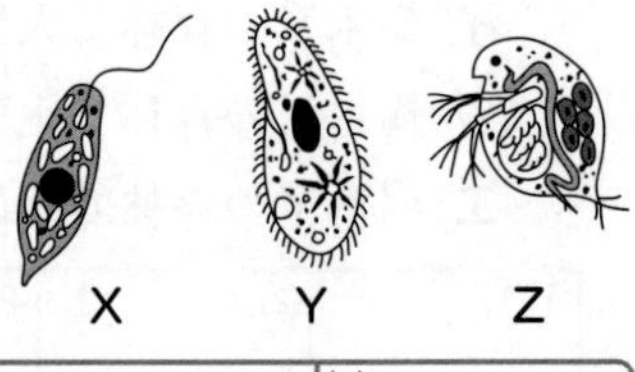

X　Y　Z

(1)	(2)	(3)	(4) (図に記入)
(5)X	Y	Z	大きい順

3 **右の図は，人の消化に関わる器官を示したものです。次の問いに答えなさい。**【45点】

和洋九段女子中，かえつ有明中－改

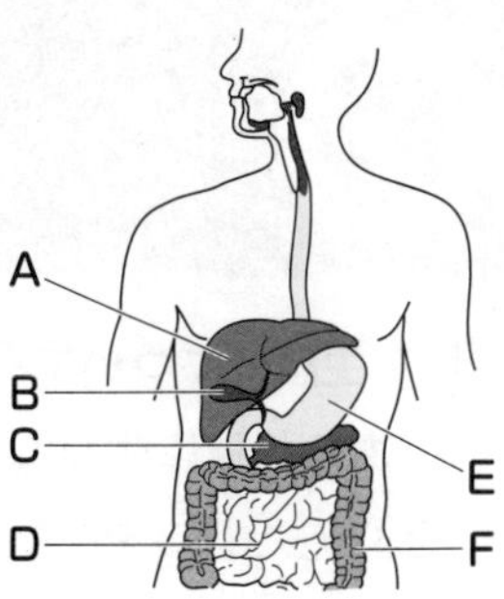

(1) 口の中に出る消化液を何といいますか。(3点)

(2) (1)にふくまれる消化酵素《こうそ》は何ですか。次の**ア**～**エ**から１つ選び，記号で答えなさい。(3点)

ア トリプシン　**イ** ペプシン　**ウ** アミラーゼ
エ マルターゼ

(3) つぶしたご飯つぶを入れた試験管を，5℃，40℃，95℃の水に入れたものを用意し，それぞれ１本ずつに水か(1)を入れて20分おきました。その後，ヨウ素液を加えて色の変化を見ました。すると，③の試験管のみ色の変化がなく，ほかの試験管は色が変化した。

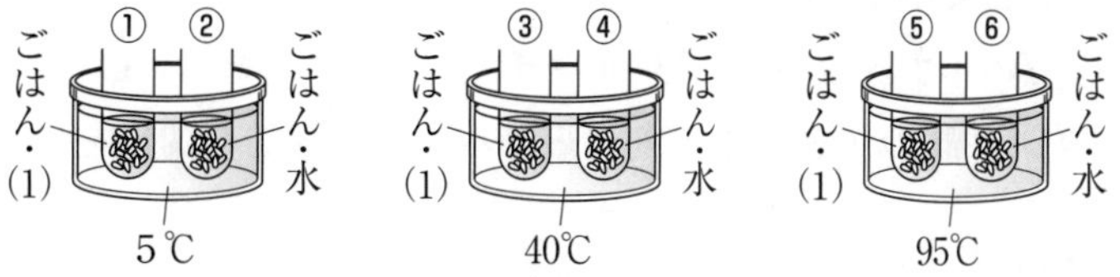

(1)にふくまれるものがご飯つぶにふくまれている養分の分解に必要であることはどの試験管の結果を比べればわかりますか。図の①～⑥から２つ選び，記号で答えなさい。(4点)

(4) (3)の実験でヨウ素液を加える前の試験管①と⑤を40℃の水に入れて10分間置き，ヨウ素液を加えると①はヨウ素液の色が変化せず，⑤は色が変化しました。このことからわかる(2)の物質の性質を簡単《かんたん》に説明しなさい。(7点)

(5) 三大栄養素(炭水化物，タンパク質，しぼう)のうちすべてを消化できる消化液を出すのは**A**～**F**のどれですか。記号で答えなさい。また，その名まえを答えなさい。(4点)

(6) **D**では消化以外に吸収《きゅうしゅう》も行われています。**D**の内側には小さなひだが多数存在しています。これにはどのような長所があるか，説明しなさい。(7点)

(7) **D**で吸収された栄養分の多くが，血液によってはじめに送られるところは**A**～**F**のどれですか。また，その名まえを答えなさい。(4点)

(8) **F**では主に何が吸収されていますか。(3点)

(9) すべてを切除しても，からだへの負担《ふたん》が小さいと考えられるところはどれですか。**A**～**F**の記号で１つ答えなさい。また，その理由を説明しなさい。(10点)

(1)	(2)	(3)	(4)
		(5)記号	名まえ
(6)		(7)記号	名まえ
(8)	(9)記号	理由	

ヒント
2 (4)ちがいは２か所ある。
(5)構造が複雑なほうがからだが大きい。
3 (4)人の体温はおよそ36～37℃である。

時間 20分	得点
合格点 70点	点

3 地球のかん境に関する問題

解答15ページ

よく出る **1** **生態系について，あとの問いに答えなさい。**【40点】　関東学院中

ある地域に生息しているすべての生物と，その生物がとりまくかん境をひとまとまりとしてとらえたものを生態系といいます。ある地域で，次の**A**～**D**の生物が生活していて，「食べる・食べられる」の関係でつながっています。

〈**A** イネ科植物　**B** イタチ　**C** ウサギ　**D** ワ　シ〉

図1　生物の数量関係

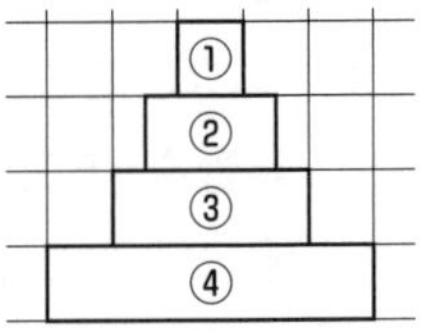

(1) 生物の「食べる・食べられる」の直線的な関係を何といいますか。(8点)

(2) **図1**は**A**～**D**の生物の数量関係をピラミッドで表したものです。図①と④にあてはまる生物を**A**～**D**からそれぞれ１つずつ選び，記号で答えなさい。(8点)

(3) **図1**について，あるかん境の変化が原因で，④の生物が急激に減少した場合，生物の数量関係はどのように変化しますか。次の**ア**～**オ**のうち，適するものを１つ選びなさい。(8点)

ア ③の生物の数が減少し，そのえいきょうで①と②の生物の数は増加する。

イ ③の生物の数が増加し，そのえいきょうで①と②の生物の数も増加する。

ウ ③の生物の数が減少し，そのえいきょうで①と②の生物の数も減少する。

エ ③の生物の数が増加し，そのえいきょうで①と②の生物の数は減少する。

オ 特にえいきょうを受けず，変化しない。

(4) **図1**について，③の生物が駆除《くじょ》や捕獲《ほかく》され急激に減少し，右の図の**ア**のような数量関係になりました。このとき，数量関係は時間とともにどのように移り変わりますか。上の**ア**～**エ**を適当な順序にならびかえ，その順序を記号で答えなさい。ただし，開始を**ア**とします。(8点)

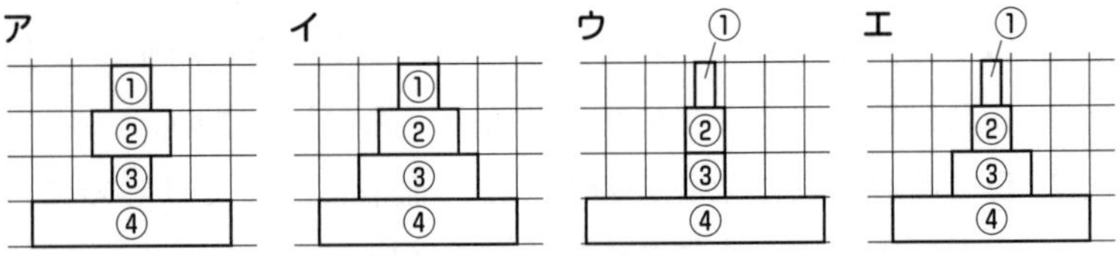

(5) 同じえさを食べるゾウリムシ**A**種と**B**種について，条件を変えて飼育し，その個体数の変化を調べました。**図2**はゾウリムシ**A**種と**B**種をそれぞれ別の水そうに入れ飼育したときのグラフです。**図3**はゾウリムシ**A**種と**B**種を同じ水そうに入れ飼育したときのグラフです。**図2**と**図3**は水そうの広さやあたえるえさの量など，飼育する条件は同じです。グラフから読みとれるゾウリムシ**A**種と**B**種の関係を説明した文の(　)から正しいものをそれぞれ選びなさい。(8点)

図2　別々の水そうで飼育した個体数の変化

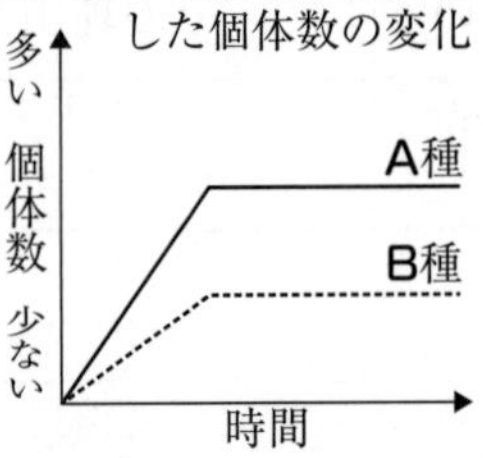

図3　同じ水そうで飼育した個体数の変化

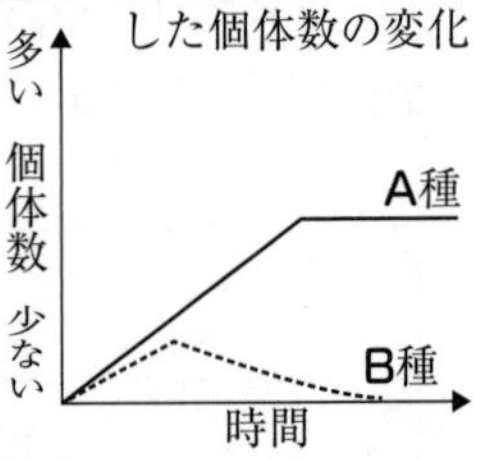

(①**ア** **A**種は**B**種よりも　**イ** **B**種は**A**種よりも)えさを獲得《かくとく》する能力が高く，生育に有利である。同じ水そう内では(②**ア** **A**種は**B**種との　**イ** **B**種は**A**種との)競争に負けていなくなってしまう。

(1)	(2)①	④	(3)
(4) (ア→)　　→　　→	(5)①	②	

2 次の問いに答えなさい。【40点】

東邦大付属東邦中，森村学園中一改

(1) もともとその地域《ちいき》に生息せず，人間の活動などによって持ちこまれ，その地域に生息するようになった生物を外来生物(外来種)といいます。日本に住み着いた外来生物と，その外来生物に食べられ，数が減少した生物の組み合わせになるようにそれぞれ選びなさい。(8点)

①外来生物　　②減少した生物

ア ヒアリ　**イ** マングース　**ウ** オオクチバス

エ オガサワラトンボ　**オ** ヤンバルクイナ　**カ** ニホンカワウソ

(2) 人間が捨《す》てたプラスチック製品が，海洋やそこにすむ生物に深刻《しんこく》な悪えいきょうをおよぼしていることが問題になり，対策の１つとして植物が注目されています。プラスチック製のストローのかわりに植物を原料とするストローを用いるという対策が注目を浴《あ》びています。植物を原料とするストローには紙製のものや，でんぷんからできているものがあります。

① かん境に対して，紙やでんぷんからできているストローのほうが，プラスチック製のストローよりもすぐれている点を説明しなさい。(12点)

② プラスチック製のストローから，紙やでんぷんでできているストローにかえることはこの問題の解決には不十分であるという意見もあります。それはなぜですか。(12点)

(3) (　)にあてはまることばを答えなさい。(8点)

海洋プラスチックごみは，もとは大きなものであっても，自然のかん境にさらされ続けると，しだいに小さなものになっていきます。これを(　　)プラスチックとよびます。

(1)①	②
(2)①	
②	
(3)	

3 大気中の温室効果ガスが増加を続け，地球の平均気温が変化すると地球全体の海面の高さが上昇《じょうしょう》すると考えられています。その理由を具体的に答えなさい。【20点】

大妻多摩中一改

ヒント

1 (4)ある生物が減ると，その生物が食べる生物は食べられなくなり数がふえ，その生物を食べる生物はえさが少なくなり数を減らす。

2 (2)プラスチックは軽くて分解されにくい。

時間 20分	得点
合格点 70点	点

④ 天気とその変化

解答 16 ページ

1 次の文を読み，あとの問いに答えなさい。【50点】

広尾学園中－改

赤道付近はほかの地域と比べて海面温度が高いため，低気圧が発生しやすく，この発生した低気圧が発達し，最大風速(10分間平均)がおよそ17 m/秒以上に達したものは台風とよばれます。低気圧の中心付近では(**A** **ア** 上昇《じょうしょう》　**イ** 下降)気流が生じており，その中にふくまれる水蒸気《すいじょうき》は水てきに変化するときに(　**A**　)することでさらに潜熱《せんねつ》が放出され，台風は発達していきます。

台風は(**B** **ア** 高温多湿《たしつ》　**イ** 高温乾燥《かんそう》　**ウ** 低温多湿　**エ** 低温乾燥)な空気のかたまりで，赤道付近でよく発生します。これまでに観測された台風の一般的《いっぱんてき》な進路として，発生後しばらくの間は(**C** **ア** 南　**イ** 北東　**ウ** 北西)に向かって進行し，その後，北緯《ほくい》30度付近よりも北に到達《とうたつ》すると(**D** **ア** 北東　**イ** 北西　**ウ** 北)に向かって進行します。

(1) 文中の**A**～**D**にあてはまる語句をそれぞれ記号で選びなさい。(16点)

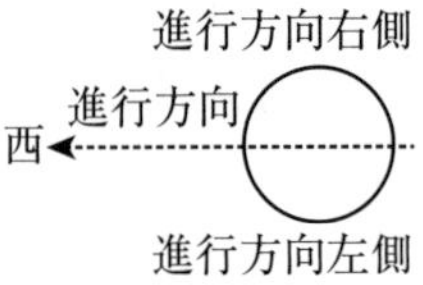

(2) 図の実線で示した円は北半球で発生した台風を示しています。台風の進行方向と風の強弱について説明した文について①と②にあてはまる方向を「右」か「左」で答えなさい。(8点)

『西へ進むときは進行方向(　①　)側で強くなり，東へ進むときは進行方向(　②　)側で強くなる』

(3) ニュースの天気予報で流れる『台風が日本に上陸する』ということばの『上陸』を正しく説明している文の(　)に入る語句を次の**ア**～**オ**から1つ選び，記号で答えなさい。(6点)

『台風の(　　　)が北海道・本州・四国・九州の海岸線に達した場合のこと』

ア 暴風域《ぼうふういき》　**イ** 強風域　**ウ** 予報円　**エ** 中　心　**オ** 暴風警戒域《けいかいいき》

(4) 台風の勢力が弱まる原因を2つ答えなさい。(20点)

(1)A	B	C	D	(2)①	②	(3)
(4)						

2 次の文を読み，あとの問いに答えなさい。【50点】

よく出る

星野学園中，明治大付属中野中－改

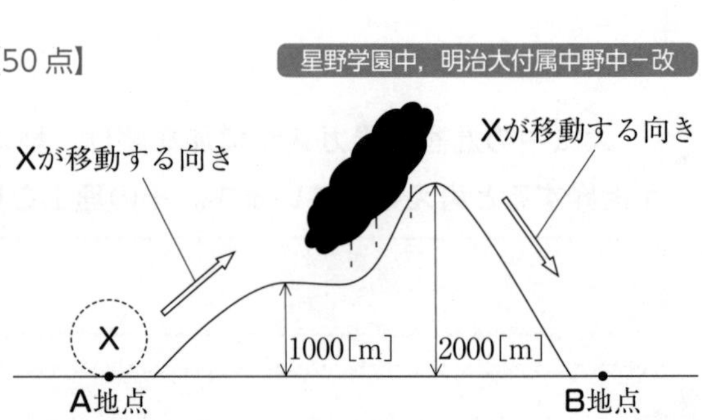

山では標高が高くなるにつれて気温が下がっていきます。そのため，図のようにしめった空気のかたまり**X**が**A**地点から**B**地点に向かって山を越《こ》えて移動するとき，そのとちゅうでしめった空気のかたまり**X**が冷やされ雲がつくられ，雨がふることがあります。雲がつくられているときと，雲がつくられていないときで気温の下がり方が変わります。雲がつくられているときの空気は標高が100 m上がるごとに0.5 ℃ずつ温度が下がっていき，雲がつ

くられていないときの空気は標高が 100 m 上がるごとに 1 ℃ ずつ温度が下がっていきます。

(1) 図のようにXが移動すると，風下(B地点)側の地域は風上(A地点)側と比べ，気温が高く，乾燥《かんそう》します。この現象の名まえを答えなさい。(6点)

(2) A地点(標高 0 m)におけるXの温度は 20 ℃ でした。

① Xが風にのって標高 2000 m まで上ったとき，Xの温度は何 ℃ になりますか。ただし，標高 1000 m までは雲はつくられず，標高 1000 m から 2000 m の間は雲がつくられ続けるものとします。(6点)

② Xが風にのって標高 2000 m からB地点(標高 0 m)まで下ったとき，Xの温度は何 ℃ になりますか。ただし，山の山頂《さんちょう》では雲はすべて雨になって消え，空気が山を下っている間につくられないこととします。(6点)

(3) 図のように空気のかたまりが山を上るとき，雲がつくられているときと雲がつくられていないときを比べると，雲がつくられているときの気温の下がり方のほうが小さくなります。この理由を説明する文章の空らんにあてはまることばをそれぞれ選びなさい。(10点)

『雲がつくられているときは，空気中の(①**ア** 水蒸気が水てき　**イ** 水てきが水蒸気)になり，そのとき周囲の温度が(②**ア** 上がる　**イ** 下がる)。』

(4) (1)と最も関わりが深い文章を次の**ア**～**エ**から 1 つ選び，記号で答えなさい。(6点)

ア 東京都都市部にしめった海風がふきこむと雲が発達し，ごう雨になりやすくなる。

イ 広島県の海岸近くなどでは，昼は海から陸に向かって，夜は陸から海に向かって風がふく。

ウ 東北地方の日本海側では夏に太平洋側からふく風によって太平洋側よりも日本海側のほうで気温が高くなることがある。

エ 日本の天気は西から東へ変化していくことが多い。

雲は，その形やできる高さなどの特ちょうによって，いくつかの種類に分類されます。

(5) 次のA，Bの文章は，ある種類の雲の特ちょうを説明したものです。A，Bの文章に最もあてはまる雲をあとの**ア**～**オ**からそれぞれ 1 つずつ選び，記号で答えなさい。(10点)

A 夏によくみられ，雷《かみなり》や激《はげ》しい雨をともなうことがある。

B 最も高い位置にできる雲で，すじ雲ともよばれる。また，この雲が現れるとしだいに天気が変化して，雨になることが多い。

ア 巻雲《けんうん》　**イ** 積雲　**ウ** 層積雲《そうせきうん》　**エ** 乱層雲《らんそううん》　**オ** 積乱雲

(6) 日本では現在，全国約 1300 か所の地域気象観測所から自動的に気象庁《きしょうちょう》へ送られてくるデータをもとに，天気を総合的に判断している。このように，自動的に気温や降水量《こうすいりょう》などの観測データを集めるしくみを何といいますか。カタカナで答えなさい。(6点)

(1)	(2)①	②	(3)①	②
(4)	(5)A	B	(6)	

ヒント　2 (2)②雲がないとき，100 m 標高が下がると温度は 1 ℃ 上がる。

時間 20分	得点
合格点 70点	点

5 流れる水と大地の変化

解答16ページ

1 次の文を読み，あとの問いに答えなさい。【40点】

芝浦工業大柏中

図1はある地域《ちいき》の地形と等高線を示しており，曲線X－YはA層《そう》とB層の境(平らな面)が現れた線で，この境の面はある向きにかたむいています。南北方向の点線はA層とB層の境の面上を通る高さ100m，150m，200mの線を示しています。地点①～⑤は東西方向にならんでおり，それぞれ水平方向に50mはなれています。

図1

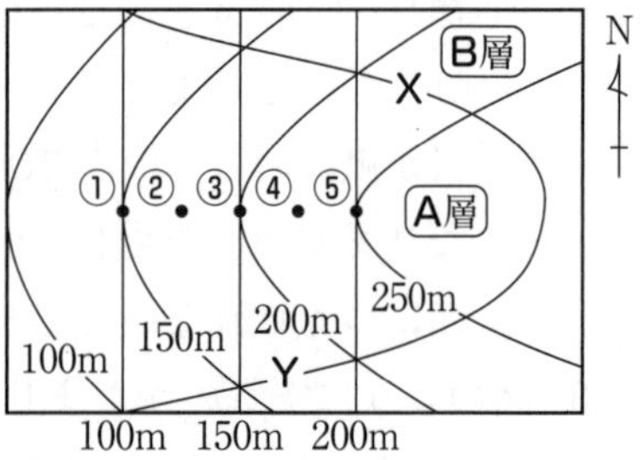

⑴ 図2は，地点①で垂直《すいちょく》にボーリングを行った結果です。A層とB層との境の面がかたむいている(低くなっていく)向きは，どちらですか。最も適当なものをア～エから1つ選んで，記号で答えなさい。(10点)

ア 北　イ 南　ウ 東　エ 西

図2

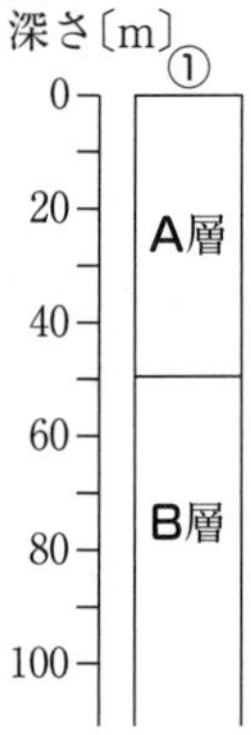

⑵ 図1の地点③から垂直に穴《あな》をほると，何mでB層に届きましたか。(15点)

⑶ 図1の地点③から水平にトンネルをほるとき，どちらの向きに何mほるとB層に届きますか。最も適当なものをア～カの中から1つ選んで記号で答えなさい。(15点)

ア 西に50m　イ 西に100m　ウ 西に150m
エ 東に50m　オ 東に100m　カ 東に150m

⑴	⑵	⑶

2 次の文章を読み，あとの問いに答えなさい。【60点】

法政大第二中

川の水はしん食・運ぱん・たい積などのはたらきをします。そのはたらきは水の流れの速さとつぶの大きさによってきまることがわかっています。

図1 流れの速さとたい積を始めるつぶの大きさの関係

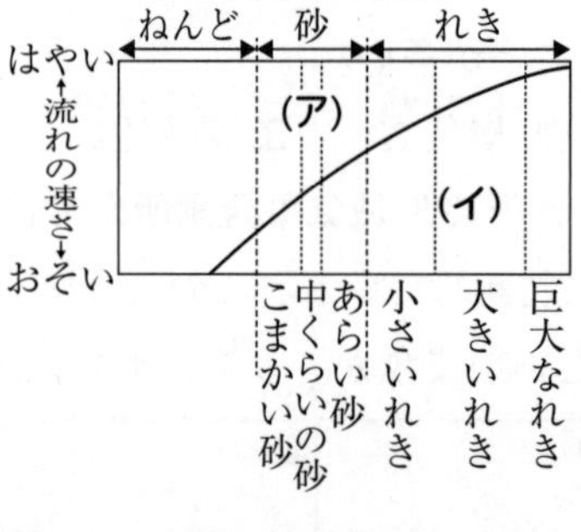

図2 流れの速さとしん食されるつぶの大きさの関係

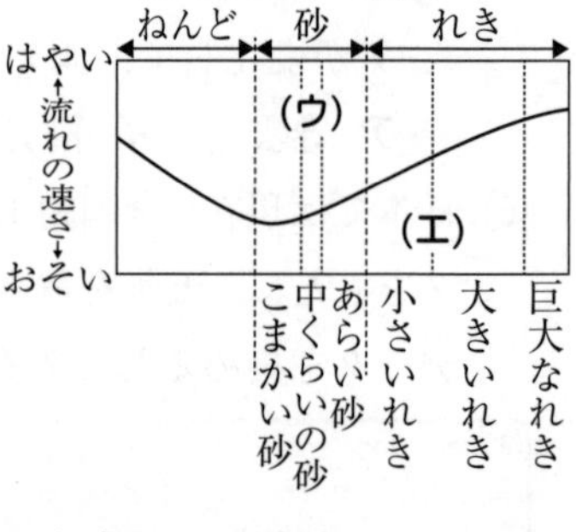

図1の曲線は，流れてきたねんどや砂やれきなどのいろいろな大きさのつぶが，その場所にたい積し始める水の流れの速さを表しています。

また，図2の曲線はその場所にあるいろいろな大きさのつぶからなるたい積物を，その場所から流し去るのに必要な水の流れの速さを表しています。

ただし，図1と図2の横のじくは同じ値《あたい》ですが，縦《たて》のじくの水の流れの速さについては図1と図2は同じ値《あたい》ではありません。

(1) 次の①～④があてはまるのは，**図1**の**ア・イ**，**図2**の**ウ・エ**のうちどこか。それぞれ答えなさい。(24点)

① たい積作用を示すはん囲　② 運ぱん作用としん食作用を示すはん囲

③ しん食作用を示すはん囲　④ 運ぱん作用とたい積作用を示すはん囲

(2) 川の流れがだんだんはやくなっていったとするとき，最もはやくしん食されるつぶの大きさを次の**ア**～**キ**から1つ選び，記号で答えなさい。(8点)

ア ねんど　**イ** 細かい砂《すな》　**ウ** 中くらいの砂　**エ** あらい砂

オ 小さいれき　**カ** 大きいれき　**キ** きょ大なれき

(3) **図1**，**図2**のグラフから，ねんどのつぶのしん食・運ぱん・たい積について説明した次の文中の①～③にあてはまる語句の組み合わせとして最も適するものを，表の**ア**～**エ**から1つ選び，記号で答えなさい。(12点)

流されてきた，とても小さいねんどのつぶは，ほとんど流れがないようなおそい水の流れでも(　①　)いくが，(　②　)ねんどは(　③　)にくいことがわかる。

	①	②	③
ア	しん食されて	運ぱんされている	たい積し
イ	運ぱんされて	たい積している	しん食され
ウ	たい積して	しん食された	運ぱんされ
エ	しん食されて	たい積している	運ぱんされ

(4) **図1**と**図2**の縦《たて》のじくを同じ値《あたい》にしてグラフを合成したときの図として，最も正しいと思われるものを次の**ア**～**エ**から1つ選び，記号で答えなさい。なお，横のじくは，**図1**，**図2**と同じ値ですが，縦のじくは**図1**，**図2**と同じではありません。(16点)

ア

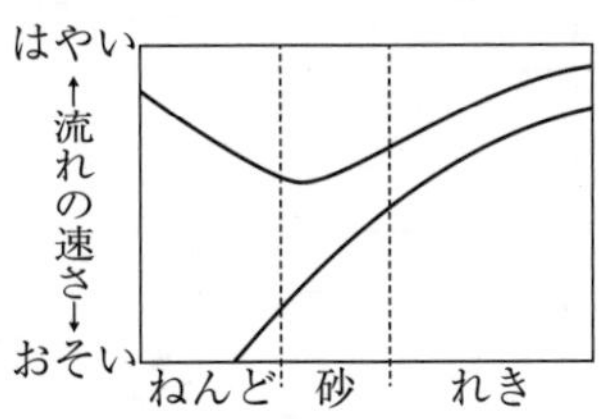

イ

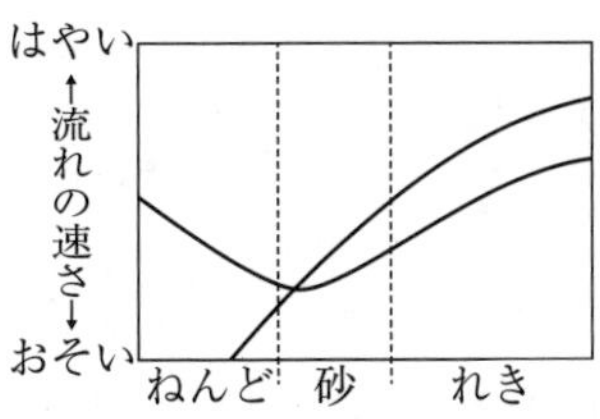

ウ

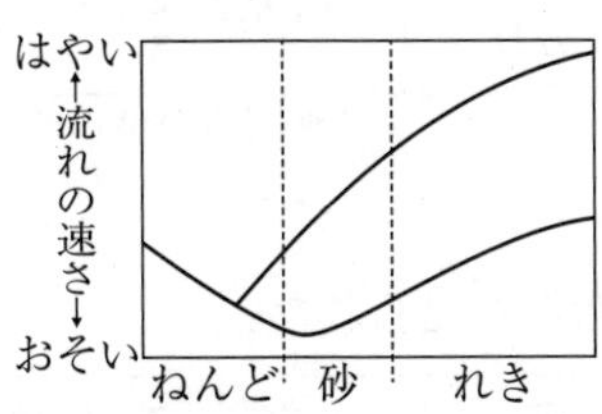

エ

ひとつの図にすることは，できない。

(1)①	②	③	④
(2)	(3)	(4)	

ヒント

1 地点①での境の標高を考え，まずは南北方向のかたむき，次に東西方向のかたむきを考える。

2 (4)(1)の関係を参考にする。

〔　　月　　日〕

時間 20分	得点
合格点 70点	点

6 天体に関する問題

解答 17 ページ

1 **本郷さんの所属している地学部ではある年の1月5日と6日に天体観測のため学校で合宿を行いました。次の問いに答えなさい。**【50点】 本郷中，筑波大附属駒場中ー改

(1) 1月5日，日没《にちぼつ》後《ご》すぐにわく星**X**が南の空，高度55°に赤く見えました。この星は地球のすぐ外側にあるわく星で，2018年の夏には15年ぶりに大接近したことで話題となりました。わく星**X**を次の**ア**～**キ**から1つ選び，記号で答えなさい。(6点)

ア 水　星　**イ** 金　星　**ウ** 火　星　**エ** 木　星　**オ** 土　星　**カ** 天王星　**キ** 海王星

(2) 冬の大三角形をつくる星**A**～**C**の名まえはそれぞれどれですか。また，いちばん明るい星と赤い星を**A**～**C**からそれぞれ選びなさい。(20点)

ア リゲル　**イ** プロキオン　**ウ** アンタレス　**エ** ベテルギウス　**オ** シリウス

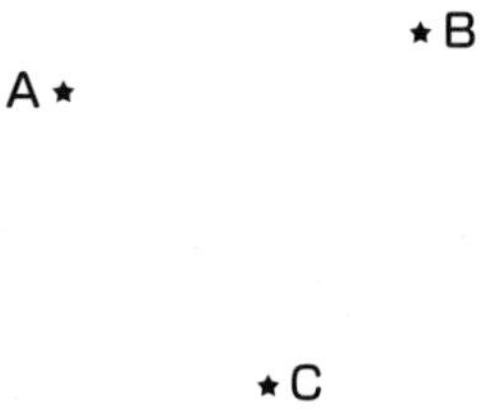

左の図は，ほぼ南中時の星の位置を表している。

(3) 右の図は1月6日午前0時，北の空のスケッチです。カシオペヤ座《ざ》がある領域《りょういき》を**A**～**C**の中から1つ選び，記号で答えなさい。また，この時のカシオペヤ座のスケッチ(向き)として最も適当なものを**ア**～**エ**から1つ選び，記号で答えなさい。(16点)

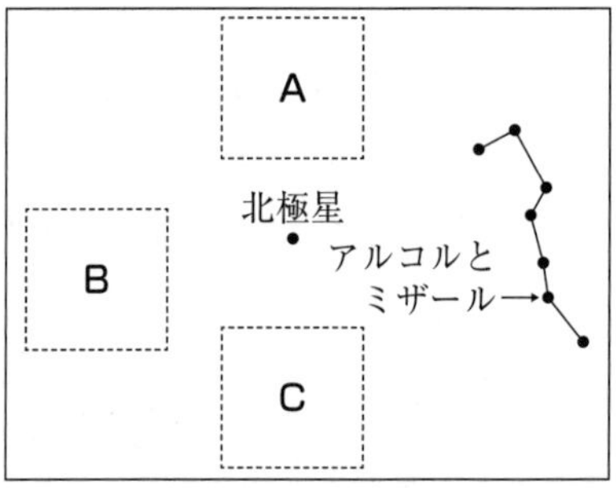

(4) 1月6日午前5時，東の空にはさそり座のアンタレスとわく星**Y**，わく星**Z**が明るくかがやいていました。わく星**Y**，わく星**Z**を天体望遠鏡で観測すると以下のような特ちょうがありました。

★明るい星(一等星以上)

わく星**Y**：半月のように見えた。

わく星**Z**：しま模様《もよう》が見え，すぐそばに小さなガリレオ衛星が見られた。

わく星**Y**，わく星**Z**の名まえの組み合わせとして適当なものを右の**ア**～**カ**から1つ選び，記号で答えなさい。(8点)

	ア	イ	ウ	エ	オ	カ
わく星Y	土星	土星	木星	木星	金星	金星
わく星Z	木星	金星	土星	金星	土星	木星

(1)	(2)A	B	C	
(2)明るい星	(2)赤い星	(3)領域	向き	(4)

2 次の文章を読んで，あとの問いに答えなさい。【30点】

高輪中ー改

2014年12月に打ち上げられた小《しょう》わく星《せい》探《たん》査《さ》機《き》「はやぶさ2」は，2018年6月に小わく星（ ① ）にとう着しました。小わく星の多くは（ ② ）と（ ③ ）の軌道《きどう》間にありますが，小わく星（ ① ）の軌道はほぼ地球と（ ② ）の軌道の間にあります。太陽系《けい》は，太陽，地球などのわく星，わく星を回る（ ④ ），小わく星やすい星などから構成されていますが，もともとは，原始太陽を中心として円ばん状に広がったガスやちりでした。それらはたがいの引力で集まり，小さな天体となりました。地球などの惑星や月は，これらの小さな天体どうしが何度もしょうとつし，どろどろにとけて固まることで岩石の性質を変えながら，大きく成長したものだと推《すい》定《てい》されています。はやぶさ2はこの小わく星に金属のかたまりをぶつけて人工のクレーターをつくり，地下の物質を回収し，地球に持ち帰ることが大きな目的です。この物質を分析《ぶんせき》することで太陽系がどのように誕生《たんじょう》したのか，くわしく知ることができると考えられています。

(1) （ ① ）にあてはまる小わく星の名まえを答えなさい。(5点)

(2) （ ② ），（ ③ ）にあてはまるわく星の名まえを答えなさい。ただし，（ ③ ）は太陽系のわく星の中で最も大きいわく星です。(10点)

(3) ④にあてはまることばを漢字2文字で答えなさい。(5点)

(4) 月やわく星ではなく，小わく星の物質を分析《ぶんせき》することが，なぜ太陽系が誕生《たんじょう》したころの状況《じょうきょう》を知る手がかりとなるのか，はじめの文章を参考にして答えなさい。(10点)

(1)①	(2)②	③	(3)
(4)			

3 月について，次の問いに答えなさい。【20点】

洗足学園中

(1) ある日，川崎市で，午前0時0分に満月が南中しました。それから7日後に南中する月の形として最も適当なものを右より1つ選びなさい。(3点)

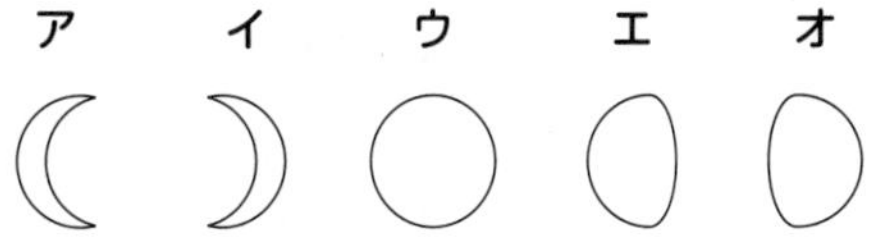

(2) (1)の月の南中時刻《じこく》として最も近いものを次より1つ選び，記号で答えなさい。(3点)

ア 午前0時　**イ** 午前3時　**ウ** 午前6時　**エ** 午前9時
オ 午後0時　**カ** 午後3時　**キ** 午後6時　**ク** 午後9時

(3) 地球から月を見たときに見えるもようは変わることがありません。月がつねに地球と同じ面を向き続けている理由を説明しなさい。(8点)

(4) 月の引力は，地球の引力の約6分の1であることがわかっています。地球上ではかると120gの石を月面上で上皿てんびんを使ってはかると何gの分銅とつりあいますか。(6点)

(1)	(2)	(3)	
			(4)

ヒント　3 (4)重力はすべての物質にかかる。

7 光と音に関する問題

解答 17 ページ

〔　月　日〕

時間 20分	得点
合格点 70点	点

1 次の文を読み，あとの問いに答えなさい。【30点】

和洋国府台女子中－改

光は，同じもの(例えば空気)の中では直進しますが，別のものに光が入っていくとき(例えば空気から水へ)，その境目で，①はね返されたり，②折れ曲がって別の物質中に入っていきます。光が曲がって目に入ってきても，私たちの目には直進して進んできた方向にものがあるように見えます。

(1) 下線部①，②の光の性質を何といいますか。それぞれ答えなさい。(10点)

(2) 家族で温泉に行ったとき，浴《よく》そうの底にある電灯がうかび上がって，点Bにあるように見えました。実際に点Aから出た電灯の光が，目に届くまでの光の進み方を，図の中に線でかき入れなさい。また，光の進む向きに，矢印もつけなさい。(10点)

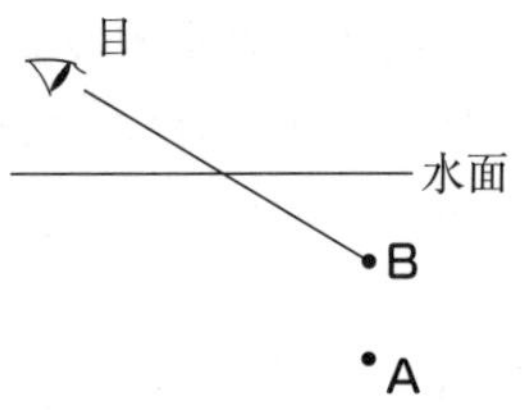

(3) 虫めがねは凸《とつ》レンズでできていて，光を集めるはたらきがあります。この点を焦点《しょうてん》といい，レンズの両側の同じ位置にあります。この位置よりも内側の虫めがねに近い位置にものを置き，反対側から虫めがねを通してものを見ると，大きく見えます。このことを，作図で確かめてみましょう。ろうそくのほのおから出た無数の光のうち，2本の光線と線がかいてあります。大きく見えるほのおの先たんの位置に点線を引いて求め，その位置に×印をつけなさい。(10点)

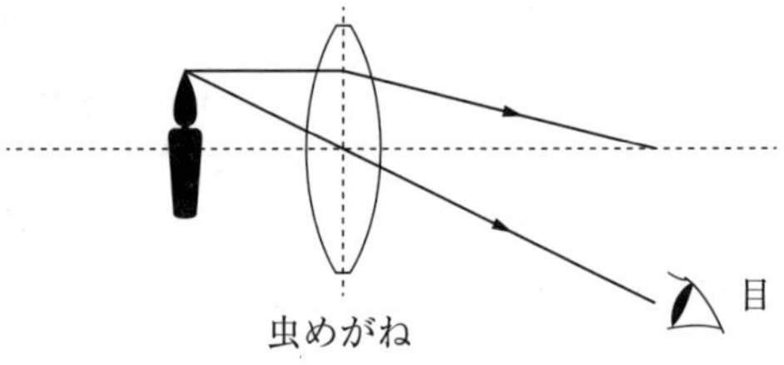

(1)①	②	(2) (図に記入)	(3) (図に記入)

2 次の問いに答えなさい。【30点】

淑徳与野中，成蹊中

(1) 次の文中の(　)にあてはまることばを選び，答えなさい。(20点)

オリンピックの聖火は①(とつ，おう)面鏡を使って太陽の光を集めて点火しています。カーブミラーに使われているのは②(とつ，おう)面鏡で，同じ位置に平面鏡にうつしてみるよりも物体の大きさは③(大きく，小さく)，うつる物体の位置は鏡の位置に④(近く，遠く)見えます。

(2) 右の図のように，あなたからT字路に設置されているカーブミラーにある母子がうつって見えたとします。このときのT字路を上から見たようすとして正しいものを，次のア～エから1つ選び，記号で答えなさい。(10点)

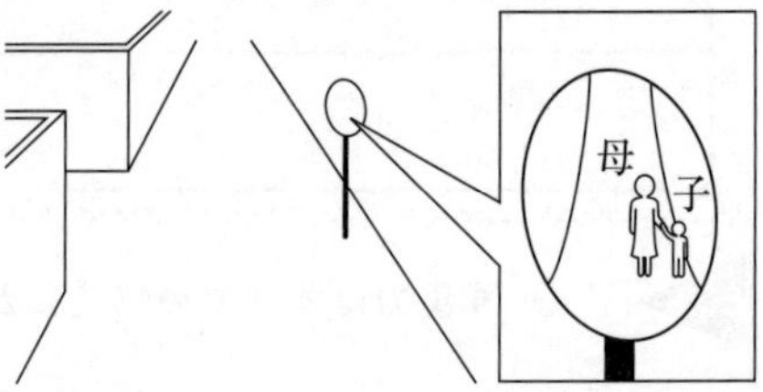

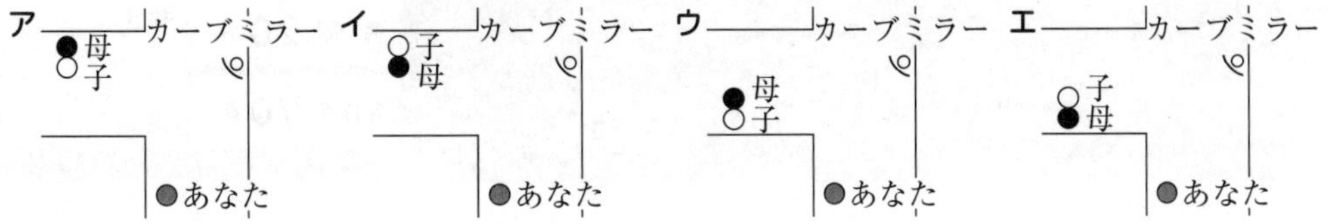

(1)①	②	③	④	(2)

3 **音の実験に関する次の文章を読んで，あとの問いに答えなさい。この実験では風はふいておらず，空気中の音の速さは自動車の運動に関係なくつねに毎秒 340 m であるとします。ただし，計算結果を答える際，割《わ》り算《ざん》が必要な場合は，分数ではなく小数で答えなさい。**【40 点】

サレジオ学院中

前面に大きな音が出るスピーカーをとりつけた自動車があり，自動車の前方に大きな反射《はんしゃ》板がおかれています。はじめに，とまっている自動車から短い音を発したところ，自動車に乗っている人が 9 秒後に反射板で反射した音を聞きました。

(1) 自動車と反射板の間は何 m はなれていますか。(12 点)

次に，車を毎秒 17 m の速さで反射板に向かって走らせました。あるしゅん間に走っている自動車から短い音(第一の音)を発し，4 秒後にも同じ音(第二の音)を発したところ，第一の音を発してから 6 秒後に自動車に乗っている人が第一の反射音を聞きました。

(2) 次の文章の空らん①～⑦にあてはまる適当な数値《すうち》を答えなさい。なお，④と⑥については小数第 2 位まで答えを書き，⑦については小数第 1 位まで答えを書きなさい。

車が第一の音を発してから第一の反射音を聞くまでには音は(　①　)m すすみます。一方，車はその間に(　②　)m 進んでいます。音が反射板にはね返って車に達することを考えると，第一の音の反射音を聞いたとき，自動車と反射板の間の距離《きょり》は(　③　)m になっていることがわかります。(28 点)

いま，反射板の位置に人がいて，第一，第二の音を聞きました。第一の音を発したときの車と反射板の間の距離は(　②　)と(　③　)をたしたものになっているので，第一の音が反射板に届くまでに(　④　)秒かかります。車が第二の音を発したとき，車と反射板の距離は(　⑤　)m になっているため，第二の音が反射板に届くまでに(　⑥　)秒かかります。これらのことから反射板の位置にいる人が第一の音を聞いてから，第二の音を聞くまでの時間が(　⑦　)秒になることがわかります。

(1)	(2)①	②	③
④	⑤	⑥	⑦

ヒント

2 (2)位置関係は平面鏡のときと同じである。
(3)位置関係を図で整理するとよい。救急車のサイレンの音の変化のしくみと同じ原理である。

8 力に関する問題

解答 18 ページ

時間 20分
合格点 70点
得点　　点

1 あるばねAにおもりをつるしたときの「ばねの長さ」と「おもりの重さ」の関係を調べたところ，図1のようになりました。これについて，次の問いに答えなさい。【60点】　開智中

図1

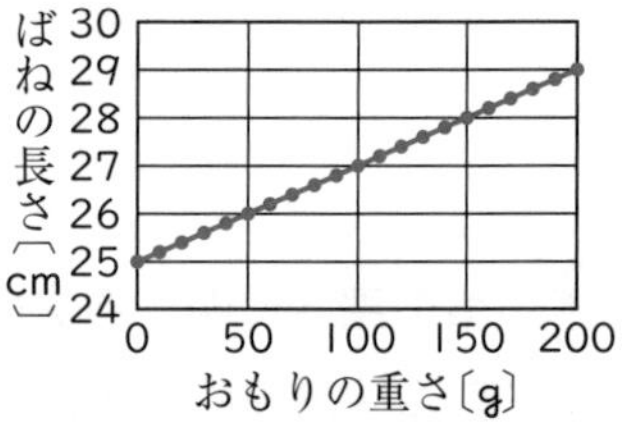

(1) ばねAに 250 g のおもりをつるしたとき，ばねの長さは何 cm になりますか。(10点)

ばねAに重さはわからないが，体積は 120 cm³ のおもりBをつるしました。そして，水の入ったビーカーを台ばかりの上にのせ，その中におもりBをつけて静止させました(図2)。なお，ビーカーの重さは 200 g，ビーカーの中の水の重さは 120 g です。このとき，ばねAの長さは 27.2 cm，台ばかりの値《あたい》は 380 g になりました。ただし，水の重さは 1 cm³ あたり 1 g とします。

図2

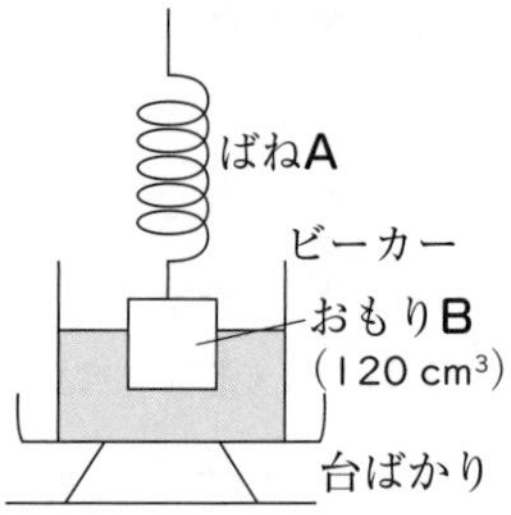

(2) 図2のとき，おもりBにはたらいている，浮力《ふりょく》(ビーカーの水がおもりBをおす力)は何 g ですか。(10点)

(3) おもりBの重さは何 g ですか。(10点)

(4) 図2の状態から，おもりBをばねAから静かにはずしました。そのあと，おもりBはどうなりますか。次の中から1つ選び，記号で答えなさい。(10点)

ア 一部は水面にうかんだままでいる。
イ 水中にしずむが，ビーカーの底にはつかない。
ウ 水中にしずみ，ビーカーの底につく。

輪じくと動かっ車とばねAを用いて，おもりCとDをつるして水につけ，図3のようにつりあわせました。動かっ車の重さは 300 g，おもりCの重さは 300 g で体積は 240 cm³，おもりDの重さは 360 g です。このとき，おもりCは完全に水にしずんでおり，おもりDは全体の体積の 10 分の 3 だけしずんでいました。また，おもりCとおもりDは，ともに容器の底にはついていませんでした。なお，用いた輪じくの小さい輪の半径は 9 cm，大きい輪の半径は 15 cm でした。ただし，ひもの重さは無視できるものとします。

図3

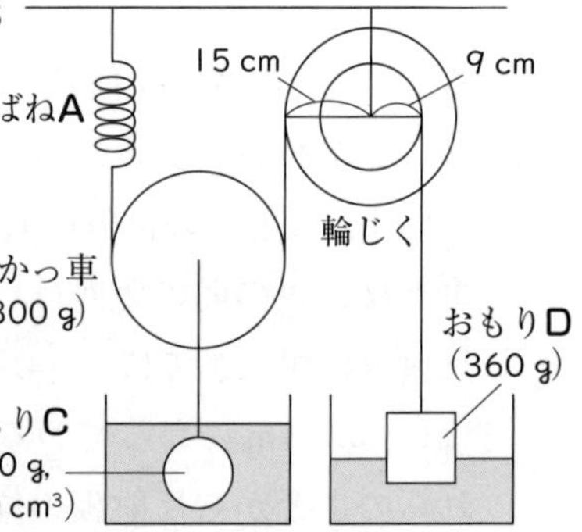

(5) 図3のとき，ばねAの長さは何 cm になりますか。小数第1位まで答えなさい。(10点)

(6) おもりDの体積は何 cm³ ですか。(10点)

(1)	(2)	(3)	(4)
(5)	(6)		

2 図のようにひもを持って水とうを軽くふると，水とうがふりこになることに興味をもちました。水とうがからのときと，$\frac{1}{3}$まで水を入れたときでふりこの周期(1往復)する時間)を比べると，$\frac{1}{3}$まで水を入れたときのほうが周期が長くなることに気がつきました。そのようになる理由を「重心」と「ふりこの長さ」ということばを用いて30～50字で答えなさい。【15点】

芝浦工業大附中ー改

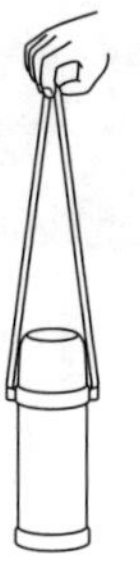

3 次の文を読み，あとの問いに答えなさい。答えが割《わ》り切れない場合は，小数第1位を四捨五入して整数で答えなさい。ただし，糸の重さについては考えないものとします。【25点】

明治大付属中野八王子中

太さが一様でない長さが50 cmの棒《ぼう》があります。図1・2のように，ばねばかりでA側のはしを少し持ち上げるとばねばかりは40 gを示しました。また，Bのはしを少し持ち上げると，ばねばかりは60 gを示しました。

図1

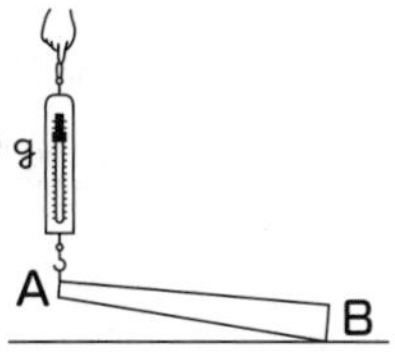

図2

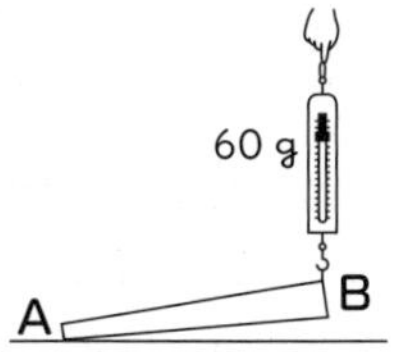

(1) 棒を水平につり下げたとき，棒が水平につりあうのはA側のはしから何cmのところに糸をつけたときですか。(7点)

(2) 図3のように棒の中心に糸をつけてつるすと，B側のはしが下がってしまったので，50 gのおもりをつるして棒が水平につりあうようにしました。50 gのおもりをA側のはしから何cmのところにつるすと棒が水平につりあいますか。(8点)

図3

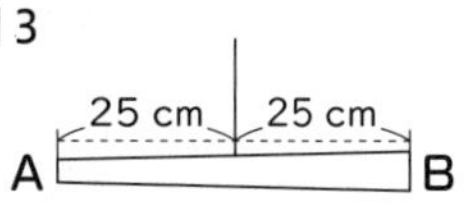

(3) 図4のようにA側のはしに50 gのおもりをつるして棒を水平につりあうようにしました。A側のはしから何cmのところで棒を糸でつり下げると，棒が水平につりあいますか。(10点)

図4

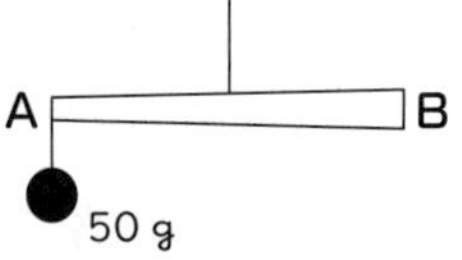

(1)	(2)	(3)

ヒント

1 (4)おもり1 cm^3あたりの重さを，水1 cm^3あたりの重さ(1 g)と比べる。

2 ふりこの周期を変える条件について記述する。

3 棒の両はしを別々につり上げたときと，同時につり下げたときのばねはかりの値《あたい》は同じになる。

〔　月　日〕

時間 20分	得点
合格点 70点	点

9 電気のはたらき ①

解答 18 ページ

1 電気回路について，次の問いに答えなさい。【44 点】

日本大豊山女子中

(1) 豆電球，導線，スイッチ，かん電池を用いて**図 1** のような回路をつくりました。このときの回路図は**図 2** のようになります。スイッチを閉じたとき，**図 2** の **A** に流れる電流の向きは上向きですか，下向きですか。(6 点)

図 1

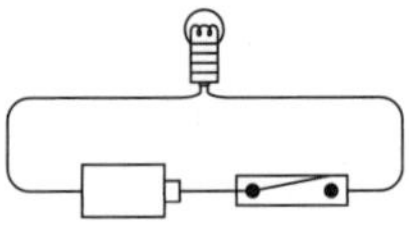

図 2

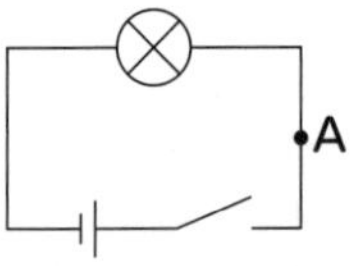

(2) **図 2** の豆電球に流れる電流の大きさを 1 としたとき，次の**図 3**，**図 4**，**図 5** の回路の豆電球に流れる電流の大きさの組み合わせとして正しいものを**ア**～**ケ**から 1 つ選び，記号で答えなさい。ただし，豆電球とかん電池はすべて同じものとします。(8 点)

図 3

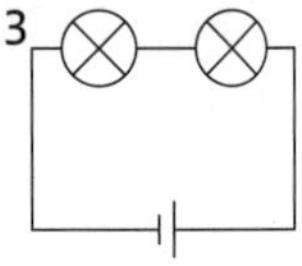

図 4

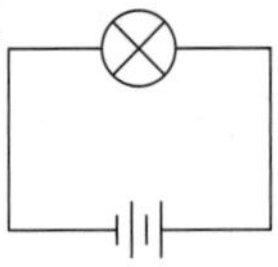

図 5

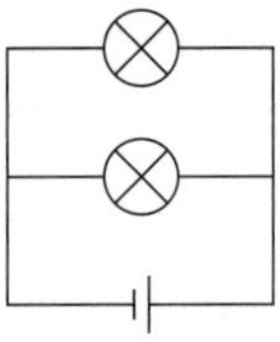

	図 3	図 4	図 5
ア	0.5	0.5	2
イ	0.5	2	1
ウ	0.5	1	0.5
エ	1	0.5	2
オ	1	2	1
カ	1	1	0.5
キ	2	0.5	2
ク	2	2	1
ケ	2	1	0.5

(3) 豆電球 3 個とかん電池 2 個を用いて，3 つの豆電球がすべて**図 2** の豆電球に流れる電流の $\frac{2}{3}$ 倍の電流が流れるようにするにはどのようにしたらよいですか。回路図をかきなさい。(10 点)

(4) **図 6** のような回路をつくりました。この回路のスイッチ 2 を開いて，スイッチ 1 を閉《と》じたとき，流れる電流が最も大きいのはどの豆電球ですか。a ～ e から選び，記号で答えなさい。ただし，流れる電流が最も大きいものが 2 つ以上ある場合は，すべての記号をしるすこと。またそのときの豆電球を流れる電流の大きさは**図 2** の何倍になりますか。(8 点)

図 6

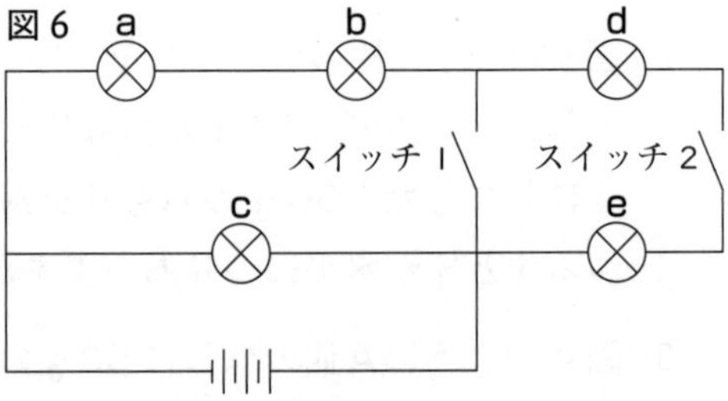

(5) **図 6** の回路で，スイッチ 1 を開いて，スイッチ 2 を閉じたとき，流れる電流が最も小さいのはどの豆電球ですか。a ～ e から選び，記号で答えなさい。ただし，流れる電流が最も小さいものが 2 つ以上ある場合は，すべての記号をしるすこと。また，そのときの豆電球を流れる電流の大きさは**図 2** の何倍になりますか。(12 点)

(1)	(2)	(3) （図に記入）	
(4)記号	大きさ	(5)記号	大きさ

2 ある中学校のコンテストで生徒会長，生徒会副会長，校長，副校長の計 4 名が審査員《しんさいん》をすることになりました。各審査員は合格と判断したらスイッチをおし，ランプがつけば審査通過となります。審査通過の条件を次の(1)(2)(3)としたとき，スイッチ 4 つとランプ，電源装置《でんげんそうち》をどのようにつなげばよいですか。それぞれについて解答用の図に必要な導線をかき入れなさい。ただし，導線につないでよいのは図中の ◆ の場所のみとします。【36 点】

東京学芸大附属世田谷中

(1) 4 名全員がスイッチをおしたときのみ審査通過。(12 点)

(2) 生徒会長，生徒会副会長の 2 名と，校長，副校長のいずれか 1 名の計 3 名がスイッチをおせば審査通過。(12 点)

(3) 生徒会長，生徒会副会長のいずれか 1 名，校長，副校長のいずれか 1 名の計 2 名がスイッチをおせば審査通過。(12 点)

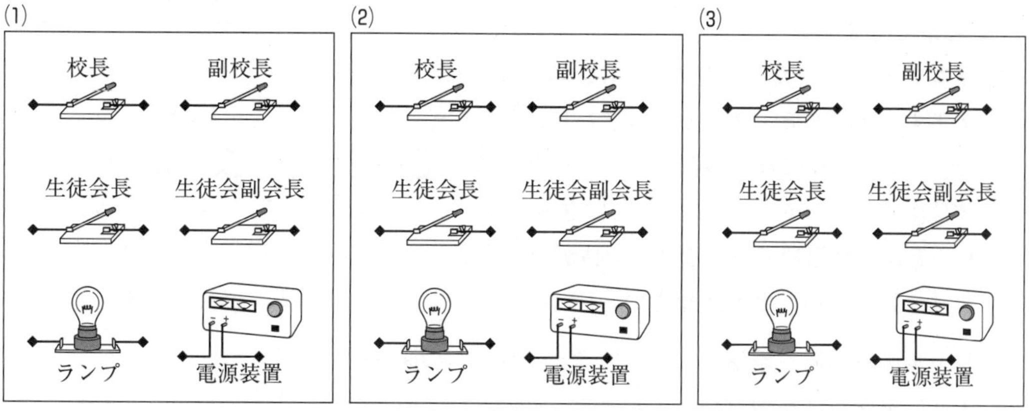

(1)	(2)	(3)
(図に記入)	(図に記入)	(図に記入)

3 豆電球や LED(発光ダイオード)を使って実験を行いました。下左図では電流が流れて LED と豆電球が点灯しますが，下右図では電流が流れず LED と豆電球は点灯しません。LED だけをつないだ①，②において，LED がすべて点灯するためには電池の＋極と－極をどこに接続すればよいですか。記号で答えなさい。【20 点】

東洋英和女学院中

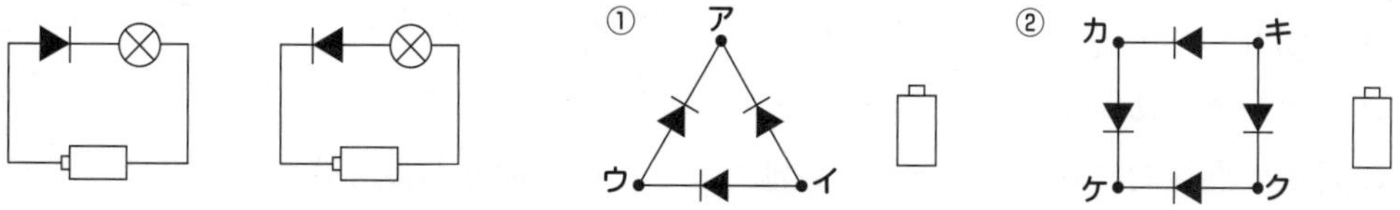

①(＋)	(－)	②(＋)	(－)

ヒント

1 (2)の値《あたい》を参考にする。並列《へいれつ》の場合は分けて電池をつないだときと同じ電流が流れる。
2 直列だとすべてつながっていないと電流は流れない。
3 いろいろなパターンで電流が流れることを確認する。

10 電気のはたらき ②

解答 19 ページ

〔　　月　　日〕

時間 30分	得点
合格点 70点	点

1 **リニアモーターカーは磁石の力を利用して車体を動かしています。これについて，次の文を読み，あとの問いに答えなさい。**【50点】　春日部共栄中

次の**図1**はリニアモーターカーのしくみを模型《もけい》で表したものです。リニアモーターカーの車体の中には動かないように固定した永久磁石を置き，車体はレールからはずれずになめらかに動くようにしました。レールの両側には同じ方向に同じ回数だけエナメル線を巻《ま》いた電磁石を同じ間かくでおいています。電磁石には導線と電池をつなぐことができます。

図1

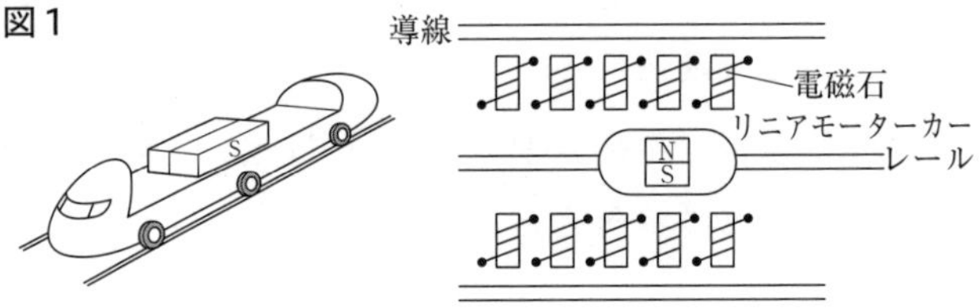

⑴ リニアモーターカーが進む方向について考えます。リニアモーターカーのまわりに**図2**の①，②のように永久磁石を置いたとき，車体は図の**ア**，**イ**のどちらの方向に進みますか。それぞれ記号で答えなさい。動かないときは「動かない」と答えなさい。(16点)

図2

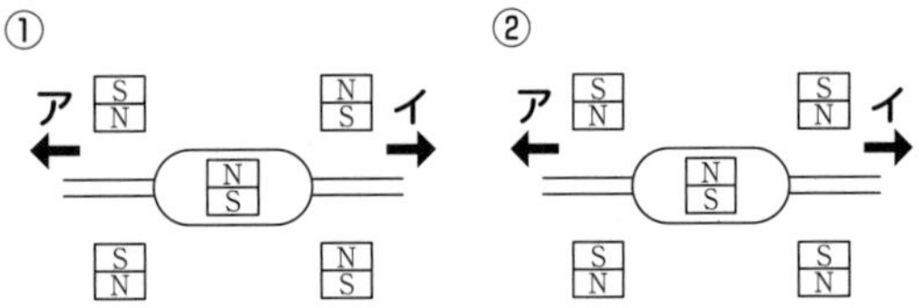

⑵ レール両側に置く電磁石について考えます。右の**図3**のように電磁石に電池をつないだとき，永久磁石は引きつけられました。リニアモーターカーが**図4**で矢印の方向に進むためには電磁石の導線と電池をどのようにつなぐとよいですか。右の**ア**～**エ**からすべて選び，記号で答えなさい。(14点)

図3

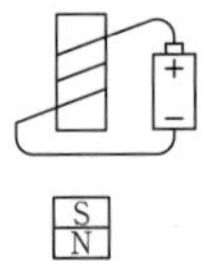

図4

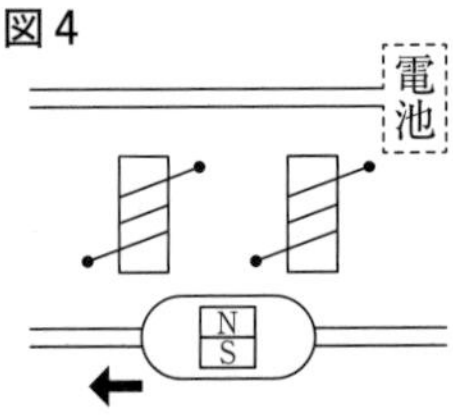

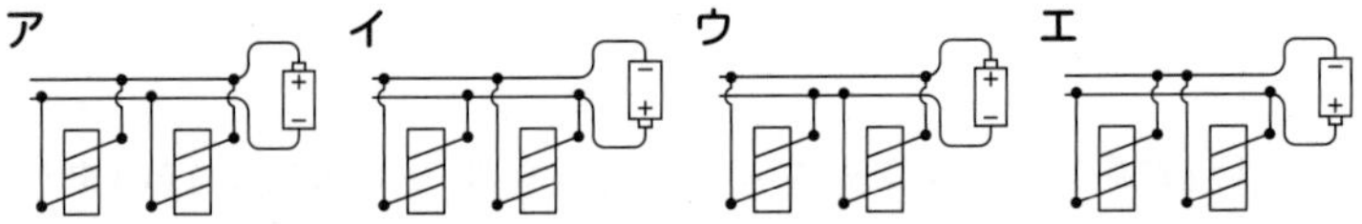

⑶ 実際にリニアモーターカーを動かし続けるためには，電磁石に流れる電流の向きを切りかえなくてはいけません。リニアモーターカーを動かし続けるために**図3**の点線内に置くスイッチと電池でできた装置のうち最も適切なものはどれですか。右の**ア**～**エ**から1つ選び，記号で答えなさい。また，スイッチを切りかえるのはリニアモーターカーがどこまで動いたときがよいか，簡単《かんたん》に説明しなさい。(20点)

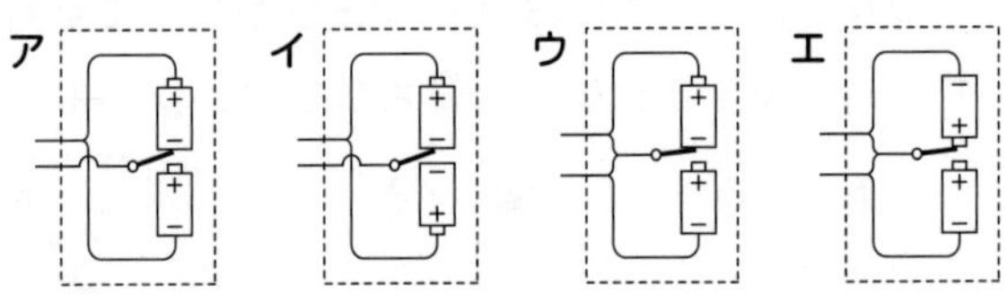

⑴①	②	⑵
⑶記号	スイッチ	

2 **同じ電池，電球をそれぞれいくつか用意して，さまざまな回路をつくります。図1のように，電池1つと電球1つをつないだときに，回路に流れる電流の大きさを1とし，導線や電池に電気ていこうはないものとします。あとの問いに答えなさい。**【30点】

図1

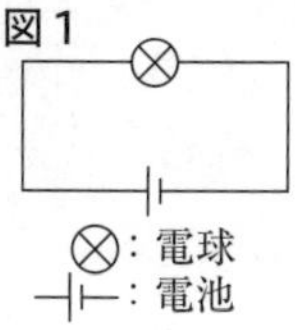

芝浦工業大柏中ー改

電池１つと電球３つ，方位磁針《ほういじしん》**ア**，**イ**，**ウ**，**エ**，**オ**を用いて，**図2**の回路をつくりました。それぞれの方位磁針を導線の下に置き，針《はり》の向きにあたえる電流の影響《えいきょう》はその真上を流れるものにかぎるとし，はじめスイッチは開いているものとします。

図2

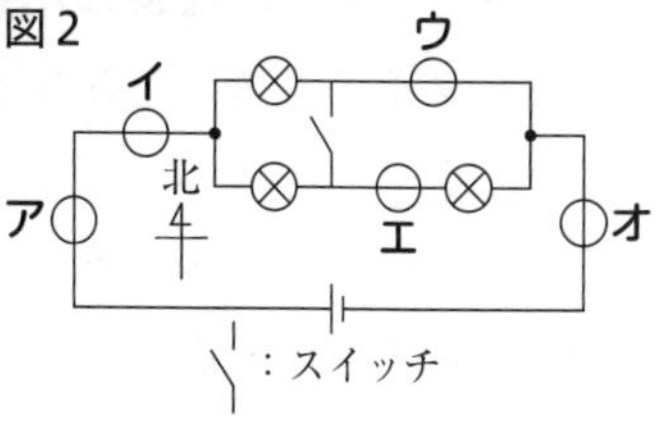

(1) スイッチを閉《と》じたあとに流れる電流が小さくなったのはどの方位磁針の真上の導線部分ですか。**図2**の**ア**～**オ**の中から１つ選んで，記号で答えなさい。(10点)

(2) スイッチを閉じたあとに**図2**の回路全体に流れる電流の大きさを答えなさい。(10点)

(3) スイッチを入れたときに，少しでも針《はり》が動く方位磁針はどれですか。**図2**の**ア**～**オ**の中からすべて選んで，記号で答えなさい。(10点)

(1)	(2)	(3)

3 **図のように，エナメル線のコイルと磁石《じしゃく》を組み合わせて回転するモーターをつくりました。円形磁石は上側がN極，下側がS極です。次の問いに答えなさい。**【20点】

甲南中，攻玉社中ー改

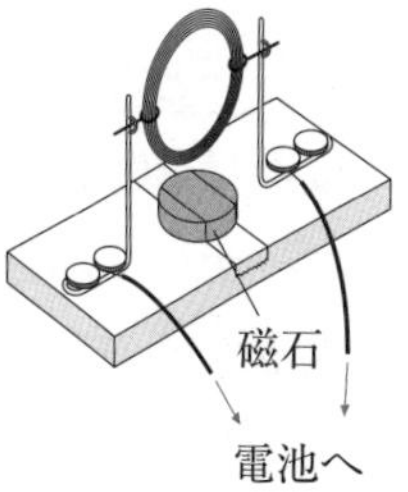

(1) コイルの両はしのエナメル線のエナメルを片方《かたほう》は全部はがし，もう一方は下半分だけはがしました。このようにする理由として最も適当なものを次の**ア**～**エ**から１つ選び，記号で答えなさい。(10点)

ア 電流を流れやすくするため。　**イ** 電流が流れないようにするため。

ウ 電流が流れるときと流れないときをつくるため。

エ コイルに流れる電流の向きを変えるため。

(2) モーターの回転をはやくするためにはモーターにどのような操作をすればよいですか。適当なものを次の**ア**～**コ**からすべて選び，記号で答えなさい。(10点)

ア 強い磁石に変える。　**イ** 弱い磁石に変える。

ウ 磁石のN極とS極をかえる。　**エ** コイルの巻《ま》き数を少なくする。

オ コイルの巻き数をふやす。　**カ** コイルの巻き方を逆向きにする。

キ コイルに流れる電流を大きくする。　**ク** コイルに流れる電流を小さくする。

ケ コイルを磁石からはなす。　**コ** コイルを磁石に近づける。

(1)	(2)

ヒント

1 反発と引き合いを利用して進むのは永久磁石も電磁石も共通である。

2 導線だけの経路があれば，豆電球などのていこうがある経路は通らなくなる。

3 磁石同士の引きよせを利用して回転させる。強く引き合うようにすればはやく回転する。

時間 20分	得点
合格点 70点	点

11 もののようすや性質

解答 20 ページ

1 ドライアイスを使った実験を行いました。次の問いに答えなさい。【20点】 富士見中

(1) ドライアイスは，ある気体Aが固体になったものです。気体Aの名まえを答えなさい。(5点)

(2) ドライアイスの「ドライ」とは「かわいている」という意味ですが，なぜドライアイスとよばれるのか，水の状態変化と比かくしながら，その理由を説明しなさい。(10点)

(3) ドライアイスを水に入れると，白いけむりのようなものが出てきます。この白いけむりのようなものは何ですか。(5点)

(1)	(2)
	(3)

2 右の図のような装置を使って，水のふっとうするようすを観察しました。あとの問いに答えなさい。【35点】 城北中－改

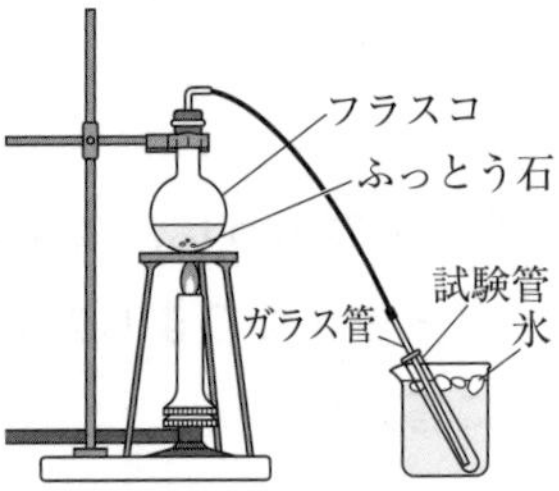

ビーカーに水道の水をとり，メスシリンダーに移してA体積をはかったところ，88 cm³ ありました。また，水の温度をはかると，温度計は 20 ℃ を示しました。次に，その水をフラスコに入れ，ガスバーナーで加熱するためにマッチで火をつけました。すると，赤く大きなほのおになったので，Bガスの量を減らし，空気を加えて青白いほのおをつくりました。ガスバーナーのほのおをフラスコにあて，水を加熱し，ふっとうするようすを観察しました。加熱を始めてすぐに，試験管の中にCあわが出てきました。しばらくすると，フラスコの底にも小さなDあわが現れました。そのあとも，一定の割合《わりあい》で温度が上がり続け，加熱を初めて 8 分後，フラスコの底に大きなEあわが現れました。加熱を始めて 10 分後，試験管の中にも激《はげ》しくあわが出てきたので，最後に，Fガラス管を試験管からとり出し，ガスバーナーのほのおを消しました。

(1) 下線部Aについて，メスシリンダーに水 88 cm³ を入れると，液面のようすはどのようになりますか。88 cm³ と読めるように図に液面をかき入れなさい。(6点)

(2) フラスコ内のふっとう石の正しい役割《やくわり》を次のア～エから 1 つ選びなさい。(5点)

ア 水の中の不純物《ふじゅんぶつ》をとりのぞく。　イ 水のふっとうをはやめる。

ウ 水が急にふっとうすることを防ぐ。　エ 水がふっとうし続けるようにする。

(3) 右の図のようにガスバーナーにはGとHのねじがついています。下線部Bでは，ガスバーナーの上から見てどちらの方向にねじを回して，空気とガスの量を調節しましたか。それぞれ時計まわりか反時計まわりで答えなさい。(6点)

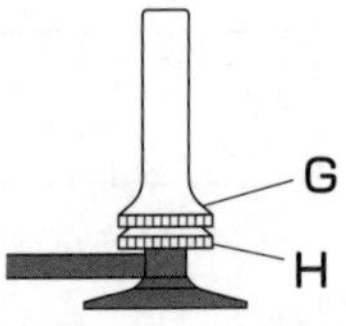

(4) 下線部C，D，Eのあわのうち，水蒸気《すいじょうき》であるものをすべて選びなさい。(6点)

(5) 下線部Fにおいて，ガラス管をとり出してから火を消す理由を説明する次の文を読んで，①

〜③にあてはまる適切なことばを答えなさい。(12点)

火を消す直前のフラスコの中は(　①　)で満たされている。火を消してフラスコが冷やされると(　①　)が(　②　)に変化し，体積が小さくなる。そのため，ガラス管をとり出しておかないと，試験管の中の水が(　③　)してしまうから。

(1)(図に記入)	(2)	(3)G	H
(4)	(5)①	②	③

3 ろうそくに火をつけて観察したら，ほのおには右の図1のように3つの部分があることがわかりました。この3つの部分について，次のような実験を行いました。あとの問いに答えなさい。【35点】　大妻多摩中ー改

図1

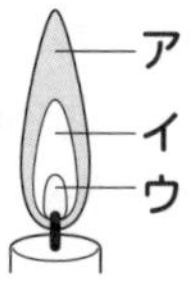

図2

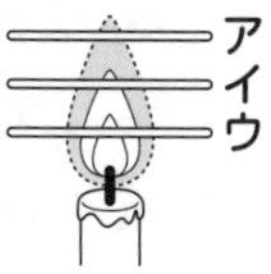

図3

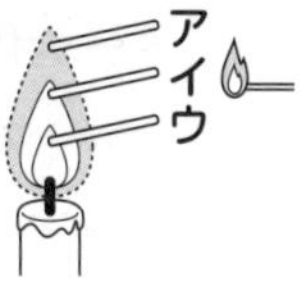

実験1 図1のほのおの3つの部分(**ア〜ウ**)のそれぞれに，ガラス棒《ぼう》を入れてしばらく放置したあと，とり出して結果を確認した(**図2**)。

実験2 図1のほのおの3つの部分(**ア〜ウ**)のそれぞれにガラス管をさし入れてマッチの火を近づけた(**図3**)。

(1) 図1のほのおの3つの部分の名まえ(**ア〜ウ**)として正しいものを，内炎《ないえん》，外炎，炎心からそれぞれ選びなさい。(6点)

(2) ろうそくのほのおの中で最も温度が高いのは**図1**のどの部分ですか。**ア〜ウ**の記号で答えなさい。また，その理由を簡単《かんたん》に説明しなさい。(12点)

(3) ろうそくのほのおの中で最も明るいのは**図1**のどの部分ですか。**ア〜ウ**の記号で答えなさい。(4点)

(4) **実験1**の結果として正しいものを，それぞれ右から選んで記号で答えなさい。(9点)

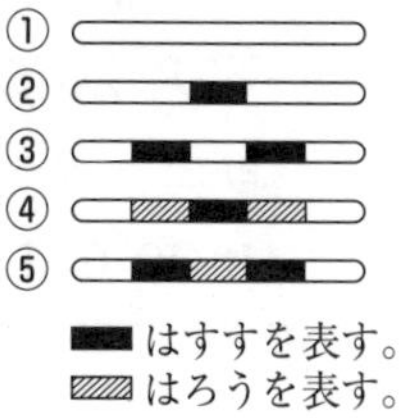

(5) **実験2**でガラス管の先に火がつくものをすべて選んで，**ア〜ウ**の記号で答えなさい。(4点)

(1)ア	イ	ウ	(2)記号	理由

(3)	(4)ア	イ	ウ	(5)

4 図のように長さがちがうろうそくに火をつけて，ガラスの容器で上からおおいました。しばらくすると，ほのおはA，B，Cの順に消えました。なぜ長いろうそくからほのおが消えたのか，「二酸化炭素」ということばを使って35字以内で答えなさい。【10点】　逗子開成中ー改

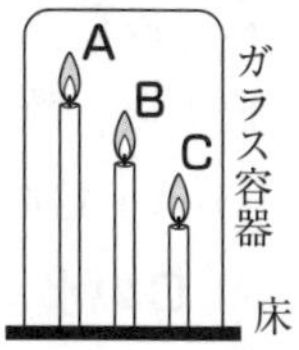

ヒント　3 4 ものが燃える条件は「燃えるものがある／酸素がある／温度が発火点以上」である。

〔　月　日〕

時間 20分	得点
合格点 70点	点

12 水よう液に関する問題

解答 20 ページ

よく出る

1 温度のちがう水 100 g にミョウバンがとける量を表にまとめました。この表をもとにして，次の問いに答えなさい。【40 点】 日本女子大附中

水　温〔℃〕	0	20	40	60	80
ミョウバンの量〔g〕	3.0	5.9	11.7	24.8	71.0

(1) ミョウバンを正確に 12.1 g はかりとるときに使う器具の名まえを書きなさい。(4 点)

(2) 20 ℃ での水 100 g にミョウバン 12.1 g 入れてかきまぜたが，とけきれずにビーカーの底につぶが残った。

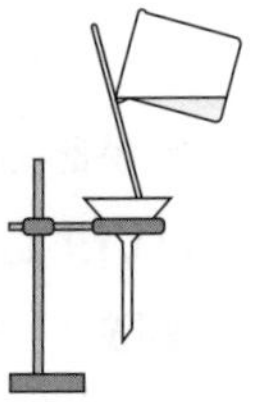

① 何 g のつぶが残ったか求めなさい。(5 点)

② ①のビーカーを右の図のような装置を使ってろ過します。右の図に正しくろ過が行えるよう，ビーカーをかきたしなさい。(6 点)

③ ②でろ紙に残ったつぶをすべて新しいビーカーに移し，25 g の水を入れてあたためるところ，ある温度ですべてのつぶが水にとけた。このときの水温は何℃か答えなさい。(6 点)

(3) 重さ 160 g の 300 mL ビーカーに 150 g の水を入れ，ミョウバン 90 g 入れてあたためた。すべてのつぶがとけたあとにビーカーをたおして中身をこぼしてしまった。このとき，ビーカー全体の重さは 320 g だった。このビーカーを水の温度が 20 ℃ になるまで冷やすとビーカーのつぶが現れた。

① すべてのミョウバンがとけたとき，水温は何 ℃ だったか次の**ア**～**エ**から選び，記号で書きなさい。(5 点)

ア 20 ℃ ～ 40 ℃　　**イ** 40 ℃ ～ 60 ℃　　**ウ** 60 ℃ ～ 80 ℃　　**エ** 80 ℃ ～ 100 ℃

② ビーカーをたおしてしまったとき，何 g のミョウバン水よう液がこぼれましたか。(6 点)

③ 20 ℃ までビーカーを冷やしたとき，底に残ったつぶの量は何 g ですか。(8 点)

(1)	(2)①	② (図に記入)	③
(3)①	②	③	

2 A～Gの 7 種類の水よう液について，あとの問いに答えなさい。【60 点】 頌栄女子学院中

A：砂糖水《さとうみず》　**B**：炭酸水　**C**：食塩水　**D**：石灰水《せっかいすい》

E：塩　酸　**F**：アンモニア水よう液　**G**：水酸化ナトリウム水よう液

(1) **A**～**G**の水よう液の中で気体が水にとけているものをすべて選んで，記号で答えなさい。(4点)

(2) **C**の水よう液と**F**の水よう液を区別するための方法として，適当なものを次の**ア**～**エ**からすべて選んで，記号で答えなさい。(4 点)

ア 赤色と青色のリトマス紙を用いて，色の変化を調べる。

イ 水よう液のにおいを確認《かくにん》する。　**ウ** 水よう液の色を確認する。

エ 水よう液を 1 てきスライドガラスにとって，十分に加熱する。

(3) **A**～**G**の水よう液から 2 つを選んでまぜると白くにごり，これをろ過すると白い物質がろ

紙に残りました。この白い物質をA～Gの水よう液のどれかに入れると，気体が発生しました。

① 選んだ2つの水よう液は何と何ですか。A～Gから2つ選び，記号で答えなさい。(4点)

② ろ紙に残った白い物質は何ですか。その物質名を答えなさい。また，下線部の水よう液は何ですか。A～Gから1つ選び，記号で答えなさい。(4点)

③ 発生した気体として，適当なものを次の**ア**～**オ**から2つ選び，記号で答えなさい。(4点)

ア 空気より重い。　　**イ** 上方置《ち》かん法《ほう》で集める。　　**ウ** 無色で刺激臭《しげきしゅう》がある。

エ 助燃性がある。　　**オ** 生物の呼吸《こきゅう》によって放出される。

(4) A～Gの水よう液のうち，2種類を混ぜて中和させるとします。中和がおこる2種類の水よう液の組み合わせは，全部で何通りありますか。(6点)

(5) EとGの水よう液を混ぜたときの変化について考えるため，**図1**のようにあるのう度のEを5 cm^3 ずつ蒸発皿《じょうはつざら》**ア**～**カ**に入れ，そこにあるのう度のGをそれぞれ図のように加えました。よくかき混ぜて反応させたあと，蒸発皿**ア**～**カ**をそれぞれ加熱して残った物質の重さをはかりました。**図2**は加えたGの体積と残った物質の重さの関係をグラフにしたものです。

図1

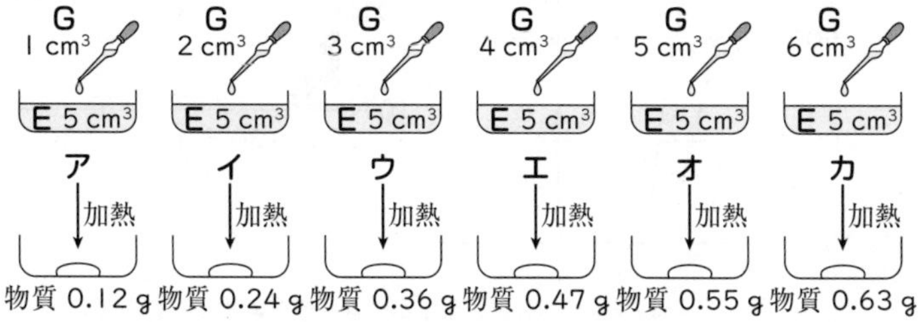

図2 加えたGの体積と残った物質の重さの関係

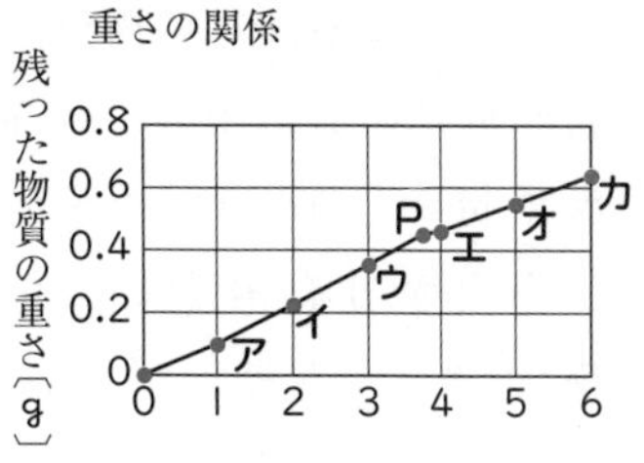

① **図1**の**オ**の蒸発皿を加熱したあとに残る，考えられる物質をすべて答えなさい。(6点)

② **図2**を見ると，グラフがP点で折れ曲がっていることがわかります。P点はどのような状態ですか。E，Gの記号を用いて15字程度で説明しなさい。(8点)

③ **図2**のP点では，加えたGの体積は何 cm^3 ですか。小数第2位まで答えなさい。(6点)

④ 加熱したあとの**カ**の蒸発皿に残った物質をすべてビーカーに移して水を入れ，再び水よう液にしました。そこにEを加えて，完全に反応させようと思います。

i 残った物質のうち，Eと反応するものは何gありますか。(6点)

ii ビーカーに入れた水の量に関わらず，加えるEの量はつねに一定です。その理由を説明しなさい。(8点)

(1)	(2)	(3)①	②白い物質
下線部の水よう液	③	(4)	(5)①
②			③
④ i	ii		

ヒント　1 (4)水よう液は，こさは一様である。

13 融合問題 ①

解答21ページ

時間 20分　合格点 70点　得点　点

難問 **1** **次の文章を読み，あとの問いに答えなさい。**【70点】　三田国際学園中－改

酸素は（　①　）に（　②　）を加えて発生させたあと，水上《すいじょう》置《ち》換法《かんほう》で集める。水上置換法で集めると（　③　）できるが，水に少しとける気体なので，発生した量よりも集めることのできる量のほうが少なくなる。また，いっぱん的に気体は水温が低いほうが水にとけやすい。

海水中には空気中の酸素がとけており，魚類はえら呼吸で水中の酸素をとりこむ。海水中にとけている酸素の量をよう存酸《ぞんさん》素《そ》量《りょう》といい，水質調査の基準にも用いられている。右の図は，日本近郊《きんこう》の海水中のよう存酸素量の分布（海面からの深さとよう存酸素量の関係）のようすを表している。

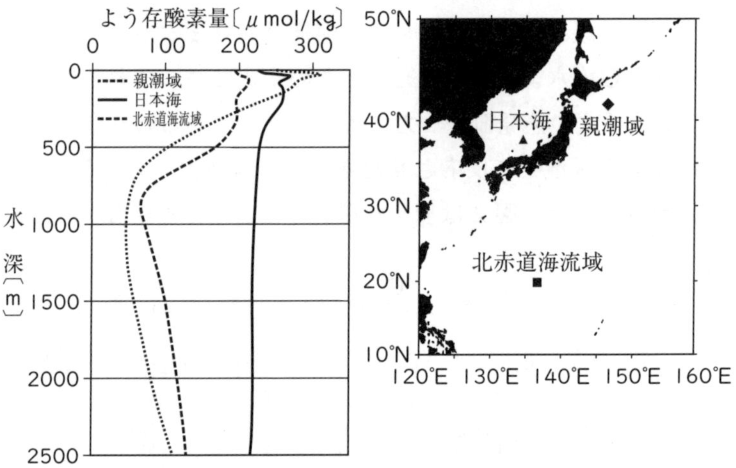

図　溶存酸素量の鉛直分布図（気象庁ホームページより）
【参考】気象庁HP>知識·解説>海洋内部の知識>溶存酸素量
https://www.data.jma.go.jp/gmd/kaiyou/db/mar_env/knowledge/koyusui/yozonox.html

(1) 文中の空らん①，②にあてはまる物質や水よう液を選択肢《せんたくし》の中からそれぞれ１つ選び，記号で答えなさい。(10点)

① **ア** 亜鉛《あえん》のつぶ　**イ** 二酸化マンガンの粉末　**ウ** 貝がら

② **ア** うすい塩酸　**イ** 過酸化水素水

(2) 酸素の性質としてあてはまるものはどれでしょうか。選択肢《せんたくし》の中からすべて選び，記号で答えなさい。(10点)

ア 空気よりも軽い。　**イ** 空気中に約80％ふくまれる。

ウ 室温では気体だが，温度を下げていくと液体になる。

エ 火を近づけると，音を立てて燃える。　**オ** 鉄と結びつくと，鉄がさびる。

カ 植物の呼吸《こきゅう》によってはい出される。

(3) 文中の空らん③にあてはまる，気体を水上置かん法で集めるときの利点を答えなさい。(15点)

(4) 下線部について，魚類のえらを広げると，ある理由でからだの大きさと同じくらいの広さになると考えられます。これと同じ理由で同様の構造をしているものはどれでしょうか。選択肢の中から１つ選び，記号で答えなさい。また，その理由を答えなさい。(15点)

ア 耳のうずまき管　**イ** 小腸の内壁《ないへき》　**ウ** 指の指もん　**エ** 心臓《しんぞう》の弁

(5) 図から，海水面付近では「北赤道海流域」よりも「親潮域」や「日本海」のほうが，よう存酸素量が多いことがわかります。この理由として考えられることを答えなさい。(20点)

(1)①	②	(2)
(3)		
(4)記号	理由	
(5)		

2 次の文を読み，あとの問いに答えなさい。【30点】

横浜雙葉中－改

図1のように，顕微鏡《けんびきょう》にはさまざまな種類があり，観察したいものによって使い分けることができます。片目《かため》で観察する顕微鏡Aは，観察するときには，プレパラートをつくる必要があります。一方，両目で観察する顕微鏡Bはステージの上にシャーレなどをのせると，シャーレの中にあるものを，そのまま観察することができます。また，両目で観察するので，ものを立体的に観察することができます。

図1

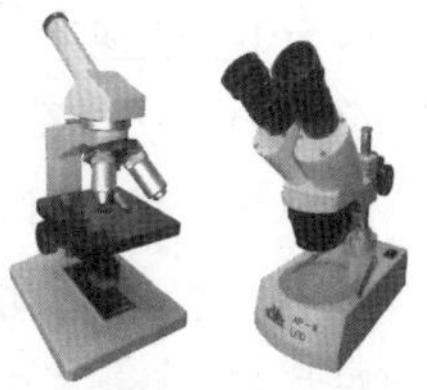

顕微鏡A　顕微鏡B

(1) 顕微鏡Aの使い方として，正しいものを次のア～エから1つ選びなさい。(6点)

ア 直射日光のよくあたる明るい場所で使う。

イ まずは長い対物レンズを用いて観察し，順々に短い対物レンズに変えていく。

ウ ピントを調節するときにはステージを少しずつ上げながら調節する。

エ 視野《しや》が暗い場合はしぼりを開ける。

(2) 図2は，顕微鏡Aで葉の裏側《うらがわ》にある気孔《きこう》を観察したものです。気孔を視野の中央で見るためには，ステージ上のプレパラートをどちらの方向に動かせばよいですか。図のア～エから1つ選びなさい。(6点)

図2

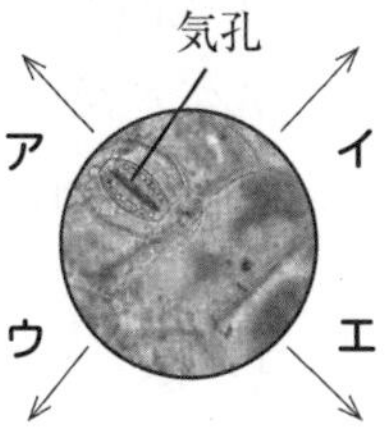

(3) ライオンとシマウマでは目についている場所が異《こと》なっているので，視野やものの見え方が異なっています。図3のAとCはそれぞれ右目か左目の片目のみで見えるはん囲，Bは両目で見えるはん囲です。ライオンとシマウマのものの見え方のちがいから生じる利点を，食べる・食べられるの関係から考えて，それぞれ1行程度で説明しなさい。(18点)

図3

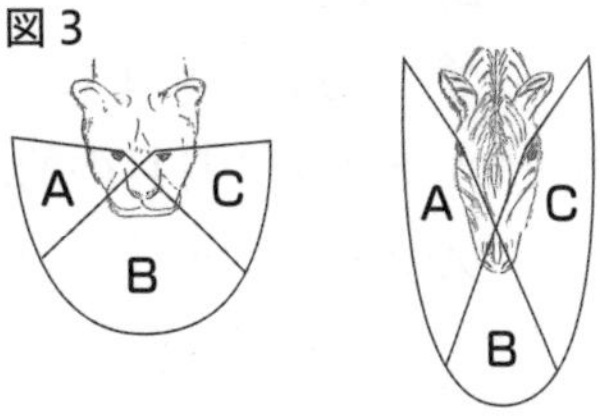

(1)	(2)
(3)ライオン	
シマウマ	

ヒント

2 (2)顕微鏡Aで見ると上下左右が逆に見える。
(3)シマウマは植物を食べ，ライオンはシマウマなどほかの動物を食べる。

〔　　月　　日〕

時間 20分	得点
合格点 70点	点

14 融合問題 ②

解答 22 ページ

難問 **1** **東京都に住んでいる太郎さんの書いた次の文を読んで，あとの問いに答えなさい。**【100 点】

芝中一改

ぼくたちは，夏の校外実習で群馬県に行ってキャンプをしました。キャンプ場は**ア**まわりを山でかこまれていました。しおりにキャンプ地の位置情報がのっていて**イ**北緯《ほくい》 36.8°，**ウ**東経 139°，**エ**標高 500 m でした。着いたその日は朝から雨が降《ふ》っていて，小雨の降る中で夕食のしたくをはじめました。まず，かまどで火を起こそうとしましたが，一生けん命息をふきかけても①なかなかたきぎに火がつきませんでした。そのあと，着火剤《ちゃっかざい》を使ったり，ガスバーナーを用いたりしてやっと火を起こすことができました。

キャンプ２日目は快晴になりました。緑豊かで空気がおいしく，鳥や虫の鳴き声も快かったです。キャンプ場の周囲を散歩しているとき，セミをつかまえました。セミを観察していた友だちが「②セミの口っておもしろい形をしているね」と言っていました。昼食をとったあと，③池で生物の観察をしました。

３日目，帰りのバスの中で，友だちと翌日《よくじつ》学校で会う約束をしました。そのとき，④スポーツドリンクのことが話題になりました。友だちが，持っていた未開封《ふう》のペットボトルを示して「ぼくは，明日これをこおらせてもっていくよ」といったので，「だめだよ，このペットボトルのラベルに『⑤こおらせないでください。容器が破損《はそん》する場合があります。』って書いてあるじゃないか。」と注意しました。

⑴ 下線部①について，火がつきにくくなった理由として最も適するものを次の中から１つ選んで，記号で答えなさい。(10 点)

ア 雨の日は火のまわりで空気の対流がおこらず，酸素が効率よく供給《きょうきゅう》されないため。

イ 酸素が小雨にとけて，空気中の酸素の量がとても少なくなるため。

ウ まきの中の燃える物質は，気体になるとすぐに小雨にとけてしまうため。

エ 息をふきかけても息のほとんどは二酸化炭素であり，酸素が不足してしまうため。

オ まきにふくまれた水の温度上昇《じょうしょう》や蒸発に多くの熱が使われ，温度が上がりにくいため。

⑵ キャンプ２日目の朝，朝日がさしてくるのが東京にいたときよりも１時間もおそいことに気づきました。その理由に最も関係の深いことがらを，本文中の下線部**ア**～**エ**から１つ選んで，記号で答えなさい。(10 点)

⑶ 下線部②についてセミの頭の絵を次の中から１つ選んで，記号で答えなさい。ただし，図の大きさは実物大ではありません。(10 点)

ア　　**イ**　　**ウ**　　**エ**　　**オ**　　**カ**

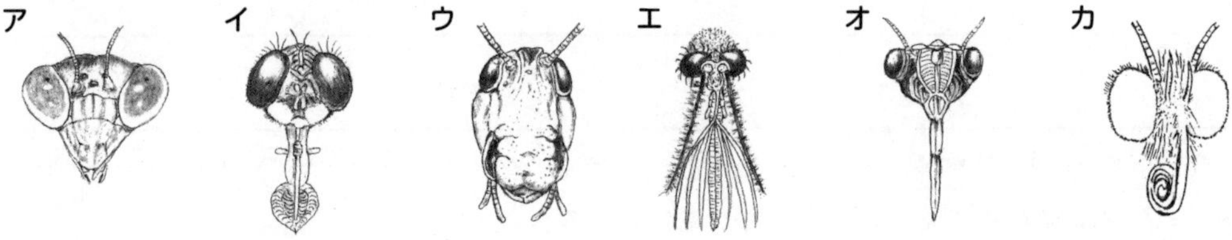

(4) 下線部②について，セミの食べ物について説明した文として適するものを，次の中から１つ選んで記号で答えなさい。(10点)

ア アブラムシを食べる。　　**イ** 花のみつを吸《す》う。
ウ 植物の葉を食べる。　　**エ** 木の幹や根から樹液《じゅえき》を吸う。
オ 人間など大きな動物の血液を吸う。
カ 木の表面につく幼虫《ようちゅう》やさなぎの体液を吸う。

(5) 下線部③について，友だちが「いま見ているハチやゲンゴロウはほんとうにそこにいるのかな」と疑問《ぎもん》を投げかけてきました。

図１で太郎さんは光線**え**と**お**を見ていて，その２つの光線を延長《えんちょう》した点線の交点の位置にハチの像を見ます。次に，ゲンゴロウについて考えましょう。図２の**あ**～**お**は水中のゲンゴロウで反射して空気中に出てきた光線で，点線はそれぞれの光線を延長したものです。この場合，どの光線を見るかによってゲンゴロウの像の位置は変わります。いま，太郎さんは光線**う**と**え**を見ています。太郎さんが見ている像と同じ位置にゲンゴロウの像が見えるのはどの２つの光線を見たときですか。次の組み合わせの中から適するものを２つ選んで，記号で答えなさい。(20点)

図１
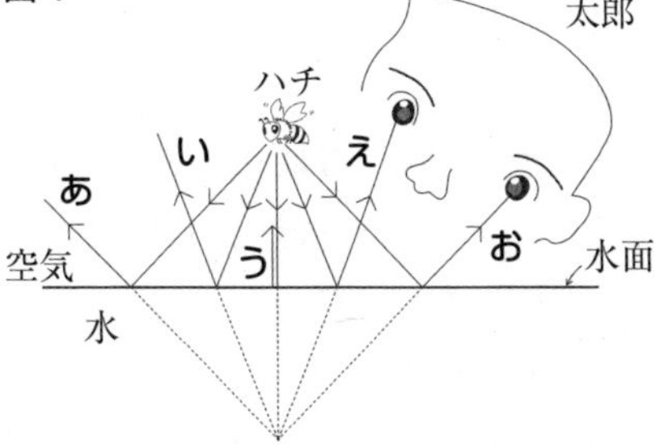

図２
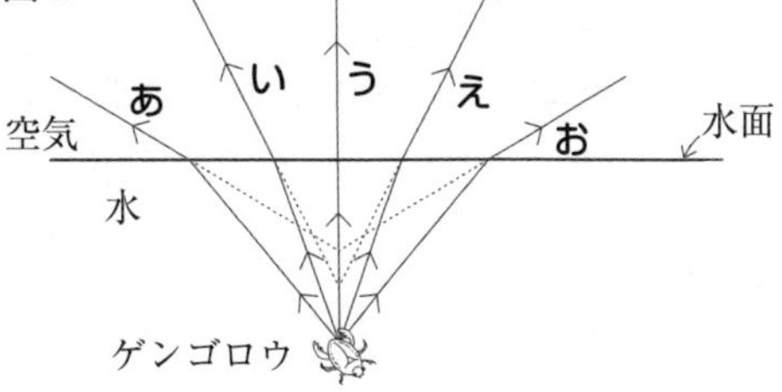

ア 光線**あ**と光線**い**　　**イ** 光線**あ**と光線**う**
ウ 光線**あ**と光線**え**　　**エ** 光線**あ**と光線**お**
オ 光線**い**と光線**う**　　**カ** 光線**い**と光線**え**
キ 光線**い**と光線**お**　　**ク** 光線**う**と光線**お**

(6) 下線部④について，２人が話題にしていたスポーツドリンクにふくまれる砂糖《さとう》のこさは6.0％でした。このよう液530ｇをペットボトルから出してこおらせると200ｇの氷ができました。このとき，氷のまわりのスポーツドリンクのこさは何％ですか。ただし，氷は水のみをふくみ，砂糖をふくまないものとします。ただし，割り切れない場合は，小数第２位を四捨五入して小数第１位まで答えなさい。(20点)

(7) 下線部⑤について，こおらせると破損するのはなぜですか。その理由を答えなさい。(20点)

(1)	(2)	(3)	(4)
(5)	(6)	(7)	

ヒント
1 (5)目に入った光はまっすぐ進んでいると感じる。
(6)どれだけの砂糖がとけているかまず考えましょう。

〔　　月　　日〕

1 生き物に関する思考力・記述問題

解答 22 ページ

時間 30 分	得点
合格点 70 点	点

1 **モンシロチョウについて，次のような実験があります。これについて，あとの問いに答えなさい。**【45 点】　洗足学園中ー改

成長段階	個体数
たまご	200
1 令幼虫	172
2 令幼虫	94
3 令幼虫	80
4 令幼虫	72
5 令幼虫	68
さなぎ	10
成虫	4

　モンシロチョウが野外のキャベツの(　　　)に産みつけた 200 個のたまごに注目し，それぞれの成長段階に達した個体数を調べた結果を表に示します。

(1) 文中の空らんにあてはまるものは何か，答えなさい。(8 点)

(2) 図はモンシロチョウの幼虫《ようちゅう》のあしをのぞいた模式図です。モンシロチョウの幼虫には成虫のあしになるつめのあるあしが 6 本，成長とともになくなるきゅうばんの形をしたあしが 10 本見られます。つめのあるあしがみられる節として正しい場所を**ア～ス**より 3 つ選びなさい。(12 点)

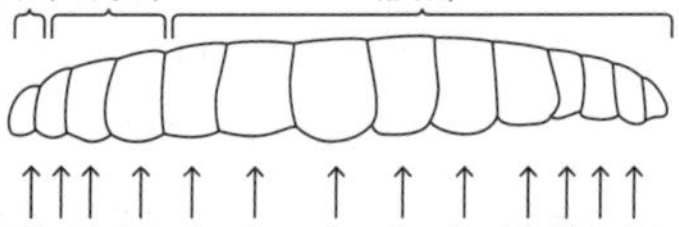

(3) 表の結果について，次の問いに答えなさい。

① モンシロチョウが成虫になるまで最も死亡率《しぼうりつ》が高い時期を次より 1 つ選びなさい。例えば，1 令幼虫の死亡率《しぼうりつ》〔%〕は(1 令幼虫の間に死んだ個体数÷1 令幼虫に育った個体数)×100 で求められます。(10 点)

ア 1 令幼虫　**イ** 2 令幼虫　**ウ** 3 令幼虫　**エ** 4 令幼虫　**オ** 5 令幼虫　**カ** さなぎ

② 成虫に育ったモンシロチョウのうち半分が生き残り，子孫を残せるものとします。また，モンシロチョウのめすは一生に 300 個のたまごを産むものとします。成虫に育つ個体数は子の代では親の代の何倍になりますか。ただし，おすとめすの比は 1：1 とします。答えは小数第 2 位以下があるときは四捨五入して小数第 1 位まで求めなさい。(15 点)

(1)	(2)	(3)①	②

2 **タンポポについて，あとの問いに答えなさい。**【55 点】　山脇学園中ー改

〔Ⅰ〕 日本全国の都市部の道路・道ばた・空き地において見られるタンポポのほとんどはセイヨウタンポポなどの外来種で，在来種はほとんど見られません。タンポポの花は，右の**図 1** のような小花がたくさん集まって，1 つの花のように見えます。これを頭花(右下の図)といいます。下の表のように 2 種を表にまとめてみました。

図 1

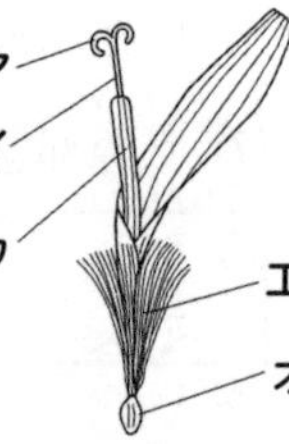

	カンサイタンポポ(在来種)	セイヨウタンポポ(外来種)
1 つの頭花につく小花の数	72 個	182 個
1 つの頭花にできる種子の数	42 個	168 個(春～秋の平均)
種子 1 個の重さ	0.82 mg	0.42 mg

カンサイタンポポ　セイヨウタンポポ

(1) **図 1** のうち，タンポポのおしべはどれですか。**ア～オ**の中から選び，記号で答えなさい。(7 点)

(2) なぜ，全国の都市部において，セイヨウタンポポは数をふやすことができたのですか。表を参考にして，その理由を答えなさい。(10点)

〔Ⅱ〕 右の**図2**は野外調査の結果です。開花中のカンサイタンポポを中心に，半径2m以内にあるカンサイタンポポとセイヨウタンポポの頭花数からセイヨウタンポポの割合を求め，中心にあるカンサイタンポポの結実率(頭花につく小花のうち種子のできた割合)を示したグラフです。半径2m以内にあるタンポポの総数に大きな差はなかったとします。

図2

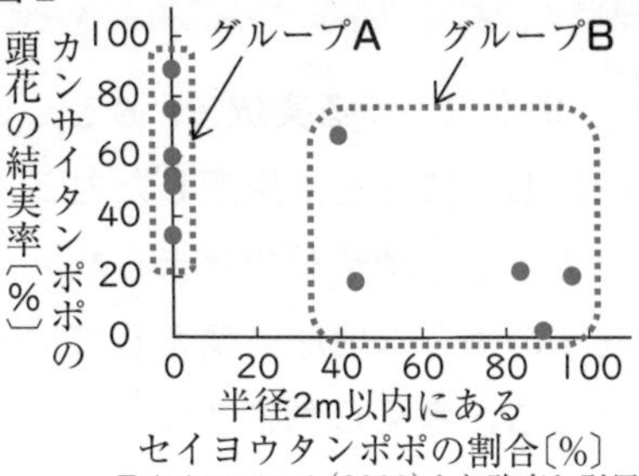

Takakura et al,(2009)より改変し引用

(3) **図2**のグラフよりこの結果をグループ**A**と**B**に分けました。グループ**A**と**B**を比べ，セイヨウタンポポの割合とカンサイタンポポの結実率にどんな関係があるか答えなさい。(10点)

図2の結果の原因として以下の2つを挙げ，それらを確かめる実験を考えました。

原因1 土壌《どじょう》にふくまれる栄養分や水の多くが，セイヨウタンポポに吸収された。

原因2 セイヨウタンポポの花粉が，カンサイタンポポの結実に悪いえいきょうをあたえた。

(**実験1**…**原因1**によるえいきょうを調べる実験)

手順1 土が入った2つの容器に**a**と**b**のラベルをつけ，それぞれの土の中心にカンサイタンポポの種子を1個ずつ植える。

手順2 **a** 中心から半径2m以内に，カンサイタンポポの種子6個を等間かくに植える。
b 中心から半径2m以内に，セイヨウタンポポの種子6個を等間かくに植える。

手順3 **a**と**b**の容器の中心に植えたカンサイタンポポが開花したらそれぞれのめしべに同じ種類のカンサイタンポポの花粉を人工的につける。

手順4 **a**と**b**の中心に植えたカンサイタンポポの頭花にふくろをかぶせて2週間後，それぞれの頭花の結実率を調べる。

(4) 下線部について，なぜふくろをかぶせる必要があるのか，その理由を答えなさい。(10点)

(5) **原因2**によるえいきょうを調べるためには2つの容器に対してどのような条件で実験するとよいか。以下の文章の**あ**・**い**にあてはまるように答えなさい。(18点)

手順1 **実験1**の**手順1**と同じ。

手順2 **a**(①) **b**(②)。

手順3 **実験1**の**手順4**と同じ。

(1)	(2)
(3)	(4)
(5)①	②

ヒント 1 (2)成虫のあしのつき方を考える。

〔　　月　　日〕

時間 30 分

合格点 70 点

得点

点

② 地球に関する思考力・記述問題

解答 23 ページ

1 地形をつくる実験で，砂《すな》をしいた箱をかたむけて水を少量流したところ，図のアのような地形ができました。この地形をイのような地形に変えるにはどのような方法が考えられますか。2 つ答えなさい。なお，砂には手を加えないこととします。【20 点】

ア

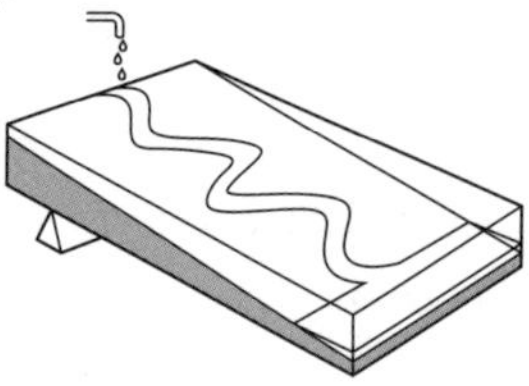

イ

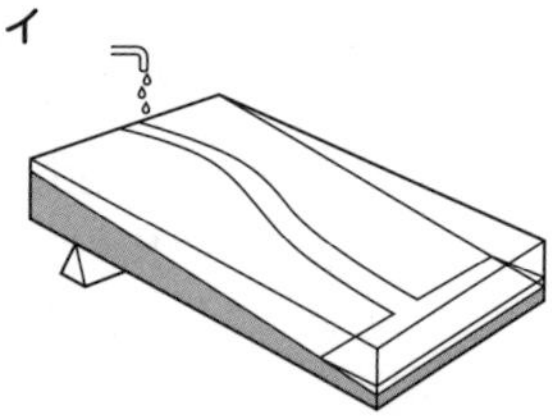

学習院中

2 2019 年は，アメリカ航空宇宙局（NASA）のアポロ 11 号が月面に着陸してから 50 年でした。月は私たちに最も身近な天体の 1 つです。次の問いに答えなさい。【50 点】

雙葉中

(1) ある満月の夜に，右の図のような，棒《ぼう》に立てた直径 2 cm のスーパーボールから約 2 m はなれると，満月はスーパーボールにかくれました。どこでぴったりかくれるか調べたら，スーパーボールから 2 m 10 cm はなれたところから見たときでした。地球から月までのきょりを 384400 km とすると，月の直径は何 km になりますか。小数点以下を四捨五入して，整数で答えなさい（式も書くこと）。（10 点）

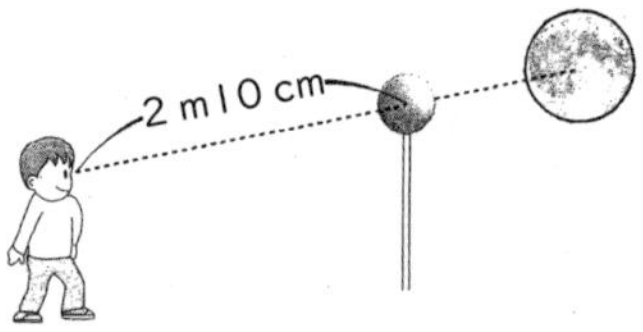

ある天体が他の天体の一部または全部をおおいかくす現象を「食」といいます。太陽がかくされてしまう現象を日食といい，2012 年には右のような金環《きんかん》日食《にっしょく》が見られました。これは 2030 年にふたたび北海道で見ることができます。また，2035 年には北陸から北関東で太陽がすべて月にかくされてしまう皆既《かいき》日食が見られます。

(2) 太陽観察用のめがねを使用して，ある日の太陽で(1)と同じように調べると，2 m 5 cm のところでぴったりかくれて見えました。もし，この日に日食がおきたならば，金環日食（**ア**）と皆既日食（**イ**）のどちらがおこりますか。**ア**または**イ**で答え，その理由を答えなさい。ただし，地球から見た月の大きさは(1)と同じとします。（12 点）

(3) 地球から太陽までの距離は変わらないものとしたとき，金環日食になったり皆既日食になったりするのはなぜですか。（10 点）

NASA はアポロ計画以来となる月の有人探査《たんさ》を 2024 年に行うアルテミス計画を発表し，日本の宇宙航空研究開発機構（JAXA）も技術協力などを行うことが発表されました。人類が再び月面に立つ日が来るのも，そう遠い日ではありません。

(4) きっと月面では地球が太陽をかくす日食を見ることができるでしょう。そのとき，地球ではどのような天文現象がみられますか。(6点)

(5) 月面に立った人類が皆既《かいき》日食を見ることができたならば，それは地球で見る皆既日食と比べてどのようなちがいがあると思いますか。(12点)

(1)	
(2)記号	理由
(3)	
(4)	(5)

3 次の問いに答えなさい。【30点】

暁星中，城西川越中

(1) エラトステネスという人は，夏至《げし》の日にアレキサンドリアとシエネという町における太陽の天頂(空の真上)に対する角度を測定することによって，地球の南北の周囲の長さを計算しました。アレキサンドリアとシエネは，ナイル川にそってほぼ南北に位置します。シエネでは，夏至の日の正午には太陽がほぼ天頂《てんちょう》までのぼり，深い井戸の底まで日が差しこみました(**図1**)。同じ時刻に，アレキサンドリアとシエネの間のきょり(長さ)は900 kmと考えられていました。この結果から，地球の周囲が何kmになるか計算しなさい。とちゅうの式も示し，計算結果は小数第1位を四捨五入して整数で答えなさい。(15点)

図1

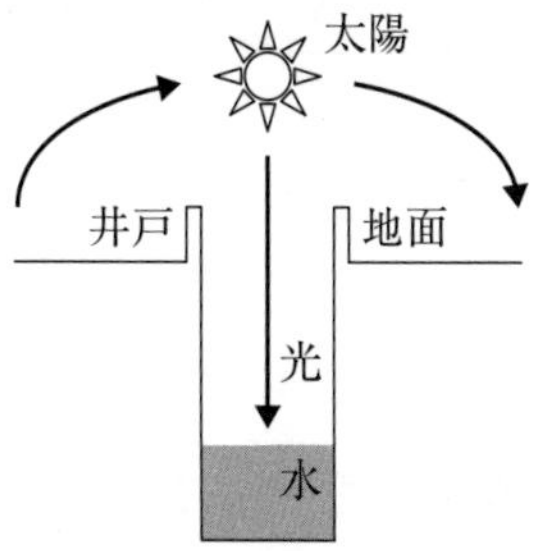

図2

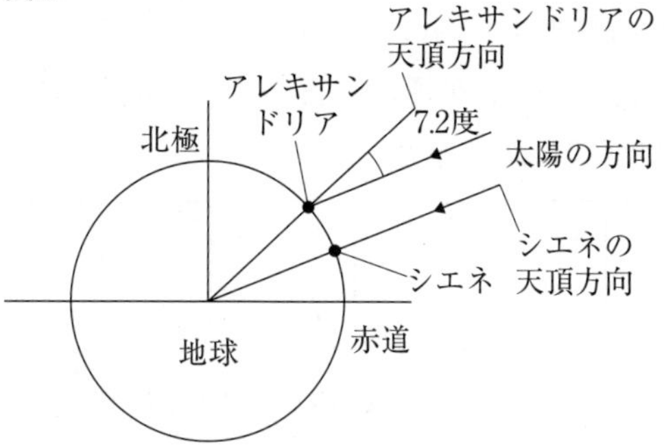

(2) 正午ごろ，太陽が真南を通るとき，太陽は南中したといいます。南中したときの太陽の高度は最も高くなり，この高度を南中高度といいます。埼玉《さいたま》の冬至の日の南中高度は何度ですか。緯度《いど》は北緯35度，地軸のかたむきを23.4度として計算しなさい。(式も書くこと)(15点)

(1)
(2)

ヒント
1 しん食の作用を大きくするにはどうすればよいか考える。
3 (2)冬至のときの太陽と地球の位置関係を考える。

③ エネルギーに関する思考力・記述問題

解答 23 ページ

時間 30 分	得点
合格点 70 点	点

1 箱に 4 つのたんしA～Dがあり(図1)，箱の中には 1 Ωの抵抗《ていこう》がついて十分な長さの導線が 3 本，どこかのたんしにつながっています。この箱をブラックボックスとよぶことにします。ブラックボックスの配線は『A Bに何もつながっていない(図 2)』『導線は交差でき，電流はお互いにえいきょうを受けない(図 3)』『同じたんし間には 1 本しかつなげない(図 4)』とします。次の問いに答えなさい。【60 点】　江戸川学園取手中－改

図 1　図 2　図 3　図 4

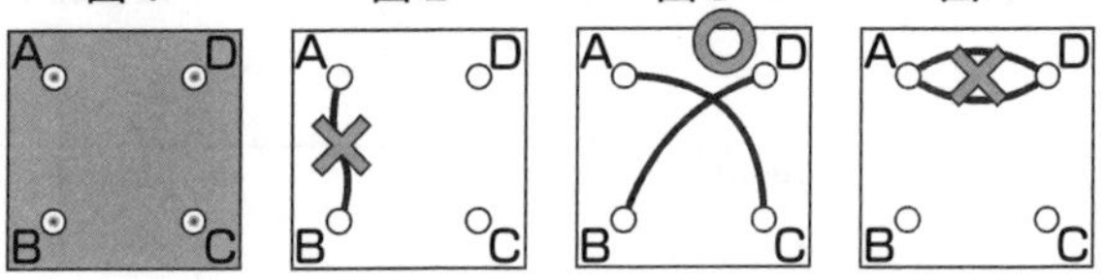

(1) 豆電球と電池をつないで明かりのつく・つかないで配線を調べようと考えました。このような豆電球と電池をつなげたものをテスターといい，両たんのクリップを 2 つのたんしにつなげ，光ると電流が流れたことがわかります。このことからテスターは豆電球と電池がどのようにつながっていると考えられますか。右の図に，導線を書きこみなさい。(6 点)

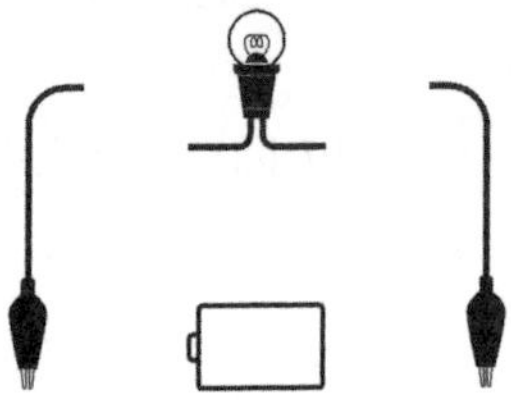

(2) 配線を調べる前に，考えられるパターンを全部かき出してみることにしました。導線が交差するときは，どちらが上になっても 1 通りと考えると，今回考えられる配線パターンは 10 通りあります。例に示す配線パターン以外に考えられる 4 通りの配線を，例にならって下図にかきなさい。(16 点)

例

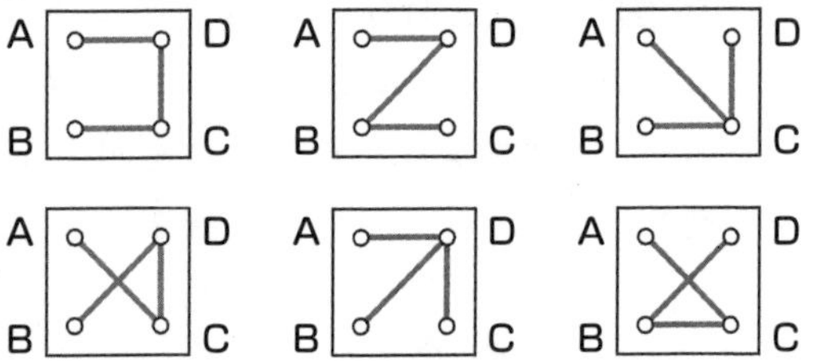

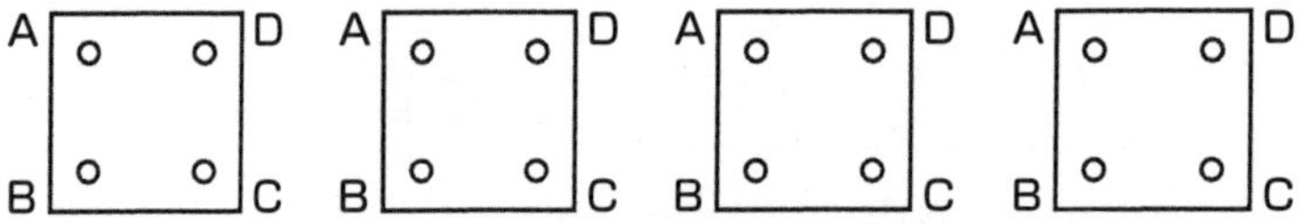

(3) (2)で考えたパターンにテスターをいろいろ接続して検討《けんとう》してみましたが，この方法だと 2 つのパターンのときしかわかりませんでした。テスターの明かりがつく・つかないで配線がわかるのは，どの配線でしょうか。また，それは『どのたんしをつなぎ』『明かりがどうなったとき』でしょうか。図に配線をかき，(　)にあてはまることばを書きなさい。(12 点)

(4) つなぎ方によって抵抗がちがうので，電流の値《あたい》をはかることにしました。1.5 V の乾電池を使用します。また，電圧〔V〕＝抵抗〔Ω〕×電流〔A〕の関係を使ってもよいです。配線のパターンやたんしの選び方を考えると電流の値は 5 通り考える必要があります。値の小さい順から①～⑤とするとき，(　②　)A と(　⑤　)A を求めなさい。ただし，値が割《わ》り切れないときは，小数第 3 位を四捨五入して小数第 2 位まで答えなさい。(10 点)

(5) 電池と電流計とブラックボックスはどのように接続すればよいでしょう。次の**ア**～**エ**から 1 つ選び，記号で答えなさい。(6 点)

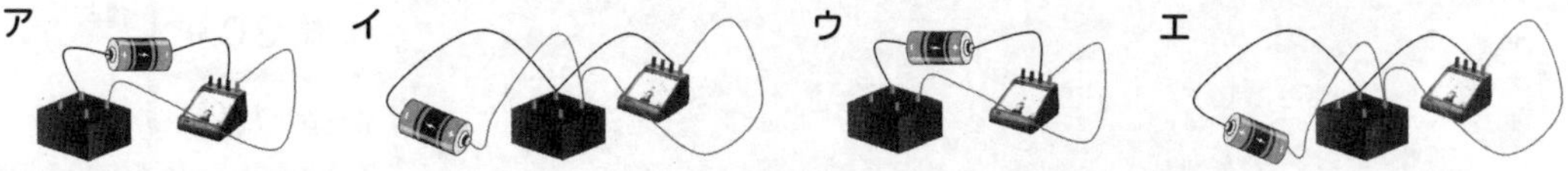

(6) ACに間につないだときに測定した電流が(4)の(　③　)Aで，AB間をつないだときに測定した電流も(　③　)Aであったとき，配線はどうなっていますか。右の図にかきなさい。(10点)

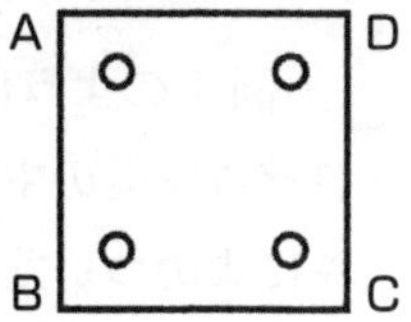

(1) (図に記入)	(2) (図に記入)

(3)

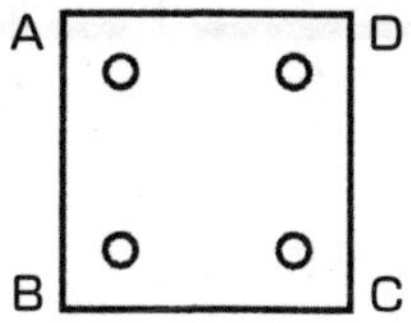

たんし(　　　)と(　　　)をつなぎ
明かりが(　　　　　　　　　)とき

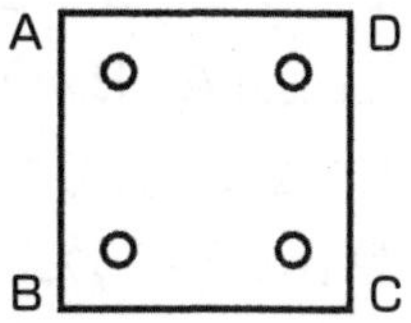

たんし(　　　)と(　　　)をつなぎ
明かりが(　　　　　　　　　)とき

(4)②	⑤	(5)	(6) (図に記入)

2

一様な材質でできた長さ20 cm，はば4 cm，厚さ2 cm，重さ100 g の板をたくさん準備しました。この板を，図1のように，水平でじょうぶな台の右はしから2 cm ずつずらしながら，5枚《まい》重ねておいたところ，この5枚の板は安定して静止していました。次の問いに答えなさい。【40点】 栄東中一改

図1

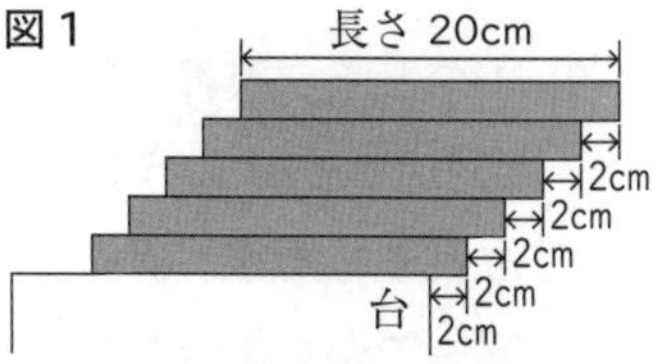

図2

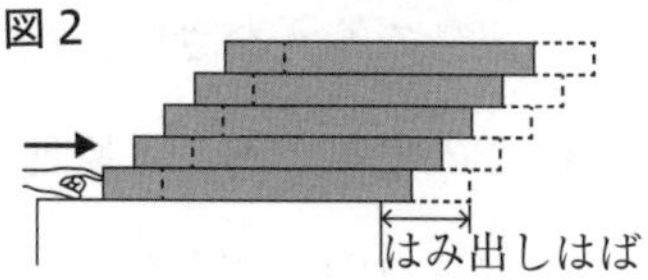

(1) 図1の状態から図2のようにいちばん下の板を右へゆっくりおし，5枚の板全体を右へずらしました。いちばん下の板のはみ出しはばが何 cm をこえると5枚の板全体がかたむきますか。(12点)

(2) 図1の状態から，同じように2 cm ずつずらしながらさらに板を一枚一枚重ねておくと，いちばん下の板を1枚目として何枚目を積んだところで，板全体がかたむきますか。(14点)

(3) (2)でかたむいた枚数を積んでも板全体がかたむかず，安定して静止し続けるためにはどのように変更《へんこう》すればよいですか。次のア～カからすべて選び，記号で答えなさい。ただし，台上に1枚目から置きなおすものとします。(14点)

ア ずらして置くはば3 cm にする。　**イ** ずらして置くはばを1 cm にする。
ウ 板の材質を変えて200 g にする。　**エ** 板の材質を変えて50 g にする。
オ 板の長さを25 cm にする。　**カ** 板の長さを15 cm にする。

(1)	(2)	(3)

ヒント　2 全体を1つのかたまりとして考えるとよい。支点が台のはしにくるので，重心がこの位置を超えないかぎりはかたむかない。

時間 30分	得点
合格点 70点	点

4 物質に関する思考力・記述問題

解答 24 ページ

1

図１のようにガラスの箱の中に砂《すな》と水が入った容器を置き，それぞれ容器の中央に温度計A・B，真上に電球をとりつけ，箱の中央に火のついた線香《せんこう》を立てて，けむりの流れる方向を確かめる実験を行いました。次の問いに答えなさい。【30点】　富士見中

図１

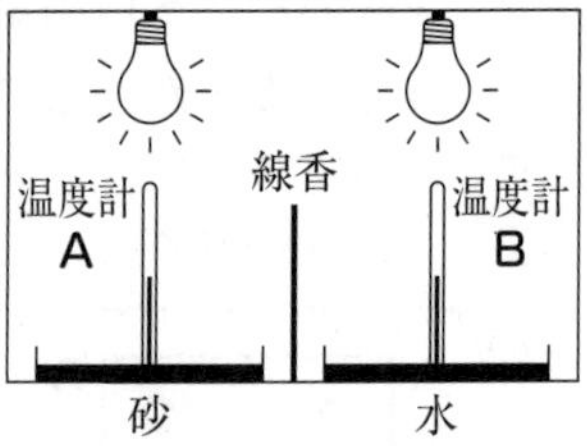

(1) 電球をつけてそのまましばらく置くと，線香のけむりが流れ始めました。このとき，温度計A・Bが示す温度はどうなりましたか。次のア～クから１つ選び，記号で答えなさい。(5点)

ア　A・Bともに同じ割合《わりあい》で上がった。　イ　A・Bとも同じ割合で下がった。
ウ　Aは上がり，Bは下がった。　エ　Aは下がり，Bは上がった。
オ　A・Bとも上がるがAのほうが上がった割合が大きい。
カ　A・Bとも上がるがBのほうが上がった割合が大きい。
キ　A・Bとも下がるがAのほうが下がった割合が大きい。
ク　A・Bとも下がるがBのほうが下がった割合が大きい。

(2) (1)のとき，線香のけむりはどのように流れましたか。次のア～エから１つ選び，記号で答えなさい。ただし，温度計と電球は省略してあります。(5点)

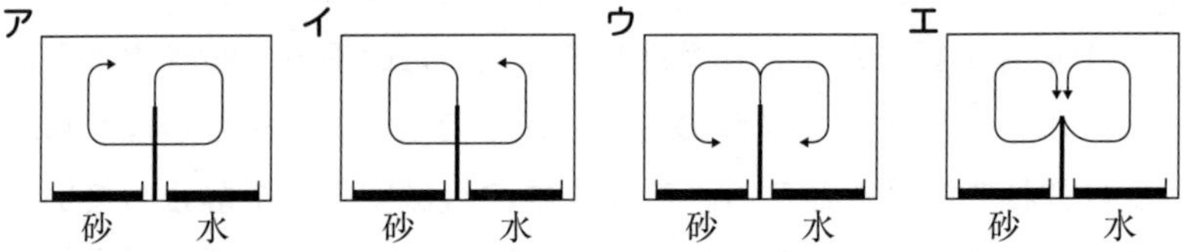

(3) (2)の現象がおこる原理と同じように説明できる海岸付近の風を何といいますか。(5点)

(4) 電球を消してしばらくすると，線香のけむりの流れが変わりました。このとき温度計A・Bが示す温度はどうなりましたか。(1)のア～クから１つ選び，記号で答えなさい。(5点)

(5) (4)の下線部の現象がおこる原理と同じように説明できる海岸付近の風を何といいますか。(5点)

図２

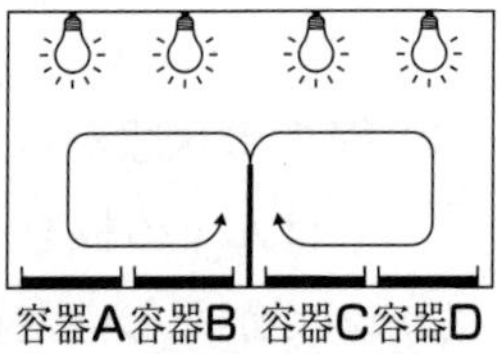

(6) 図２のように，容器A～Dが入ったガラス箱を用意し，電球をつけてそのまましばらく置くと，線香のけむりは図２のように流れました。このようになるには，容器A～Dにはそれぞれ何を入れればよいですか。右のア～カから１つ選び，記号で答えなさい。(5点)

	容器A	容器B	容器C	容器D
ア	水	水	水	水
イ	砂	水	水	水
ウ	水	砂	砂	水
エ	砂	水	水	砂
オ	砂	砂	砂	水
カ	砂	砂	砂	砂

(1)	(2)	(3)	(4)	(5)	(6)

2 次の問いに答えなさい。【70点】

神奈川大附中

液体にほかの物質がとけて一様にまざり合うことをよう解《かい》といい，食塩水では，とけこんだ食塩をよう質といいます。よう質が水にとけている液体を水よう液，水よう液にふくまれるよう質の割合をのう度《ど》〔%〕といい，のう度は水よう液 100 g あたりのよう質の重さを表します。

一定量の水に一定の温度でよう解するよう質の量には限度があることが多く，その限度までとかした水よう液をほう和水よう液といい，また，一定量の水に一定の温度でよう解するよう質の最大量をよう解度といいます。固体のよう解度は水 100 g によう解するよう質の最大の重さ〔g〕の値《あたい》として示し，ホウ酸のよう解度は80℃で25〔g/水100g〕，20℃で5〔g/水100g〕で表し，これはホウ酸が水 100 g に 80 ℃ で 25 g，20 ℃ で 5 g とけることになります。

りゅう酸銅には青色りゅう酸銅と白色りゅう酸銅の２種類があります。白色りゅう酸銅は水をふくんでいませんが，青色りゅう酸銅は重さにして 36 % の水をふくんでいます。白色りゅう酸銅は水を吸収《きゅうしゅう》して青色りゅう酸銅に変わります。そこで，白色りゅう酸銅は水分を吸収する薬品として使われています。そして，青色りゅう酸銅をガスバーナーで熱すると，水がすべてなくなって白色りゅう酸銅になります。また，白色りゅう酸銅を水にとかしても，青色りゅう酸銅を水にとかしても，同じ青色のほう和水よう液になります。さらに，この水よう液を冷やすと，青色りゅう酸銅がとけきれなくなって出てきます。

(1) 次の水よう液のよう質は何ですか。（12点）
　① 水酸化ナトリウム水よう液　　② 炭酸水　　③ 塩　酸

(2) 食塩 7 g を 20 ℃ の水にとかすとき，必要な水の最小量は 18 g です。20 ℃ のほう和食塩水ののう度は何 % ですか。（8点）

(3) 80 ℃ のホウ酸のほう和水よう液 100 g を 20 ℃ にすると，ホウ酸は何 g 出てきますか。（8点）

(4) 青色りゅう酸銅 100 g をガスバーナーで熱すると白色りゅう酸銅は何 g できますか。（8点）

(5) 白色りゅう酸銅 160 g が吸収することができる水は最大で何 g ですか。（8点）

(6) 青色りゅう酸銅 25 g を 100 g の水にとかした水よう液中の溶質，水と水よう液の重さはそれぞれ何 g ですか。（8点）

(7) 白色りゅう酸銅のよう解度は，30 ℃ で 25〔g/水 100 g〕，60 ℃ で 40〔g/水 100 g〕です。
　① 60 ℃ のほう和水よう液 154 g にふくまれているよう質は何 g ですか。（8点）
　② ①のほう和水よう液を 30 ℃ に冷やしたときに出てくる青色りゅう酸銅は何 g ですか。次の中から選び，その記号を書きなさい。（10点）

ア 10 g　**イ** 15 g　**ウ** 20 g　**エ** 25 g　**オ** 30 g　**カ** 35 g

(1)①	②	③	(2)		
(3)	(4)	(5)	(6)よう質	水	水よう液
(7)①	②				

ヒント
1 砂と水であたたまりやすさがちがう。
2 青色りゅう酸銅にふくまれる水は，水よう液になると区別できなくなる。

入試完成編

中学入試 模擬テスト 第1回

解答 25 ページ

〔　　月　　日〕

時 間 45 分	得点
合格点 70 点	点

1 右の図1は，けんび鏡を示したものです。また，下の図ア～オはいろいろな生物をけんび鏡を使って観察したものです。図を見て，次の問いに答えなさい。ただし，それぞれの倍率はちがっています。【15点】

図1

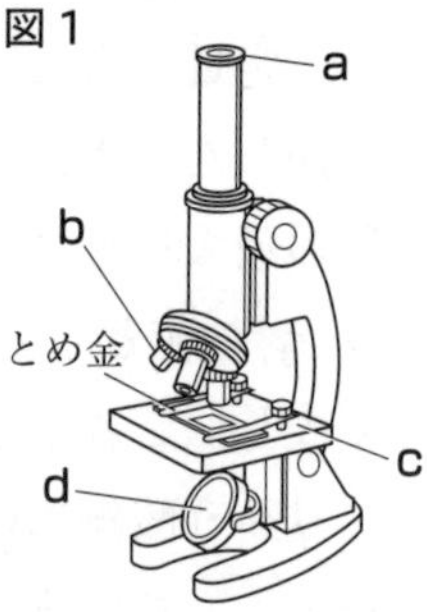

(1) 次の①～⑤は図1のけんび鏡の使い方を書いたものです。最もよい使い方の順序にならべかえたものを，下のア～エから1つ選びなさい。(3点)

① aをのぞきながら，ピントを合わせる。
② 横から見ながら，bをプレパラートに近づける。
③ レンズをとりつける。
④ dの角度を変えて，全体が同じように明るく見えるようにする。
⑤ プレパラートをcの上に置く。

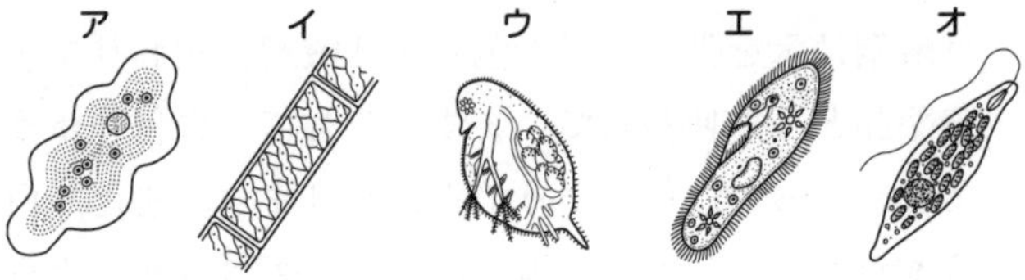

ア ③→⑤→②→①→④
イ ③→④→⑤→②→①
ウ ③→⑤→②→④→①　　**エ** ④→⑤→③→②→①

(2) 図の生物アをけんび鏡で観察すると，形を変えながら図2の矢印の方向に動き，図3のように半分見えなくなりました。全体が見えるようにするにはプレパラートを図3のA～Dのどの方向に動かせばよいですか。(3点)

図2

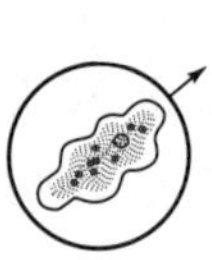

図3

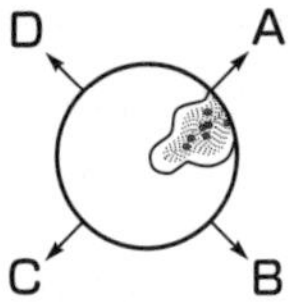

(3) 図1のbの名まえを答えなさい。(3点)
(4) 図のア～オのうち最も大きな動物はどれですか。1つ選びなさい。(2点)
(5) 図のア～オのうち緑色をしている生物を2つ選びなさい。(4点)

(1)	(2)	(3)	(4)	(5)	

2 写真は，気象衛星から送られてきたある年の5月7日午前9時と午後3時と午後9時のものです。あとの問いに答えなさい。【12点】

ア

イ

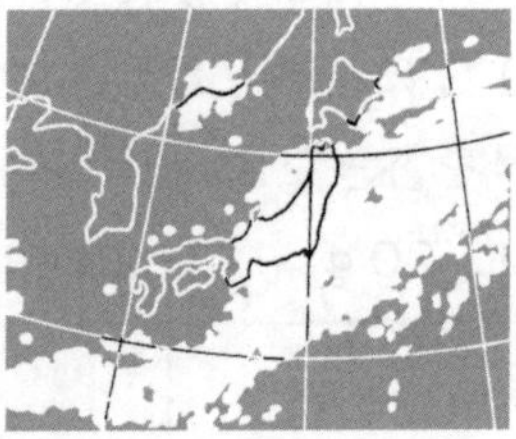

ウ

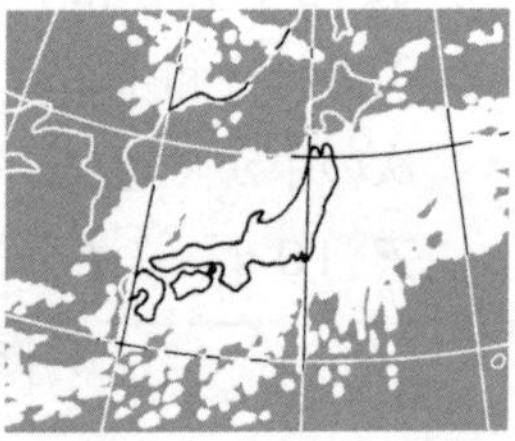

(1) 写真の白色の部分は，何がうつっているのですか。(5点)
(2) 午後3時の写真は，どれですか。上の図のア～ウから1つ選び，記号で答えなさい。(3点)
(3) 右のグラフは5月7日に各地で1時間に降《ふ》った雨の量です。ア～ウのどのときですか。ア～ウから1つ選び，記号で答えなさい。(4点)

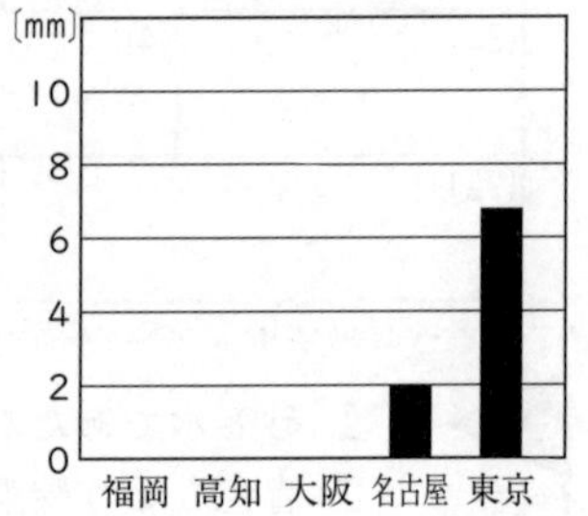

(1)	(2)	(3)

3 400 g の水に 100 g の食塩をとかしてできた食塩水のうち 200 g をビーカーに，残りをフラスコに入れ，右の図のような装置《そうち》を組んで，アルコールランプでフラスコを熱しました。これについて，次の問いに答えなさい。【15点】

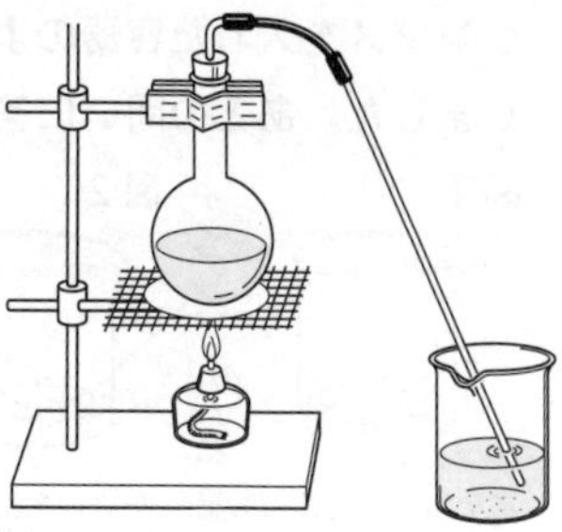

(1) フラスコに入れた食塩水には最初，何 g の食塩がふくまれていますか。(3点)

(2) フラスコを熱し始めると，ビーカーに入れたガラス管の先からあわが出てきました。このあわは何ですか。次のア～オから１つ選びなさい。(2点)

ア 空　気　**イ** 酸　素　**ウ** 水　素　**エ** 二酸化炭素　**オ** 水蒸気《すいじょうき》

(3) しばらくして熱するのをやめてフラスコとビーカーに入っている水よう液の温度を同じにして，重さを比べるとちょうど同じになっていました。このとき体積が大きいのはどちらに入っている水よう液ですか。次の中から選びなさい。(3点)

ア フラスコ　**イ** ビーカー　**ウ** 同　じ

(4) (3)のとき，ビーカーの中には何 g の水があることになりますか。ただし，熱したりすることにより空気中に蒸発して水が失われることはないものとします。(4点)

(5) 熱するのをやめてそのまま置いておいたときにおこることと直接関係がある現象を，次のア～ケから３つ選びなさい。(3点)

ア 高い山ではご飯がおいしくたけない。
イ お吸《す》いものをおわんに入れ，さめてしまうとふたをあけにくくなる。
ウ 水銀体温計はふらないと示す温度が下がらない。
エ ストローを使ってジュースを飲むことができる。
オ 炭酸飲料のかんをふってからあけると中身がふき出す。
カ なべに水を入れてふっとうさせるとなべのふたがもち上がる。
キ 氷にこい食塩水を加えるとさらに温度が下がる。
ク スパゲティーは食塩を入れてゆでるとおいしくゆで上がる。
ケ コップに氷水を入れておくと，コップの外側に水てきがつく。

(1)	(2)	(3)	(4)	(5)

4 長さが１m の軽くて変形しない棒《ぼう》を，図のように，A，Cは棒のはしを下向きに，BはAから 40 cm はなれた所を上向きにそれぞれおして支えました。次の問いに答えなさい。【8点】

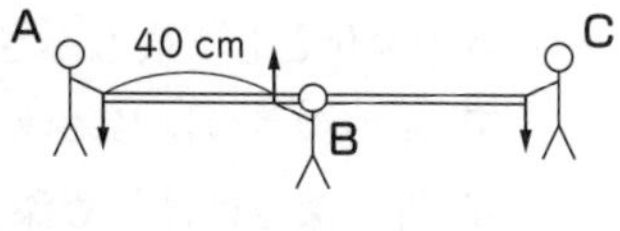

(1) 棒が水平につりあっているとき，AとCが棒をおす力の大きさの比を答えなさい。(4点)

(2) 棒が水平のつりあいを保つように，３人で協力しながら，棒をおす力の大きさや向き（上か下か）をいろいろと変えてみました。Aが棒を上向きにおしているとき，B，Cはそれぞれ棒をどちら向きにおしていますか。次のア～ウから１つずつ選び，記号で答えなさい。(4点)

ア 上
イ 下
ウ これだけではわからない

(1)	(2)B	C

5 インゲンマメのたねが発芽するために必要な条件を調べる実験を行いました。下の図１～３はインゲンマメを入れた容器のようすです。それぞれの容器を表に示した場所に置き，発芽するかどうか観察しました。あとの問いに答えなさい。【12点】

〔表〕

容器を置く場所 ＼ 容器のようす	図１	図２	図３
冷蔵庫に入れた暗箱の中	ア	イ	ウ
屋外に置いた暗箱の中	エ	オ	カ
屋外の日なた	キ	ク	ケ

(1) インゲンマメのたねが発芽したものを，表中の**ア**～**ケ**からすべて選び，記号で答えなさい。(3点)

(2) たねの発芽に水が必要であることを示すためには，どの実験を比べるとよいですか。その組み合わせをすべて選び，例のように表中の記号を用いて答えなさい。(4点)　例：**ア**と**イ**，**ウ**と**エ**

(3) この実験でインゲンマメのかわりにレタスのたねをまいたところ，表の**キ**だけが発芽しました。レタスのたねの発芽に必要な条件をすべて答えなさい。(5点)

(1)	(2)	(3)

6 太郎さんは化石をさがしに近くの山へ出かけました。あるがけで地層《ちそう》が見えたので，くわしく調べたところ，がけは図のように４つの層からできていました。あとの問いに答えなさい。【12点】

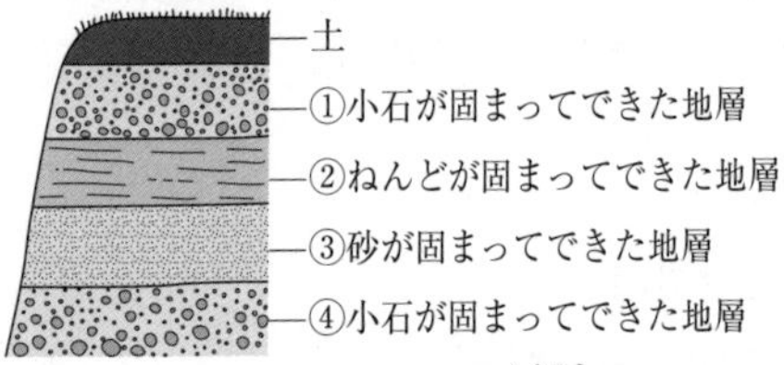

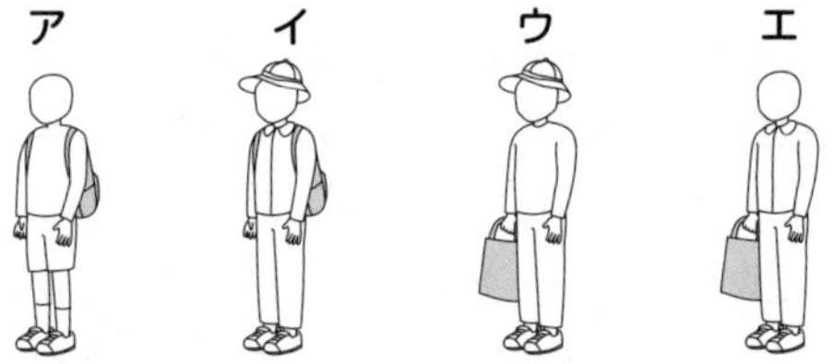

(1) 野外で地層を調べるときには，服装《ふくそう》などに気をつける必要があります。野外で地層を観察するのに最もふさわしいものはどれですか。上の**ア**～**エ**から選び，記号で答えなさい。(4点)

(2) 太郎さんは，③の地層からサンゴの化石をたくさん見つけました。このことから，③の地層ができたのは，どのようなところと考えられますか。次の**ア**～**エ**から選び，記号で答えなさい。(4点)

ア 浅くあたたかい海の底　　**イ** 浅くつめたい海の底

ウ 深くあたたかい海の底　　**エ** 深くつめたい海の底

(3) 太郎さんは，海の深さが時代とともに変化したために図のように地層ができたと考えました。海の深さの変化として最もふさわしいものを，次の**ア**～**エ**から選び，記号で答えなさい。(4点)

ア 海の深さははじめ浅く，しだいに深くなった。

イ 海の深さははじめ深く，しだいに浅くなった。

ウ 海の深さははじめ浅く，しだいに深くなった後，また浅くなった。

エ 海の深さははじめ深く，しだいに浅くなった後，また深くなった。

(1)	(2)	(3)

7 図のように，一直線上を左右に移動できる音の出る装置《そうち》(以下，音源《おんげん》とする)が，それぞれ点S，Tに固定され，音源dは，音源cからの音がとどいたしゅん間にのみ音を出します。音源の音は１秒間に350 mの速さで伝わるものとして，次の問いに答えなさい。【8点】

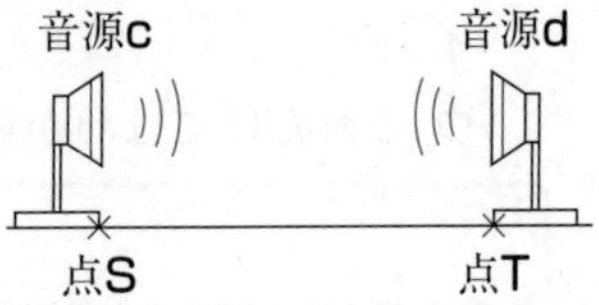

(1) 音源cが音を出してから1.4秒後に，音源dからの音が音源cにとどきました。点Sと点Tの間かくは何mですか。(2点)

ここで，点Sにある音源cの固定をはずし，動けるようにしました。

(2) 点Sにある音源cを音源dの向きに一定の速さで移動させました。動き出すと同時に音源cが音を出すと，1.38秒後に音源dからの音が音源cにとどきました。このときの音源cの移動する速さは1秒間に何mですか。ただし，答えは小数第1位を四捨五入《ししゃごにゅう》して整数で答えなさい。(3点)

(3) 音源cを点Sにもどし，1秒間に3mの速さで音源dとは逆向きに移動させました。音源cが動き出してから1秒後に音を出したとすると，音源dからの音が音源cにとどいたときの，音源cの0秒のときからの移動したきょりはいくらですか。ただし，音源cが動き出す時間を0秒とし，答えは小数第1位を四捨五入して整数で答えなさい。(3点)

(1)	(2)	(3)

8 気体A～Dを発生させる材料と薬品を次の表にまとめました。あとの問いに答えなさい。【18点】

気体	材料	・	薬品
A	二酸化マンガン	と	うすい過酸化水素水
B	アルミニウム片	と	うすい塩酸
C	貝がら	と	うすい塩酸
D	アンモニア水		

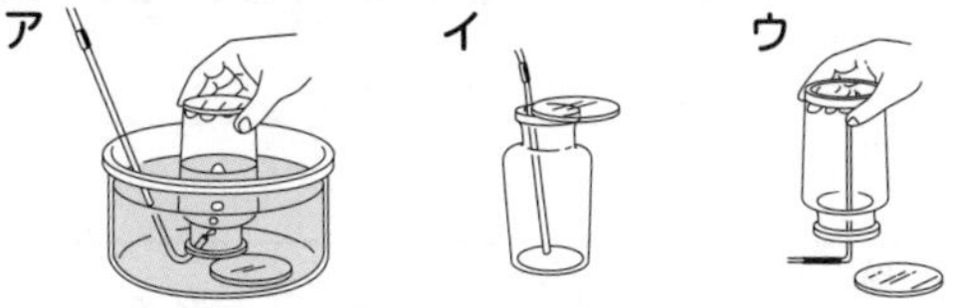

(1) 気体A，Bに共通した集め方を図のア～ウから選び，記号で答えなさい。(2点)

(2) 気体A～Dのどの気体にもあてはまらないものを1つ選び，ア～オの記号で答えなさい。(2点)

ア 水　素　　イ 酸　素　　ウ 二酸化炭素

エ ちっ素　　オ アンモニア

(3) 次の文章はどの気体について述べたものですか。A～Dの記号で答えなさい。(2点×4)

① 地球温暖化《おんだんか》の原因物質の1つであり，国単位ではい出量の規制《きせい》がある気体

② 鉄などがさびるときに結びつく気体

③ においをもつ気体

④ 自動車の燃料《ねんりょう》電池の燃料として使用される気体

図1

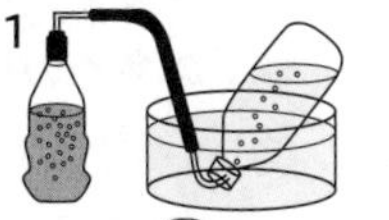

図2

コーラに図1のような装置《そうち》をつけ，水を満たしたやわらかいポリ容器にコーラから発生する気体を集め，ちょうど半分になるように入れました。

(4) 右の図2のようにポリ容器のふたをし，よくふると容器はどのように変化しますか。次のア～ウから選び，記号で答えなさい。(3点)

ア ふくらむ　　イ へこむ　　ウ 変化しない

(5) 次に水そうとポリ容器内の水をよく冷やし，同じ実験をしました。よくふると容器は(4)のときと比べてどのように変化しますか。次のア～オから選び，記号で答えなさい。(3点)

ア (4)よりふくらみ方は小さい　　イ (4)よりふくらみ方は大きい

ウ 変化しない　　エ (4)よりへこみ方は小さい

オ (4)よりへこみ方は大きい

(1)	(2)	(3)①	②	③	④
(4)	(5)				

中学入試 模擬テスト 第2回

解答26ページ

〔　月　日〕

時間 45分	得点
合格点 70点	点

1 A液として塩酸を，B液として水酸化ナトリウム水よう液を用意しました。A液とB液をそれぞれ100 gずつまぜたところ，水よう液は中性になり，水分を完全に蒸発《じょうはつ》させると，白色の固体が0.9 g残りました。これについて，次の問いに答えなさい。【12点】

(1) この0.9 gの白い固体の名まえを答えなさい。(1点)

(2) 次の①～③の割合《わりあい》でA液とB液をまぜ合わせ，緑色に調整したBTB液を加えると何色になりますか。(1点×3)

① A液50 g＋B液50 g　② A液100 g＋B液50 g　③ A液50 g＋B液100 g

(3) A液250 gとB液200 gをまぜて水分を完全に蒸発させました。残った固体は何gですか。答えは小数第1位まで求め，その式も書きなさい。(4点)

(4) A液200 gとB液250 gをまぜて水分を完全に蒸発させたところ，2.3 gの固体が残りました。B液は何%の水よう液ですか。答えは整数値《せいすうち》で求め，その式も書きなさい。(4点)

(1)	(2)①	②	③
(3)(式)			
(4)(式)			

2 次の文を読んで，あとの問いに答えなさい。【14点】

大昔，地球にすむ多くの動物は海の中で生活していた。そのような中，植物の①あるはたらきにより，地上にたくさんの酸素をつくり出した。そして酸素から②ある物質がつくられ，地球上は紫外線《しがいせん》からまもられるようになった。そして現在，私たち人間をふくめたたくさんの動物・植物が地上・海中など地球上の多くの場所で生活できる自然かん境ができ上がった。しかし，最近，人間の活動によって，その美しい自然かん境が少しずつ変化し，そのことが③かん境問題としてとりあげられている。

(1) 下線部①のはたらきとは何ですか。(2点)

(2) 下線部②のある物質とは何ですか。最も適当なものを1つ選び，記号で答えなさい。(2点)

ア 二酸化炭素　**イ** ちっ素　**ウ** 水蒸気　**エ** オゾン　**オ** フロン

(3) 下線部③のかん境問題として，**ア**～**エ**の4つが考えられます。次にあげた①～③の内容は，**ア**～**エ**のどれに関係がありますか。それぞれ最も適当なものを選び，記号で答えなさい。(6点)

① 目の白内障《はくないしょう》などの障害を防ぐためにサングラスをかける。

② 遺《い》せきの石像のいたみや銅像のさびがひどくなる。

③ 水ぼつする島が出てくる。

ア 地球温暖化《おんだんか》　**イ** オゾン層《そう》破かい　**ウ** 酸性雨　**エ** 森林破かい

(4) 次の①・②は(3)の**ア**～**エ**のどのかん境問題の原因になっていますか。それぞれ適当なものを選び，記号で答えなさい。(4点)

① 石油や石炭の使用による空気中の二酸化炭素の増加。

② 紙の使用量の増加や農耕地の拡大《かくだい》。

(1)	(2)	(3)①	②	③	(4)①	②

3 どんな生き物にも生命にかぎりがあります。そこで生き物はいろいろな方法で子孫を残そうとしています。植物は種子などで，動物はたまごや胎児《たいじ》で残しています。次の問いに答えなさい。【12点】

(1) 植物の種子が発芽するのに必要なおもな条件は何ですか。３つ書きなさい。(3点)

(2) 植物の花は種子をつくるためのものですが，種子ができるのは花のどの部分ですか。次の**ア**～**オ**から正しいものを１つ選び，記号で答えなさい。(1点)

ア 柱頭　**イ** やく　**ウ** がく　**エ** 子ぼう　**オ** 花びら

(3) サツマイモのように種子以外でもふえる植物があります。種子を使わないサツマイモのふやし方を答えなさい。(2点)

(4) 植物の花の花粉は，動物の何にあたりますか。(2点)

(5) 胎児からへそのおを通って胎《たい》ばん(胎児と母体との間でいろいろなものの受けわたしをする所)にいく血液より，胎ばんから胎児にもどる血液のほうに多くふくまれているものは何ですか。２つ答えなさい。(1点×2)

(6) 次の**ア**～**オ**の動物から，胎児で子孫を残すものをすべて選び，記号で答えなさい。(2点)

ア ペンギン　**イ** ラッコ　**ウ** メダカ　**エ** クジラ　**オ** カメ

(1)			(2)	(3)
(4)	(5)		(6)	

4 次の文を読んで，あとの問いに答えなさい。【15点】

ある日，午前10時ごろ月が見えていました。昼間に月が見えたので少しびっくりしました。そこで月について調べようと思い，月についてしばらく観察しました。次の**A**～**D**は観察した事がらです。

A．午前９時から午前11時ごろに半月の月が見えていた。

B．日ぼつ後の午後６時に半月の月が見えていた。

C．日ぼつ後の東の空に月が見えていた。

D．日ぼつ後の午後５時から午後７時ごろに西の空に月が見えていた。

(1) **B**～**D**は，**A**の月を見てから，およそ10日後，２週間後，３週間後に観察しました。**B**～**D**を観察の順にならべたら次のどれになりますか。記号で選びなさい。(1点)

ア BCD　**イ** BDC　**ウ** CBD　**エ** CDB　**オ** DBC　**カ** DCB

(2) **A**～**D**の月の形をそれぞれ次の中から記号で選びなさい。(4点)

(3) **A**と**B**の月はどの方角の空に見えていますか。それぞれ次の中から記号で選びなさい。(4点)

ア 東　**イ** 西　**ウ** 南　**エ** 北　**オ** 南西　**カ** 南東　**キ** 北西　**ク** 北東

(4) 月の通り道を知るため，**A**～**D**のときの１時間ごとに月の高度の変化も調べました。次のような高度変化になると考えられるのは**A**～**D**のどの場合ですか。**A**～**D**の記号で答えなさい。(6点)

① 24°→15°→5°　② 36°→36°→32°　③ 56°→45°→33°

(1)	(2)A	B	C	D	(3)A	B
(4)①	②	③				

5 次の問いに答えなさい。【12点】

(1) A～Dの動物には，成長のとちゅうで名まえが変わるものがあります。変わる場合は，下の①～⑧にその「幼虫《ようちゅう》」あるいは「幼体《ようたい》」の名まえを，変わらない場合は×を書きなさい。(1点×8)

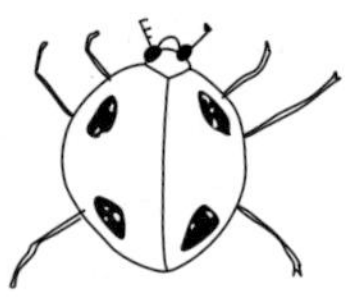

A モンシロチョウ　たまご→(①　　　)→(②　　　)→モンシロチョウ

B シオカラトンボ　たまご→(③　　　)→(④　　　)→シオカラトンボ

C トノサマバッタ　たまご→(⑤　　　)→(⑥　　　)→トノサマバッタ

D イモリ　たまご→(⑦　　　)→(⑧　　　)→イモリ

(2) (1)の問いのA～Dの動物の中には，「幼虫」あるいは「幼体」のときに水中ですごす動物があります。A～Dからあてはまるものをすべて選び，記号で答えなさい。(2点)

(3) ナナホシテントウの残りの「ホシ」を右上の図にかき入れて，模様《もよう》を完成させなさい。(2点)

(1)①	②	③	④	⑤	⑥	⑦	⑧
(2)			(3)（上の図に記入）				

6 図1のように川の石に油性ペンで印をつけ，川の水によって石が流れるようすを1年間毎日観察した結果，雨がふった日にそれらの石が下流へ流されるのが確かめられました。図2は，雨がふった日の1日の雨量と移動した石の中で最も大きな石の長さ(長い部分をはかる)の関係を示しています。これについて，次の問いに答えなさい。【10点】

図1

(1) グラフの1日の雨量を示す単位は何ですか。次のア～オから選びなさい。(1点)

ア ミリメートル　イ センチメートル　ウ 立方ミリメートル

エ 立方センチメートル　オ グラム

図2

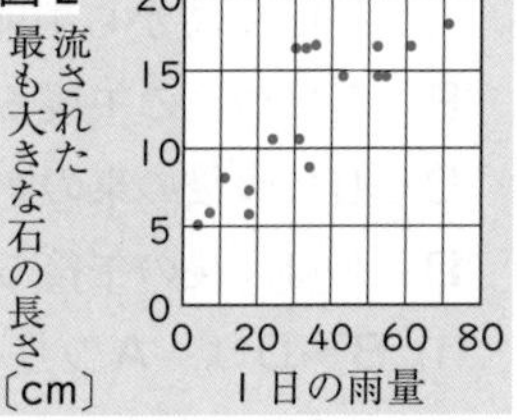

(2) 図2の結果から，1年のうちで川の石の移動が最も少ないのは，次のどの季節と考えられますか。ア～エから選びなさい。(1点)

ア 春　イ 夏　ウ 秋　エ 冬

(3) 次の文の(　)内にあてはまることばを答えなさい。(2点)

地層《ちそう》や川底などで見られるどろや砂《すな》や石は(①　　　)物とよばれる。その中での2mm以上の石は，別名(②　　　)ともよばれる。

(4) 右の図3，図4は川の曲がっている所と，まっすぐ流れている所を示しています。図のA～Eの川底に積もっている石は，ア，イのどちらですか。それぞれ選び，ア，イの記号で答えなさい。(5点)

図3 曲がっている所

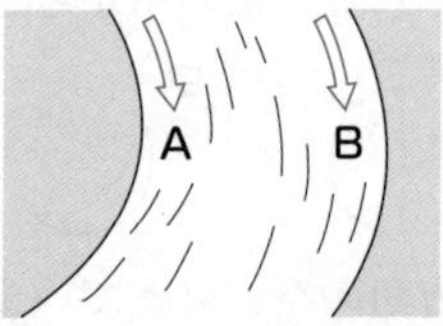

図4 まっすぐ流れている所

ア 細かい石 　イ 小石 

(5) 右の図5は，川の流れに対して，石が川底に積もるようすを示しています。どの図が正しいですか。ア～エから選びなさい。(1点)

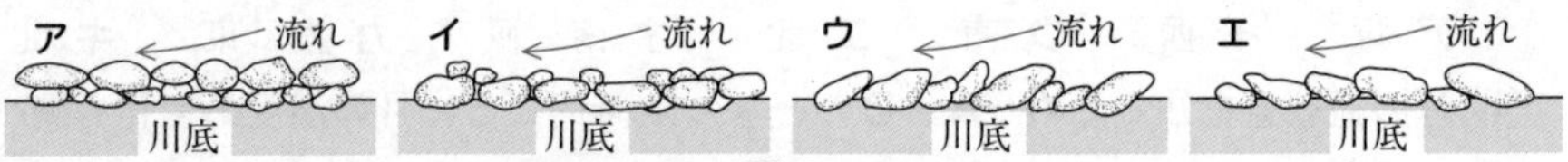

図5

(1)	(2)	(3)①	②	(4)A	B
C	D	E	(5)		

7 マイナス 20 ℃ の氷をビーカーに入れ，下から一定の火力で加熱したときの温度の変化をグラフに示しました。温度上しょうにともない固体の氷は液体になり，最後には気体に変わります。C—D間の温度上しょうをくわしく調べると，グラフのように①温度が 100 ℃ 近くに上しょうしていくにつれ，少しずつかたむきがゆるくなってきます。また，②40 ℃ 付近で小さなあわが出始め，③95 ℃ をこえたあたりから大きなあわが連続して出るようになります。次の問いに答えなさい。【12 点】

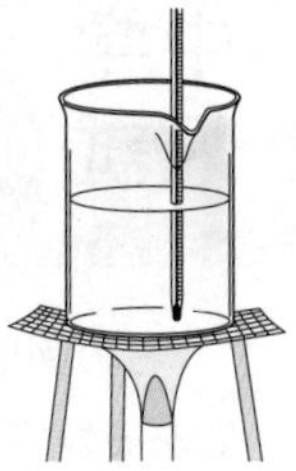

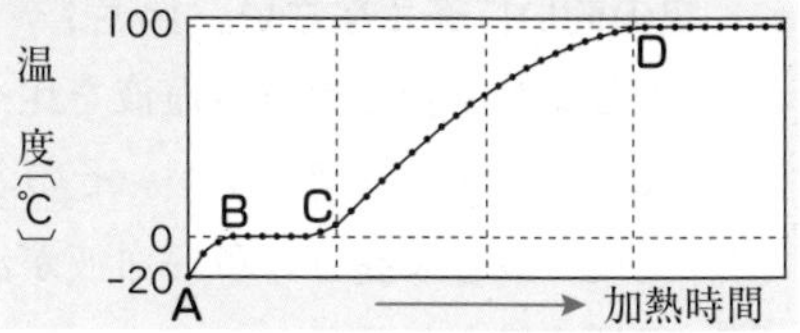

(1) グラフA—B間のかたむきとC—D間のかたむきを比べると，A—B間のほうがかたむきが大きくなっています。この理由を 15 字以内で答えなさい。(3 点)

(2) B—C間ではビーカーの中の状態はどうなっていますか。10 字以内で答えなさい。(3 点)

(3) 一定の火力で加熱しているのに，下線部①のようにかたむきはゆるくなっています。この理由と関係ある記述を以下のア～カからすべて選んで，記号で答えなさい。(2 点)

ア 暑くなるとあせをかく。　**イ** 寒くなるとブルブルふるえる。　**ウ** 打ち水をする。

エ 夕立がおこる。　**オ** きりが発生する。　**カ** 冷水を入れたガラスコップの表面がくもる。

(4) 下線部②，③のあわはそれぞれ何ですか。(2 点)

(5) 物質はふつう温度を変えると，固体，液体，気体の 3 つの状態に変わります。気体から直接固体に変わることを何といいますか。(2 点)

(1)	(2)	(3)
(4)②	③	(5)

8 とう明なびんを使い，4 種類の方法でろうそくを燃《も》やしました。あとの問いに答えなさい。【13 点】

〔実験方法〕 A．びんの口は開いているが，底にはすきまがない。

B．びんの口にはすきまがなく，底にもすきまがない。

C．びんの口は開いていて，底にもすきまがある。

D．びんの口にはすきまはないが，底にはすきまがある。

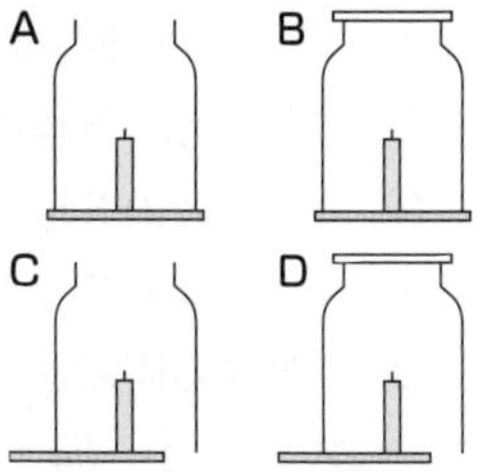

〔実験結果〕 ろうそくに点火すると，(①　　)のろうそくは勢いよく燃え続け，(②　　)のろうそくはしばらくするとほのおがやや小さくなったが，燃え続けた。しかし，(③　　)とBのろうそくは，まもなく消えてしまった。(③)とBでは，ほのおが消えた直後にろうそくのしんの近くから白いけむりがあがるのが見えた。

(1) ①～③に入る記号を答えなさい。また，③とBで見えたけむりにふくまれる物質は何ですか。(8 点)

(2) Bのようなふたをしたびんの中でろうそくを燃やすと，火が消えるまでにびんの中の気体の量はどのように変化しますか。酸素，ちっ素，二酸化炭素それぞれについて正しいものを選びなさい。(3 点)

ア 多くなる。　**イ** 少なくなる。　**ウ** まったくなくなる。　**エ** 変化しない。

(3) 実験結果の③のびんには空気が出入りできる所があるのに，火は消えてしまいました。びんに空気が出入りしにくかった理由を，気体の性質にもとづいて 20 字以内で説明しなさい。(2 点)

(1)①	②	③	物質	(2)酸素	ちっ素
二酸化炭素	(3)				

（　月　日）

中学入試 模擬テスト 第3回

解答28ページ

時間 45分　合格点 70点　得点　　点

1

右の図は，人のからだの器官や血管のようすを示したものです。□はある器官を，①～⑩は血管を，→は血液の流れる向きを示しています。

次の問いに答えなさい。【6点】

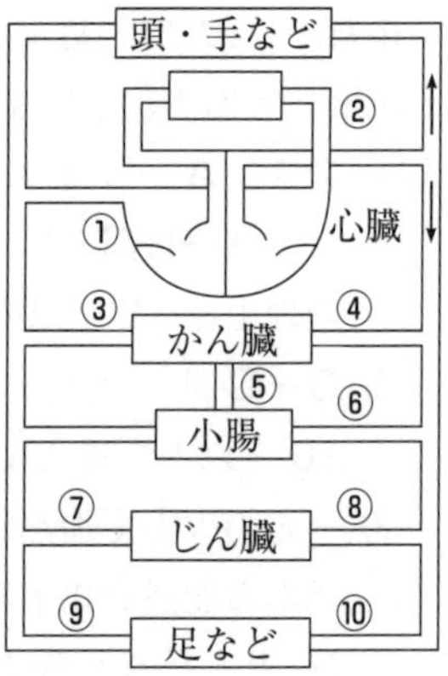

(1) ①と②の血管を流れる血液を比べたとき，②の血液に，より多くふくまれている物質は何ですか。その名まえを答えなさい。(4点)

(2) 食後，最も栄養分の多い血液が流れている血管を，次の**ア**～**ク**から選び，記号で答えなさい。(2点)

ア ②　**イ** ④　**ウ** ⑤　**エ** ⑥　**オ** ⑦

カ ⑧　**キ** ⑨　**ク** ⑩

(1)	(2)

2

光電池，電磁石《でんじしゃく》を図1のようにつなぎ，光電池に光をあててスイッチを閉《と》じたら，北をさしていた方位磁針《ほういじしん》は左にふれました。

次に光電池の位置を変えずに，新しい電磁石，じくにプロペラをとりつけたモーター，豆電球を図2のようにつないでから光電池に光をあてたところ，方位磁針はふれ，プロペラは回転し，豆電球はつきました。

この状態で光電池にあてる光の強さを強くしていくとどんなことがおこりますか。おこることの組み合わせとして正しいのはどれですか。【4点】

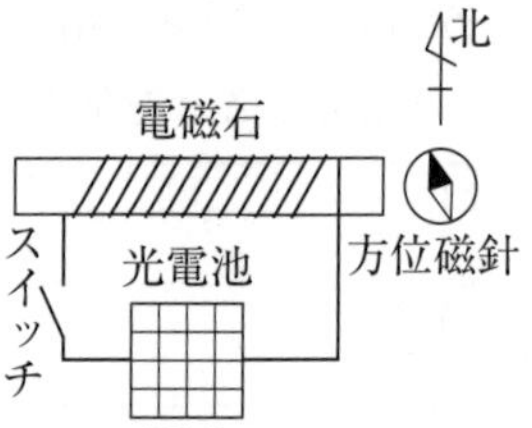

図1

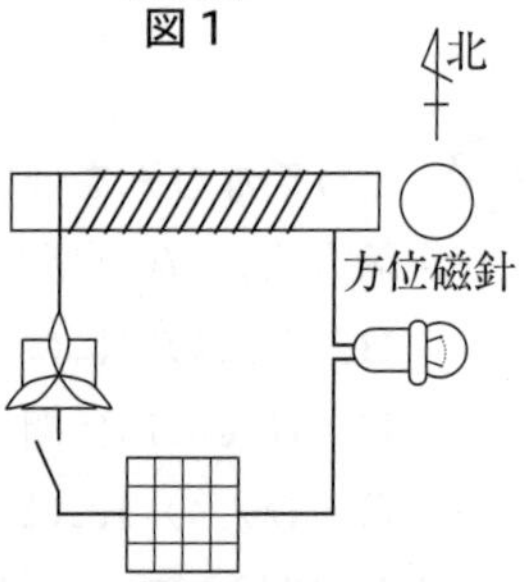

図2

① プロペラの回転数は大きくなる。
② プロペラの回転数は変わらない。
③ 方位磁針のN極はさらに右にふれる。
④ 方位磁針のN極はさらに左にふれる。
⑤ 豆電球は明るくなる。
⑥ 豆電球の明るさは変わらない。

ア ①，③，⑤　**イ** ②，④，⑤　**ウ** ①，④，⑤　**エ** ①，③，⑥　**オ** ②，③，⑤

3

右の図のA～Eは，それぞれ東京で見た星座《せいざ》を示しています。これについて，次の問いに答えなさい。【22点】

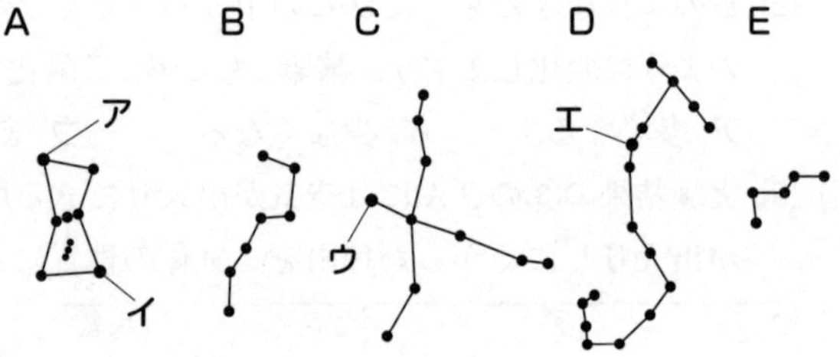

(1) 次の①～③にあてはまる星座を右図からすべて選び，A～Eの記号で答えなさい。(6点)

① いつも北の空に見える。
② 冬の夜，南の空に見える。
③ 夏の夜，南の空に低く見える。

(2) 次の①～③にあてはまる星を，前図の中の**ア**～**エ**からすべて選び，記号で答えなさい。(6点)
① 冬の大三角をつくる星　② 夏の大三角をつくる星　③ 赤くかがやく星

(3) 前図の**A**～**E**の星座の名まえを，それぞれ答えなさい。(10点)

(1)①	②	③	(2)①	②	③	(3)A
B	C	D	E			

4 身のまわりの植物について，次の問いに答えなさい。【18点】

開成中

(1) **図1**はタンポポ，アサガオ，アブラナ，ヘチマ，イネの花を示しています。タンポポのがく，花びら，おしべ，めしべに相当する部分は，他の4つの花のどこにあたりますか。あてはまるものを**ア**～**シ**よりすべて選び，記号で答えなさい。(8点)

図1

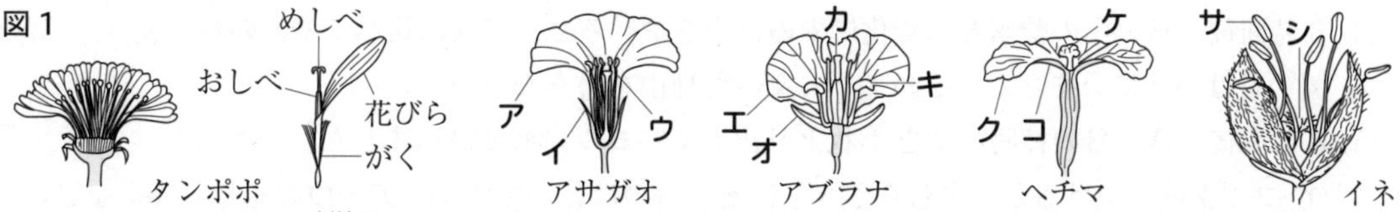

(2) **図2**は食たくに上る果物《くだもの》や野菜の実《み》の断面図です。カキだけはすでに種子がかきこまれています。カキの例にならって，図に，種子をかき入れなさい。(4点)

図2

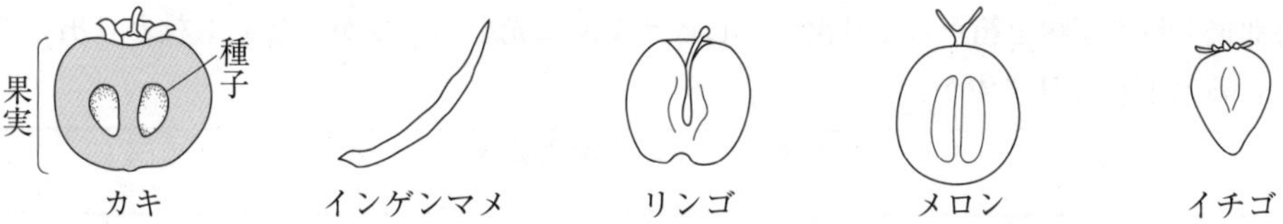

(3) タンポポの果実はどの部分を指しますか。**図3**の**ア**～**オ**より1つ選び，記号で答えなさい(**図1**のタンポポの花，**図2**のカキの果実を参考にするとよい)。(2点)

図3

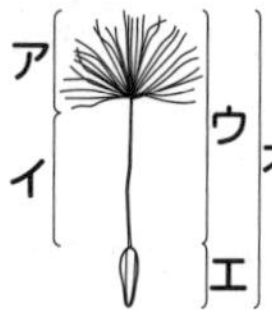

(4) 花には，花粉がこん虫によって運ばれる虫ばい花と，風によって運ばれる風ばい花があります。**図4**はいろいろな花の花粉を示しています(縮尺《しゅくしゃく》はばらばらです)。**図4**を参考にして，あとの**ア**～**エ**の文の中から正しいものを2つ選び，記号で答えなさい。(2点)

図4

ア 虫ばい花の花粉よりも風ばい花の花粉のほうが大きくて重い。
イ 虫ばい花の花粉よりも風ばい花の花粉のほうがつくられる数が多い。
ウ 虫ばい花の花粉には毛のようなものやかぎのようなものがついていて，何かに引っかかりやすくなっている。
エ 虫ばい花の花粉よりも風ばい花の花粉のほうが，より多くの栄養分をたくわえている。

(5) (4)の花粉のうち，風ばい花のものをすべて答えなさい。(2点)

(1)がく	花びら	おしべ	めしべ
(2)（上の図に記入）	(3)	(4)	(5)

5 図1のA，Bのように，息をふきこんだ透明《とうめい》なふくろの中に植物を入れました。Aには光をあて，Bには光があたらないように箱に入れて，実験をしました。あとの問いに答えなさい。【18点】

図1

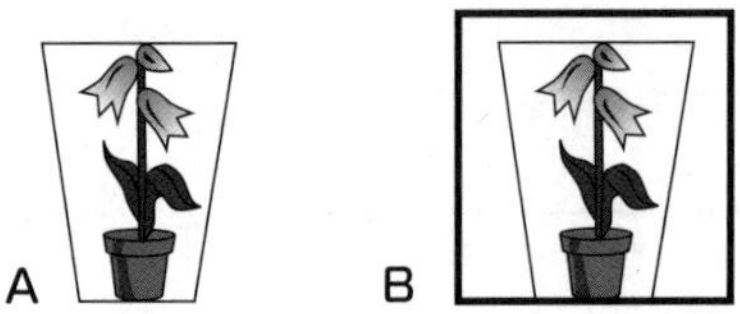

図2

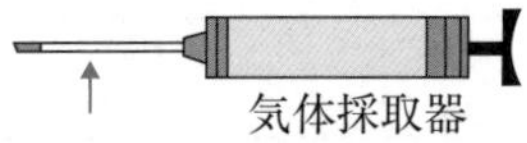

(1) ふくろの中の酸素と二酸化炭素の割合《わりあい》を調べるために，図2の道具を使いました。矢印の部分の名まえを答えなさい。(2点)

(2) 8時間後，Aの中の酸素と二酸化炭素の割合を調べました。最初と比べてそれぞれどうなりますか。次のア～ウから選び，記号で答えなさい。(4点)

ア ふえる　**イ** 減　る　**ウ** 変わらない

(3) 8時間後，Aのふくろの内側がくもっていました。何が出てきたことがわかりますか。(2点)

(4) 8時間後，Bの中の酸素と二酸化炭素の割合を調べると，最初に比べて酸素の量は減り，二酸化炭素の量はふえていました。そのようになった理由を書きなさい。(3点)

(5) 8時間後，A，Bの植物の葉を1枚《まい》とり出して，ヨウ素液で調べました。(2点×2)

① ヨウ素液につけると，青むらさき色に変わるのはどれですか。ア～ウの記号で答えなさい。

ア Aの葉　**イ** Bの葉　**ウ** A，B両方の葉

② 葉が青むらさき色に変わったことから，何ができていることがわかりますか。

(6) 8時間後，Bの植物を箱からとり出し，じゅうぶんに光をあててから葉を1枚とり出してヨウ素液につけるとどうなりますか。(3点)

(1)	(2)(酸素)	(二酸化炭素)	(3)
(4)	(5)①	②	(6)

6 右の図は母親の体内で成長する子ども(胎児《たいじ》)のようすを示しています。次の問いに答えなさい。【8点】

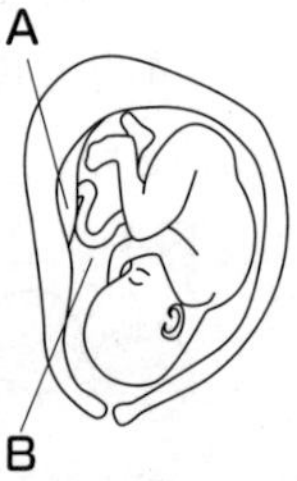

(1) 図中のAの部分を何といいますか。(2点)

(2) Bの部分の満たしている液体を何といいますか。(2点)

(3) 母親の体内で成長する胎児について述べた文ア～エのうち，正しいものを2つ選び，記号で答えなさい。(2点)

ア 4～5か月くらい成長すると，耳のしくみができあがり，音に反応するようになる。

イ Bを満たしている液体には，胎児を成長させるために必要なすべての栄養分がふくまれている。

ウ 人の受精卵《じゅせいらん》の大きさは，約0.1 mmで，母親の体内で成長し生まれたときに体重は3キログラムくらいである。

エ 1つの卵子《らんし》に2つの精子《せいし》が受精すると，ふたごになる。

(4) 胎児は母親の体内で，ふつうどれぐらいの期間で成長し生まれますか。次のア～エからふさわしいものを1つ選び，記号で答えなさい。(2点)

ア 180日　**イ** 230日　**ウ** 280日　**エ** 330日

(1)	(2)	(3)	(4)

7 以前，市場で野菜や魚を売る人は，右の図1のようなさおばかりを持っていました。

つりひもを片手で持ち，皿の上に野菜や魚をのせ，さお（どこも同じ材質で，同じ太さの棒《ぼう》）の皿とは反対側に分銅をつるします。

さおが水平になるように分銅をつるす位置を調節して，つりひもから分銅をつるした位置までの長さを求め，てこの原理を利用して野菜や魚の重さをはかります。

A子さんは，家の物置で図2のような古いさおばかりを見つけましたが，分銅が見つかりません。そこで，学校から物理てんびんの分銅を借り，その中の50g，100g，200gの分銅にそれぞれ軽い糸をつけ，さおばかりで使える分銅にしました。また，さおのつりひもから右側に1.0cmごとに目《め》盛《も》りをつけました。A子さんがした次の実験Ⅰ，Ⅱについて，あとの問いに答えなさい。【16点】

図1

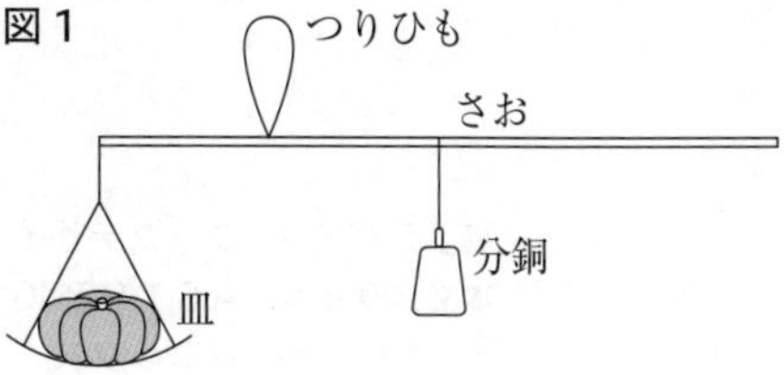

図2

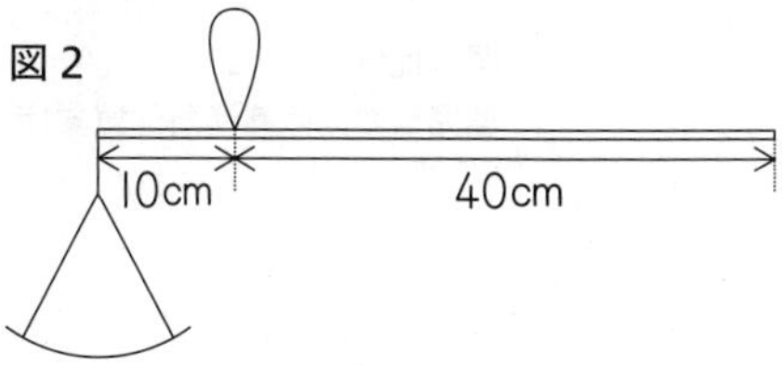

実験Ⅰ　最初，皿に50gの分銅をのせ，さおには分銅をつるさずにつりひもを持ち上げたところ，さおは水平になってつりあいました。

実験Ⅱ　次に，図3のように皿にリンゴを1つのせ，3種類の分銅を使って，それぞれさおが水平になってつりあう位置（図中X cm）をさがしました。その結果が**表1**です。

表

使った分銅の重さ(g)	つりあった位置X(cm)
50	20.0
100	10.0
200	□

図3

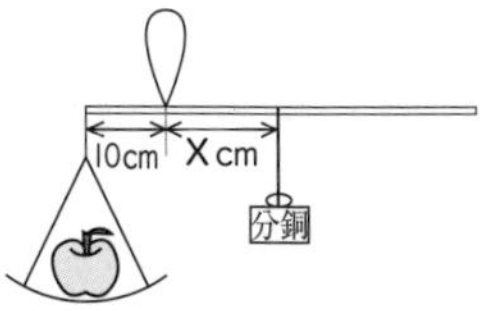

(1) **実験Ⅰ**の結果から，このさおばかりは最小何gまではかれるはかりであるといえますか。（4点）

(2) **実験Ⅱ**で，200gの分銅をつるしたとき，つり合った位置**X**の値（表中の□）を，求めなさい。（4点）

(3) **実験Ⅰ**と**実験Ⅱ**の結果から，このリンゴの重さを求めなさい。（4点）

(4) このさおばかりの皿だけの重さを175gとすると，さおだけの重さは何gですか。（4点）

(1)	(2)	(3)	(4)

8 右の図のようなふりこAとBを準備しました。これについて，次の問いに答えなさい。【8点】

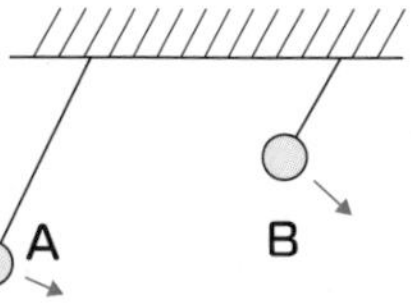

(1) ふりこのふれる時間はどちらのほうが長いですか。（2点）

(2) おもりの重さを重くすると，Aのふりこのふれる時間はどのようになりますか。（2点）

(3) ふりこBのおもりを高くまで横に持ち上げ，手からはなした場合と，少しだけもち上げ手をはなした場合ではふりこのふれる時間はどうなりますか。（2点）

(4) この原理を利用したものを以下の**ア**～**エ**より選びなさい。（2点）

ア 砂時計《すなどけい》

イ バランスボール

ウ メトロノーム

エ シーソー

(1)	(2)	(3)	(4)

装丁デザイン　ブックデザイン研究所
本文デザイン　A.S.T DESIGN
図　版　ユニックス

写真提供
鹿児島県大阪事務所　気象庁　国土交通省北陸地方整備局 立山砂防事務所　ピクスタ
〈敬称略・五十音順〉

中学入試 実力突破 理科

編著者　中学入試指導研究会
発行者　岡　本　明　剛
印刷所　ユ　ニ　ッ　ク　ス

発行所　受験研究社

〒550-0013 大阪市西区新町2丁目19番15号
注文・不良品などについて：(06)6532-1581(代表)／本の内容について：(06)6532-1586(編集)

Printed in Japan　高廣製本
落丁・乱丁本はお取り替えします。

（きりとり線）

チェックカード 16 水よう液の性質

1 次の図の(　　)の中にことばや数を入れなさい。

●もののとけ方を表すグラフ

・ミョウバン・食塩・ホウ酸ともに，水の温度が（　高い　）ほど，水にとける量が多い。

・ミョウバン・食塩・ホウ酸で，水の温度が変化しても，とける量が大きく変化しないのは（　食塩　）である。

・90℃の水50mLにホウ酸を5ｇとかした水よう液には，ホウ酸が約（　10　）g，食塩が約（　19　）gとける。

・水50mLに，ミョウバンは，60℃で約28ｇとける。この水よう液を20℃まで冷やすと，20℃でミョウバンは約6ｇとけるので，約（　22　）gの結しょうが出てくる。

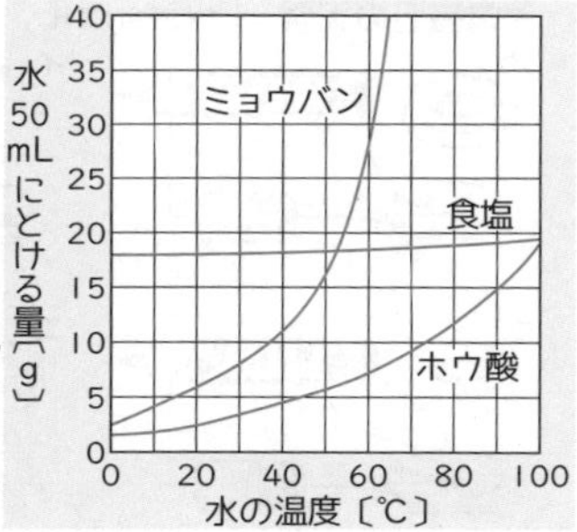

2 次の各問いに答えなさい。

❶ ものが水にとけた液を[　　]という。

❷ 水にとけるものの量には限界がある。ものがそれ以上とけなくなった水よう液を，[A　　]水よう液という。また，この限界の量は水の[B　　]で決まる。ものが固体のとき，水の[B]が[C　　]ほど，ものは多くとける。

❸ ものがそれ以上とけなくなった水よう液から水を蒸発《じょうはつ》させたり，水よう液の温度を[A　　]たりすると，とけていたものが[B　　]となって出てくる。

❹ とけ残りなどを水よう液からこしとることを[　　]という。

❺ 水よう液のこさ(％)は，[A　　]の重さ÷[B　　]の重さ × 100 で求める。

❻ ＢＴＢ液を水よう液に加えるとき，水よう液が酸性ならば[A　　]色に，アルカリ性ならば[B　　]色に変わる。

❼ 酸性の水よう液にアルカリ性の水よう液を加えると，[A　　]と塩《えん》ができる。この反応《はんのう》を[B　　]という。

❽ うすい塩酸に鉄・アルミニウム・あえんなどの小片《しょうへん》を入れると，[　　]が発生する。

2

❶		水よう液
❷	A	ほう和
	B	温　度
	C	高　い
❸	A	下　げ
	B	結しょう
❹		ろ　過
❺	A	とけているもの
	B	水よう液
❻	A	黄
	B	青
❼	A	水
	B	中　和
❽		水　素

①（ここで山折り）

チェックカード 1 動植物のくらしと季節

1 次の図の(　　)の中にことばや数を入れなさい。

●モンシロチョウの一生

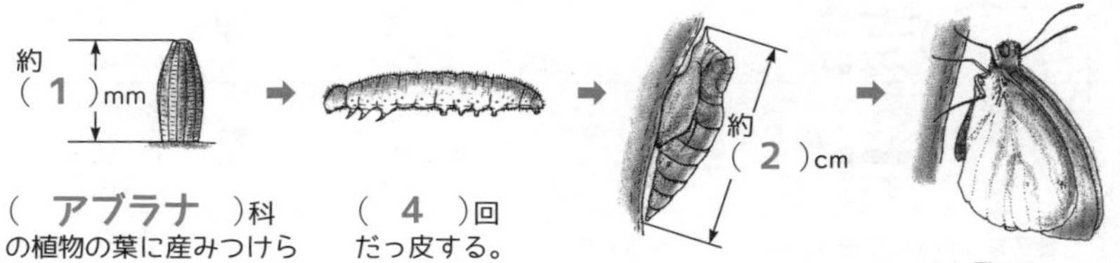

（　アブラナ　）科の植物の葉に産みつけられる。

（　4　）回だっ皮する。

ほとんど動かない。

花の（　みつ　）をすう。

2 次の各問いに答えなさい。

❶ こん虫の成虫のからだは，頭・[A　　]・[B　　]からできている。

❷ こん虫の足は[A　　]本で，[B　　]についている。

❸ セミやトンボのように，たまご→幼虫《ようちゅう》→成虫の順に育つ育ち方を[　　]という。

❹ 花はふつう外側から，がく，[A　　]，[B　　]，めしべがならんでいる。

❺ １つの花にめしべとおしべのある花を[A　　]，どちらかしかない花を[B　　]という。

❻ めしべの先に花粉がつくことを[　　]という。

❼ カボチャの花粉は，虫によって運ばれる。このような花を虫ばい花という。トウモロコシの花粉は風によって運ばれる。このような花を[　　]という。

❽ 花がさいたあと，実になるのは[A　　]，種子になるのは[B　　]である。

❾ 次の植物の花のうち，冬にさくのは[　　]である。
アサガオ，サクラ，サザンカ，ヘチマ，トウモロコシ，セイタカアワダチソウ

2

❶	A	胸《むね》(腹《はら》)
	B	腹(胸)
❷	A	6
	B	胸
❸		不完全変態《ふかんぜんへんたい》
❹	A	花びら
	B	おしべ
❺	A	両性花《りょうせいか》
	B	単性花《たんせいか》
❻		受　粉
❼		風ばい花
❽	A	子ぼう
	B	はいしゅ
❾		サザンカ

チェックカード 2 植物の発芽と成長

1 次の図の(　　)の中にことばを入れなさい。

●**発芽を調べる実験**

かわいただっし綿　インゲンマメの種子　発芽(しない)。

しめっただっし綿　発芽(する)。

発芽には(水)が必要。

種子の半分がつかる水　発芽(する)。

たくさんの水　発芽(しない)。

発芽には(空気)が必要。

種子をしめらせただっし綿にのせ，保温機に入れる。

0℃で保温　発芽(しない)。

25℃で保温　発芽(する)。

50℃で保温　発芽(しない)。

発芽には(適当な温度)が必要。

2 次の各問いに答えなさい。

❶ 発芽に必要な養分を，イネやトウモロコシは[A　]にたくわえているので，これらを有はいにゅう種子という。一方，ヒマワリやカボチャは[B　]にたくわえているので，無はいにゅう種子という。

❷ 植物は成長に必要な養分を光合成でつくる。光合成は，気孔《きこう》からとり入れる空気中の[A　]と，根からとり入れる[B　]を材料とし，[C　]のエネルギーを使って[D　]をつくるはたらきである。このとき[E　]ができて，これは気孔から空気中に出される。

❸ 光合成は葉やくきの緑の部分(　　)で行う。

❹ でんぷんがふくまれているかどうかは，[A　]で調べることができる。でんぷんがあると，[B　]色になる。

❺ 植物は体内の水を気孔から水蒸気《すいじょうき》として出す。このはたらきを[　　]という。この結果，体内の水は少なくなり，水は根から吸《す》い上げられる。

2

❶	A	はいにゅう
	B	子　葉
❷	A	二酸化炭素
	B	水
	C	光(日光)
	D	でんぷん
	E	酸　素
❸		葉緑体
❹	A	ヨウ素液
	B	青むらさき
❺		蒸《じょう》　散《さん》

チェックカード 15 電気のはたらき

1 次の図の(　　)の中に記号やことばを入れなさい。

●**電磁石の実験**　注 方位磁針の針は，色のついたほうがN極

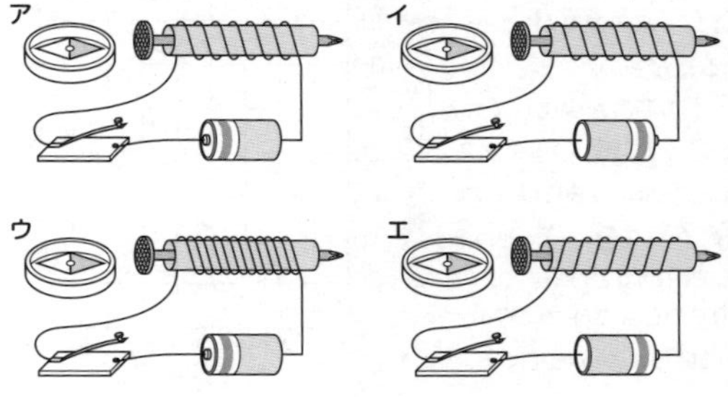

・スイッチを入れたとき，磁力がいちばん強い電磁石は(ウ)である。

・スイッチを入れたとき，方位磁針の針は(イ)だけ動いた。この電磁石で，スイッチを切ると，方位磁針の針は(もとにもどった)。

2 次の各問いに答えなさい。

❶ かん電池1個に豆電球を2個つなぐ。豆電球が明るいのは，豆電球を[　　]につなぐときである。

❷ かん電池2個に豆電球を1個つなぐ。豆電球が明るいのは，かん電池を[　　]につなぐときである。

❸ [A　]は，光をあてると発電する。[A]にモーターをつないで回路をつくるとき，モーターがよりはやく回転するのは[A]にあてる光の角度を[B　]に近くしたり，[C　]光をあてたりすればよい。

❹ 電磁石《でんじしゃく》の磁力《じりょく》を強くするには，コイルを流れる[A　]を大きくする，コイルの巻《ま》き数を[B　]，導線の太さを[C　]する，コイルに[D　]を入れるなどがある。

❺ かん電池，豆電球，電流計を使って回路をつくるとき，電流計は豆電球と[　　]につなぐ。

❻ 電流計の－《マイナス》たんしには，50mA，500mA，5Aがあるが，はじめは[　　]とつなぐ。

❼ コンデンサーは電気を[　　]する道具である。

❽ 電熱線に電流を流すと[A　]する。電熱線に流れる電流が[B　]ほど，[A]の量は大きい。

2

❶		並《へい》　列《れつ》
❷		直　列
❸	A	光電池
	B	直　角
	C	強　い
❹	A	電　流
	B	ふやす
	C	太　く
	D	鉄しん
❺		直　列
❻		5A
❼		蓄《ちく》　電《でん》
❽	A	発　熱
	B	大きい

チェックカード 14　ものの燃え方と空気

1　次の図で，（　　）にはろうそくが燃《も》え続ける場合は○，火が消えてしまう場合は×を書きなさい。また，下の文の（　　）の中にはことばを入れなさい。

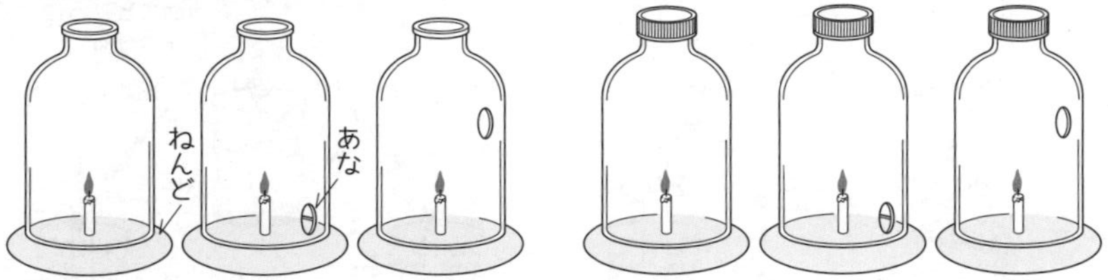

（ × ）　（ ○ ）　（ ○ ）　（ × ）　（ × ）　（ × ）

・ろうそくが燃え続けるためには（ 空気 ）の流れが必要である。

2　次の各問いに答えなさい。

❶ ものが燃えるには，A［　］があること，B［　］（物質名）が十分にあること，C［　］以上の温度が保たれていることの３つが必要である。

❷ ものが燃えるとは，ものと［　］がはげしく結びつくことである。このとき熱やほのおが出る。

❸ ろうを燃やすとA［　］と水（水蒸気《すいじょうき》）ができる。ろうには，Aができることより B［　］が，水ができることから C［　］がふくまれていることがわかる。

❹ 空気は，その体積の約８割の成分がA［　］，約２割の成分がB［　］である。

❺ 酸素は，二酸化マンガンにうすいA［　］を注ぐと発生する。色・におい・味はない。水にとけにくく，空気より少し重いので，実験ではB［　］置かん法で集める。

❻ 二酸化炭素は，石灰石にうすいA［　］を注ぐと発生する。色・におい・味はない。水にすこしとけ，空気よりB［　］。

❼ スチールウール（鉄）は銀色だが，燃やすと青っぽい［　］色に変化する。

2

❶	A	燃えるもの
	B	酸素
	C	発火点
❷		酸素
❸	A	二酸化炭素
	B	炭素
	C	水素
❹	A	ちっ素
	B	酸素
❺	A	過酸化水素水《かさんかすいそすい》
	B	水上
❻	A	塩酸
	B	重い
❼		黒

②（ここで山折り）

チェックカード 3　動物の誕生と育ち方

1　次の図の（　　）の中にことばを入れなさい。

●胎児の成長

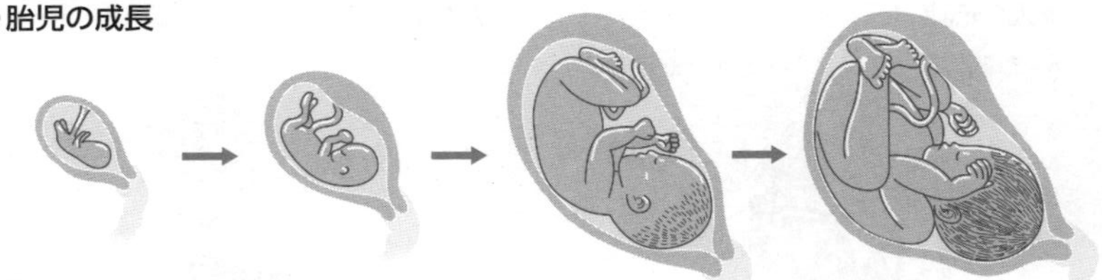

約４週目
・頭と（ 心臓 ）がはっきりしてくる。
・こ動が始まる。

約10週目
・男女の区別がつく。
・足の（ 指 ）がはっきりする。

約21週目
・まつ毛や（ 頭髪《とうはつ》 ）がこくなる。
・（ ちょう覚 ）機能が発達する。

約38週目
・手や足がふっくらし，つめも生えている。
・（ 母親 ）の体外へ出る準備が整っている。

2　次の各問いに答えなさい。

❶ 精子《せいし》と卵《らん》が結びつくことを［　］という。

❷ 胎児《たいじ》はA［　］を通して，母親から養分を受けとり，いらなくなったものを母親にもどしている。胎児とAは，B［　］でつながっている。

❸ 胎児は［　］という液体に包まれている。

❹ 胎児は，母体内で約［　］週間育ってから生まれる。

❺ メダカのおすとめすは，ひれの形で見分けることができる。A［　］のせびれには切れこみがあり，しりびれの形はB［　］に似ている。C［　］のせびれには切れこみがなく，しりびれの形はD［　］に似ている。

❻ メダカを飼うのに水道水を使う場合は，そのまま使わず，［　］の水を使う。

❼ メダカがたまごをよく産む水温は，［　］℃くらいである。

❽ 生まれたての子メダカは，腹《はら》に［　］をたくわえているので，数日間えさを食べない。

2

❶		受精《じゅせい》
❷	A	胎ばん
	B	へそのお
❸		羊水《ようすい》
❹		38
❺	A	おす
	B	平行四辺形
	C	めす
	D	三角形
❻		くみ置き
❼		25
❽		養分

チェックカード 4 人のからだのつくり

1 次の図の(　　)の中にことばを入れなさい。

●人の心臓

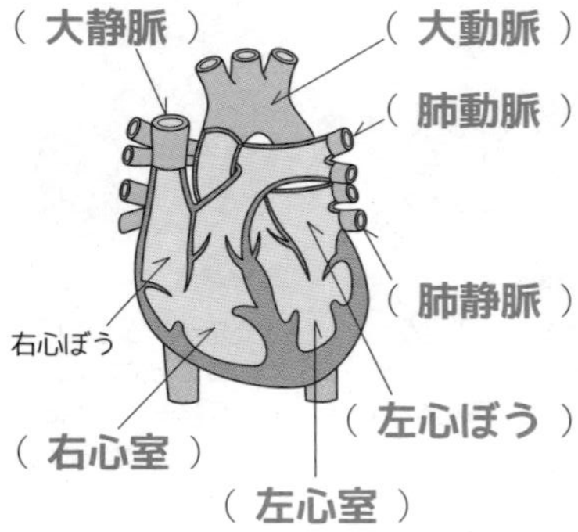

●人の消化器官

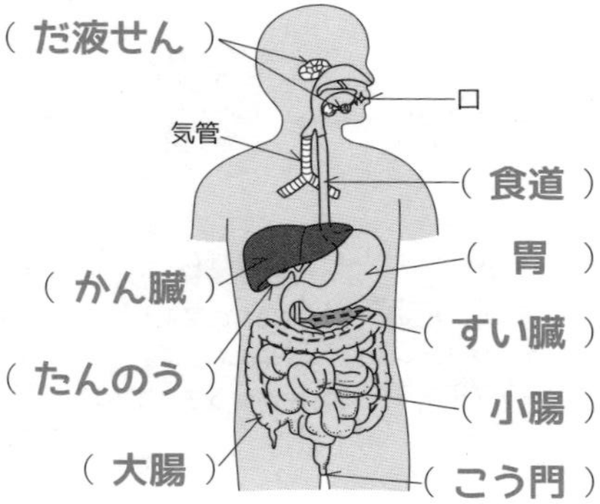

2 次の各問いに答えなさい。

❶ 体内に酸素をとりこみ，体外に二酸化炭素を出すはたらきを□という。

❷ 心臓《しんぞう》から肺《はい》へ血液が流れている血管を[A]といい，動脈血と静脈血《じょうみゃくけつ》のうち，[B]血が流れている。

❸ 食べ物から養分を吸収《きゅうしゅう》するために，食べ物を細かくすることを□という。

❹ 食べ物は，口→食道→[A]→[B]→大腸を通る。養分などを吸収した残りのかすは[C]から出される。

❺ 養分の吸収は[A]で行う。[A]の内側のかべには無数の[B]があり，表面積を広くすることで養分の吸収を効率よく行っている。

❻ 血液中に吸収された養分は，[A]に運ばれ，一時たくわえられる。[A]ではアンモニアを[B]に分解したり，たんじゅうをつくったりしている。

❼ じん臓は，血液から不要な□(物質名)や塩分をこしとり，にょうをつくっている。

2

❶		呼《こ》吸《きゅう》
❷	A	肺動脈
	B	静脈血
❸		消化
❹	A	胃
	B	小腸
	C	こう門
❺	A	小腸
	B	じゅう毛
❻	A	かん臓
	B	にょう素
❼		にょう素

チェックカード 13 もののあたたまり方と温度

1 次の図の(　　)の中にことばを入れなさい。

●空気の体積の変化

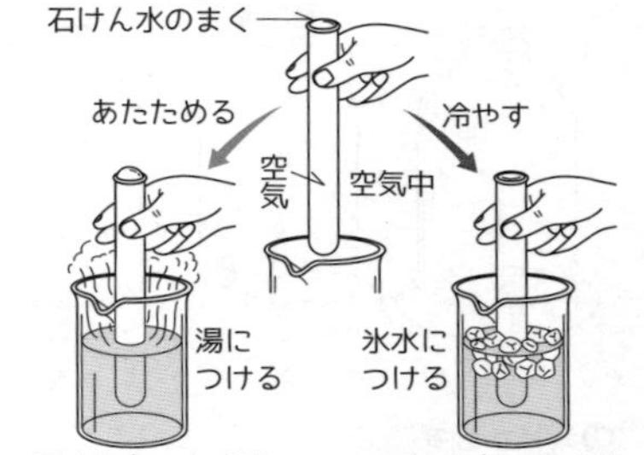

・石けん水のまくは（ふくらむ）。・石けん水のまくは（しぼむ）。

●水の体積の変化

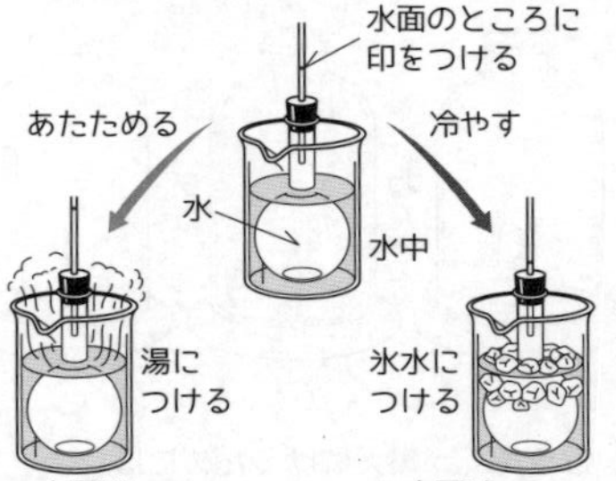

・水面は（上がる）。・水面は（下がる）。

・空気と水の体積は，あたためると（ぼう張）し，冷やすと（収縮《しゅうしゅく》）する。

2 次の各問いに答えなさい。

❶ 同じ重さの氷，水，水蒸気《すいじょうき》の体積は，大きい順に水蒸気→[A]→[B]である。

❷ 金属は，熱すると[A]し，冷やすと[B]する。棒《ぼう》状の金属では[A]や[B]の長さの割合《わりあい》を[C]率《りつ》という。[C]は，鉄，銅，アルミニウムの中では，[D]がいちばん大きい。

❸ あたたまった空気はぼう張するので重さが[A]なり，上しょうする。かわりに冷たい空気が下降《かこう》し，熱の流れができる。この熱の伝わり方を[B]という。

❹ 金属は，熱したところからまわりに熱が伝わっていく。この熱の伝わり方を□という。

❺ 太陽の熱は，太陽から直接伝わりあたたまる。この熱の伝わり方を□という。

❻ 水と鉄では，□のほうがあたたまりやすく冷めやすい。

2

❶	A	氷
	B	水
❷	A	ぼう張
	B	収縮
	C	線ぼう張
	D	アルミニウム
❸	A	軽く
	B	対流
❹		伝導
❺		放《ほう》射《しゃ》
❻		鉄

(きりとり線)

チェックカード 12　てんびんとてこ

1　次の図の(　　)の中に記号を入れなさい。

●てこを利用した道具

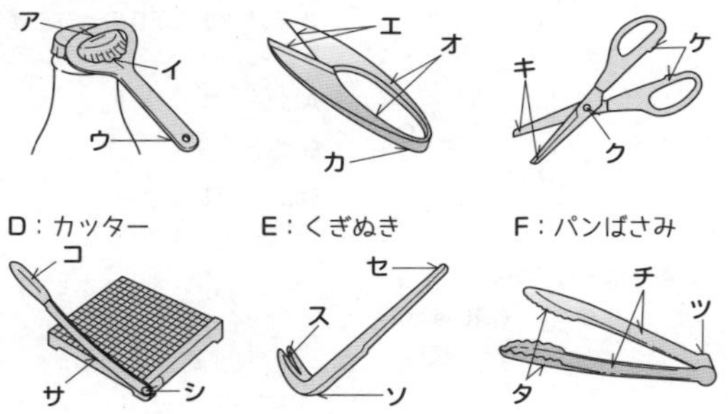

・ア～ツで，支点は（　ア，カ，ク，シ，ソ，ツ　）

・ア～ツで，力点は（　ウ，オ，ケ，コ，セ，チ　）

・力点，作用点，支点をならべたとき，作用点が真ん中にくる道具は（　A，D　），力点が真ん中にくる道具は（　B，F　）である。

2　次の各問いに答えなさい。

❶ おもりを両方のうでにのせたてんびんがつりあうのは，支点の左側と右側で，［A　］からのきょりとおもりの［B　］の積が等しいときである。

❷ 地球がものを引っ張る力を［A　］といい，その大きさを［B　］という。

❸ 水中にあるものは，水から［A　］をうける。重さ 100g，体積 $20cm^3$ のおもりをばねはかりにつるし，右の図のようにおもり全体を水中に入れると，おもりは水から［A］を［B　］g うけるので，ばねはかりは［C　］g を示す。

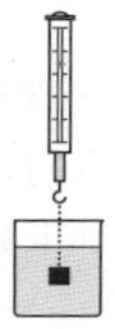

❹ ばねののびは，おもりの重さに［　　］する。

❺ 加えた力を他のものに作用させるものを［　　］といい，支点，力点，作用点の３つの点がある。

❻ てこは，

・［A　］にはたらく力×［A］から支点までのきょり

・［B　］に加える力×［B］から支点までのきょり

の２つが等しいときつりあう。

2

❶	A	支点
	B	重さ
❷	A	重力
	B	重さ
❸	A	浮《ふ》力《りょく》
	B	20
	C	80
❹		比例
❺		てこ
❻	A	作用点
	B	力点

③(ここで山折り)

チェックカード 5　生き物とかん境

1　次の図の(　　)の中にことばを入れなさい。

●食う・食われるの関係

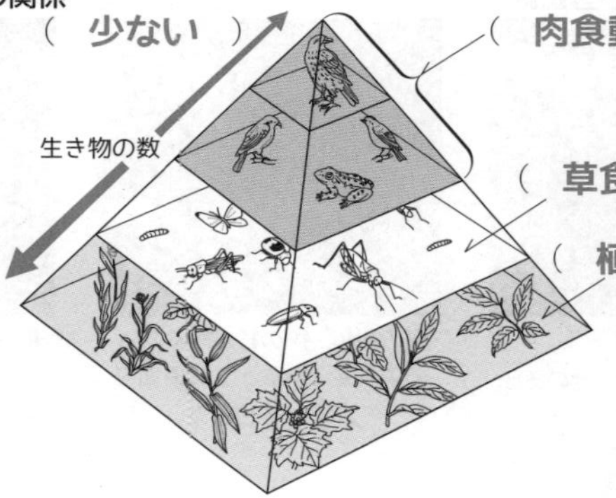

2　次の各問いに答えなさい。

❶ 食べる・食べられるの直線的な関係を［　　］という。

❷ 動物は動物や植物を食べて養分をとり入れるが，植物は［　　］を行って養分をつくる。

❸ 人のからだの約６割《わり》は［　　］である。

❹ 植物は根から水を吸収《きゅうしゅう》するときに，ちっ素，リン酸，カリウムなどの［　　］成分も吸収する。

❺ 生き物は，［A　］をとり入れ，［B　］を出している。このはたらきを呼吸《こきゅう》といい，休みなく行われている。

❻ 植物は養分(でんぷん)をつくるために，［A　］と水を体外からとり入れる。このときできる［B　］は［C　］から体外に出される。

❼ 石油や石炭《せきたん》を燃《も》やしたときにできる［A　］の量が増加して，地球の平均気温が上がり続けている。これを地球［B　］という。

❽ 硫黄酸化物《いおうさんかぶつ》などがとけた雨を［　　］という。森林をからすなど，大きな問題になっている。

2

❶		食物連鎖《しょくもつれんさ》
❷		光合成
❸		水分
❹		肥料
❺	A	酸素
	B	二酸化炭素
❻	A	二酸化炭素
	B	酸素
	C	気《き》孔《こう》
❼	A	二酸化炭素
	B	温暖化《おんだんか》
❽		酸性雨

チェックカード 6 天気とその変化

1 次の図の(　　)の中にことばを入れなさい。

●季節を代表する雲画像

・季節は(　冬　)
・(　西高東低　)の気圧配置といわれる。
・日本海側は(　雪　)，太平洋側は晴れが続く。

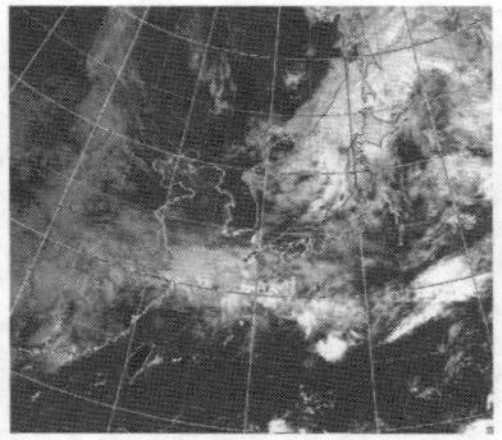

・夏の初め，雨の日が続くころのようすである。この時期を(　つゆ　)という。

・季節は(　夏　)
・(　小笠原　)気団におおわれ，暑い日が続く。
・(　南東　)の季節風がふく。

2 次の各問いに答えなさい。

❶ 風の[A　　]向きを風向という。だから，北から南へふく風を[B　　]の風という。

❷ 太陽が12時ごろ南中する所で，よく晴れた日には，地面の温度は[A　　]時ごろ，気温は[B　　]時ごろ，それぞれ最高になることが多い。

❸「晴れの日」と「くもりの日」では，「[　　]の日」のほうが1日の気温の変化は大きい。

❹ [　　]は，気象衛星からの映像《えいぞう》や地域《ちいき》気象観測システム(アメダス)の情報などを使って行われる。

❺ 日本付近の雲は，上空を流れる[A　　]にのって動くので，西から東へ移動する。だから，天気も[B　　]から[C　　]に移っていくことが多い。

❻ 春や秋の天気は，大陸から[A　　]が流れてくるので，4～7日の周期で変わりやすい。[A]におおわれた地域の天気は[B　　]が多い。

❼ [　　]とは最大風速が秒速17.2m以上の熱帯低気圧。

2

❶	A	ふいてくる
	B	北
❷	A	13
	B	14
❸		晴れ
❹		天気予報
❺	A	偏西風《へんせいふう》
	B	西
	C	東
❻	A	移動性高気圧
	B	晴れ
❼		台風

チェックカード 11 ものの動くようす

1 次の図の(　　)の中に記号やことばを入れなさい。

●ふりこ

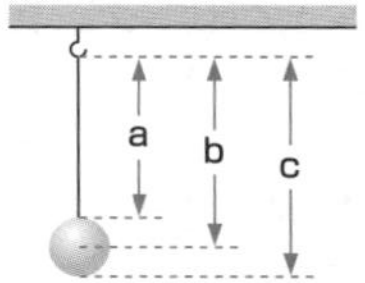

・ふりこの長さは(　b　)

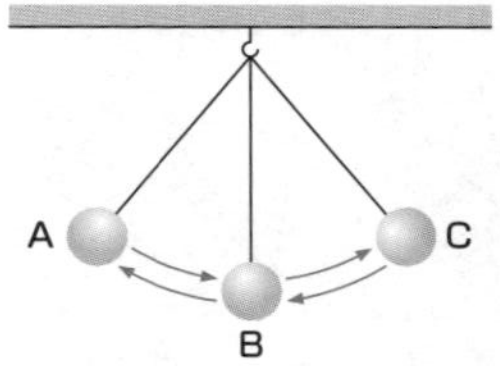

・ふりこの速さで，最もはやいときをア，速さが0のときをイとすると，
Aは(　イ　)
Bは(　ア　)
Cは(　イ　)

●板をころがるおもり ※おもりの重さは同じである。

〈同じかたむき〉

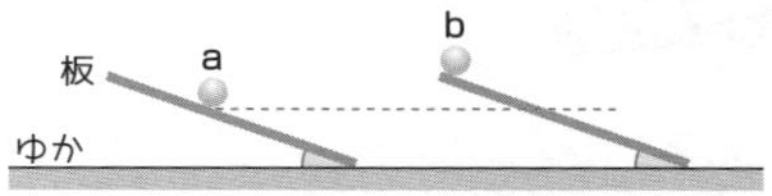

・ゆかに着いたとき，おもりの速さは(　bのほうがはやい　)。

〈同じ高さ〉

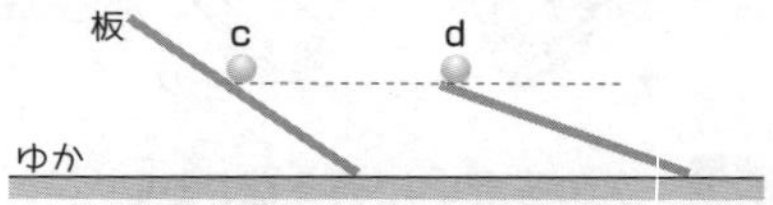

・ゆかに着いたとき，おもりの速さは(　どちらも同じ速さ　)。

2 次の各問いに答えなさい。

❶ ふりこが1往復する時間を長くするには，おもりの重さ，ふりこの長さ，ふれはばのうち，[A　　]を[B　　]すればよい。

❷ ふりこが1往復する時間は，[A　　]を変えない限り一定である。これをふりこの[B　　]という。

❸ ホットプレート，メトロノーム，ストップウォッチ，地しん計のうち，ふりこの性質を利用しているのは[A　　]と[B　　]である。

❹ ものをしょうとつさせたとき，しょうとつされたものがより遠くへ動くには，しょうとつさせるものの速さを[A　　]する，しょうとつさせるものの重さを[B　　]するなどがある。

❺ 水平な地面をころがるボールはやがてとまる。これは，地面とボールの間でたがいに[　　]しあうからである。

2

❶	A	ふりこの長さ
	B	長く
❷	A	ふりこの長さ
	B	等時性
❸	A	メトロノーム
	B	地しん計
❹	A	はやく
	B	重く
❺		まさつ

チェックカード 10　光　と　音

1　次の図の(　　)の中にことばや記号を入れなさい。

●光の反射　（　反射光　）

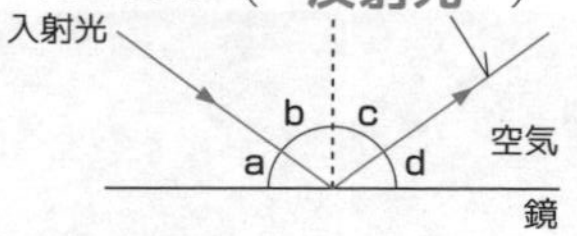

・入射角は（　b　）
・反射角は（　c　）
・bとcは（　等しい　）

●光のくっ折

（　くっ折光　）

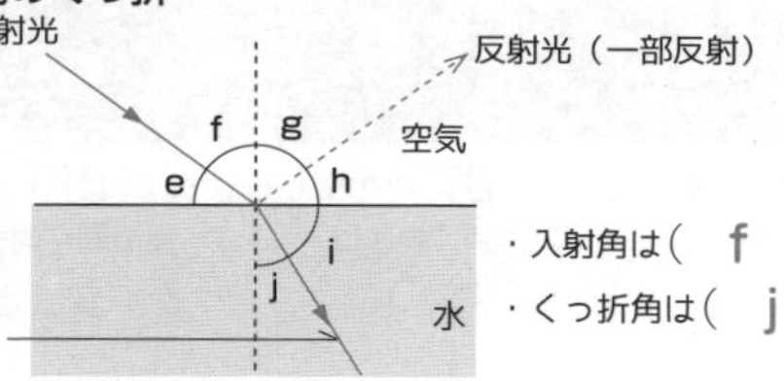

・入射角は（　f　）
・くっ折角は（　j　）

●鏡で集めた光

A，B，Cのうち，温度が最も高いのは（　A　）

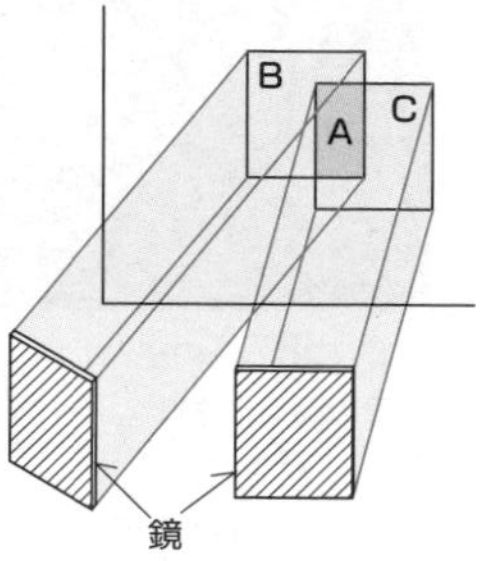

2　次の各問いに答えなさい。

❶ 光は空気中，水中，ガラス中をそれぞれ［　　］に進む。
❷ 光が鏡にあたると，光ははね返る。これを光の［　　］という。
❸ 光が空気中から水中に進むとき，光の進む方向が折れ曲がる。これを光の［　　］という。
❹ 2枚《まい》の鏡を使って日光をはね返し，かべに光を集めたとき，光が重なっている所は重なっていない所に比べ，明るさは［A　　］，温度は［B　　］。
❺ とつレンズを使うと，光を1つの点に集めることができる。この点を［　　］という。
❻ 音は，げんなどが［A　　］し，それが［B　　］を［A］させて伝わる。したがって，真空中では伝わらない。
❼ 音の大小は，しん動の［　　］で決まる。
❽ 音の高低は，［　　］で決まる。
❾ 山びこからわかるように，音は［　　］する。
❿ 音の伝わる速さは，空気の［　　］で決まる。

2

❶		まっすぐ
❷		反《はん》射《しゃ》
❸		くっ折
❹	A	明るく
	B	高い
❺		しょう点
❻	A	しん動
	B	空気
❼		ふれはば
❽		しん動数
❾		反射
❿		温度

④（ここで山折り）

チェックカード 7　流水のはたらき

1　次の図の(　　)の中に記号やことばを入れなさい。

●流れがまっすぐな所

aとbでは，流れは（　b　）のほうがはやい。

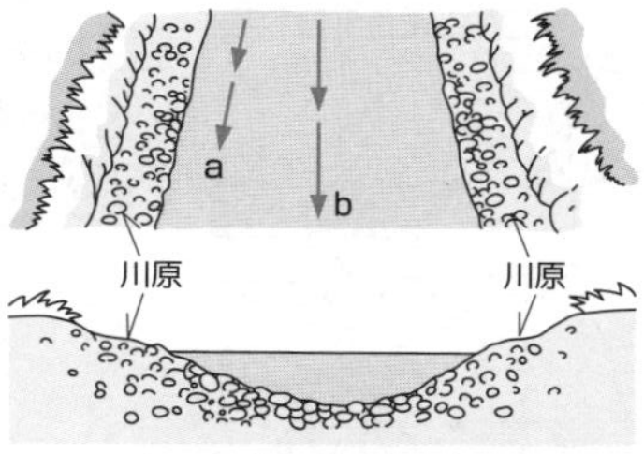

深いのは川の（　中央　）である。

●流れが曲がっている所

aとbでは，流れは（　a　）のほうがはやい。

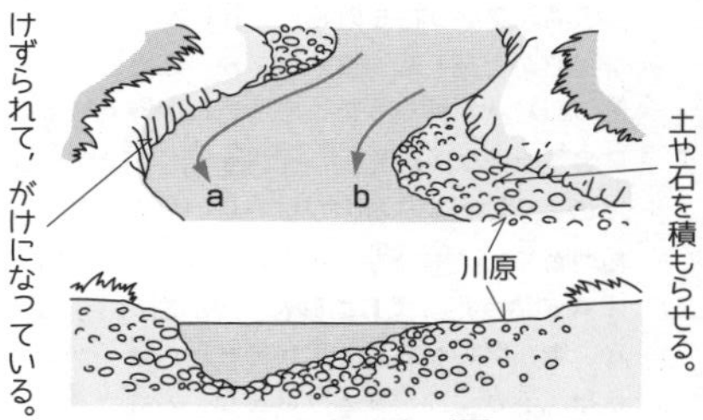

深さはがけ側のほうが（　深い　）。

2　次の各問いに答えなさい。

❶ 流水には，けずるはたらき（［A　　］），［B　　］はたらき（［C　　］），積もらせるはたらき（［D　　］）の3つのはたらきがある。
❷ 流水の3つのはたらきで，流れのおそいほどさかんなのは，［　　］はたらきである。
❸ 上流のほうが下流に比べ，流れの速さは［　　］。
❹ 上流と下流で，流れが急なのは［　　］である。
❺ 上流のほうが下流に比べ，石(岩)の大きさは［A　　］，形は［B　　］いる。
❻ 上流と下流で，川はばが広いのは［　　］である。
❼ 山あいから平地に流れる川は，流れが急にゆるやかになるので，運んできた石などを積もらせる。積もった石によってできた土地がおうぎの形に似ていることから，この土地を［　　］という。
❽ 上流の谷につくる，大雨のときに石や岩が流れ出ないようにするダムを［　　］ダムという。

2

❶	A	しん食
	B	運ぶ
	C	運ぱん
	D	たい積
❷		積もらせる
❸		はやい
❹		上流
❺	A	大きく
	B	角ばって
❻		下流
❼		せん状地
❽		砂《さ》防《ぼう》

チェックカード 8 土地のつくりとその変化

1 次の図の(　　)の中にことばや記号を入れなさい。

●がけや切り通しの観察からわかること

・がけや切り通しに見られる小石，砂，ねんどなどが積もってできたしま模様のように見える岩石の積み重なったものを（　地層　）という。
・アはBの上部がしん食されてから海底にしずみ，そのあとAが積もったときできた境界である。この不連続な境界を（　不整合　）という。
・イのように，大きな力がはたらいてくいちがった地層を（　断層　）という。
・①Aができた，②Bの砂岩，でい岩，ぎょうかい岩が積もった，③アができた，④イができた，⑤かこう岩が入りこんだ　の①～⑤をおきた順にならべると（　②→④→⑤→③→①　）となる。

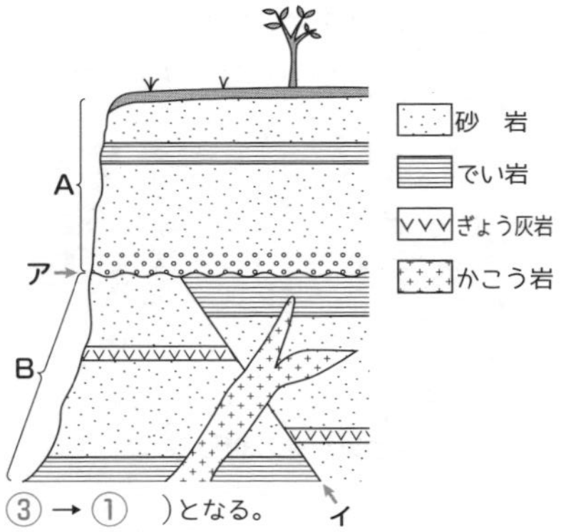

2 次の各問いに答えなさい。

❶ 大きな力によって地層《ちそう》が曲がることを［　　］という。
❷ 小石(れき)，砂《すな》，ねんどは，流れる水により運ばれたのち，海底などに積もる(たい積する)。これらの形は［　　］いる。
❸ ぎょう灰《かい》岩は［A　　］が固まった岩石である。［A］はごく短い時間で広い地域《ちいき》に積もるので，［B　　］地層どうしを比べるときに使われる。岩石にふくまれるつぶ(鉱物)の形は［C　　］いる。
❹ 大昔の生き物の死がいやすみあとが地層に残されていることがある。これらを［　　］という。
❺ マグマが固まってできた岩石を［A　　］といい，地下深くでゆっくり冷えて固まった［A］を［B　　］，地表付近で急に冷えて固まった［A］を［C　　］という。
❻ 火山がふん火するときに出る水蒸気《すいじょうき》やりゅう化水素などの気体を［　　］という。
❼ 地しんの発生した所を［　　］という。

2

❶		しゅう曲
❷		丸みを帯びて
❸	A	火山灰《かざんばい》
	B	はなれた
	C	角ばって
❹		化　石
❺	A	火成岩
	B	深成岩
	C	火山岩
❻		火山ガス
❼		しん源《げん》

チェックカード 9 星とその動き

1 次の図の(　　)の中にことばや記号を入れなさい。

●星の１日の動き

・（　北　）の空
・星の動く向きは
（　ア　）

・（　東　）の空
・星の動く向きは
（　エ　）

・（　南　）の空
・星の動く向きは
（　カ　）

・（　西　）の空
・星の動く向きは
（　ク　）

・Aは（　北極星　）である。

2 次の各問いに答えなさい。

❶ 自分自身で光や熱を出している星を［　　］という。
❷ こう星の色はその［　　］で決まる。
❸ ［　　］は全天に88個ある。この形は，こう星がたがいの位置を変えないので，変わらない。
❹ 北極星の高度は，観察する場所の［　　］と等しい。
❺ 天球上のこう星は，［A　　］から［B　　］へ，１時間に約15°動く。
❻ 太陽の表面温度は約［　　］℃である。
❼ 太陽の直径は，地球の直径の約［　　］倍である。また，地球から太陽までのきょりは約１億5000万kmである。
❽ 春分から秋分の間，太陽は真東より［A　　］側からのぼり，真西より［B　　］側にしずむ。
❾ 太陽の南中高度が最も高い日は，毎年６月22日ごろである。この日は［　　］の日といわれる。
❿ 新月から次の新月になるまでに約［　　］日かかる。月の形を新月からの日数で表したものを月齢《げつれい》という。

2

❶		こう星
❷		表面温度
❸		星座《せいざ》
❹		緯度《いど》(北緯《ほくい》)
❺	A	東
	B	西
❻		6000
❼		109
❽	A	北
	B	北
❾		夏　至
❿		29.5

ひっぱると，はずして使えます。

中学入試

理科

実力突破

解答編

受験研究社

中学入試
実力突破

解答編

理　科

実力強化編

1 こん虫

本冊 6 ～ 7 ページ

解答

❶ (1)①**しょっ角**　②**4**
③**りん粉**　④**2**
⑤**節**　⑥**気門**
(2)**イ**
(3)**ア**
(4)**(右図)**

❷ (1)①**オ**　②**たまごのから**
(2)**ア，イ**
(3)**ウ**
(4)**ウ**

❸ **(シオカラトンボ)A—ア　B—ア　C—ウ**
(モンシロチョウ)A—エ　B—ウ　C—エ

解説

❶ (1)こん虫は頭・胸《むね》・腹《はら》の 3 つの部分に分かれている。頭にはしょっ角，口，目などがある。こん虫はにおいや味などをしょっ角で感じている。胸にははねと 6 本のあしがついているが，はねの枚数《まいすう》はこん虫によって異《こと》なる。中には，はねがないこん虫もいる。こん虫は節足動物の一種であり，あしに節があることが特ちょうである。また，節には呼吸をするための気門がある。
(2)さなぎにならないこん虫を選ぶ。
(4)クモはあしが 6 本ではないことから，こん虫ではない。頭と胸が 1 つになった部分と腹の部分に分けられたからだと，8 本のあしが特ちょうである。

❷ (1)モンシロチョウはキャベツの葉にたまごを産む。モンシロチョウの幼虫《ようちゅう》はたまごからかえると，まず自分の入っていたたまごのからを食べ，そのあとキャベツの葉を食べる。
(4)あしに節があり，かたいからをもっている動物を**節足動物**という。カニなどの甲殻類《こうかくるい》も，その 1 つである。

❸ シオカラトンボはさなぎにならない**不完全変態**《ふかんぜんへんたい》で育つ。モンシロチョウはさなぎになる**完全変態**で育つ。

ここに注意　こん虫の育ち方として，完全変態(たまご→幼虫→さなぎ→成虫)をするものと，不完全変態(たまご→幼虫→成虫)をするものがある。

2 季節と生き物

本冊 10 ～ 11 ページ

解答

❶ (1)**冬芽**《とうが(ふゆめ)》　(2)**ウ**　(3)**エ**
(4)①**ウ**　②**イ**　③**ア**　④**オ**
(5)**常緑樹(常緑植物)**

❷ (1)**変温**　(2)**エ**

❸ (1)①**エ**　②**キ**
(2)**ウ**

解説

❶ (1)木の多くは，冬芽をつけて寒い冬をすごす。冬芽の中には，葉が入っているものと，花が入っているもの，どちらも入っているものがある。
(3)葉の主な役割《やくわり》は，光合成，蒸散《じょうさん》，呼吸《こきゅう》であることに注意する。冬になると，昼の時間が短くなることから，夏に比べると光合成や蒸散のはたらきはにぶくなる。呼吸は，昼夜を問わず，つねに一定で行っている。
(4)①タンポポのように，地表に葉を平らにならべた植物の状態を**ロゼット**という。

❷ (1)人などのように，体温を調節して保つことができる動物は**恒温動物**《こうおんどうぶつ》という。
(2)エネルギーを節約するために行っていることであり，体温を低くすることが正しい。冬眠中においても呼吸はしないと生きていくことはできない。ほ乳《にゅう》類《るい》は，植物のように自分でエネルギーをつくることはできない。

❸ (1)①外部の気温に関係なく，ほぼ一定に体温が保たれる動物を**恒温動物**という。ほ乳類と鳥類があてはまる。
(2)カモは冬鳥，スズメとハトは留鳥である。

参考 恒温動物と変温動物

恒温動物…周囲の温度に左右されることなく，体温がほぼ一定に保たれる動物。人やネコなどのほ乳類や，ハトやペンギンなどの鳥類があてはまる。
変温動物…周囲の温度により，体温が変化する動物。恒温動物にあたる，ほ乳類，鳥類以外の動物はすべて変温動物である。

3 植物の発芽と成長

本冊 14 ～ 15 ページ

解答

❶ ①**カ** ②**エ** ③**ア**
④**イ** ⑤**ア**
❷ (1)**エ** (2)**2枚**
(3)**イ，ウ** (4)**1と2**
(5)**光** (6)**空気**
(7)**ウ** (8)**ア，ウ，カ**

解説

❶ 種子には無はいにゅう種子とはいにゅう種子がある。ダイズやインゲンマメは無はいにゅう種子で，子葉に発芽の栄養分をたくわえている。
❷ (2)インゲンマメは双子葉類《そうしようるい》である。双子葉類の子葉の数は2枚，単子葉類の子葉の数は1枚である。
(3)条件を調べるためには，調べたい条件以外はすべてそろえる必要がある。また，調べる数が大きいほどよい。
(4)～(7)発芽には水分，空気，適当な温度が必要であり，光は必ずしも必要ではない。2つの条件を比べるときは，異なるところに注目するとよい。調べたい条件以外はそろえる。
(8)発芽する前の子葉と発芽したあとの子葉を調べるとよい。デンプンはヨウ素液を加えると，青むらさき色になる。BTB液(BTBよう液)やリトマス紙は酸性やアルカリ性など，よう液の性質を調べるものであり，デンプンがふくまれているかどうかを調べるのには適していない。

4 花のつくりとはたらき

本冊 18 ～ 19 ページ

解答

❶ (1)**A—めしべ(柱頭)　B—おしべ(やく)**
C—胚珠《はいしゅ》　D—がく
種子になる部分—C
(2)**ウ，オ**
(3)**種子—カ　花粉—ア**
❷ (1)**②**
(2)**ア**
(3)**ウ**
(4)**C—ウ　D—エ**
(5)**こん虫のからだにつき，めしべの柱頭に運ばれる。**
❸ (1)**めしべにおしべの花粉がつかなかったから。(20字)**
(2)**ウ**
❹ (1)**イ**
(2)**ふくろをかぶせる期間をアと同じにするため。**

解説

❶ (1)花はふつう外側から，がく，花びら，おしべ，めしべでできている。受粉した花粉がめしべの中のはいしゅにとどくと，子ぼうがふくらんで実となり，はいしゅが種子になる。
(2)1つの花にめしべとおしべがそろっていると**両性花**，どちらかしかない花を**単性花**という。
❷ (1)実になる部分(子ぼう)がある①がめ花である。
(2)**イ** BもEと同じようにがくである。
ウ 子ぼうはめ花にしかない。
エ Gはおしべでめしべなので，GとDが逆。
(4)Cは子ぼうで，Dはめしべである。
(5)カボチャやアブラナは，虫ばい花である。
❸ (1)受粉がおきないと種子はできない。
(2)カボチャは虫ばい花である。虫がお花にとまって花粉をつけ，め花に移動すると受粉する。
❹ 人工受粉の手順である。比べる実験は，比べたいこと以外は条件をそろえる必要がある。この実験において，受粉するかどうかを調べるには，めしべの先におしべの花粉をつけるかどうか以外の条件は同じでなければならない。

5 植物と日光・水

本冊 22 ～ 23 ページ

解答

❶ (1)**イ**
(2)**気孔《きこう》**
(3)**水面からの水の蒸発《じょうはつ》を防ぐため。**
(4)①**D**　③**B**

❷ (1)**エ**　(2)**エ**　(3)**ア**

❸ (1)**ア**　(2)①**エ**　②**ウ**
(3)①反応―**でんぷん**　色―**青むらさき色**
②**A，B，C**
(4)**光合成には葉緑体が必要であるということ。**

解説

❶ (4)葉の裏，葉の表，枝の順番に蒸散する量が多い。ワセリンをぬると蒸散が防がれる。**A**は枝，**B**は葉の表と枝，**C**は葉のうらと枝，**D**は葉のうらと表と枝の蒸散の量を示すので，**D→C→B→A**の順に大きくなる。すなわち，①のグラフが**D**の枝，②のグラフが**C**の枝，③のグラフが**B**の枝，④のグラフが**A**の枝の減った水の量をそれぞれ示している。

❷ くきの断面をみると，水の通り道である道管と，養分の通り道である師管があり，道管が内側を通る。道管と師管のまとまりを維管束《いかんそく》といい，並び方は子葉の分類と同じになる。ホウセンカは双子葉類《そうしようるい》で，双子葉類では維管束は輪状にならぶ。
(1)くきを色水にひたすと，水の通り道である道管がそまる。輪状に維管束がならび，内側が黒くぬりつぶされているものが答えとなる。
(2)水は根から吸収され，道管を通る。養分は葉でつくられ，師管を通って全体に運ばれる。水がないと植物は生きていけない。したがって，より重要な水は内側を通る。

❸ (1)光合成によって栄養分がつくられる。したがって，光をあてないと栄養分は消費されるだけになる。
(2)葉を熱湯につけて葉をやわらかくし，エタノールにつけて色をぬく。
(4)「ふ」には葉緑体がなく，この部分では光合成が行われない。**A**と**D**はどちらも光をあてていて，「ふ」があるかないかのちがいであることから，光合成に葉緑体が必要なことがわかる。

6 動物の誕生と育ち方

本冊 26 ～ 27 ページ

解答

❶ (1)**ウ**
(2)**光合成によってメダカの呼吸《こきゅう》に必要な酸素をあたえるため。**
(3)おす―**ア**　めす―**エ**　(4)**受精**
(5)**エ**　(6)**イ→ア→ウ→エ**　(7)**イ**

❷ (1)**エ**　(2)**ウ**　(3)**呼吸《こきゅう》**
(4)液体―**ようすい**
役割《やくわり》―**胎児《たいじ》を外からの衝撃《しょうげき》から守ること。**

❸ (1)**ウ**　(2)**イ**
(3)**胎児と母親の間で物質を交かんする役割《やくわり》。**

解説

❶ (1)メダカは淡水魚《たんすいぎょ》なので，塩分は必要ない。水道水に入っている塩素(カルキ)はメダカによくないので，くみ置きの水を使う。
(3)おすは背《せ》びれに切れこみがあり，しりびれは平行四辺形に近い。
(5)メダカのたまごの大きさは 1 mm ～ 1.5 mm である。人の卵《らん》の大きさは，約 0.2 mm である。
(6)構造が複雑になっていくように並べる。**イ**は受精《じゅせい》卵《らん》。**エ**はかえったばかりの子メダカで，養分が入ったふくろをもつ。
(7)たまごの大きさはほとんど変わらない。

❷ (1)人が生きていくうえで，重要な臓器《ぞうき》からつくられる。
(2)酸素は生き物が生きていくうえで，必要不可欠である。胎ばんを通して，母親の血液から受けとる。
(3)(4)生まれるまで胎児は羊水《ようすい》という水の中にうかんでいるので，呼吸ができない。

❸ (1)精子の大きさは約 0.06 mm，卵の大きさは約 0.2 mm。

7 人のからだのつくり ①

本冊 30 ～ 31 ページ

解答

❶ (1)①**ウ**　②**カ**　③**ア**　④**オ**
(2)名まえ―**肺《はい》ほう**

利点—表面積を大きくし，効率よく気体交かんができること。

(3)オ

❷ (1)A—拍動《はくどう》　B—脈拍　(2)ウ

(3)a→c→e→b→d

(4)①動脈血　②b，d

(5)①イ　②エ　③ア

(6)ヘモグロビン

❸ (1)エ　(2)エ　(3)B，C，D　(4)黄色

解説

❶ (2)肺ほうは直径 0.1 ～ 0.2 mm ほどの小さなふくろで両方の肺で 3 ～ 6 億個あるといわれている。広げると約 70 m^2 ほどで，テニスコートの半分ほどの広さである。

❷ (2)心臓《しんぞう》にはペースメーカーとなるものが備わっており，規則正しく信号を発することにより，ほぼ同時に規則正しくテンポ(リズム)を保っている。これがくずれ，ずれが生じてしまうと不整脈となり，さまざまな病気を引きおこす原因となる。

(4)①酸素を多くふくむ血液を動脈血という。肺静脈を流れているのは動脈血である。

(5)血小板は，出血時に血をとめるときに使われる。

❸ (1)(2)たんじゅうはかん臓でつくられ，たんのうにたくわえられる。消化こう素はふくまれておらず，しぼうの消化を助けるはたらきがある。

(3)アミラーゼがだ液にふくまれ，でんぷんを分解する消化こう素である。ペプシンは胃液に，トリプシンはすい液にふくまれてどちらもタンパク質を分解する。したがって，試験管Aだけが消化こう素により，でんぷんが消化される。残りの試験管B～Dはでんぷんが残っているため，ヨウ素液により，青むらさき色となる。

(4)胃液は酸性である。BTB 液で緑色になるのは，中性，青色になるのはアルカリ性のときである。

8 人のからだのつくり ②

本冊 34 ～ 35 ページ

解答

❶ (1)図 1—X　図 2—Y　(2)A側

(3)②大静脈　⑧すい臓《ぞう》

(4)③え　④か　⑤う　⑥お　⑦い

❷ (1)ア　(2)ウ

❸ (1)エ　(2)にょう(尿《にょう》)

❹ (1)イ

(2)自分の意思とは関係なく動き続ける。

❺ (1)筋肉《きんにく》　(2)骨《ほね》　(3)関節　(4)けん

(5)A—縮《ちぢ》む　B—ゆるむ

(6)からだを支える。　内臓を守る。

解説

❶ それぞれの臓器は①食道，②大静脈，③心臓，④肺，⑤かん臓，⑥じん臓，⑦胃，⑧すい臓をさしている。

(2)せきついという骨《ほね》があるほうが背中側《せなかがわ》である。

(4)**あ**は小腸，**き**はぼうこうのはたらきの説明である。

❷ (1)**イ**は胃，**ウ**はすい臓，**エ**は大腸，**オ**は小腸をさす。

(2)かん臓はさまざまなはたらきをになう臓器である。古くなった赤血球をこわすはたらきはあるが，赤血球などほとんどの血球成分は骨《こつ》ずいという骨の中の組織でつくられている。

❺ (5)長さで考えるとよい。縮《ちぢ》むと短く，ゆるむと長くなる。

9 生き物とかん境

本冊 38 ～ 39 ページ

解答

❶ (1)蒸散《じょうさん》　(2)気孔《きこう》

(3)①明るい　②呼吸《こきゅう》

③二酸化炭素　④酸素

❷ (1)ウ，オ

(2)X—ア，イ

Y—カ，キ

Z—オ，ク

(3)二酸化炭素

(4)(右図)

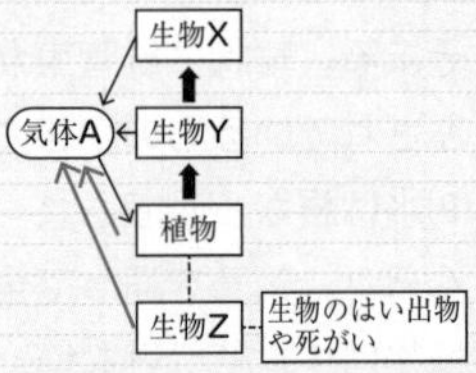

❸ (1)温室効果ガス　(2)エ

(3)森林が減少し，植物が少なくなっているため。

解説

❶ (3)植物も動物も呼吸はつねにしている。植物の光合成は，光がないとできない。

❷ (1)ア 岩石は分解できない。

イ 植物は自分で根から水を吸収《きゅうしゅう》する。

エ くさらせ，分解している。
(4)すべての生き物は呼吸をし，二酸化炭素を出す。生物Zのような分解者も，植物も同じである。

❸ (3)大気中の二酸化炭素は，植物の光合成によって吸収される。一方で，植物は呼吸により，二酸化炭素を放出する。

10 天気とその変化

本冊 42 ～ 43 ページ

解答

❶ (1)A—ウ　B—ア　C—イ　(2)イ，ウ
(3) 2 ～ 8
❷ (1)イ　(2)オ　(3)イ　(4)ウ
❸ (1)冬　(2)イ　(3)シベリア高気圧　(4)ウ
(5)①北西　②しめった風　③雨や雪
④低い　⑤晴れ
(6)かんそうしている大陸からの空気が日本海をわたるとき，水蒸気をふくむようになるから。

解説

❶ (1)地温のほうが気温よりも変化が大きく，ピークがはやい。
(2)ア 百葉箱は白色である。
エ 近くに建物がない開けた場所に設置する。
オ しばふなど，てり返しの少ないところを選ぶ。

❷ (1)台風では反時計まわりに風がふきこんでいる。
(2)ア・イ エルニーニョ，ラニーニャ現象：太平洋の赤道付近の日付変更線付近から南米の沿岸にかけての水温が平年より高くなる現象がエルニーニョ現象，逆に低くなるのがラニーニャ現象である。
ウ ヒートアイランド現象：都市部の気温が郊外部《こうがいぶ》に比べて高温になる現象。
エ ブロッケン現象：太陽などの光が背後から差しこみ，かげの側にある雲や霧《きり》の水てきによって光が散乱されて，見る人のかげのまわりににじの光の輪になって現れる現象。
オ フェーン現象：風が山をこえてしゃ面にそって山を下りてくるとき，山の下りた側で気温が高くなる現象。
(3)(1)の風のふき方より，台風の進行方向の右側では，台風を進行させている空気の流れと同じ向きの風がふくため，雨風が強くなる。

❸ (1)西に高気圧，東に低気圧の西高東低の配置になるのは冬の特ちょうである。
(4)高気圧がつくる気団はかわいている。
(5)山脈をこえる前に雪や雨が降るので，山脈をこえた太平洋側ではしつ度が低く，晴れの日が多くなる。

11 水のゆくえ

本冊 46 ～ 47 ページ

解答

❶ (1)①イ　②ウ　③オ　④キ　⑤ウ
⑥ケ　⑦シ　⑧エ　⑨ソ
(2)ほう和水蒸《すいじょう》気《き》量《りょう》が大きくなるから。(16字)
❷ ウ
❸ (1)X—蒸発　Y—水蒸気　Z—蒸散
(2)雲
❹ (1)A—45　B—10
(2)記号—イ
理由—コンクリートにふった水が地面にしみこまず，河川へ流れこむから。

解説

❶ (1)②気温が低いほど，ふくむことのできる水蒸気量(ほう和水蒸気量)は小さくなる。
⑦・⑨しつ度とは，ほう和水蒸気量に対して実際にふくんでいる水蒸気の量を％で表したもの。ほう和水蒸気量をこえると水てきができ始めるが，このときはしつ度 100 ％になる。
(2)気温が高いとほう和水蒸気量が大きくなるので，空気中にたくさん水蒸気をふくむことができ，蒸発がおこりやすくなる。

❷ 1 m^3 の空気で考える。地表ではしつ度が 40 ％なので，40×0.4＝16〔g〕の水蒸気を 1 m^3 にふくんでいる。これがほう和水蒸気量を上回ると雲ができ始める。15 ℃から 20 ℃の間で雲ができ始め，35 ℃からは 15 ℃から 20 ℃温度が下がるので，1500 m ～ 2000 m 上昇《じょうしょう》したところで雲になり始める。

❸ 地上や海から蒸発した水は，水蒸気となって空気中にたくわえられている。

❹ (1)A—空気中の水蒸気の量が一定であることから，植物(A)，陸地，海からの蒸発量の和と雨・雲から陸地や海に移動する水の量の和が同じになる。

A＋5＋450＝100＋400 になるので,

A＝100＋400−5−450＝45

B—海水の量が一定であることから，地下水(B)，河川，雨・雲から海に移動する水の量の和と，海からの蒸発量の和となる。そのため，B＋40＋400＝450 になり，

B＝450−40−400＝10

12 流水のはたらき

本冊 50 〜 51 ページ

解答

❶ (1)ウ (2)B—ウ C—イ (3)エ

❷ (1)エ (2)砂防《さぼう》ダム(砂防えんてい)

(3)①ウ ②エ

❸ (1)三日月湖

(2)①名まえ—しん食 地形—ア

②名まえ—たい積 地形—イ，ウ

(3)イ (4)エ

解説

❶ (1)川は上流のほうが流れがはやく，川岸の石はけずられていないので，大きく角ばっている。

(2)川の流れがまっすぐのときは川の真ん中が，川の流れが曲がっているときは，外側の流れが内側の流れよりはやくなる。

(3)川底や川岸をけずる作用は**しん食**という。しん食の大きさは，流れがはやく，水の量が多いと大きくなる。外側のほうが流れがはやいので，たくさんけずられる。

❷ (1)砂防ダムは大雨などで岩や土が流れ出すのを防ぐはたらきや水の勢いを弱めるはたらきをしている。

(3)消波ブロック，じゃかごは増水した川の水の勢いを弱めてしん食を小さくし，川岸やてい防が水によってけずられないようにしている。

❸ (2)**ア**はV字谷，**イ**は扇状地《せんじょうち》，**ウ**は三角州。

(3)扇状地(**イ**)は河川が山地から平野や盆地《ぼんち》に移るところにみられ，三角州(**ウ**)は河口付近でみられる。そのため，より下流にある三角州(**ウ**)のほうがつぶが小さくなる。

(4)扇状地はつぶが比かく的大きい土でできているので，水はけがよくなる。そのため，果樹園《かじゅえん》として利用されることが多い。

13 土地のつくりとその変化

本冊 54 〜 55 ページ

解答

❶ (1)おされる力

(2)おされる力

(3)流水のはたらきを受けていないので，つぶが角ばっている。

(4)不整合

(5)ア→イ→エ→カ→オ→ウ

(6)示準化石

❷ (1)ウ

(2)A—マグニチュード B—しん度

(3)①イ ②ア (4)ア，ウ，エ

❸ (1)海底・湖の底(など)

(2)つぶの大きさがちがう。

(3)ぎょう灰岩《かいがん》の地層《ちそう》があるから。

(4)3回

(5)c→a→d→b→e

(6)南西

解説

❶ (1)しゅう曲は大きな力で横からおされるか，下からもち上げられたりして曲がってできる。

(2)断層はおされる場合，引かれる場合どちらでもできるが，しゅう曲があるので，おされた結果できたと考えられる。

(4)曲がっている下の地層を切るようにして，上に地層が水平にできている地層の不連続な重なりのことを**不整合**という。海底で地層が積もっている場合は，地層は水平にできるが，地層が隆起《りゅうき》することで，地上に出るとしん食される。また，海底にしずむとその上に新しい地層ができることにより，不整合ができる。

(5)しゅう曲を切るように断層ができているので，しゅう曲のほうが先にできたと考えられる。

(6)地層ができた時代がわかるものを**示準化石《しじゅんかせき》**，地層ができた当時の土地や気候のようすがわかるものを**示相化石《しそうかせき》**という。

❷ (1)津波《つなみ》は地しんによる結果として起こる。

(3)①地しん**X**のほうがS波(大きい波)があとに届いており，きょりがしん源《げん》から遠いと考えられる。

②地しん**X**のほうがしん源からのきょりが遠いにも

かかわらず，地しんXとYはどちらもほぼ同じ大きさで地しんが伝わっていることから，地しんXのほうがマグニチュードが大きい地しんであったと考えられる。

(4)**イ** 高潮《たかしお》は台風などの低気圧が海岸部を通過するときに海面が上昇することで起こるため，地しんとは関係がない。

オ 落雷《らくらい》は気象現象なので，プレートの移動である地しんとは関係がない。

❸ (4)砂《すな》やどろなどによる地層は，土地が沈降《ちんこう》して海底や湖の底にしずむとできるので，その層の数だけ沈降したのではないかと考えられる。Bを見ると，砂の層が4層あるので，最初の状態から沈降《ちんこう》を3回はくりかえしていると考えられる。

(5)ぎょう灰岩の層がAからEですべて同じものであると考える。下に行けば行くほど古い地層であるので，ぎょう灰岩を基準に高さを比べるとよい。

(6)ぎょう灰岩の層を基準に考えるとよい。いちばん高いのがB，いちばん低いのがDなので，南西方向に下がっている。

14 星とその動き

本冊 58～59 ページ

解答

❶ (1)**オリオン座**
(2)赤色の星—**ベテルギウス**
青色の星—**リゲル**
(3)**イ**

❷ (1)**エ** (2)**エ** (3)**ウ** (4)**イ** (5)**北極星**
(6)向き—**イ** 角度—**オ**

❸ (1)図1—**東** 図2—**南**
(2)**イ** (3)**ウ**

解説

❶ (2)オリオン座の赤色の星はベテルギウス，青白色の星はリゲルという。ベテルギウスはシリウス・プロキオンとともに冬の大三角形をつくる。

(3)星座《せいざ》は1時間で15度の速さで時計まわりに動いている。そのため，90度回って西の地平線にしずむまでには6時間かかる。

❷ (3)月は約1か月で地球のまわりを1周し，毎日同じ時間に空を見上げると10度以上東の位置にある。星Cは恒星なので動かないので，地球の公転により約1度ずれて見える。木星は12年で太陽のまわりを公転するので，さらに小さい角度だけずれる。

(6)星座は1時間で約15度西に移動する。

15 太陽と月

本冊 62～63 ページ

解答

❶ (1)通り道—**A** 時刻《じこく》—**イ** (2)**イ**

❷ (1)**エ** (2)**ア** (3)**イ** (4)**ウ** (5)**ウ，オ**

❸ (1)**E** (2)**カ**
(3)午後6時ごろ—**イ**
午後0時ごろ—**ウ**

解説

❶ (1)南中するのは季節にかかわらず，12時(正午)ごろになる。東経135度が通っている兵庫県明石市を日本標準時とし，東経135度の地点で太陽が南中する時刻《じこく》を正午としている。場所によって，太陽が南中する時刻がやや異《こと》なり，経度が15度ずれるとちょうど1時間の時差が生じるが，日本国内で太陽が南中する時刻が正午から1時間以上ずれることはない。

❷ (1)かげがいちばん長くなるということは，太陽の高さがいちばん低いということである。

(2)太陽の動きと逆向きにかげは移動する。午前中は太陽が南東にあるので，かげは北西にできる。

(3)夏至《げし》の日には東西の線よりも北側から日の出・日の入りするので，かげは南側にくることがある。

(4)日食は太陽を月がかくすことでおこる。月も太陽と同様に東から西に動く。

(5)月の満ち欠けは，月が太陽によって半分照らされているものの角度を変えてみることによって起こっている。半分ずつ色のちがうボールを回転させずに自分のまわりを回すことを想像するとよい。

❸ (1)新月のときは，月が太陽の方向にあり，地球からは見えない。この状態となるのは，月がEの位置にあるときとなる。

(2)地球からみると，Cの位置にある月は左半分がかがやいている月になる。したがって，地球から見える月の形は**カ**で，これは下げんの月とよばれている。

(3)Gの位置の月は，(2)の**オ**のような月の形になる。太陽との位置関係を考えるとよい。

16 光と音

本冊 66 ～ 67 ページ

解答

❶ (1)イ　(2)イ
(3)反射《はんしゃ》—ア，オ
くっ折—イ，エ，カ
(4)A，E　(5)C，D，E
❷ ①×　②×　③○
❸ (1)エ　(2)エ　(3)ウ　(4)ア　(5)カ

解説

❶ (1)反射《はんしゃ》は反射する面に対して垂直《すいちょく》な線に対する入射光と反射光の角度(入射角と反射角)が等しくなる。
(2)空気からガラスに光が入るときは，境界から遠ざかるように，ガラスから空気に出ていくときは境界に近づくように光は曲がる。
(3)**ウ**については，かげが光がさえぎられることによってできるもので，反射やくっ折とは関係がない。**カ**については，とつレンズ(虫めがね)は光のくっ折を利用したものである。
(4)反射した光が自分の目に入らないといけないので，鏡に対して垂直に線を引いたとき，鏡と交わらなければならない。
(5)図のように，**A**から見て，実が鏡の左はしぎりぎり，点線が線が鏡の右はしぎりぎりの見えるはん囲である。実線と点線の反射光の間にある物体が**A**から見ることができる。

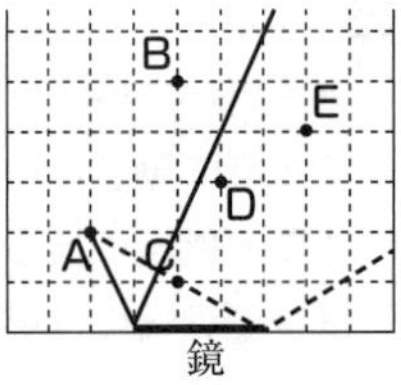

❷ **A**も**B**も同じ量の光が虫めがねに入っているので，集められる光の面積が小さくなるほど明るく，温度も高くなる。光が1点に集まるところをしょう点という。
①近さは関係がない。
②明るい部分が大きくなると暗くなる。

❸ 音の高低はしん動数(単位時間にしん動する回数)によって決まり，音の大小はしん動のふれはばによってきまる。
(1)げんが太くなると，しん動数が少なくなり，音が低くなる。
(2)げんが長くなると，しん動数が少なくなり，音は低くなる。
(3)糸の張りぐあいを強くすると，しん動数が大きくなり，音は高くなる。
(4)げんを指で強くはじくとしん動のふれはばが大きくなるので，音は大きくなる。
(5)げんがしん動すると，ボディの板がしん動して，ボディの中の空気に反きょうしてサウンドホール(ギターにあいた丸い穴《あな》)から外に聞こえる。そのため，音を大きくする効果がある。

17 ものの動くようす

本冊 70 ～ 71 ページ

解答

❶ (1)BとD　(2) 225 cm
(3)ア　(4)① 20 cm　② 15 秒
❷ ①イ　②ウ　③イ
④ウ　⑤イ　⑥イ
❸ (1)d　(2)① d　② d　(3)ウ

解説

❶ (1)糸の長さだけがちがい，おもりの高さとおもりの重さの条件がそろっている組み合わせを調べる。
(2)ふりこの往復《おうふく》にかかる時間は，糸の長さだけに関係する。(1)に照らし合わせ，実験**B**と実験**D**で比べると，実験**D**のふりこの往復にかかる時間が2倍になるとき，その2乗(2×2)の4倍になっている。同様に考えると，糸の長さが，実験**A**と比べて時間が3倍になると実験**F**の糸の長さは，その2乗(3×3)の9倍になる。したがって，実験**F**の糸の長さは，
25×3×3＝225〔cm〕
(3)ふりこのいちばん高い位置ではいっしゅんとまったようになる。その位置で糸を切ると，とまっている物体を落とすときと同じである。
(4)①おもりの高さはふりこの長さに関係がない。したがって，20 cm。
②左半分は100 cmのふりこ，右半分は25 cmのふりこなので，
(20÷2)＋(10÷2)＝10＋5＝15〔秒〕

❸ (1)速さはころがり始める高さによって決まり，重さには関係がない。
(2)①落下する時間は高さによって決まるので，重さには関係がない。
②飛び出す速さがはやいと遠くに落下する。ここでは(1)よりすべて同じ速さであることから，きょりは

同じである。
(3)速さはころがり始める高さによって決まり，かたむきには関係がない。しゃ面①，②が同じ高さで，③だけが低いので，③だけがおそくなる。

18 てんびんとものの重さ

本冊 74 ～ 75 ページ

解答

❶ x—45 cm　y—40 cm
❷ (1)① 5 cm　② 2.5 cm　(2)オ　(3) 30 g
❸ (1)イ　(2) 280 g　(3) 4000 g　(4)A，B

解説

❶ 図 1 の x について，支点からのきょりとおもりの比が等しいときつりあうので，支点からのきょりがおもりの重さの比と逆になり，5：3 になる。よって，$120\times\frac{3}{8}=45$〔cm〕
図 2 について，支点から B のきょりは 80 cm である。つりあっているので，$110\times40=50\times y+30\times80$ がなりたつ。$4400=50\times y+2400$ となるので，$50\times y$ の部分は 2000 となる。したがって，$y=2000\div50=40$〔cm〕

❷ (1)①直列にすると，1 本 1 本のばねののびは 1 本におもりをつるしたときと同じである。全体としては 10 cm のびる。
②並列《へいれつ》にすると，ばねにかかる力はばねが 2 本であれば $\frac{1}{2}$ になるので，のびも $\frac{1}{2}$ になる。
(2)天井《てんじょう》やかべにつないでいるときも，天井やかべからはずれないようにおもりと同じ力で天井やかべがひっぱっているので，すべて同じ力でばねをひっぱっていることになり，のびも同じになる。
(3)ばねの長さが 12 cm になるのは，20 g のおもりをつるしたときと同じである。そのため，浮力《ふりょく》によって 30 g 分はたらいていると考えることができる。

❸ (1)メスシリンダーの値《あたい》が 1 mL ふえると金属棒《きんぞくぼう》の重さが 1 g 軽くなるので，しずんでいる部分が $1\ cm^3=1$ mL ふえると 1 g 分の浮力がはたらく。長さ 10 cm の一様な棒をしずめていくので，しずみきるまで(10 cm 以下)は 1 cm ごとに $1\ cm^3$ しずんでいる部分がふえるので，比例して質量が軽くなっていく。しずみきってから(10 cm より大)ではしずんでいる部分の体積はふえないため，軽くなる量は 10 g から変わらない。
(2)体積 $20\ cm^3$ が完全に水の中にしずみ，20 g 分の浮力がはたらくので，ばねばかりの針《はり》は，300 g－20 g＝280 g をさす。
(3)うかんでいることから，浮力《ふりょく》の大きさが立方体の重さになる。しずんでいる部分の体積は，
$20\ cm\times20\ cm\times10\ cm=4000\ cm^3$ となり，浮力は 4000 g で，立方体の重さも 4000 g になる。
(4)物体がすべてしずんでいるときの浮力が重さよりも小さいときしずむ。$1\ cm^3$ しずむと 1 g の浮力がはたらくので，体積の数字がそのまま浮力の値となり，それが重さよりも小さい A・B がしずむ。

19 てこのしくみとはたらき

本冊 78 ～ 79 ページ

解答

❶ (1) 100 g　(2) 36 cm
　(3) 120 g　(4)オ　(5)ア
❷ (1)④
　(2)左か右—左　番号—①　個数—1 個
❸ 25 g
❹ 80 g

解説

❶ (1)太さと重さがいちような棒《ぼう》では，中央に棒全体の重さがかかっていると考えることができる(ひもから左に 20 cm)。ぼうの重さを x〔g〕とすると，つりあいの式より，100 g×10 cm(B)＋x g×20 cm(棒)が，200 g×15 cm(皿)と等しくなる。したがって，$100\times10+x\times20=200\times15$ がなりたつ。すなわち，$1000+x\times20=3000$ となるので，
$x\times20=3000-1000=2000$
ぼうの重さは，$x=2000\div20=100$〔g〕
(2)ひもからおもりまでのきょりを x〔cm〕とすると，100 g×x cm(B)＋100 g×20 cm(棒)が，(200＋40)g×15 cm(皿とおもり)と等しくなり，次の式がなりたつ。
$100\times x+100\times20=(200+40)\times15$
$100\times x=240\times15-2000=3600-2000=1600$ となるので，$x=1600\div100=16$〔cm〕
A からのきょりは，20 cm＋16 cm＝36 cm
(3)B はひもから 28 cm のところになる。
100 g×28 cm(B)＋100 g×20 cm(棒)が，(200

$+x$)g×15 cm(皿とおもり) と等しくなり，次の式がなりたつ。

$100\times28+100\times20=(200+x)\times15$

$(200+x)\times15=2800+2000=4800$ より，

$200+x=4800\div15$

$200+x=320$ となることから，

$x=320-200=120$〔g〕

(4)このさおばかりは，作用点－支点－力点の関係である。そのため，**オ**のくぎぬきが同じ関係になる。**ア**のピンセットと**ウ**のホッチキスは作用点－力点－支点，**イ**の空きかんつぶし器と**エ**のせんぬきは力点－作用点－支点の関係である。

❷ (1) $2\times6=3\times x$ の式がなりたつ。

$x=2\times6\div3=4$

(2)左は $3\times6=18$，右は $3\times3+2\times5=19$ になるので，左右の値が同じになるためには，左の①におもりを 1 個つるせばよい。

❸ 動かっ車では，ひもにはおもりの半分の力がはたらくので，下のかっ車のひもは 50 g で上のかっ車はさらにその半分の 25 g になる。

❹ 輪じくではおもりの重さ×中心からのきょり が等しくなるという式を立てることができる。おもりBの重さを x〔g〕として式を立てると，$120\times4=x\times6$ より，

$x=(120\times4)\div6=80$〔g〕

20 かん電池と豆電球

本冊 82 ～ 83 ページ

解答

❶ (1)ウ　(2)ウ，カ

❷ (1)回路 3—並列《へいれつ》つなぎ

回路 5—直列つなぎ

(2)回路 2—ウ　回路 3—ウ　回路 4—ア

(3)ウ　(4) 2

❸ (1)①ウ，エ　②イ　③カ

(2)①P，Q　②Q

③P，Q，R　④Q，R

解説

❶ (1)かん電池のプラス(＋)極とマイナス(－)極につながっていること，豆電球の口金の先たんと側面がつながっている回路を選ぶ。

(2)電球がつくということは電流が流れている(**ウ**)。豆電球はつかないが，口金《くちがね》部分が導線のかわりになり，ショートする**カ**の回路も電気は流れる。**カ**のような回路では，乾電池に非常に大きな電流が流れ，かん電池がはれつしたり熱くなったりするおそれがあり，危険《きけん》である。

❷ (2)回路 2：乾電池を 2 個並列つなぎにすると，流れる電流(豆電球の明るさ)はかん電池 1 個のときと同じになる。電池は長持ちする。

回路 3：豆電球を 2 個並列つなぎにすると流れる電流は豆電球 1 個のときと同じになり，電池ははやくなくなる。

回路 4：電池を直列にすると，流れる電流はかん電池が 1 個のときより大きくなる。電池ははやくなくなる。

(3)豆電球の直列つなぎでは**A**と**B**に同じ大きさの電流が流れ，豆電球の明るさも同じになる。流れる電流は回路 1 よりも小さく，それぞれの豆電球の明るさとしては暗くなる。

(4)電池が長持ちするのは，かん電池を並列につなぐときである。

❸ (1)①電池は＋と—が同じ方向を向いていないと電流は流れない。

②電池を直列につなぐと，豆電球が明るくなる。

(2)スイッチが切れているところは電気が流れない。回路が分かれるところで，導線のみの道すじがある(電気をじゃまするものがない)ときはすべての電気が導線のみの道すじを通る(ショート回路という)。

21 電気のはたらき

本冊 86 ～ 87 ページ

解答

❶ ウ

❷ A—エ　B—イ　C—エ

❸ (1)ウ　(2) S 極　(3)ア

❹ キ

❺ P—イ　Q—エ

解説

❷ C－方位磁針の上側の導線は電流が南から北に流れているので方位磁針のN極を西にふれさせる。下側の導線は電流が北から南に流れているので，方位磁針のN極を西にふれさせる。これらが合わさり，西に大きくふれる。

❸ ⑶コイルの左側はS極になるので，N極が引きよせられる。

❹ かん電池を直列につなぎ，コイルの巻き数が多いほど磁石の力は強くなる。よって，**キ**がいちばん強い。ただし，**エ**は電流が流れないことに注意する（かん電池の向きに注目する）。

❺ 電池の＋極は＋たんしに，－極は－たんしにつなぐ。－のたんしは，数字が大きいものから順につないでいく。したがって，**Q**は**エ**につなぎ，**P**は電流計の値《あたい》が 250 mA であることから，**イ**の 500 mA のたんしにつなぐのがふさわしい。

22 電気の利用

本冊 90 ～ 91 ページ

解答

❶ ⑴**イ**　⑵**ウ**　⑶**ア**

⑷G 1—**反時計まわり**

G 2—**時計まわり**

❷ ⑴**太陽光を光電池に垂直《すいちょく》にあてる。**

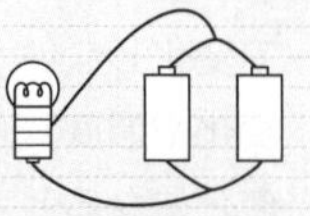

⑵**もう 1 つの光電池を直列につなぐ。**

⑶**鏡で反射《はんしゃ》させた太陽光も光電池に垂直にあてる。**

❸ ⑴①**核《かく》**　②**放射《ほうしゃ》**　③**高**

④**低**　⑤**太陽電池**

⑵**発電量が天候に左右されるため，安定しない。**

解説

❶ ⑴かん電池は＋極から電流を出す。黒いたんしから電流が流れこむとき，ハンドルが時計まわりにまわる。

⑵**図 1** より，時計まわりにハンドルを回すと，黒いたんしから電流が流れ出す。よって，**G 2** の白いたんしに電流が流れこむので，ハンドルは反時計まわりに回転する。

⑶**G 1** のハンドルが時計まわりに回転することから，**図 2** と同じく黒いたんしに電流が流れこむ向きに電流が流れる。

⑷**図 4** のときと同じように電気がたまる。よって，コンデンサーの長いたんしから電流が流れ出す。**G 1** は白いたんしに電流が流れこむので反時計まわりに回転する。**G 2** は白いたんしから電流が流れ出すので時計まわりに回転する。

❷ ⑴光電池は，光があたる角度が直角になると電流も大きくなる。

23 ものの体積とあたたまり方

本冊 94 ～ 95 ページ

解答

❶ ⑴①**ア，C**　②**イ，A**　③**ア，B**

④**イ，C**　⑤**イ，A**

⑵**エ**

❷ もの—**アルミニウム**

記号—**ア**

⑵**③→②→①→④**　⑶**ウ**

❸ ⑴**ア**　⑵**水蒸気《すいじょうき》**　⑶**イ**

⑷**ふたの金属がぼう張し，ゆるんだから。**

解説

❶ ⑴①手の熱がアルミニウム製のスプーンを伝わってアイスクリームがとける。アルミニウムは金属の中でも熱を伝えやすい。

②フライパンは熱を放射し，自身は熱を失い，温度が下がる。

③空気はあたためられると上に移動する。

④冷えたからだに熱いおふろの熱が伝わり，おふろのお湯の温度は下がる。

⑤②と同じで，地面は熱を放射する。地面から出た熱はそのまま宇宙に放射され，温度が下がる。

⑵あたたまりやすいということは熱を伝えやすい。熱を伝えやすいものは冷めやすい。

❷ ⑴熱を伝えやすいと，手の熱が手の外ににげてしまい，冷たく感じる。

⑵きょりの近い順に熱が伝わっていく。

⑶同じ物質では体積変化のしかたが同じなので，全体をあたためると同じように大きくなる。

❸ ⑴水はあたためられると上にのぼり，対流する。水はあたためたところより上で対流がおこり，下へは行きにくい。よって，いちばん下であたためると全体で対流がおこるのでまざりやすい。

⑵ふっとうである。ふっとうしたときのあわは，水蒸気である。

⑷ガラスよりも金属のほうがぼう張しやすい。

24 ものの燃え方と空気

本冊 98 ～ 99 ページ

解答

❶ (1)イ　(2)ア，ウ

❷ (1)①酸素　② 2

③二酸化マンガン

④過酸化水素水(オキシドール)

⑤水上置《ち》かん　⑥石灰水《せっかいすい》

(2)ちっ素―オ　二酸化炭素―カ

空気―ウ

(3)イ

❸ (1)ア，エ　(2)ウ　(3)イ

解説

❶ (1)ふたをかぶせると空気がなくなり，アルコールランプの火が消える。

(2)ものが燃えるためには酸素が必要である。新しい酸素(びんの外の空気)が入ってこないと，火はやがて消える。びんの中の空気はあたためられ，冷たいびんの外の空気は上から下に入ってくるので，**ア**のように上をふさいで下に穴《あな》をあけたとき，空気が入ってくることができず，火が消えてしまう。

❷ (1)⑤酸素は水にとけにくい気体であるため，水上置かん法で集める。

(2)ちっ素や二酸化炭素の中ではものは燃えない。二酸化炭素があると石灰水《せっかいすい》が白くにごる。空気には酸素がふくまれるので，燃え方はおだやかになるが，酸素だけのときと同じく二酸化炭素が発生し，石灰水が白くにごる。

(3)スチールウールを燃やすと激しく燃えるが，二酸化炭素は発生しない。

❸ (1)**イ** 気体は発生しない。

ウ 酸素が発生する。

(2)**ウ** オゾン層を破かいするのは，フロンである。

エ この固体がドライアイスである。

(3)酸素などのように，水にとけにくい気体は，基本的には水上置かん法で集める。水にとけやすい気体のうち，二酸化炭素のような空気より重い気体は下方置かん法で，アンモニアのような空気より軽い気体は，上方置かん法で集める。二酸化炭素は水に少し溶けるだけなので，水上置かん法で集めることもできるが，上方置かん法で集めるのは，適切とはいえない。

25 ものの重さと状態変化

本冊 102 ～ 103 ページ

解答

❶ (1)沸点《ふってん》　(2)ウ

(3)ア　(4)ウ

❷ (1)ウ　(2) 240 カロリー

(3) 56 ℃　(4)①ア　④カ

(5)氷を水に変える

(6) a―水　b―水蒸気《すいじょうき》

解説

❶ (1)①は氷が水になる温度(融点《ゆうてん》)，②は水が水蒸気《すいじょうき》になる温度(沸点《ふってん》)を表す。

(2)状態変化をしているときは温度は変わらない。温度が変わるということは１つの状態である。

(3)氷から水になることで重さは変わらないが，体積は小さくなる。

(4)融点や沸点(①や②)は物質ごとに決まっているので変化しないが，強い火力で加熱するとはやく状態変化や温度変化が起こる。したがって，**ウ**のような変化になると考えられる。

❷ (1)**ウ** 湯気は水蒸気《すいじょうき》が冷えて水になったものである。もし，水蒸気であれば目に見えない。

(2) 80 g の水の温度を 3 ℃ 上げるのに必要な熱である。したがって，

$80\times3=240$〔カロリー〕

(3) 80 ℃ の水：20 ℃ の水 を重さの比 3：2 の割合でまぜるので，80 ℃ の水：20 ℃ の水 の温度の変化は，その逆の比の 2：3 になる。よって，

$20+60\times\frac{3}{5}=56$〔℃〕

と計算できる。

(5)②の時間帯では 0 ℃ で温度が保たれているが，これは氷から水になるために熱が使われており，温度を上げるのには使われていないためである。熱は，まず状態変化に使われ，そのあと，温度変化に使われる。

(6)直線のかたむきが大きいということは，より少ない熱であたたまるということである。つまり，あたたまりやすいことを示している。③は水があたたまるようすを，⑤は水蒸気があたたまるようすを示している。よって，水蒸気のほうが水よりあたたまりやすい。

26 もののとけ方

本冊 106 ～ 107 ページ

解答

❶ ⑴**ア，オ**　⑵ **114.9 g**
⑶ **10 g(10.0 g)**　⑷ **10.7 g**
⑸ **20 %**　⑹**ウ**　⑺**ア**
❷ ⑴①**ホウ酸**
②物質名—**しょう酸カリウム**
結しょうの量—**120 g**
⑵① **30 g**　② **25 %**　③**イ**
⑶ **20 g**

解説

❶ ⑴**ア** とかす前ととかしたあとで見た目は変わっても重さは変わらない。
オ とける量は水の量と温度によって決まるので，かきまぜる速さは関係がない。
⑵表から，60 ℃ の水 100 g にとけるホウ酸の量は 14.9 g であるとわかるので，水よう液全体の重さは 100 g＋14.9 g＝114.9 g になる。
⑶水 100 g で 60 ℃ では 14.9 g，20 ℃ では 4.9 g とけるので，この差の 14.9 g−4.9 g＝10 g はとけきれずに結しょうとしてでてくる。
⑷ 40 ℃，100 g の水にミョウバンは 12 g とける。つまり，水よう液 112 g にミョウバンが 12 g とけている。とける量は比例するため，水よう液 100 g のときは，$12\times\frac{100}{112}=10.71\cdots$ になるので，およそ 10.7 g とけている。
⑸ 60 ℃ の水 100 g にミョウバンは 25 g とけるので，200 g の水には 50 g とける。（ミョウバンはとけ残っていることに注意する。）そのため，この水溶液ののう度は，50÷(200＋50)×100＝20〔%〕である。
⑹ 80 ℃ で 100 g の水に最もたくさんとけるのはミョウバンなので，ミョウバン水よう液がのう度も大きくなる。
⑺ 60 ℃ で 100 g の水に最もたくさんとけるのは食塩なので，食塩水がのう度も大きくなる。

❷ ⑴①のう度が小さい水よう液になるのは，とける量が少ないものである。70 ℃ のとき，ホウ酸がグラフでいちばん下である。
②グラフの変化量がいちばん大きいものを選ぶ。しょう酸カリウムが 70 ℃ と 10 ℃ でいちばん変化量が大きい。100 g の水では 70 ℃ のとき約 140 g とけ，10 ℃ のとき約 20 g とけると読みとれるので，140 g−20 g＝120 g 結しょうが出てくる。
⑵①水の量ととける量は比例することから，$40\times\frac{75}{100}=30$〔g〕までとける。
②①より，食塩はすべてとける。のう度は，
25÷(75＋25)×100＝25〔%〕
③**ア**がしょう酸カリウム，**イ**が食塩，**ウ**がホウ酸，**エ**がミョウバンの結しょうである。
⑶いま，ホウ酸はほう和している。とける量は水の量に比例するので，水を蒸発《じょうはつ》させると蒸発する水にとけていた分のホウ酸が結しょうとして出てくる。そのため，3 g のホウ酸をとかすには 20 g の水が必要なので，蒸発させた水は 20 g であるとわかる。

27 水よう液の性質

本冊 110 ～ 111 ページ

解答

❶ ⑴**青色**　⑵**D，E**　⑶**イ，エ**
⑷**イ**　⑸**ア**
❷ ⑴**C，D**　⑵**C，D，E**
⑶鉄—**〇**　アルミニウム—**〇**
銅—**×**　気体—**水素**
⑷**A—ア**　**B—カ**　**C—イ**
D—ク　**E—ウ**
❸ ⑴**エ，オ**
⑵ **8 cm³**

解説

❶ ⑴赤色リトマス紙が青色に変化することから，**C** の水よう液はアルカリ性であることがわかる。BTB 液は酸性で黄色，中性で緑色，アルカリ性で青色を示す。
⑵**C**はアルカリ性なので，アンモニア水か水酸化ナトリウム水よう液である。**A**は立方体のような形の結しょうが見えることから食塩水であるとわかる。**D**にあえんの板を入れると気体が発生し，鼻をさすようなにおいがすることから塩酸であることがわかる。**E**も鼻をさすようなにおいがするのでアンモニア水であるとわかり，**C**は水酸化ナトリウムに決まる。**B**は砂糖水《さとうみず》である。よって，気体がとけている

水よう液を選べばよいので，蒸発させても固体が生じないのは，Dの塩酸とEのアンモニア水である。
(3)実験３で発生した気体は水素である。アは二酸化炭素で，ウは酸素の特ちょうを示したものである。
(4)粉末にすると接する面積がふえるので，気体の発生する速度ははやくなる。
(5)Dの塩酸にCの水酸化ナトリウム水溶液を加えると中和して熱を発生するので，温度が上がる。

❷ 実験４よりCがアルカリ性でAとCが中和することから，Aは酸性であることがわかる。選択肢《せんたくし》の水よう液でまぜあわせてできる組み合わせは，塩酸と水酸化ナトリウム水よう液から食塩水のみである。よって，Aが塩酸，Cが水酸化ナトリウム水よう液，Eが食塩水である。実験１より，Aが塩酸であり，気体は二酸化炭素である。実験２より，二酸化炭素を通して白くにごるのは石灰水なのでDが石灰水である。実験３について，石灰水を入れてにごるということは，Bが炭酸水(二酸化炭素がとけた水よう液)であるとわかる。

❸ (1)◎の個数より●の個数が多いときアルカリ性になる。◎の個数と●の個数が等しいとき中性，●の個数より◎の個数が多いとき酸性になる。
(2)実験の結果の表より，塩酸の中の◎の数は 24 個なので，まぜる水酸化ナトリウム水よう液の●の数も 24 個のとき中性になる。また，水酸化ナトリウム水よう液の●の数は，水酸化ナトリウム水よう液の体積に比例し，体積が $3\ cm^3$ のとき●の数は 9 個だから，中性になるときの水酸化ナトリウムの体積を $x\ cm^3$ とすると

$3：9 = x：24 \quad x = 8〔cm^3〕$

となり，$8\ cm^3$ であることがわかる。

実戦力強化編

1 植物に関する問題

本冊 112 ～ 113 ページ

解答

1 (1)①**光合成**　②**右**　③**イ**　④**ア**
(2)①**根毛**　②**ウ**　③**水や肥料を吸収《きゅうしゅう》する**
④**イ，オ**
(3)①**ウ**　②**オ**　③**イ**　④**ア**　⑤**エ**

2 (1)①**イ**　②**エ**　(2)**8**
(3)A①**d**　②**ア**
B①**b**　②**オ**
(4)**エ**

解説

1 (1)①緑色の粒《つぶ》は葉緑体である。
②E(気孔《き こう》)があるほうが葉の裏側《うらがわ》である。
③水の通り道(道管)のほうが内側を通る。栄養分の通り道(師管)は外側になり，Dになる。
④気孔をつくる「くちびる」のような細胞を孔辺細《こうへんさい》胞《ぼう》といい，ここには葉の裏側ではあるが葉緑体(・)が存在する。
(2)④サトイモは地下または地上のくきを主に食用とする。ジャガイモは地下のくきへ養分がたくわえられた塊茎《かいけい》という部分を食用とする。ハスは地下のくきが大きくなったレンコンが食用とされる。
(3)①イネだけが花びらをもたない。…**ウ**
②ヘチマ・ツツジは花びらがくっついている合弁花で，アブラナ・サクラ・エンドウは花びらがくっついていない離弁花《りべんか》である。…**オ**
③ヘチマはお花とめ花に分かれている単性花で，ツツジは１つの花におしべとめしべがそろっている両性花である。…**イ**
④アブラナは花びらが４枚《まい》，サクラ・エンドウは花びらが５枚である。…**ア**
⑤エンドウは花びらが５枚あるが，大きさが３種類ある。…**エ**

2 (1)呼吸《こきゅう》はつねに一定である。グラフの形は光合成によってきまっているといえる。光の強さを強くすると比例して大きくなっていくが，ある値《あたい》で一定になることから，光合成と光の強さも同様の関係になると考えられる。

(2)Xの呼吸量は，光の強さが0のときの値なので，2になる。よって，真の光合成量から2を引いた値が6になるので，真の光合成量は8である。

(3)A　草原では光が十分に届いていると考えられるので，dの位置でXもYもどちらも二酸化炭素の吸収量がプラスの値になり育つと考えられる。Xの値《あたい》がYよりも大きいので，Xのほうがよく育ち，先に樹木《じゅもく》Xの森林ができる。

B　樹木が育っていくと，光がさえぎられて光の強さは小さくなっていく。最終的にYの森林に安定するということは，Yが育ち(プラス)，Xがかれる(マイナス)の値になるbの光の強さが届いていると考えられる。

(4)森林がすべて焼けてしまう，もしくは森林の一部がけずられてできた土地には最初に樹木Xができる(前問Aより)。よって，まざった森林ができるためにはYがなければならないので，エが正しい。

2 動物・その他の生き物に関する問題

本冊 114 ～ 115 ページ

解答

1 (1)頭─ウ，オ　むね─ア，カ
　はら─イ，エ
(2)鼻(皮ふ)
(3)こん虫はからだの外側に骨格《こっかく》があるが，人はからだの内部に骨格がある。
(4)トンボ，カ

2 (1)精子　(2)イ　(3)イ　(4)下図

めす　　　おす

(5)X─ミドリムシ　Y─ゾウリムシ　Z─ミジンコ
大きい順─Z，Y，X

3 (1)だ液　(2)ウ　(3)③，④
(4)5℃にしてもはたらきを失わないが，95℃にするとはたらきを失う。
(5)記号─C　名まえ─すい臓《ぞう》
(6)表面積を大きくして，効率よく栄養分を吸収できること。
(7)記号─A　名まえ─かん臓
(8)水分
(9)記号─B
理由─たん液をためる役割《やくわり》しかもっていないから。

解説

1　(1)心臓は人とはちがい，はらにあることに気をつける。

2　(2)受精してから生まれるまでの日数から選ぶ。
(4)せびれにきりこみがあることと，しりびれが平行四辺形になっていることがわかるようにかく。

3　(3)ご飯つぶには，でんぷんがふくまれる。でんぷんのままであればヨウ素により色が変化し，だ液にふくまれるアミラーゼによって分解されると麦芽糖《ばくがとう》になり，ヨウ素の反応がなくなる。人の体温に近い40℃のときのみアミラーゼははたらき，色の変化がでる。
(4)5℃と95℃で20分おいたあと，40℃で10分おいたとき，5℃にしていたほうは色の変化がなかったということは，でんぷんが分解されたということである。

3 地球のかん境に関する問題

本冊 116 ～ 117 ページ

解答

1 (1)食物連鎖《しょくもつれんさ》　(2)①D　④A　(3)ウ
(4)(ア→)ウ→エ→イ　(5)①ア　②イ

2 (1)①イ　②オ
(2)①プラスチック製のものはかんきょう中で分解されずに，いつまでも残っているが，紙やでんぷん製のものは，かんきょう中で分解されやすい点がすぐれている。
②分解されるまでは海洋や生物に悪影響《あくえいきょう》をおよぼし続け，ストロー以外のプラスチック製品の解決にならないから。
(3)マイクロ

3 例 氷河や氷床《ひょうしょう》などの陸上の氷がとけることで海水の量がふえるから。

解説

1　(2)イネ科植物→ウサギ→イタチ→ワシ の順で食べる・食べられるの関係になっている。そして，この順に数量も多くなる。

⑶えさとなる生物が減ると，食べる側の生物も減る。

⑷③の生物が減ると(**ア**)，食べられる側である④の生物は数がふえ，食べる側である②の生物の数は減る。さらに②を食べる①の生物の数も減る。(**ウ**)えさである④の数がふえ，食べられる②の数が減ることから③の数がふえる(**エ**)，そして，③をえさにする②がふえ，②をえさにする①がふえ，もとの数量関係にもどる(**イ**)。

2 ⑴①ヒアリはほかのアリにえいきょうを，オオクチバスはほかの魚にえいきょうをおよぼしている。

②オガサワラトンボは，グリーンアノールというトカゲ類の外来種のえいきょうを受けている。ニホンカワウソは絶めつしたが，毛皮を目的とした乱かくや環境《かんきょう》破かいのえいきょうとされている。

4 天気とその変化

本冊 118 ～ 119 ページ

解答

1 ⑴**A—ア　B—ア　C—ウ　D—ア**

⑵**①右　②右**　⑶**エ**

⑷**・供給《きょうきゅう》される水蒸気の減少**

・地面とのまさつ

2 ⑴**フェーン現象**　⑵**① 5 ℃　② 25 ℃**

⑶**①ア　②ア**　⑷**ウ**

⑸**A—オ　B—ア**

⑹**アメダス**

解説

1 ⑵台風は反時計まわりに風がふき出している。よって，進行方向右側では進行方向と風が同じ方向になり，風が強くなる。

2 ⑵① 1×(1000÷100)＋0.5×(2000－1000)÷100＝15〔℃〕温度が下がる。よって，山頂《さんちょう》の温度は 5 ℃ である。

② 2000 m 標高が下がる。雲がないので，100 m で温度が 1 ℃ 上がると考えられ，温度は 20 ℃ 上がるので，25 ℃ である。A地点より温度が高くなっていることがわかる。

⑶雲は水てきによって白く見えている。水蒸気が水てきになるとき，まわりに熱を出すので，周囲の温度は上がる。よって，雲ができるときのほうが温度が下がりにくい。

⑷**ア**　都市部では，ヒートアイランド現象やアスファルトのほそうによって積乱雲《せきらんうん》が発生しやすい。

イ　海風と陸風。海と陸の温度のちがいによる。

エ　偏西風《へんせいふう》のえいきょうである。

5 流れる水と大地の変化

本冊 120 ～ 121 ページ

解答

1 ⑴**エ**　⑵**50 m**　⑶**オ**

2 ⑴**①イ　②ア　③ウ　④エ**

⑵**イ**　⑶**イ**　⑷**ア**

解説

1 ⑴地点①は標高が 150 m でボーリングを行ったところ地上から 50 m の深さでA層とB層の境があるので，標高 100 m に境があることがわかる。よって，南北方向には境はかたむいていないとわかる。よって，地点③では標高で 150 m のところ，地点⑤では標高200 m のところに境があるとわかる。よって，西に向かって低くなっていく。

⑵地点③では境は標高で 150 m のところにあるので，標高 200 m の地点③から垂直に穴をほると 50 m のところに境がある。

⑶水平にほるということは標高 200 m で境をさがすことになる。よって，地点⑤に向かってほるとよい。東に 100 m。

2 ⑴**図 1** が曲線がたい積をするかどうかの境目である。曲線よりも流れの速さがおそい(下側)の(**イ**)ではたい積作用，はやい(上側)の(**ア**)では運ぱんとしん食を表している。

図 2 では曲線がしん食がおこるかどうかの境目である。曲線より流れのはやい(上側)の(**ウ**)ではしん食がおこり，おそい(下側)の(**エ**)では，運ぱんとたい積作用を表す。

⑵**図 2** に注目する。最もおそい(低い)位置でしん食が始まるのは，細かい砂《すな》のところである。

⑶**図 1** より，ねんどでは流れの速さがほとんどないようなときにしかたい積せず，**図 2** より流れの速さがはやくなればなるほど，しん食されにくい。

⑷⑴より，**図 1** の(**ア**)と**図 2** の(**エ**)が運ぱん作用が重なっているので，(**ア**)のような図になる。上からしん食・運ぱん・たい積を表している。

6 天体に関する問題

本冊 122 ~ 123 ページ

解答

1 (1)**ウ**

(2)**A—イ　B—エ　C—オ**

明るい星—C　赤い星—B

(3)**領域—B　向き—ア**　(4)**カ**

2 (1)**リュウグウ**

(2)**②火星　③木星**　(3)**衛星**

(4)**小わく星はしょうとつがあまり起こっていないので，熱によって岩石の性質が変化することなく太陽系ができた当時の物質が残っていると考えられるから。**

3 (1)**エ**　(2)**ウ**

(3)**月の自転周期と月の公転周期が等しく，自転と公転の向きも同じだから。**

(4) **120 g**

解説

1　(2)冬の大三角はおおいぬ座《ざ》のシリウス，こいぬ座のプロキオン，オリオン座のベテルギウスの3つからなる。シリウスは太陽以外で地球上から見える最も明るい星である。オリオン座のもう1つの1等星リゲルは，冬のダイヤモンド(六角形)にはふくまれない。

(3)北極星をはさんで北《ほく》と七星《しちせい》の反対側にある。

(4)選択肢《せんたくし》から，わく星は土星，木星，金星のどれかである。わく星Yは半月のように見える，ということは地球より太陽側にあるわく星である金星であるとわかる。

2　(4)小わく星物質をくわしく調べて太陽系の誕生したときの手がかりになるということは，小わく星の物質が太陽系の誕生したときと大きく変わっていないからだと考えることができる。

3　(1)満月が見られた日のおよそ7日後には下げんの月が見られる。これに近い形は**エ**である。

(2)下げんの月は真夜中には東の空に見え，午前6時ごろに南中する。(1)より，実際は下げんの月より少し形が大きいので，午前6時より少し前に南中する。

(4)石だけでなく，上皿てんびんで使う分銅にかかる重力も$\frac{1}{6}$になるので，つりあうのは120 gの分銅である。

7 光と音に関する問題

本冊 124 ~ 125 ページ

解答

1 (1)**①反射《はんしゃ》　②屈折《くっせつ》**

(2)

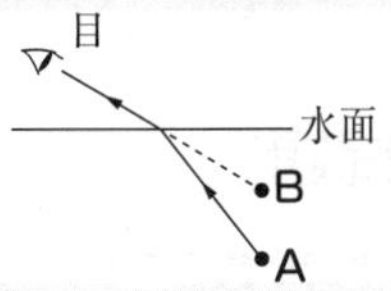

(3)

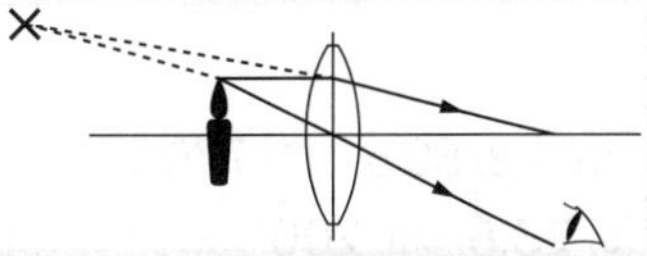

2 (1)**①おう　②とつ　③小さく　④近く**

(2)**イ**

3 (1) **1530 m**

(2)**① 2040　② 102　③ 969**

④ 3.15　⑤ 1003　⑥ 2.95

⑦ 3.8

解説

1　(3)目に入った光を脳は直進しているとかんちがいする。そのため，2本の光が直進していたとしてのばす。その交点から光が出ているとわたしたちは認《にん》識《しき》する。

2　(1)おう面鏡は光を集め，とつ面鏡は光をひろげる性質がある。広い面積をうつすことにすぐれている(物体を小さく，近く見せる)ことから，カーブミラーなどに利用されている。

(2)うつり方の位置関係は平面鏡のときと同じである。左右が逆になる。

3　(1)音は，反射板ではね返り，往復するので，

340×9÷2＝1530〔m〕になる。

(2)① 340×6＝2040〔m〕

② 17×6＝102〔m〕

③①と②の値《あたい》の和が自動車と反射板がもともとはなれていた距離《きょり》の2倍になるので，

(2040＋102)÷2＝1071〔m〕，第一の音を聞いたときは，そこから102 m車は進んでいるので，

1071－102＝969〔m〕になる。

④ 1071÷340＝3.15〔秒〕

⑤ 1071－17×4＝1003〔m〕

⑥ 1003÷340＝2.95〔秒〕

⑦第一の音を発してから第一の音が届くまでは

3.15 秒，第二の音が届くまでは 2.95＋4＝6.95〔秒〕かかるので，6.95－3.15＝3.8〔秒〕の差がある。音を発したときよりも聞くときのほうが短くなっている。これが近づいてくるものから発される音が高く聞こえるしくみである。

8 力に関する問題

本冊 126 ～ 127 ページ

解答

1 (1) 30 cm　(2) 60 g　(3) 170 g
　(4)ウ　(5) 28.6　(6) 200

2 **水とうに $\frac{1}{3}$ まで水を入れると，全体の重心が下がり，ふりこの長さが長くなるため。(38 字)**

3 (1) 30 cm　(2) 15 cm　(3) 20 cm

解説

1　(1)ばねAにおもりをつるさないとき，ばねの長さは 25 cm である。50 g のおもりをつるすと 1 cm のびることがグラフより読みとれる。よって，250 g のおもりをつるすとばねは 5 cm のびて，25 cm＋5 cm＝30 cm になる。

(2)ビーカーと水の重さの和は，200 g＋120 g＝320 g である。これとばねばかりの値《あたい》の差 380 g－320 g＝60 g が浮力《ふりょく》である。

(3)ばねAの長さが 27.2 cm であることから，ばねにかかる力は 50×2.2＝110〔g〕のおもりがつるされているときと同じである。浮力の分だけ軽くなっているので，170 g になる。

(4)おもりの体積は 120 cm^3，重さは(3)より 170 g である。おもりは 1 cm^3 あたり約 1.4 g であるので，しずむ。

(5)おもりCにかかる浮力は 240 g なので，動かっ車には 60 g のおもりがつるされているのと同じである。動かっ車の重さ 300 g とおもりCの 60 g の和の半分の 180 g 分の力がばねAにはかかるので，ばねののびは 180÷50＝3.6〔cm〕。よって，ばねの長さは 25.0 cm＋3.6 cm＝28.6 cm。

(6)輪じくの大きい輪には 180 g 分の力がかかるので，輪じくの力の関係から，小さいほうの輪にかかる力を□とすると 180×15＝□×9 という関係がなりたつ。よって，□＝180×15÷9＝300〔g〕。おもりDは 360 g あるので，浮力が 60 g はたらいている。つまり，水につかっている部分の体積が 60 cm^3 である。これがおもりDの体積の 10 分の 3 であることから，もとの体積は 200 cm^3 である。

2　ふりこの周期は，ふりこの長さによってのみ決まる。おもりの重さは関係がないので，重心が下がることによってふりこの長さが長くなる。水とうに $\frac{1}{3}$ まで水を入れたときのほうが周期が長くなる。

3　(1)片方ずつはしをつり上げたときと，両はしを同時につり上げたときに示すばねはかりの値《あたい》は同じである。よって，棒は 100 g であるとわかる。また，棒が水平につりあう場所は棒の重心である。A点から□〔cm〕のところに重心があるとすると，図 2 から，100×□＝60×50　□＝30〔cm〕である。

(2)棒の重心は(1)より，つるしているところからB側に 5 cm のところにある。よって，つるしている点からA側に□〔cm〕のところにつるすとすると，50×□＝100×5 より，□＝10〔cm〕
Aのはしからは 15 cm のところにつるせばよい。

(3)A側のはしから□〔cm〕のところで棒を糸につり下げるとすると，50×□＝100×(30－□) がなりたつ。すなわち，50×□＋100×□＝100×30
よって，□＝3000÷150＝20〔cm〕である。

9 電気のはたらき ①

本冊 128 ～ 129 ページ

解答

1 **(1)上向き**
　(2)イ　(3)

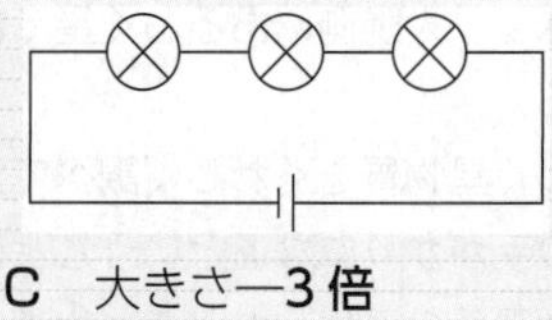

　(4)記号―C　大きさ―3 倍
　(5)記号―a，b，d，e
　大きさ―0.75 倍

2 (1)

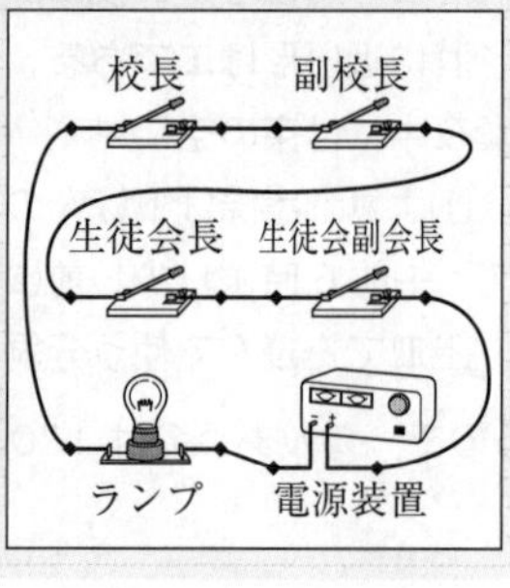

(2)

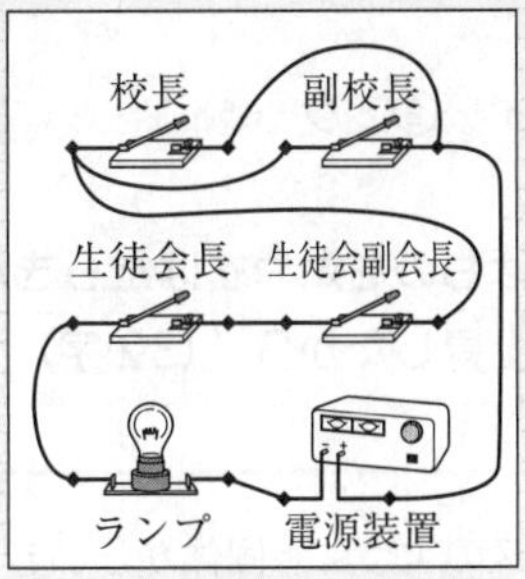

(3)

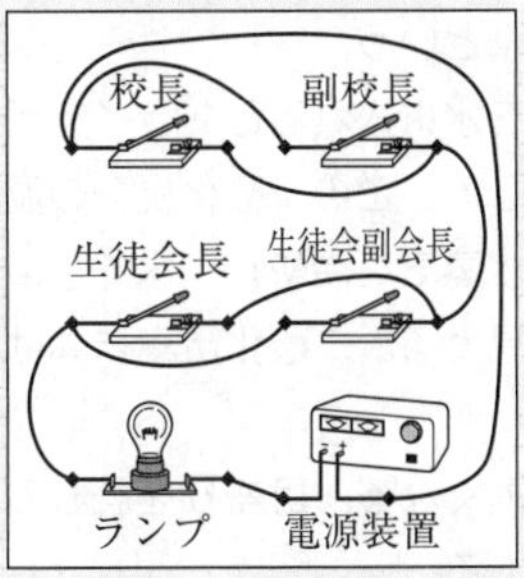

3 ①(＋)イ　(－)ア　②(＋)キ　(－)ケ

解説

1　⑵**図3**のように豆電球を直列につなぐと電流の大きさは小さくなる。**図4**のようにかん電池を直列につなぐと電流の大きさは大きくなる。**図5**のように豆電球を並列《へいれつ》につないだときは，電流の大きさは1個つないだときと同じである。よって，**イ**。

⑶⑵より，電池を直列に2個つなぐと電流は2倍になり，豆電球は直列2個につなぐと電流は半分になることがわかる。よって，電池を直列に2個つなぐと電流が2倍になり，豆電球は3個直列にして電流を$\frac{1}{3}$にすると全体としては$\frac{2}{3}$の電流が流れるようになる。

⑷まず，d，eには電流が流れない。並列につないだときは，それぞれの経路に分けてつないだときと同じ電流の大きさになる。よって，cがいちばん大きい電流が流れる。かん電池を3個つなぐので，電流は3倍流れる。

⑸a，b，d，eが直列になった経路と，cの経路が並列でつながっている。よって，直列でつながっているa，b，d，eは電流が小さくなる。かん電池が3個で電流が3倍，豆電球が4つで電流が$\frac{1}{4}$なので，全体としては$\frac{3}{4}=0.75$になる。

2　直列につなぐとすべてスイッチがついていないと電流は流れず，並列だとそれぞれの経路ごとにスイッチがついていれば電流が流れる。

⑴全員を直列でつなげばよい。

⑵まず，校長と副校長を並列につなぐ。そのかたまりを生徒会長と生徒会副会長と直列につなげばよい。

⑶生徒会長と生徒会副会長を並列につなぎ，校長と副校長を並列につなぐ。そのかたまりどうしを直列につなぐとよい。

3　いろいろなつなぎ方を試してみるとよい。矢印の向きにのみ電流が流れるので，頂点から矢印が出ている点(①の**イ**点や②の**キ**点)，もしくは頂点に矢印が集まっている点(①の**ア**点や②の**ケ**点)で回路を分ける必要があるので，ここに電池をつなぐとよい。

①この回路で電流が流れるようにするためには，**イ**点に＋，**ア**点に－をつなぐ。**イ→ア**，**イ→ウ→ア**と電流が流れ，LEDが光る。

②この回路で電流が流れるようにするためには，**キ**点に＋，**ケ**点に－をつなぐ。**キ→カ→ケ**，**キ→ク→ケ**と電流が流れ，LEDが光る。

10 電気のはたらき ②

本冊 130 ～ 131 ページ

解答

1 ⑴①**イ**　②**動かない**　⑵**ウ，エ**

⑶記号―**ア**

スイッチ―**リニアモーターカーが電磁石1個分進んだとき，切りかえる。**

2 ⑴**エ**　⑵**2**　⑶**ア，オ**

3 ⑴**ウ**　⑵**ア，オ，キ，コ**

解説

1　⑴N極どうし，S極どうしであれば反発し，N極とS極は引き合う。

①左側の上下の磁石は同極どうしで反発し，右側の上下の磁石は異極どうしなので引き合うので右側による。よって，**イ**である。

②右側も左側も反発するので，四方からおさえこまれるような形になり，動かない。

⑵**図3**のようにつなぐと下側がN極になる。**図4**のように進めたいときは，⑴を参考にすると，左側の下側がS極，右側の下側がN極になるようにする。右側を**図3**と同じように上の導線にプラス(＋)極が，左側はその逆になるように上の導線にはマイナス(－)極がつながるものを選ぶとよい。

⑶N極とS極が交互《こうご》に並《なら》んでいると進む。⑵のよう

にすると，左の電極に引きよせられるが，真下にきたところでいったんとまる。図 4 で左の電極に引きよせられたときに，反発するように極を入れかえるとよい。そのためには，電極 1 つ分進むごとに電流の向きを入れかえるとよい。

2　(1)スイッチを閉じると，**ウ**と**エ**の導線の経路のどちらかを通ることになるが，**ウ**のほうは導線だけで電流が流れやすく，**エ**には電流が流れなくなる。

(2)**エ**のある経路には電流が流れなくなるので，豆電球が 2 個並列《へいれつ》につながった経路になる。豆電球 1 個ずつには電流 1 が流れるので，全体としては 2 になる。

(3)まず，電流が流れている**ア**，**イ**，**ウ**，**オ**のみ考えればよい。しかし，**イ**と**ウ**では電流が右側に流れていて，南側にN極を向けようとする向きに磁力がはたらく。よって，針は動かない。

3　(1)電流の流れないときをつくることにより，引きよせられ続けてとまってしまうことを防ぐ。もし，両方全部はがしてしまうと，水平の状態でとまってしまう。

(2)コイルの電磁石を強くするか(**オ**・**キ**)，磁石のほうを強くする(**ア**・**コ**)かのどちらかである。電流の向きは関係がない。

11 もののようすや性質

本冊 132 ～ 133 ページ

解答

1　(1)**二酸化炭素**

(2)**氷をあたためると固体が液体になるが，ドライアイスをあたためると固体が液体をへず気体となるから。**

(3)**水のつぶ，水てきなど**

2　(1)**右図**

(2)**ウ**

(3)**G―反時計まわり**

H―時計まわり

(4)**E**

(5)**①水蒸気　②水　③逆流**

3　(1)**ア―外炎《がいえん》　イ―内炎　ウ―炎心**

(2)**記号―ア**

理由―たくさんの酸素と接しているため。

(3)**イ**

(4)**ア―①　イ―②　ウ―⑤**

(5)**ウ**

4　**二酸化炭素はものを燃やすはたらきがなく，熱せられて上昇《じょうしょう》したから。(32 字)**

解説

1　(2)ドライアイスのように，固体からいきなり気体になることを昇華《しょうか》という。

(3)ドライアイスを水に入れるとドライアイスは気体の二酸化炭素になる。この二酸化炭素の温度が低いため，空気中の水蒸気を冷やし，水てきにし，白いけむりのように見える。二酸化炭素自体は目に見えない。

2　(1)はしが少し高くなる。目盛りを読むのはいちばん低いところである。

(2)ふっとうするときは，液体の内部から水じょう気(ふっとうしているときのあわの正体)が発生するが，ふっとう石がないとこれがとつ然おこり，一度に多くの液体が気体になるため大きなあわが発生し，液体や蒸気が周囲に飛び散るおそれがある。

(3)ガスバーナーの上のねじ(G)が空気調節ねじ，下のねじ(H)がガス調節ねじである。空気を足して，ガスを減らす。

(4)CとDは水にとけていた空気で，Eではふっとうしていて水蒸気である。

3　(4)すすがつくのは内炎の部分，ろうがつくのは炎心の部分である。

(5)炎心の部分には気体のろうがあるので，ガラス管の先にろうがつくため，もえる。

12 水よう液に関する問題

本冊 134 ～ 135 ページ

解答

1　(1)**上皿てんびん**

(2)**① 6.2 g**

②右図

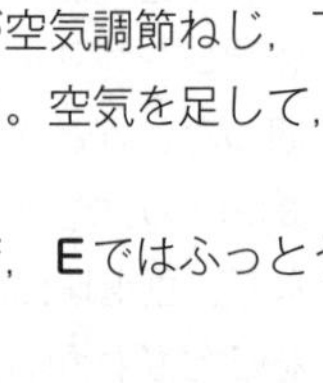

③ 60 ℃

(3)**①ウ**

② 80 g

③ 54.1 g

2 ⑴B，E，F
⑵ア，イ，エ
⑶①B，D
②白い物質—炭酸カルシウム
下線部の水よう液—E
③ア，オ
⑷6 通り
⑸①食塩，水酸化ナトリウム
②EとGが過不足なく反応している。
③ $3.75\ cm^3$
④ⅰ 0.18 g
ⅱいくら水を加えてもEと反応する物質の量は変わらないから。

解説

1 ⑵① 20 ℃ の水には 5.9 g のミョウバンが溶ける。よって 12.1 g−5.9 g=6.2 g とけ残る。
②水がはねないようにビーカーのふちにそわせる。
③ 6.2 g のとけ残りを 25 g の水にとかすということは，100 g の水に 6.2×4=24.8〔g〕とけるということである。
⑶① 150 g の水にミョウバン 90 g をとかすということは，100 g の水に 60 g とけるのと同じである。よって，60 ～ 80 ℃ の間である。
②もともとは 160 g+150 g+90 g=400 g あった。よって，こぼした量は 400 g−320 g=80 g である。
③水よう液は 150 g+90 g=240 g あったのが，80 g こぼれた。水よう液はいちようであることから，残った 160 g の水よう液には 60 g のミョウバンと 100 g の水がふくまれている。よって，20 ℃ のときにできる結しょうは，60.0 g−5.9 g=54.1 g

2 ⑵**ア** 食塩水は中性でアンモニア水よう液はアルカリ性であるため区別できる。
イ アンモニア水よう液にはにおいがある。
ウ どちらも無色とう明である。
エ 食塩水は固体が溶けた水よう液で，アンモニア水よう液は気体が溶けた水よう液である。
⑶③発生した気体は二酸化炭素である。
⑷酸性の水よう液は**B**，**E**の 2 種類，アルカリ性の水よう液が**D**，**F**，**G**の 3 種類であるので，6 通りである。
⑸③**ア**から**イ**の差を考えると，水酸化ナトリウム水溶液を $1\ cm^3$ 加えると 0.12 g ふえる。
オから**カ**の差を考えると，水酸化ナトリウム水よう液のみふえるときは，$1\ cm^3$ あたり 0.08 g である。これを組み合わせて 0.11 g をつくるので，3 : 1 である。よって，$3.75\ cm^3$
④ⅰ P点での固体の量は，0.36+0.12×0.75=0.45〔g〕である。よって，水酸化ナトリウムの固体は 0.63−0.45=0.18〔g〕ふくまれている。

13 融合問題 ①

本冊 136 ～ 137 ページ

解答

1 ⑴①イ ②イ ⑵ウ，オ
⑶集まった気体の体積(量)がわかる(見える)［ほかの気体が混ざらない。など］
⑷記号—イ
理由—表面積を大きくするため。
⑸「親潮域」や「日本海」のほうが北にあり，水温が低く，気体がとけやすいため。
2 ⑴エ ⑵ア
⑶ライオン—立体的に見やすいため，シマウマなどの獲物《えもの》との距離《きょり》をはかりやすい点。
シマウマ—視野《しや》が広いため，ライオンなどの敵を見つけやすく，にげやすい点。

解説

1 ⑴亜鉛《あえん》のつぶにうすい塩酸を加えると水素が，貝がらに塩酸を加えると二酸化炭素が発生する。
⑵**ア** 酸素は空気より少し重い。水素やアンモニアは空気よりも軽い気体である。
イ ちっ素についての説明である。
エ 水素についての説明である。
カ 二酸化炭素についての説明である。
⑶このような利点があるので，水に溶けにくい気体は，水上置換法《ちかんほう》を優先《ゆうせん》する。
⑷吸収や交かんの効率を上げるために表面積を大きくする。
⑸本文中に，水温が低いほうがとけやすいと記述がある。
2 ⑴**ア** 直射日光があたらないようにする。

イ 対物レンズは長いほうが倍率が高い。

ウ ステージを下げながら調節する。

(2)上下左右逆に見えているので，動かす方向と逆に動かす。

(3)両目でみると，立体的に見える。

14 融合問題 ②

本冊 138 ～ 139 ページ

解答

1 (1)**オ** (2)**ア** (3)**オ** (4)**エ**

(5)**オ，カ** (6)**9.6 %**

(7)**こおらせると，よう液の体積が大きくなるから。**

解説

1 (1)**ア** 対流は温度によるものなので，雨は関係がない。

イ 酸素は水にとけにくい。雨の中に容易に酸素がとけてしまうならば，私たちは雨の日に生きていくことはむずかしい。

ウ 水にはとけない。

エ 息で二酸化炭素はふえるが，息には酸素もふくまれている。

(5)図の点線が**う**と**え**の点線の交点になる線の組み合わせになることから，光線**い**，**う**，**え**の中から 2 つ選べばよい。

(6)まず，スポーツドリンクにふくまれる砂糖《さとう》は，530×0.06＝31.8〔g〕である。水が 200 g になるので，水よう液は 330 g になる。よって，(31.8÷330)×100＝9.63… になり，9.6 %

(7)基本的な物質は液体のほうが固体より体積が大きいが，水は氷のほうが体積が大きい。

思考力・記述問題強化編

1 生き物に関する思考力・記述問題

本冊 140 ～ 141 ページ

解答

1 (1)**葉** (2)**イ，ウ，エ**

(3)①**オ** ② **1.5 倍**

2 (1)**ウ**

(2)**できる種子の数が多く，軽くて飛ばされやすいから。**

(3)**セイヨウタンポポの割合が多いとカンサイタンポポの結実率は悪くなる。**

(4)**セイヨウタンポポの花粉が運ばれてこないようにするため。**

(5)①**開花したらめしべに同じ種類のカンサイタンポポの花粉を人工的につける。**

②**開花したらめしべに同じ種類のカンサイタンポポとセイヨウタンポポの花粉をまぜたものを人工的につける。**

解説

1 (1) 1 つずつ条件を確認する。1 は 3 回目，4 回目の実験以外は満たしているので正しい。

(3)①それぞれの選択肢について，問題文中にあたえられた計算式を用い，死亡率《しぼうりつ》(計算値の単位はすべて %)を計算すると，次のようになる。

ア $\frac{172-94}{172}\times100=\frac{78}{172}\times100=45.3\cdots$

イ $\frac{94-80}{94}\times100=\frac{14}{94}\times100=14.8\cdots$

ウ $\frac{80-72}{80}\times100=\frac{8}{80}\times100=10$

エ $\frac{72-68}{72}\times100=\frac{4}{72}\times100=5.5\cdots$

オ $\frac{68-10}{68}\times100=\frac{58}{68}\times100=85.2\cdots$

カ $\frac{10-4}{10}\times100=\frac{6}{10}\times100=60$

したがって，死亡率が最も高いのは**オ**である。

②子孫を残すことができる成虫の個体数は，

4÷2＝2

おすとめすの比が 1：1 のとき，200 個のたまごから最終的に生き残った成虫は，おすとめすが 1 ぴきずつとなる。200 個のたまごから成長して 300 個のたまごが生まれると，成虫に育つ個体数は，子の代では親の代の 300÷200＝1.5〔倍〕ということになる。

2　(1)**ア**と**イ**がめしべ，**ウ**がおしべ，**エ**ががく(のちに綿毛になる部分)，**オ**が子ぼうである。

(3)グループ**A**がまわりにセイヨウタンポポがない場合，グループ**B**がまわりにセイヨウタンポポがある場合で，中心のカンサイタンポポの結実率を比かくしている。

(4)調べたい条件以外のちがいが出ないようにする。まわりにタンポポを植えるので，まわりのタンポポの花粉のえいきょうが出ないようにする。

(5)花粉のえいきょうを調べたいので，カンサイタンポポの花粉とセイヨウタンポポの花粉を調べる。カンサイタンポポの花粉がない種子をつくることはないので，片方はカンサイタンポポの花粉とセイヨウタンポポの花粉を混ぜることに注意する。

2 地球に関する思考力・記述問題

本冊 142 ～ 143 ページ

解答

1 **水の量をふやす。**
箱のかたむきを大きくする。

2 (1) **2×(384400÷210)＝3660.9…**
四捨五入して，3661 km

(2)**記号―ア**
理由―太陽のほうが月よりも大きく見えるから。

(3)**地球から月までのきょりが変化するから。**

(4)**月食**

(5)**広いはん囲で長い時間観察できる。**

3 (1) **900×(360÷7.2)＝45000〔km〕**

(2) **90－35－23.4＝31.6〔度〕**
(90－(35＋23.4)＝31.6〔度〕)

解説

1　だ行している川をまっすぐにするにはしん食の作用を大きくする。よって，流速をはやくすればよい。水の量をふやすと，流れる水のはたらきが大きくなり，しん食が進む。箱のかたむきが大きいとき，箱のかたむきが小さいときよりも流れる水のはたらきが大きくなり，しん食が進む。

2　(1) 2 m 10 cm：384400 km＝2 cm：□ km の関係が成り立つ。2 m 10 cm＝210 cm より，

210：384400＝2：□

□＝2×(384400÷210)＝3660.9… になるので 3661 km。比をとるとき，上のように単位をそろえて計算することに注意する。

(2) 2 cm のスーパーボールで調べたとき，月は 2 m 10 cm のところでぴったりかくれ，太陽が 2 m 5 cm のところでぴったりかくれるので，太陽のほうが大きく見える。

(3)日食は太陽―月―地球の順にならんだときにおこる。地球から見た太陽・月の大きさが金環《きんかん》日食か皆《かい》既《き》日食かに関わる。また，日食は月が新月のときにおこる。

(4)(5)月―地球―太陽の順にならぶと月から地球による日食が見られる。これは，地球から見ると月食のときのならびである。月よりも地球のほうがかなり大きいので，長い間かくれる。

3　(1)図より，アレキサンドリアとシエネの間の角度を，7.2 度とすることができる。よって，1 周分は，360÷7.2＝50〔倍〕。よって，900×50＝45000〔km〕(これは実際の 1 周の値《あたい》よりやや大きくなる。)

(2)冬至《とうじ》のときは右図のようになる。二重線の角度のところを求める。公転面と太陽光が平行になることを利用する。したがって，太陽の南中高度を求めると，90－(35＋23.4)＝31.6〔度〕

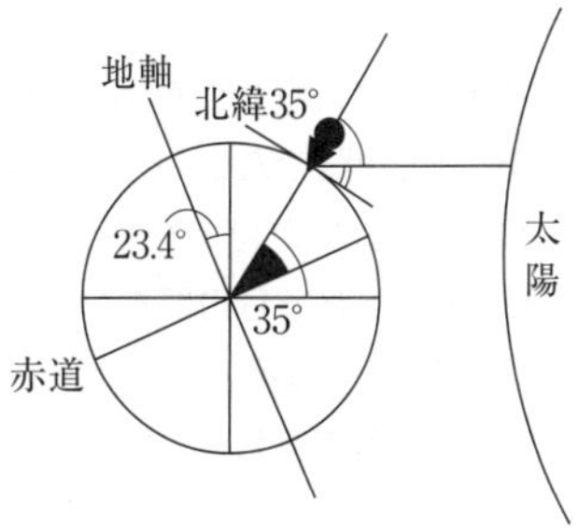

3 エネルギーに関する思考力・記述問題

本冊 144 ～ 145 ページ

解答

1 (1)

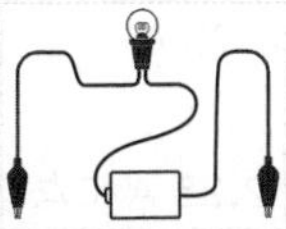

(2)

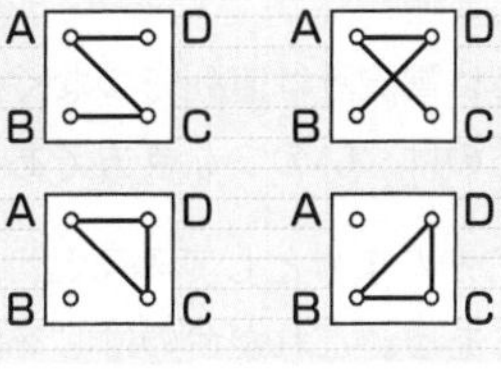

(3)① 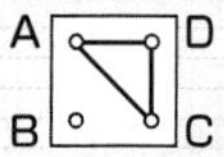

たんしBとCをつなぎ，明かりが(つかない)とき

② 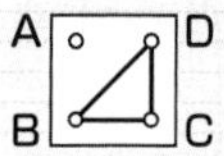

たんしBとCをつなぎ，明かりが(つかない)とき

(4)② 0.5 A　⑤ 2.25 A　(5)ア

(6) 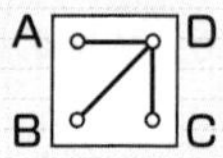

2　(1) 6 cm　(2) 10 枚目　(3)イ，オ

解説

1　(1)電流が流れたときに電球がつかないといけないので，直列でつなぐ。

(2)導線をつなぐことができる場所がの 5 か所ある。(AD間，DC間，BC間)(AD間，DC間，BD間)…というように順番を決めて書き出すようにするとぬけなく書き出せる。

(3)たんしのつなぎ方はAB間，AD間，DC間，BC間，BD間，AC間の 6 か所ある。(2)で書き出したもので順番にあてはめると，解答のものだけがちがう。

(4) 5 通りの例は，次のとおりである。

あ 上の回路でAD間をつないだとき(電線が 1 つだけつながった回路)

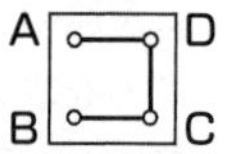

い 上の回路でBD間をつないだとき(電線が 2 つ直列につながった回路)

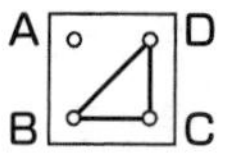

う 上回路でAB間をつないだとき(電線が 3 つ直列につながった回路)

え 下の回路でBD間をつないだとき(電線が 2 つ直列になった回路と 1 つの回路が並列になった回路)

お 下の回路でAB間をつないだとき(電流計には電流が流れない)

あは 1.5 V÷1 Ω＝1.5 A

いは，直列でつなぐと抵抗の値は足し算で 2 になるので，電流は 1.5 V÷2 Ω＝0.75 A

うは，1.5 V÷3 Ω＝0.5 A

えは，**あ**と**い**の和になるので 2.25 A になる。

おは 0 A

(5)調べたいところに電流計は直列でつなぐ。

(6)③にあてはまるのは，**い**のつなぎ方である。

2　(1)全体を 1 つのかたまりとしてみると，重心は 3 番目の板の中央にある。これが台のはしを出ると全体がかたむくので，6 cm 出るとたおれる。

(2) 1 枚目のとき重心は全体の中央で，台のはしから 8 cm のところにある。2 枚目のときの重心は 1 枚目と 2 枚目の間で，台のはしから 7 cm のところにある。このように考えていくと，9 枚目のときは 5 枚目の中央で，台のはしから 0 cm のところにあり，ちょうどつりあう。10 枚目をのせると，全体の重心は台のはしから出てしまうのでかたむく。

(3)**イ**　1 cm ずらすとき，1 枚目の重心は台のはしから 9 cm のところにある。(2)からもわかるように 1 cm ずらすと重心の移動は 0.5 cm となり，10 枚積んでもかたむかない。

ウ　板の長さが 25 cm になると，1 枚目の重心は台のはしから 10.5 cm のところにある。1 枚ずつふやしていくと，(2)より重心は右に 1 cm ずつ移動するので，全体の重心は台の上にあり，かたむかない。

4 物質に関する思考力・記述問題

本冊 146 ～ 147 ページ

解答

1　(1)オ　(2)ア　(3)海風　(4)キ
(5)陸風　(6)ウ

2　(1)①水酸化ナトリウム　②二酸化炭素
③塩化水素
(2) 28 %　(3) 16 g　(4) 64 g　(5) 90 g
(6)よう質—16 g　水—109 g
水よう液—125 g
(7)① 44 g　②オ

解説

1　(1)光をあてると温度が上がる。砂《すな》と水では砂のほうがあたたまりやすい。

(2)右のように空間を分けると砂のほうがあたたまりやすいので，まず，Cの気体はAの部分に移動する。あいたAの部分にはDからAに移動する。

A	B
C	D

(3)海からふく風なので，海風という。

(4)砂のほうが冷めやすい。

(6)BとCで空気が上昇《じょうしょう》するので，BとCが砂だと考えられる。

2　(2)水よう液の質量は，7 g＋18 g＝25 g なので，(7÷25)×100＝28 %

(3) 100 g の水にホウ酸を最大までとかすと 125 g

のほう和水よう液になる。その水よう液を20℃まで冷やすと20gのホウ酸の結しょうが出る。100gの水よう液のときは $20\times(100\div125)=16$〔g〕
⑷36％が水であることから，白色りゅう酸銅は64％である。
⑸白色りゅう酸銅：水が64：36であることから，160gの白色りゅう酸銅は90gの水を吸収できる。
⑹青色りゅう酸銅25gにふくまれる白色りゅう酸銅は $25\times0.64=16$〔g〕。水は青色りゅう酸銅にふくまれる9gと100gの和で109gになる。
⑺① 60℃では140gのほう和水溶液に40gの白色りゅう酸銅がとける。よって154gでは，
$(154\div140)\times40=44$〔g〕
②青色りゅう酸銅が□g出たとすると，白色りゅう酸銅はその中の64％なので，30℃に冷やしたほう和水よう液はよう質の質量は(0.64×□)g，水よう液の質量は(154－□)gになる。30℃ではよう質：水よう液が25：125であることから，

$0.64\times\square\times5=154-\square$

$0.64\times5\times\square+\square=154$

$4.2\times\square=154$

□の値は $154\div4.2=36.6\cdots$ になるので，最も近いのは35g。

入試完成編

中学入試 模擬テスト〔第1回〕

本冊148～151ページ

解答

1 ⑴イ　⑵A　⑶対物レンズ
⑷ウ　⑸イ，オ
2 ⑴雲(水てきと氷のつぶ)　⑵ウ　⑶イ
3 ⑴60g　⑵ア　⑶イ　⑷210g
⑸イ，エ，ケ
4 ⑴3：2　⑵B―イ　C―ア
5 ⑴エ，キ　⑵エとオ，キとク
⑶水，空気(酸素)，適当な温度，光
6 ⑴イ　⑵ア　⑶ウ
7 ⑴245m　⑵5m　⑶7m
8 ⑴ア　⑵エ
⑶①C　②A　③D　④B　⑷イ　⑸オ

解説

1 ⑵視野《しや》の中央にもってくるには，見たいもののある方向にプレパラートを移動させればよい。
⑶aは接眼レンズ，bは対物レンズ，cはのせ台(ステージ)，dは反射《はんしゃ》鏡，他に調節ねじなどけんび鏡の各部分の名まえはしっかり覚えておこう。
⑷・⑸**ア**はアメーバ，**イ**はアオミドロ，**ウ**はミジンコ，**エ**はゾウリムシ，**オ**はミドリムシである。**ウ**のミジンコは，図の中で最も大きい。

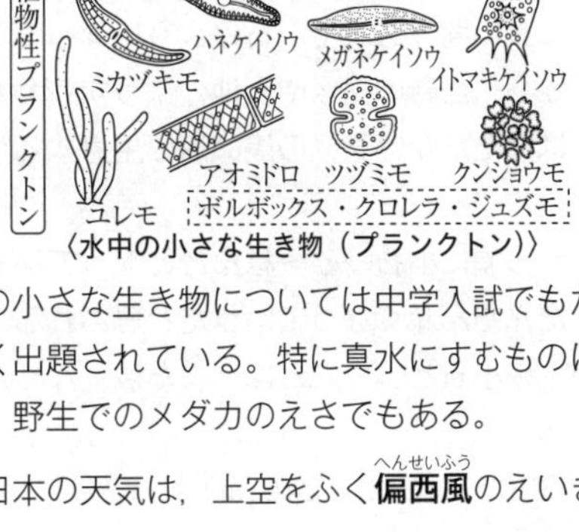

〈水中の小さな生き物（プランクトン）〉

水中の小さな生き物については中学入試でもたいへんよく出題されている。特に真水にすむものについては，野生でのメダカのえさでもある。

2 ⑵日本の天気は，上空をふく**偏西風《へんせいふう》**のえいきょう

で，西から東に移っていく。

(3)名古屋《なごや》より西の所では雨が降《ふ》っていないので，雲がおおっていない写真を選ぶ。

3 (1)フラスコには，500－200＝300〔g〕の食塩水が入っているので，$100\times\frac{300}{500}=60$〔g〕

(2)熱して最初に出てくる気体は，フラスコ内にある空気がぼう張して出てきたものである。

(3)最初ビーカーとフラスコ内の食塩水のこさは同じだが，フラスコを加熱していくと，フラスコの食塩水の水が水蒸気《すいじょうき》として出ていくのでこさはこくなっていく。逆にビーカーにはフラスコから出た水蒸気が入り水に変わるので，水の量がふえこさがうすくなってくる。したがって，重さが同じで，フラスコの食塩水のほうがビーカーの食塩水よりもこいことから，体積はビーカーのほうが大きい。

(4)重さが同じになったことから，ビーカーの中の食塩水は250 gで，食塩の量は，100－60＝40〔g〕であることから，水は，250－40＝210〔g〕

(5)熱するのをやめると，フラスコ内を満たしていた水蒸気が水に変わり体積が小さくなるので，フラスコ内の気体の圧力が小さくなる。

4 (1)支点からのきょりの逆比になる。

60：40＝3：2

(2)もし**C**が下向きにおせば，**B**が上におしても下におしても棒《ぼう》は回転してしまうため，**C**は上向きにおす。**A**と**C**が上向きだから**B**は下向きである。

5 (1)インゲンマメの発芽には，水，空気，適当な温度の3つの条件が必要である。

(2)確かめたい条件だけ異《こと》なって，他の条件は同じ2つの実験を比かくすることで必要な条件を調べることができる。

(3)インゲンマメの発芽の3つの条件以外にもあるので気をつける。**エ**が発芽をしないのはどうしてかを考える。

6 (2)化石は，大昔の生き物やそのすみたあとが地層《ちそう》の中に長い間うもれて，石のようになってできる。化石から，当時の気候《きこう》や土地のようすがわかる。サンゴはあたたかい気候の浅い海に生息する生き物である。

(3)下から順に小石→砂《すな》→ねんどとなっていることから，だんだん深くなっていったと思われる。そして，その上に小石ということは，また浅くなったと考えられる。

7 (1) 350×1.4÷2＝245〔m〕

(2)音源**c**の移動する速さを1秒間にx mとする。移動したために時間は1.4－1.38＝0.02〔秒〕短くなり，音が進んだきょりは(1)と比べて 350×0.02＝7〔m〕短くなった。音源**c**は7 m移動するのに1.38秒かかるので，7÷1.38＝5.0… 5〔m〕

(3)音源**c**が音を出してから音が音源**c**にとどくまでの時間をxとする。x秒間に音が進んだきょりと音源**c**が進んだきょりの差は，音源**c**が音を出したときの音源**c**と音源**d**のきょりの2倍の（245＋3×1)×2＝496〔m〕である。よって，xは496÷(350－3)〔秒〕である。x秒間に音源**c**が進んだきょりは，

$3\times\frac{496}{350-3}=4.2\cdots$ より4 mである。音源**c**は音を出す前の1秒間で 3×1＝3〔m〕動いているから，求めるきょりは，4＋3＝7〔m〕

8 (1)気体**A**は酸素，気体**B**は水素である。どちらの気体も水にとけない性質なので，共通した集め方は水上置かん法が適切である。

(4)コーラは炭酸飲料であり，コーラから出る気体は二酸化炭素である。二酸化炭素は水にとける。とけたらどうなるかを考えよう。

(5)二酸化炭素などの気体は，温度が低いほうがよくとける。だから，水を冷やすと，ポリ容器のへこみ方は大きくなる。

中学入試 模擬テスト〔第2回〕

本冊152～155ページ

解答

1 (1)食塩 (2)①緑色 ②黄色 ③青色

(3)式—$0.9\times\frac{200}{100}$ 答—1.8 g

(4)式—$\frac{2.3-1.8}{50}$ 答—1 %

2 (1)光合成 (2)エ (3)①イ ②ウ ③ア

(4)①ア ②エ

3 (1)水，適当な温度，空気(酸素)

(2)エ (3)さし木 (4)精子《せいし》 (5)酸素，栄養分

(6)イ，エ

4 (1)オ

(2)A—エ B—イ C—オ D—ア

(3)A—オ B—ウ (4)①D ②B ③A

5 (1)①あおむし ②さなぎ

③やご　④×　⑤×　⑥×
⑦×　⑧×　(2)B，D
(3)右図

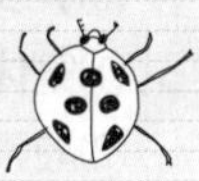

6 (1)ア　(2)エ　(3)①たい積　②れき
(4)A—ア　B—イ　C—ア　D—イ
E—ア
(5)エ

7 (1)氷は水よりあたたまりやすい。
(2)氷が水にういている状態。
(3)ア，ウ　(4)②空気　③水蒸気《すいじょうき》　(5)昇華《しょうか》

8 (1)①C　②A　③D　物質—ろう
(2)酸素—イ　ちっ素—エ
二酸化炭素—ア
(3)あたたまった気体は軽くなり，出ていけない。

解説

1　(1)塩酸に水酸化ナトリウム水よう液を加えると，食塩水(塩化ナトリウム水よう液)ができる。
(2) 100 g ずつまぜると，つまり，1：1 の割合《わりあい》でまぜると中性になる。②のように割合として塩酸が多ければ酸性に，③のように水酸化ナトリウム水よう液が多ければアルカリ性になる。BTB液は酸性で黄色，中性で緑色，アルカリ性で青色になる。
(3)B液中の水酸化ナトリウムが残らず反応《はんのう》して食塩ができる。塩酸を蒸発《じょうはつ》させてもあとには何も残らないから，残った固体はすべて食塩である。
(4) 2.3 g の固体のうち，(3)より 1.8 g は食塩である。残り 0.5 g が 50 g の水よう液中にとけていた水酸化ナトリウムになる。こさは，とけているものの重さ÷水よう液の重さ×100〔%〕で求める。

2　(1)植物が酸素をつくり出す光合成により行われる。
(2)地球を紫外線《しがいせん》からまもっているのは，オゾン層《そう》である。オゾン層が破かいされて穴《あな》があいたようになった部分をオゾンホールという。
(3)オゾン層が破かいされ，地球に大量の紫外線《しがいせん》がふり注ぐことにより，私たちのからだにもいろいろな害をおよぼすことが心配されている。また，地球温《おん》暖化《だんか》は二酸化炭素ののう度が高まって地球の温度が上がり，南極や北極の氷がとけて水ぼつする島が出現するおそれがある。酸性雨による石像のいたみや銅像のさびなども大きなかん境問題となっている。
(4)紙などの使用量の増加は，森林破かいの原因の1つになっている。私たちは，かぎりある資源を有効に使うためのリサイクルや化石燃料《ねんりょう》にかわるエネルギーの開発など，地球かん境をまもるための取り組みをしていかなければならない。

3　(1)発芽の 3 条件は，水，適当な温度，空気(酸素)で，土や日光は必要としない。
(2)種子は子ぼうの中にあるはいしゅの部分からできる。
(3)サツマイモの芽は，くきについていた部分からたくさん出てくる。芽が 30 cm くらいに成長したら，太いくきを切りとり，なえとして植えてふやす。
(5)母親は栄養分や酸素を胎《たい》ばんに送り，胎児《たいじ》はへそのおを通して受けとっている。また，胎児は不要物をへそのおを通して胎ばんへ送っている。
(6)ペンギン(鳥類)，メダカ(魚類)，カメ(は虫類)は卵生《らんせい》である。また，両生類のカエルやイモリも卵生で，ほ乳類《にゅうるい》は胎生である。

4　A午前9時から午前11時ごろ見える半月は，左半分の半月。
B日ぼつ後見える半月は，右半分の半月。
C日ぼつ後東の空に見える月は，満月である。

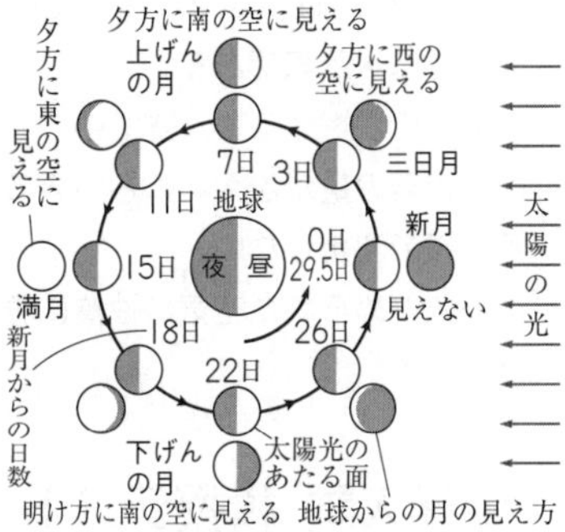

〈月の満ち欠けと月齢〉

D日ぼつ後午後5時から午後7時ごろ西の空に見えた月は，三日月である。
(1)図にあてはめて考えると，夕方西の空に見える三日月(D)→右半分の半月(B)→満月(C)ということになる。
(3)A明け方南の空に見える月である。午前9時ごろにはほぼ南西の方角に見える。
B右半分の半月は，夕方南の空に見える。
(4)いちばん高い所に見えるのは左半分の半月である。また，三日月は夕方西の低い位置に見える。

5　(1)こん虫で，たまご→幼虫《ようちゅう》→さなぎ→成虫と変化するものを**完全変態《かんぜんへんたい》**，さなぎの時期がないものを**不完全変態**という。完全変態のこん虫には，カブトムシ，チョウ，テントウムシなど，不完全変態のこん虫には，トンボ，セミ，コオロギ，カマキリなどがいる。イモリは両生類で，幼生《ようせい》のときはカエルと同じように手足がない。幼体《ようたい》になると，成体に近い形になる。

6　(2)グラフより，1日の雨量と川の石の移動との関係がわかる。1日の雨量が少ない季節を考えるようにする。

(4)川底に積もっている石の大きさは川の流れの速さによって決まる。川の流れがゆるやかな場所には**ア**(細かい石)が，はやい場所には**イ**(小石)が積もる。

(5)小さな石より大きな石が先にしずむので，**ア**のようにはならない。また，水の流れに対して抵抗《ていこう》が少なくなるように積もるので，**エ**のようになる。

7　(1)氷→水，水→水蒸気の2つの変化のようすを比べて考えるようにする。

(3)液体が気体に変わるとき，熱(気化熱《きかねつ》)を吸収《きゅうしゅう》する。打ち水は，まいた水が気化するとき，地面から熱をうばってすずしくなる。また，暑い日にあせをかくことで体温調節するのも同様である。

(4) 100℃付近でふっとうしているときに出るあわの正体は水蒸気である。

8　(2)ものが燃《も》えると，空気中の酸素の量が減り，二酸化炭素の量がふえる。ちっ素の量は，ものが燃える前後で変化しない。

(3)あたためられた空気の性質に着目して記述するようにする。

中学入試 模擬テスト〔第3回〕

本冊 156～159 ページ

解答

1 (1)**酸素**　(2)**ウ**

2 **ア**

3 (1)①**B，E**　②**A**　③**D**

(2)①**ア**　②**ウ**　③**ア，エ**

(3)A—**オリオン座《ざ》**　B—**おおぐま座**

C—**はくちょう座**　D—**さそり座**

E—**カシオペヤ座**

4 (1)がく—**イ，オ，コ**

花びら—**ア，エ，ク**

おしべ—**ウ，キ，サ**

めしべ—**カ，ケ，シ**

(2)**右図**

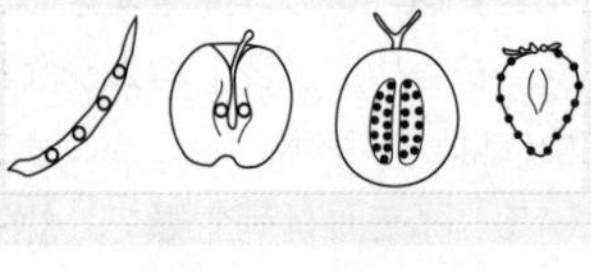

(3)**エ**

(4)**イ，ウ**

(5)**トウモロコシ，スギ，マツ**

5 (1)**気体検知管**

(2)**酸素—ア**　**二酸化炭素—イ**

(3)**水蒸気**

(4)**光合成はせずに呼吸《こきゅう》だけをしたから。**

(5)①**ア**　②**でんぷん**

(6)**青むらさき色になる。**

6 (1)**胎《たい》ばん**　(2)**羊水《ようすい》**　(3)**ア，ウ**　(4)**ウ**

7 (1) **50 g**　(2) **5.0**

(3) **150 g**　(4) **150 g**

8 (1)**A**　(2)**変わらない。**　(3)**変わらない。**

(4)**ウ**

解説

1　(1)①は大静脈《じょうみゃく》でからだ全身を流れた，酸素が少なく，二酸化炭素の多い血液が流れている。②は肺《はい》で酸素を受けとった血液が流れる血管で肺静脈である。

(2)栄養分は小腸のじゅう毛で血液中に吸収《きゅうしゅう》され，その血液は⑤の門脈《もんみゃく》を通ってかん臓《ぞう》に入る。かん臓では血液中の栄養分を調節するはたらきがあり，栄養分をたくわえたりする。

2　光電池は光を電気にかえるはたらきがあり，あたる光の強さが大きいほど流れる電流が大きくなる。図2の電磁石《じしゃく》のコイルの巻《ま》き方は図1の巻き方と逆になっているので，電磁石の右はしがN極になる。

3　**B**のおおぐま座(北と七星)，**E**のカシオペヤ座は北極星をさがす手がかりになる。

Aのオリオン座のベテルギウス(**ア**)とおおいぬ座のシリウス，こいぬ座のプロキオンとで冬の大三角をつくる。**C**のはくちょう座のデネブ(**ウ**)とこと座のベガ，わし座のアルタイルで夏の大三角をつくる。

Dのさそり座は，夏の代表的な星座で，南の空の低い所に見られる。赤くかがやくアンタレス(**エ**)は1等星である。

ここに注意　北と七星は，おおぐま座のしっぽにあたる部分で，星座ではないことに注意しておこう。

4　(1)ヘチマはお花とめ花がある。図はめ花(子ぼうがふくらんでいる)ので，おしべはない。イネの花には花びらがない。

(2)イチゴは表面に見えるつぶが種子である。

(3)果実《かじつ》とは子ぼうがふくらんだ部分である。

5　(2)(5)植物の葉に日光があたると，光合成が行われる。光合成でできたでんぷんは成長するための養分となったり，たねやくき，根にたくわえられたりする。

水 ＋ 二酸化炭素 ──→ でんぷん ＋ 酸素
（日光）

(3)ふくろの内側には水てきがついている。これは，葉の気孔《きこう》から出てきた水蒸気《すいじょうき》が冷やされたものである。このように，植物の葉から水が水蒸気となって出てくることを**蒸散**《じょうさん》という。

6　(1)(2)生まれる直前の胎児がいる子宮《しきゅう》のしくみは，下図のようになっている。

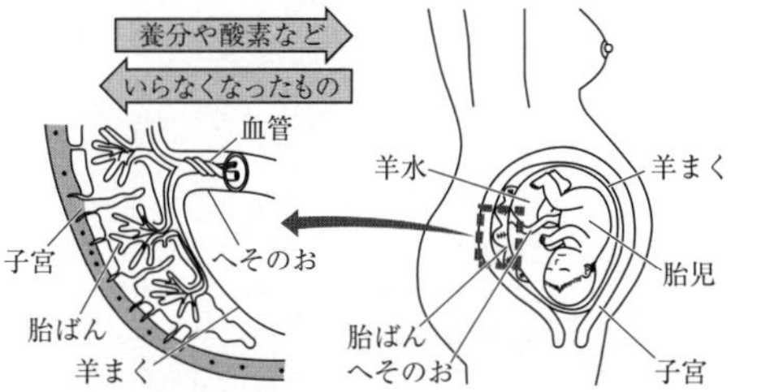

(4)胎児は，子宮の中で，約 280 日間育ち，生まれる。

7　(1)さおに分銅をつるさないときには，皿に 50 g の分銅がのっていたことをもとに考える。

(2) 50 g の分銅のとき，つりあった位置 **X** が 20 cm だったことから，分銅が 200 g のときは次のように考える。

50×20＝200×□　□＝50×20÷200＝5〔cm〕

(3)実験Ⅱで，使った分銅の重さ 50 g，つりあった位置 **X** は 20 cm だから，

50×20÷10＝100

実験Ⅰで，皿に 50 g の分銅をのせ，さおには分銅をつるさずにつりあったことから，

100＋50＝150〔g〕

(4)実験Ⅰのときの支点の左右のてこをかたむけるはたらきは次のようになる。

左：支点からのきょり→ 10 cm
　　おもりの重さ　→(175＋50)g

右：さおの重さは重心の位置にかかることから，
　　支点からのきょり→ 15 cm
　　おもりの重さ　→□ cm

だから，10×(175＋50)＝15×□
　　　□＝(175＋50)×10÷15＝150〔g〕

8　(1)〜(3)ふりこが 1 往復する時間を，ふりこの周期という。ふりこの周期は，ふりこの長さで決まり，おもりの重さ，ふれはばとは関係しない。